平面几何多证宝典

◎ 傅金雷　编著

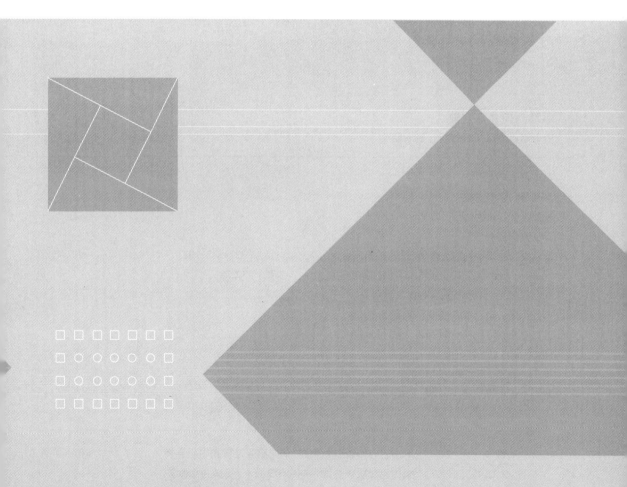

华中科技大学出版社
http://press.hust.edu.cn
中国·武汉

图书在版编目(CIP)数据

平面几何多证宝典/傅金雷编著. —武汉:华中科技大学出版社,2023.12
ISBN 978-7-5772-0308-9

Ⅰ.①平… Ⅱ.①傅… Ⅲ.①平面几何 Ⅳ.①O123.1

中国国家版本馆 CIP 数据核字(2024)第 015342 号

平面几何多证宝典
Pingmian Jihe Duozheng Baodian

傅金雷 编著

策划编辑:袁 冲
责任编辑:姜雯霏
封面设计:原色设计
责任监印:朱 玢
出版发行:华中科技大学出版社(中国·武汉)　　电话:(027)81321913
　　　　　武汉市东湖新技术开发区华工科技园　　邮编:430223
录　　排:华中科技大学惠友文印中心
印　　刷:武汉市洪林印务有限公司
开　　本:787mm×1092mm　1/16
印　　张:18.75
字　　数:453 千字
版　　次:2023 年 12 月第 1 版第 1 次印刷
定　　价:59.00 元

前　言

学习平面几何知识,不但要做一定数量的习题,还应该做到一题多解、多证。几何命题的证明,除了少数较易的以外,大多数不能根据现成的图形直接证得,必须添加一些有用的辅助线作引导,否则无从下手。可是辅助线的作法需要很强的几何思维能力,且千变万化,这是证题时最感棘手的事,这只"拦路虎"使初学者望而生畏,教师也常感头痛。

平面几何证题的多样性与规律性的基础是一题多证。通过证题的多样性,可以使学生开拓证题的思路,了解几何、代数、三角之间的内在联系,学会综合运用数学各章节的基本概念和基础知识,有效地发展逻辑思维能力,提高全面分析问题的能力;通过探索证题的规律性,寻找合理而简捷的证题途径,能够激发学生的求知欲,养成对事物的探索精神,使学生既对几何知识进行传承又化古老为时尚,在几何探源领域创新、有所作为。

解决一个几何题往往要通过各种手段把它化为已掌握的问题,再用已掌握的方法加以解决。要转化就要会联想,联想已学过的定理、公理、推论等知识和方法。证题方法非止一二,中学平面几何证题常有几何法、解析法、三角法、复数法、向量法、反证法等,初中生证题尤其以几何证法为主。但解同类题,着手之法大略相仿,模型相同。多证的题,如果题目选择得当,陈题新探,便能推陈出新,新题温故,使读者既能全面复习并牢固掌握基础知识,又能提高解题的能力,从而在几何王国漫舞而游刃有余。

本人从几十年教学经历及研究心得中,却也摸索出了一些线索,现在为了便利初学者学习,也不怕挂一漏万之讥,从本人丰富的经验和已发表的多篇论文中找出相关论文十二篇,植于书中,算是从事九年义务教育四十余年的结晶,同时也作为后面例题的分析与点拨的概论。论文与三年制初级中学教科书紧密联系,综合与延伸了教材中几何部分的主要内容,总结和归纳了作辅助线的起因、过程和目的,对几道题在证法上也作了一些探究。辅助线乍看上去眼花缭乱、忽上忽下、忽左忽右,要么似"并蒂莲",要么似百花齐放,细看还是有章可循的,倒也美不胜收。本书中的证法虽不敢说十分详尽,但也八九不离十,倘若继续研究,或许还能找到其他证法。本书通过尝试多证,举一反三,能使学生加强知识的纵串横联,深刻而又全面地提高证题能力,可供广大中学生、教师参考和学习。

本书重点精选了具有代表性的多功能平面几何习题228道,每题少则两种证法,多则近七十种,总计千余种证法,既有观赏性,又有很高的学术价值和收藏价值。结集成书的题目包括历年高考试题、各国竞赛题、名人佳作、重点中学试题和广泛流传的经典名题，有易有难。鉴于篇幅，书中只有辅助线作法提示和需证明的关键点，而证明过程不详尽，旨在以少胜多、以一贯十，甩石子作引导，供读者再潜心钻研。希望读者对各类例题的多种证法予以细心比较、认真推敲，从简与繁、狭与宽、刻板与灵巧中，找到证题的精髓，发现规律，不打精疲力竭的"题海战"，早日实现巧做平面几何题的梦想。本书中的证法虽然很多，但很可能遗漏较好或最佳的证法，很多证法也不甚完整和简捷，又因笔者学识浅陋，错误及不妥之处在所难免，在此衷心感谢专家和读者的指教与斧正！

傅金雷

2023.2.21

目　　录

第三章 平几多证举例 **76**

后记 **292**

第一章　平几多证攻略

一、攻略 1　连接两点作一线段

作法和目的：

1. 使所作线段与已知线段构成一个三角形,该三角形能与其他三角形全等或相似。

2. 使所作线段与已知线段构成一个等腰三角形或直角三角形或圆内接四边形或其它有用的图形。

3. 若已知三角形一边或梯形一腰的中点,常作中线或中位线(三角形两边或梯形两腰中点连线)。

4. 凡涉及三角形两边的平方和,常作第三边的中线,以便利用中线定理。

5. 已知直角三角形的斜边的中点,常作斜边的中线。

6. 已知平行四边形或正多边形,常作其对角线。

7. 连接圆上两已知点作弦,以便利用圆周角定理及其推论(即圆周角的度数等于它所对弧的度数的一半,同弧或等弧上的圆周角相等,以及半圆上的圆周角是直角)。

8. 作圆内弦可利用托勒密定理。

9. 已知两圆,作其连心线,可利用对称性质或沟通两圆的关系。

10. 已知相交两圆,作其公共弦以便沟通两圆的关系。

11. 已知一弦或弧的中点,作连接这点与圆心的线段。

12. 已知一圆的两切线,作其切点弦,可利用弦切角定理。

13. 已知圆的切线,常过切点作半径,可利用切线垂直于过切点的半径这一性质。

14. 已知两切线的交点,连接这一交点与圆心作线段,可利用这线段平分两切线间的夹角与两切点间的弧及这弧所对的圆心角等性质。

15. 已知一点引两交线的垂线,则连接其两垂足的线段颇有用处。

二、攻略 2　延长一线段

作法和目的：

1. 可延长三角形或圆内接四边形的一边,利用外角定理。

2. 延长一线段与其他线段相交成一个三角形或其他有用图形。

3. 延长一线段与两平行线相交,可利用内错角相等或同位角相等或同旁内角互补等性质。

4. 已知三角形中线,常将其延长一倍。

5. 延长圆内一线段与圆相交,可利用相交弦定理或圆内角定理。

6. 补全定理相关线段。

三、攻略3 过一定点引定线的平行线

作法和目的:

1. 可利用内错角相等或同位角相等或同旁内角互补等性质,使一角作适当变换。

2. 可利用夹在平行线间的平行线段相等这一性质,使一线段作平行移动而变位。

3. 构成相似三角形,可利用相似三角形对应边成比例这一性质。

4. 构成位似三角形,可利用位似中心的性质。

5. 可利用平行截割定理或线束定理,使一线段上的两线段比可移到另一线段上。

6. 已知三角形一边或梯形一腰的中点,常过这点作其底边的平行线,可利用中位线定理。

7. 过三角形一顶点引对边的平行线,尤其是过等腰三角形的顶点引底边的平行线更有用,因这条线平分顶角的外角,其逆也真。

8. 已知三角形一内角平分线,过线足引夹边的平行线,或过对边的一端引该分角线的平行线,可得一个等腰三角形,颇有用处。

9. 在圆内作平行弦,可利用平行弦所夹一对弧相等或对称这一性质。

四、攻略4 过一定点作定直线的垂线

作法和目的:

1. 构成全等直角三角形或相似直角三角形。

2. 构成矩形,可利用矩形性质。

3. 可利用斜线定理。

4. 从一角的平分线上一定点到这角的两边作垂线,可利用角平分线性质。

5. 从一定点作两交线的垂线,可利用共点圆的性质。

6. 从等腰三角形顶点作底边的垂线,可利用这条线平分底边与顶角这一性质。

7. 从圆心引弦的垂线,可利用垂径定理。

8. 作三角形的高线,可利用下列的一些性质。

设 AD 为 $\triangle ABC$ 边 BC 上的高线。

①勾股定理。

②$S_{\triangle ABC} = \dfrac{1}{2}AD \cdot BC$,即三角形面积定理

③广勾股定理:$AB^2 = AC^2 + BC^2 \pm 2BC \cdot CD$,"$\pm$"号视 $\angle C$ 为钝角或锐角,分别取"$+$"号或"$-$"号,关于线段的计算,这一定理很有用。

④$AB^2 - AC^2 = BD^2 - CD^2$

⑤$AB \cdot AC = AD \cdot 2R$($R$ 为 $\triangle ABC$ 外接圆半径,见图 1.4.1)

⑥若 $\angle A = \text{Rt}\angle$,$AD \perp BC$(见图 1.4.2),则

a. $\angle BAD = \angle C$,$\angle CAD = \angle B$。

b. $AD \cdot BC = AB \cdot AC$。

c. $\triangle ABC \backsim \triangle DBA \backsim \triangle DAC$。

d. $AD^2 = BD \cdot DC$,$AB^2 = BD \cdot BC$,$AC^2 = CD \cdot BC$。

e. $AB^2 : AC^2 = BD : CD$。

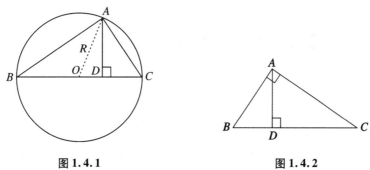

图 1.4.1　　　　　　　　图 1.4.2

9. 在平面直角坐标系中,过图上某点向 x 轴或 y 轴作垂线,从而找到该点的坐标,用同一数轴上两点间的距离或任意两点间的距离或点到直线的距离解题。

五、攻略 5　作一定角的平分线

作法和目的:

1. 利用三角形角平分线的性质。

2. 利用角的两边关于角平分线对称的性质。

3. 在等腰三角形中,常作顶角平分线,可利用三线合一性质,该线垂直平分底边。

4. 在等腰三角形中,常作顶角的外角平分线,可利用该线平行于底边的性质。

5. 有关倍角、分角的问题,常从平分倍角入手。

六、攻略6　截长补短法

作法和目的：

1. 题干中有线段的和、差、倍、分时运用。

2. 证两线段相等或两角相等时运用。

3. 利用全等三角形判定和性质定理,平行线等分线段定理,圆中有关定理,成比例线段定理。

4. 证明线段 $a+b=c$ 或 $a-b=c$,常先作一线段 $p=a+b$ 或 $p=a-b$,再证 $p=c$ 。

5. 利用三角形中位线定理。

6. 利用梯形中位线定理。

7. 遇三线以上关系,方法相仿。

七、攻略7　中线和角翻倍(折半)法

作法和目的：

1. 题干中有中线常用翻倍法。

2. 证明一线段等于另一线段的两倍或一半,常用翻倍法,即证明短线段的两倍等于长线段。

3. 折半法,即证长线段的一半等于短线段。

4. 证一线段等于另一线段的 $2n$ 倍可考虑此法。

5. 证一线段等于另一线段的 $\dfrac{1}{2n}$ 可考虑此法。

6. 作角平分线,将一角分成两个角。

7. 将大角折半或小角翻倍。

8. 运用三角形重心定理。

八、攻略8　过一定点作圆的切线

作法和目的：

1. 已知圆的半径,可过半径外端点引切线垂直于该半径。

2. 已知一弦,可过弦端点引切线,利用弦切角度数定理或切线长定理。

3. 已知一弧中点,可过这一中点引切线,利用这条切线平行于该弧所对弦的性质。

4. 已知两圆相切,常过切点作内公切线或外公切线构成直角三角形或矩形。

九、攻略 9　作辅助圆

作法和目的:

1. 已知诸点(四点或五点)到一定点距离相等,有时以定点为圆心过诸点作圆,从而利用圆内接多边形和圆的知识证题。

2. 作三角形的外接圆,利用外心性质。

3. 作三角形的内切圆,利用内心性质。

4. 作三角形的旁切圆,利用旁心性质。

5. 作四边形或正多边形的外接圆或内切圆,利用相关性质。

6. 利用圆周角定理,一角可在圆周上滑动而移到适当位置,使已知角和未知角发生密切联系。

7. 利用圆幂定理进行等积线段变换。

8. 利用托勒密定理、蝴蝶定理等。

十、攻略 10　解析法

作法和目的:

1. 据图建立适当的坐标系,使某些已知点的坐标尽量简单些。

2. 选用适当的解析几何公式,把命题中的几何元素,特别是结论中的几何元素表示为代数式。

3. 根据几何图形的判定和性质及题设条件运用代数方法,证明结论的真实性。

4. 利用同一数轴上两点或任意两点间的距离公式、中点公式、定比分点公式,三角形重心公式,三角形三坐标面积公式。

5. 利用点到直线的距离公式,直线斜率公式,两直线交角公式。

6. 利用直线的表达式判断两直线平行或垂直,即 $k_1 = k_2$ 时两直线平行,$k_1 \cdot k_2 = -1$ 时两直线垂直(k_1、k_2 分别为两直线斜率)。

十一、攻略 11 面积法

作法和目的:

1. 两三角形等底等高,则面积相等。

2. 梯形两对角线与两腰形成的两个三角形面积相等。

3. 两相似三角形的面积比等于相似比的平方。

4. 两等高三角形的面积比等于其底之比。

5. 四边形面积常转化为两个三角形面积的和或差。

6. 梯形面积可化为三角形和矩形面积的和或差。

7. 扇形的面积也可化为三角形与弓形面积的和或差。

8. 已知圆的面积,要善于求其半径。

9. 不规则图形的面积要巧化为规则图形面积的和或差。

10. 三角形面积公式如下。

$(1) S_\triangle = \dfrac{1}{2} ah$。

$(2) S_\triangle = \dfrac{1}{2} bc\sin A = \dfrac{1}{2} ac\sin B = \dfrac{1}{2} ab\sin C$。

$(3) S_\triangle = \sqrt{p(p-a)(p-b)(p-c)}$,其中 $p = \dfrac{1}{2}(a+b+c)$。

$(4) S_\triangle = \dfrac{abc}{4R}$($R$ 为 $\triangle ABC$ 外接圆半径)。

$(5) S_\triangle = \dfrac{1}{2} pr$,其中 $p = \dfrac{(a+b+c)}{2}$,r 为 $\triangle ABC$ 内切圆的半径。

(6)三点坐标分别为 $A(x_1, y_1)$,$B(x_2, y_2)$,$C(x_3, y_3)$,

$$S_{\triangle ABC} = \frac{1}{2} \begin{vmatrix} x_1 & y_1 & 1 \\ x_2 & y_2 & 1 \\ x_3 & y_3 & 1 \end{vmatrix}$$

$$= \frac{1}{2} \left| x_3 y_2 + x_1 y_3 + x_2 y_1 - x_1 y_2 - x_2 y_3 - x_3 y_1 \right|。$$

十二、攻略 12 三角法和其他证法

作法和目的:

1. 巧设角解直角三角形。

2. 巧设角解斜三角形。

3. 利用三角函数的定义去证明。

4. 利用正弦定理和余弦定理去证明。

5. 利用其他方法如反证法、并合法、复数法、极坐标法、向量法等高级中学知识去证明。

十三、攻略 13　平几多证辅助线模型荟萃

1. 直线、射线、线段。

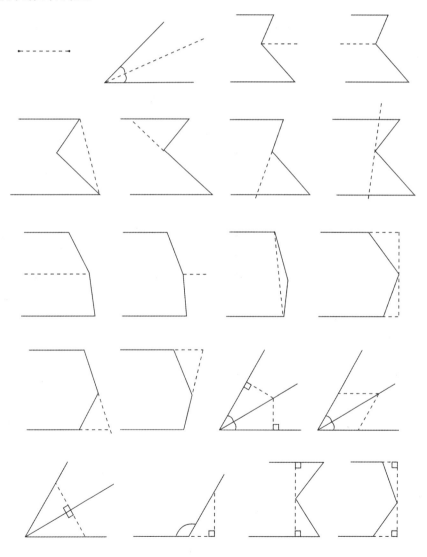

2. 三角形。

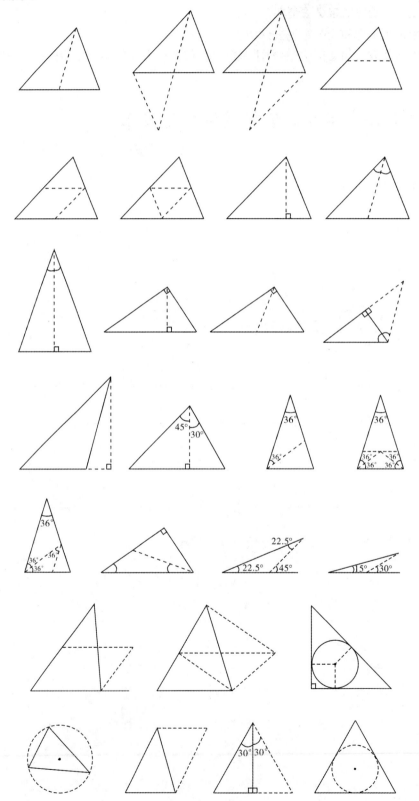

3. 四边形。

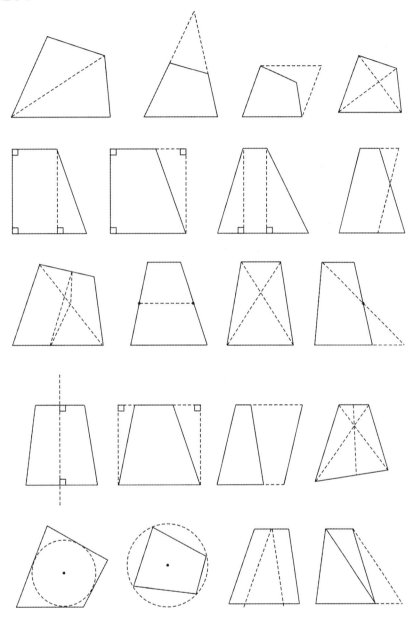

4. 相似形。

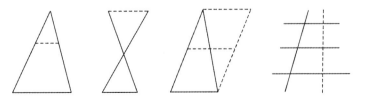

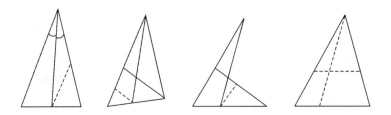

5. 圆。

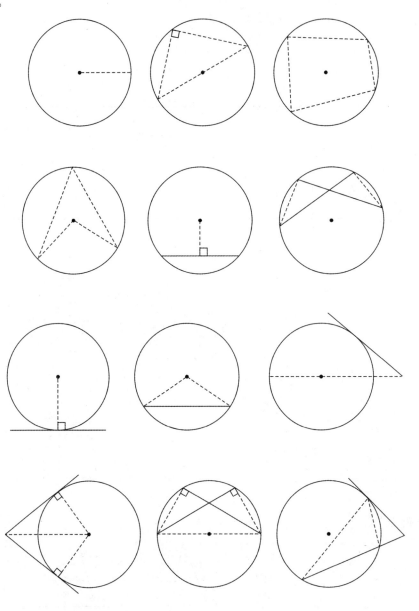

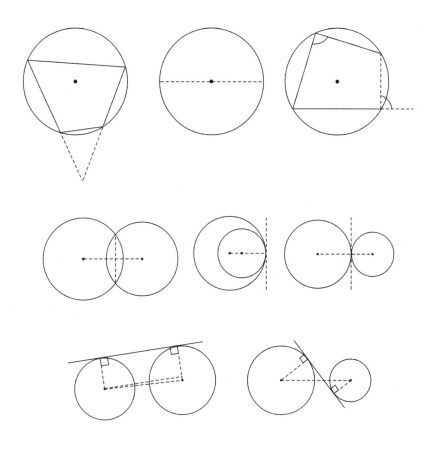

十四、攻略 14　平几分类证题思路概述

　　1. 证明两线段相等。一般应用有关线与角关系的定理着手证明。例如全等三角形判定定理、平行定理、圆的定理以及有关比例线段的定理,根据题意加以选择运用。若难以直接证明其相等,则可证明它们都等于第三者。

　　2. 证明角相等。与证明两线段相等相仿,多半应用有关线与角关系的定理着手证明。例如:(1)全等三角形的对应角相等;(2)等角的余角或补角相等;(3)等腰三角形两底角相等;(4)平行线的内错角或同位角相等;(5)圆的定理中的有关角,如圆心角、圆周角、弦切角等;(6)相似三角形的对应角相等。此外,还可借助其他角为媒介来证明两角相等。

　　3. 证明两条直线平行或垂直。证明平行常应用:(1)内错角相等,同位角相等,同旁内角互补,则两直线平行;(2)平行四边形的对边平行;(3)三角形的两边被一直线所截得的线段成比例,则此直线平行于第三边;(4)同垂直于一直线的两条直线平行;(5)同平行于一直线的两条直线平行;(6)斜率相等的两条直线平行;(7)两点横坐标相等或两点纵坐标相等,则两点连线平行于坐标轴。

　　证明垂直常应用:(1)邻补角相等;(2)两线交角为直角;(3)三角形两角互余,则第三角为直角;(4)等腰三角形三线合一,底边上的中线也是高;(5)勾股定理逆定理;(6)圆的切线垂直于过切点的半径;(7)两线斜率乘积为负1;(8)特殊角的三角函数值,如直角的正弦为1;(9)垂径定理。

4. 证明线段(或角)的不等。除应用不等量公理以外,还常用以下定理:(1)三角形两边之和大于第三边,两边之差小于第三边;(2)三角形外角大于任一不相邻内角;(3)三角形中大边对大角,其逆定理也成立;(4)在两个三角形中,两组边分别相等,则夹角大者,所对的第三边大,反之亦然;(5)从一点引一直线的垂线和两条斜线,斜足距垂足远的斜线段较大,反之也对。另外证明不等量问题时,往往用平移、翻折、旋转等方法迁移线段或角的位置,使线或角集中于一处,便于证明。

5. 证明某些线段(或角)的和、差、倍、分。证明线段除常用截长补短法外,还用三角形中位线定理、梯形中位线定理、加倍法、折半法等,有时也用特殊定理加以证明。

证明角的方法与前者相仿,即证角的和、差关系时,可将两角合成一角,或者将一角分成两角;证明角的倍、分关系时,可将小角加倍,或者将大角折半。除此之外,如所证两角没有直接关系,可借助其他角,使其发生关系,以便证之。

6. 证明线段的等比、等积、平方以及积的和、差。应用有关线段成比例定理来证明。例如相似三角形对应边成比例定理、平行截割定理、内(外)角平分线定理、比例中项定理、射影定理、相交弦定理、圆幂定理、割线定理、勾股定理和其他名人定理等等。

7. 证明其他几何题。除几何方法,还可运用代数的方法算出结果,达到证明的目的。可以运用高中相关知识来证明,从而一题多证广思维,创新领域展作为。

第二章 平几多证论文

一、"五角星"照亮我去探索

五角星闪闪亮,放光芒,五角星闪闪亮,暖胸怀,五角星闪闪亮,照我去探索!

五角星又称五芒星(见图2.1.1),最早对五角星的使用被发现在古巴比伦地区两河流域文明的文献资料中,五个角分别代表木星、水星、火星、土星、金星。在上古,人们崇拜五角星,赋予五角星种种神秘的色彩,把它用作祈求幸福和吉祥的魔法符号。由于五角星可以一笔画出,因此古人认为用它可以防止恶魔的侵犯,其线条的5个交汇点(黄金分割点)被认为是可以封闭恶魔的"门",五芒星因此被用在了封印上(见图2.1.2),我国三星堆出土的太阳轮也体现了"5"的神圣(见图2.1.3)。

图2.1.1

图2.1.2

历史长河奔流不息,冲刷去人类多少记忆,耐人寻味的是,人们对五角星的崇拜依旧。世界上许多国家的国旗上有五角星。在某网站上我找到了《世界各国国旗观赏》,数了数,好家伙,在199个国家的国旗中,带有五角星图案的竟然有54个! 曾联松设计的我国国旗上也有5个五角星。

一个普通的几何图案,为什么受到如此高的礼遇(见图2.1.4)?

图2.1.3

图2.1.4

我们不妨从数学的角度作一探讨。

(1)轴对称性。它是一个轴对称图形,有 5 条对称轴。

(2)旋转不变性。绕中心 O 旋转 $72°$,所得的图形与原图形重合。

(3)黄金分割点。构成五角星的 5 条线段两两相交得到的 5 个点,恰是原 5 条线段的黄金分割点,均衡分布的诸多黄金分割点,使图形匀称、和谐、美观。

(4)五角星的每一个小三角形都是黄金三角形(如果一个等腰三角形的底角为 $72°$,顶角为 $36°$,则这样的三角形叫黄金三角形)。作出黄金三角形两个底角的平分线,会得到两个新的黄金三角形。如果按此程序继续下去,会得到无数黄金三角形(见图 2.1.5),由此,我们可以得到许许多多的五角星。

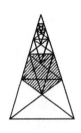

图 2.1.5

图 2.1.6

当然在图 2.1.6 中,连接 CD,得到的三角形 ACD、三角形 GCD 也是黄金三角形。

(5)黄金反比三角形。五角星中分割出来的大等腰三角形的底腰比正好是黄金比的倒数,故 $\triangle ACJ$ 等为黄金反比三角形(见图 2.1.6)。

(6)五角星有着丰富的内涵与外延,所以自然而然地得到了数学命题者的青睐,北师大八年级教材中也出现了与五角星有关的习题,下面列出一组相关命题(解答因篇幅所限而省略,有兴趣的读者可解一解或证一证)。

命题 1:如图 2.1.7 所示。

① $\angle A + \angle B + \angle C + \angle D + \angle E = ?$($180°$)

②能画出多少条直线将五角星分成两个全等的图形?(5 条)

命题 2:如图 2.1.6 所示,BE 与 FR 的关系如何?$[BE = (\sqrt{5} + 2)FR$ 或 $FR = (\sqrt{5} - 2)BE]$

命题 3:如图 2.1.8 所示。

①图中共有多少个三角形?(35 个)

②证明:$CE \parallel AB$。

③证明:$BR^2 = RE \cdot BE$。

④图中有多少个等腰梯形?(10 个)

⑤A 点到 B、C、D、E、F、G、H、R、J 的不同路线有多少种?(89 种)

图 2.1.7

图 2.1.8　　　　　图 2.1.9　　　　　图 2.1.10

命题 4：如图 2.1.9 所示，若 $BE=1$，求阴影图形的周长。（$5\sqrt{2}-10$）

命题 5：如图 2.1.10 所示，若 $BE=1$，求阴影图形的周长。（5）

命题 6：如图 2.1.11 所示，若整个五角星的面积为 1，则阴影图形的面积为多少？（$\frac{1}{2}$）

图 2.1.11　　　　　　　　　图 2.1.12

命题 7：如图 2.1.12 所示，图形有_____个黑点，_____条边，组成封闭区域_____个。（10,15,6）

命题 8：如图 2.1.13 所示，共有 16 棵树，栽成 15 行，每行栽 4 棵，如何栽？（栽法如图所示）

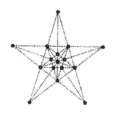

图 2.1.13　　　　　　　　　图 2.1.14

命题 9：如图 2.1.14 所示。

①若外接圆的半径为 4，则正五边形的边长为多少？ 五角星的面积为多少？（$10\sqrt{10+2\sqrt{5}}$，$10(3-\sqrt{5})\sqrt{10-2\sqrt{5}}$）

②不同曲边形共多少个？（36 个）

命题 10：如图 2.1.15 所示，一个五角星，一刀最多能切掉几个角？怎样才能一刀切掉 5 个角？（一刀最多能切掉两个角，按图中虚线折叠为一个钝角三角形再切）

命题 11：如图 2.1.16 所示，一个五角星，如果每边上恰好有 2004 个点被染成红色，那么这个五角星上红色点至少有多少个？（10010 个）

图 2.1.15

图 2.1.16

命题 12:如图 2.1.17 所示,把 1~11 这 11 个数分别填入图中 11 个圆圈内,使每条线段上的四个圆圈内的数的和相等,一共有几种不同填法?(一共有 4 种,如图是其中一种)

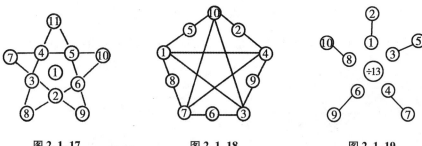

图 2.1.17   图 2.1.18   图 2.1.19

命题 13:如图 2.1.18 所示,将 1~10 这十个数分别填入图中的圆圈中,使五角星外的正五边形每边上三数之和为 16,且数字 10 在一个顶点上。(填法如图)

命题 14:如图 2.1.19 所示,将 1~10 这十个数分别填入图中的圆圈中,使得每条线段两端的数相乘的积除以 13 都余 2。(填法如图)

正五角星具有魅力,变形五角星同样也毫不逊色。

命题 15:如图 2.1.20 所示,香港特别行政区区徽是由五个同样的花瓣组成的,它可以看作是什么"基本图案"通过怎样的旋转而得到的?(以一个花瓣为"基本图案",通过连续 4 次旋转所形成,旋转的角度分别为 72°、144°、216°、288°)

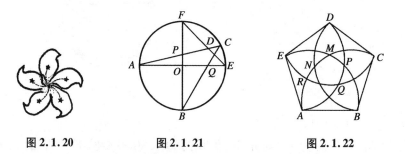

图 2.1.20   图 2.1.21   图 2.1.22

命题 16:如图 2.1.21 所示,在半径为 1 的圆 O 中,过圆心引两条互相垂直的直线 AE 和 BF,在 EF 弧上取点 C,弦 AC 交 BF 于点 P,弦 CB 交 AE 于点 Q,则四边形 $APQB$ 的面积为多少?(1 个平方单位)

命题 17:如图 2.1.22 所示,在边长为 1 cm 的正五边形内,去掉所有与五边形各顶点距离都小于 1 cm 的点,求余下部分的面积。$\left[\left(\frac{5\sqrt{3}}{4} - \frac{\pi}{6}\right) \text{cm}^2\right]$

命题18:如图2.1.23所示，O 点为正五边形内任意一点。

① $OH_1 + OH_2 + OH_3 + OH_4 + OH_5 = \dfrac{2S}{a}$（$S$ 为正五边形面积，a 为正五边形边长）。

② $CH_1 + DH_2 + EH_3 + AH_4 + BH_5 = H_1D + H_2E + H_3A + H_4B + H_5C$。

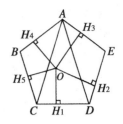

图 2.1.23

命题19:在图2.1.24中找出几组形状相同的图形。（图中的五角星都是形状相同的图形）

命题20:如图2.1.25所示，中国科学院张景中院士的最新著作中提到了五圆定理:任画一个五角星（不一定是正五角星），再作出这个五角星的 5 个角上的三角形的外接圆，这 5 个圆除了在五角星上的 5 个交点外，在五角星外面还有另 5 个交点，且这 5 个交点一定在同一个圆上。

2000 年 12 月 20 日是澳门回归一周年纪念日，江泽民参加澳门回归庆典时，把这道几何题留给了濠江中学的师生。

图 2.1.24

命题21:1997 年全国高考化学试题第 36 题（见图2.1.26）第 4 问，C_{70} 分子的分子结构模型可以与 C_{60} 相同，通过计算，确定 C_{70} 分子中五边形和六边形的数目分别为多少。（12,25）

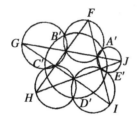

图 2.1.25

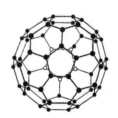

图 2.1.26

据 2003 年 10 月 9 日英语《自然》杂志网络版介绍，美国纽约数学家弗里·维克斯领导的研究小组提出:宇宙是有限的，其外表是由五边形曲面构成的庞加莱 12 面体，像个足球。"宇宙到底是什么样的?"这一问题已经争论了几千年，至今没有定论。人们曾经提出过龟宇宙模型、托勒密体系、黑洞理论、暴胀宇宙、弦理论等等，如今又有了与五边形有关的足球宇宙模型。看来，"宇宙到底是什么样的"这个问题一时半刻是解决不了的。

五角星包含很多文化与数学知识，上面相关的题都直接或间接地与五角星有关，故搜集整理于此，闲暇时可慢慢寻味它的无穷奥秘。让我们在"五角星"光芒的照耀下，去不懈地探索吧!

二、从习题的探究中培养思维能力

探究一道题的不同证法能培养思维能力，使知识范围扩大，并能弥补学习中的不足。

数学能力的提高离不开解题,但题海战术只会增加学习的负担而难以培养各种思维能力,所以在数学学习中要追求质而非量。解题过程中的变式探究、一题多解、反顾反思,不仅能提高学习成绩,而且能培养思维能力。

下面以平面几何中一例的多变、多解、多思来谈谈数学思维能力的培养。

（一）一题多变,加强思维发散,培养思维的创造性

一题多变是多向思维的一种基本形式,它在命题角度和解法角度两方面同时发散。在数学学习中恰当地、适时地对其加以运用,能培养思维的创造性。

【题目】如图 2.2.1 所示,点 C 为线段 BD 上一点,且 $BC : CD = 2 : 1$,以 BC 和 CD 为边在同侧作等边 $\triangle ABC$ 和等边 $\triangle ECD$,连接 AE,求证:$\angle CAE = 30°$。

变式 1：如图 2.2.1 所示,设 $S_{\triangle ACE} = S_2$,$S_{\triangle ABC} = S_1$,$S_{\triangle ECD} = S_3$,则 $S_2^2 = S_1 \cdot S_3$。

变式 2：如图 2.2.2 所示,若 AD 与 CE 相交于 N 点,BE 与 AC 相交于 M 点,则：$(1)AD = BE$；$(2)MN /\!/ BD$；$(3)\triangle CMN$ 为等边三角形。

变式 3：如图 2.2.3 所示,若 M 为 BE 中点,N 为 AD 中点,则：$(1)\triangle BCM \cong \triangle ACN$；$(2)\triangle CMN$ 为等边三角形。

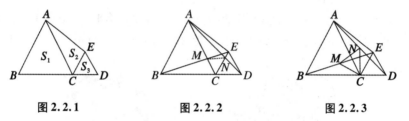

图 2.2.1　　　　　图 2.2.2　　　　　图 2.2.3

变式 4：如图 2.2.4 所示,若 $BC = CD$,$AB = DE$,$\angle B < \angle D$,延长 BA、DE 交于点 G,则 $\angle 1 > \angle 2$。

变式 5：如图 2.2.5 所示,若 $\angle BCD$ 不为 $180°$,且 $AD = 5$,$AE = 4$,$AC = 3$,求 CD 的长。

变式 6：如图 2.2.6 所示,若 $S_{\triangle HDB} = 1$,则 $S_{\triangle ABC}$、$S_{\triangle CDE}$、$S_{\square ACEH}$ 中至少有一个不小于 $\dfrac{4}{9}$。

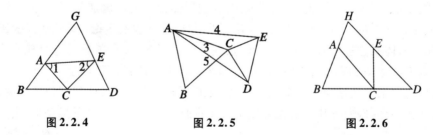

图 2.2.4　　　　　图 2.2.5　　　　　图 2.2.6

变式 7：如图 2.2.7 所示,若 $\triangle HBD$ 为 $\text{Rt}\triangle$,$BC = CD$,$AC \perp CE$,则 $AB^2 + DE^2 = AC^2 + CE^2$。

变式 8：如图 2.2.8 所示,若 $S_{\triangle HBD} = 1$,$HA = \dfrac{1}{n}HB$,$BC = \dfrac{1}{n}BD$,$DE = \dfrac{1}{p}DH$,则 $S_{\triangle DEC} = ?$

变式 9：如图 2.2.9 所示,若 $\triangle ABC$ 为等腰 $\text{Rt}\triangle$,$\triangle CDE$ 为等腰 $\text{Rt}\triangle$,M 为 AE 中点,则 $BM \perp DM$。

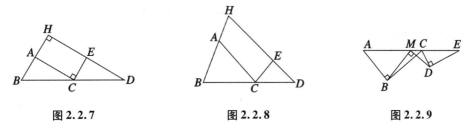

图 2.2.7　　　　　　　图 2.2.8　　　　　　　图 2.2.9

(二)一题多解,培养思维的灵活性和广阔性

一题多解是命题角度的集中,是解法角度的分散,是多向思维的另一种基本形式,比如勾股定理的多种证法就从一个侧面反映了思维能力的灵活性和广阔性。那么浩瀚的几何题海中是否还有类似勾股定理的题呢? 笔者尝试用多种证法证明本小节的题目,目前已找到10 余种不同的证法,下面列出 10 种证法以飨读者。

证法 1:在△ACE 中,先用余弦定理求 AE,再用正弦定理求∠CAE。

证法 2:如图 2.2.10 所示,过 A 点作 AF⊥BC,先证△ACF≌△ACE,再得∠CAE = ∠CAF = 30°。

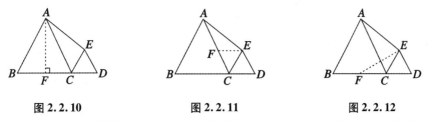

图 2.2.10　　　　　　图 2.2.11　　　　　　图 2.2.12

证法 3:如图 2.2.11 所示,过 E 点作 EF∥BD 交 AC 于点 F,先证△EFC 为等边三角形,再证△ACE 为 Rt△。

证法 4:如图 2.2.12 所示,取 BC 中点 F,连接 EF,先证△FED 为 Rt△,再证△FED ≌△AEC。

证法 5:如图 2.2.13 所示,延长 EC 至点 F,使 CF = EC,连接 DF,先证△EFD 为Rt△,再证△CAE≌△EFD。

证法 6:如图 2.2.14 所示,延长 AC,使 AC = CF,过点 F 作 FG∥CE 交 AE 延长线于点 G,先证△CFG 为等边△,再证△AFG 为 Rt△。

证法 7:如图 2.2.15 所示,连接 AC、AE 中点 F、G,过点 E 作 EH⊥CD,证△AFG ≌△ECH。

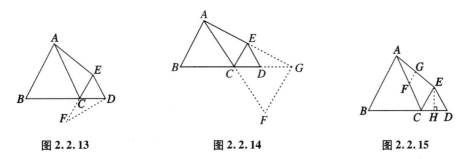

图 2.2.13　　　　　　图 2.2.14　　　　　　图 2.2.15

证法8：如图2.2.16所示，过点B作$BF\perp EC$交EC延长线于点F，先证$\angle FBC$为30°，再证$\triangle BCF\cong\triangle ACE$。

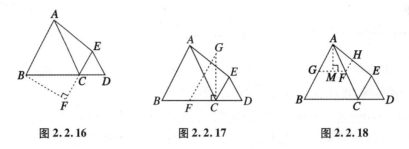

图2.2.16   图2.2.17   图2.2.18

证法9：如图2.2.17所示，过点C作$GC\perp BC$，过BC中点F作$FG\parallel CE$交CG于点G，先证$\angle FGC=30°$，再证$\triangle GFC\cong\triangle ACE$。

证法10：如图2.2.18所示，连接AB、AC中点G、F，连接AC、AE中点F、H，作$AM\perp FG$，证$\triangle AFM\cong\triangle AFH$。

（三）回顾反思，培养思维的批判性和深刻性

在一个数学问题解决之后，往往要认真地进行回顾与反思，通过对解题思维过程或结论的回顾反思检验思维的正确性和严密性。例如，对于本小节几何题证法的探究中，思考、作法、证法常伴有问题，抑或不严谨。

反思1：如图2.2.19所示，过AB中点F作$FG\perp BC$，连接AC、AE中点H、I，则$\triangle FBG\cong\triangle AHI$。（$BG=HI$吗？未证。）

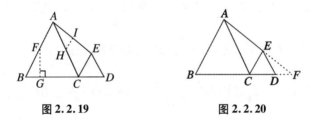

图2.2.19   图2.2.20

反思2：如图2.2.20所示，延长CD、AE交于点F，从而证得$\triangle CEF\cong\triangle CEA$。（$CF=CA$吗？或$CE\perp AF$吗？）

反思3：如图2.2.21所示，延长DE交BA延长线交于点F，则$\triangle ACE\cong\triangle EFA$，从而证得$\angle CAE=\angle AEF=30°$。（虽然$\angle CAE=\angle AEF$，但不知$\angle FAE$与$\angle CEA$为多少度。）

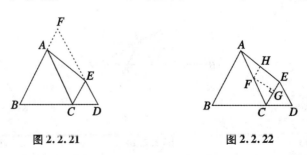

图2.2.21   图2.2.22

反思4：如图2.2.22所示，连接AC、AE中点F、H，过F点作$FG\perp CE$，从而证得$\triangle AFH\cong$

△FCG。（尽管作 $FG \perp CE$，但不一定能得到 $CG = EG = FH$，因此证法有缺陷。）

一个数学问题就是一个"信息源"闪烁在问题的条件、结论及图形中，这就要求我们从题目的形式和意义的全部信息中及时反馈，分离出若干条"子信息"。初中阶段是学生智力发展与创新的关键时期，在这一时期，多培养学生的求异思维能力是很有必要的。如今掩盖求异思维的辛苦型教法逐渐淘汰，这就需要教师引导学生求新探索，以适应时代发展的需要。一个问题获得一种解法，并不是问题的终了，而可以通过一题的多问、多解、反思，使学生尽可能多、尽可能新地提出前所未有的独特想法、解法、见解。广大数学教师应尽力施展自己潜在的扩散思维能力，挖掘教材、资料中潜在的扩散思维因素，有意识地引导学生进行概念、条件、结论、方法、思路、图形的扩散，用这些材料浇铸起扩散思维能力的高楼大厦来！

三、从一道竞赛题看联想与解题

见瓶水之冰，而知天下之寒；尝一脔肉，而知一镬之味。

著名的苏联数学家、莫斯科大学教授 C·A·雅诺夫斯卡娅说：解题就是把题联想归结为已经解过的题。

下面以 2003 年全国初中数学竞赛题第 11 题为例，通过联想添作辅助线，将其化归为已解过程，从而提高分析与证明几何题的效率。

【题目】如图 2.3.1 所示，已知 AB 是 $\odot O$ 的直径，BC 是 $\odot O$ 的切线，OC 平行于弦 AD，过 D 作 $DE \perp AB$ 于点 E，连接 AC 与 DE 交于点 P，问 EP 与 PD 是否相等？证明你的结论。

图 2.3.1　　　　　　图 2.3.2　　　　　　图 2.3.3

联想一

原来此题源于 2002 年秋人民教育出版社《几何》课本中的例题：如图 2.3.2 所示，AB 是 $\odot O$ 的直径，BC 是 $\odot O$ 的切线，切点为 B，OC 平行于弦 AD，求证：DC 是 $\odot O$ 的切线。由此产生联想有证法 1。

证法 1：如图 2.3.3 所示，连接 CD 交过 A 点的切线于点 M，连接 CE 交过 A 点切线于点 N，先证 $\triangle OCB \cong \triangle OCD$，得 CD 为 $\odot O$ 的切线，从而得 $AM = MD$，$BC = CD$，由 $\dfrac{AN}{BC} = \dfrac{AE}{BE} = \dfrac{MD}{CD} = \dfrac{AM}{BC}$，得 $AM = AN$，而 $\dfrac{PE}{AN} = \dfrac{PD}{AM}$，故 $PE = PD$。

联想二

借助平行线分线段成比例定理和相似三角形性质产生联想有证法 2。

证法 2：如图 2.3.1 所示，先证 $DE /\!/ BC$，得 $\dfrac{PE}{BC} = \dfrac{AE}{AB}$，再证 $\triangle DAE \backsim \triangle COB$ 得 $\dfrac{DE}{BC} = \dfrac{AE}{OB}$，而 $AB = 2OB$，得 $DE = 2PE$，故 $PD = PE$。

联想三

借助"A"与"X"形补齐相关线段而联想有证法 3（见图 2.3.4）。

证法 3：延长 DE 交 CO 的延长线于 F 点，先证 $\triangle DAE \backsim \triangle FOE \backsim \triangle COB$，得 $\dfrac{DE}{AE} = \dfrac{BC}{OB}$，再证 $DE /\!/ BC$，得 $\dfrac{PE}{BC} = \dfrac{AE}{AB}$，又因 $AB = 2OB$，从而得 $DE = 2PE$，故 $PD = PE$。

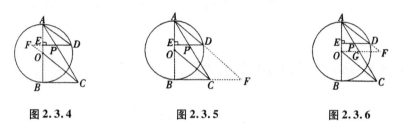

图 2.3.4　　　　　图 2.3.5　　　　　图 2.3.6

联想四

借助线束定理产生联想有证法 1、证法 4、证法 5、证法 6。

证法 4：如图 2.3.5 所示，延长 AD 交 BC 于点 F，先证 $DE /\!/ BC$，得 $\dfrac{PE}{BC} = \dfrac{PD}{CF}$，再证 $BC = CF$，从而证得 $PE = PD$。

证法 5：如图 2.3.6 所示，取 AC 中点 G，连接 OG 并延长交 AD 于点 F，先证 $DE /\!/ OF$，得 $\dfrac{PE}{OG} = \dfrac{PD}{GF}$，再证 $\triangle FAO \cong \triangle COB$，得 $OF = BC$，又因 $OG = \dfrac{1}{2}BC$，从而证得 $PE = PD$。

证法 6：如图 2.3.7 所示，延长 AD 交 BC 延长线于点 G，连接 BP 交过 A 的切线于点 M，连接 BD 交过 A 的切线于点 N，先证 $AN /\!/ DE /\!/ BG$，得 $\dfrac{AM}{BC} = \dfrac{PM}{PB} = \dfrac{AE}{BE}$，$\dfrac{AN}{BG} = \dfrac{AD}{DG} = \dfrac{AE}{BE}$，得 $\dfrac{AM}{BC} = \dfrac{AN}{BG}$，由 $BG = 2BC$，从而得 $AN = 2AM$，再得 $AM = MN$，又 $\dfrac{PE}{AM} = \dfrac{PD}{MN}$，故 $PE = PD$。

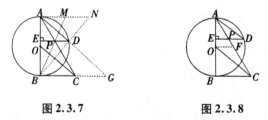

图 2.3.7　　　　　图 2.3.8

联想五

借助三角形中位线定理产生联想有证法 7、证法 8、证法 9。

证法 7：如图 2.3.8 所示，取 AC 中点 F，连接 OF，先证 $PE /\!/ OF$，得 $\dfrac{PE}{OF} = \dfrac{AE}{AO}$，再证 $\triangle DAE \backsim \triangle COB$，得 $\dfrac{DE}{BC} = \dfrac{AE}{AB}$，又 $OF = \dfrac{1}{2}BC$，$AB = 2AO$，故 $PE = PD$。

证法8:如图2.3.9所示,连接 BD 交 OC 于点 F,先证 $\triangle DAE \backsim \triangle BOF$,得 $\dfrac{DE}{AE} = \dfrac{BF}{OF}$,而 $\dfrac{BF}{OF}$

$= \dfrac{BC}{OB}$,得 $\dfrac{DE}{AE} = \dfrac{BC}{OB}$,再证 $PE /\!/ BC$,得 $\dfrac{PE}{BC} = \dfrac{AE}{AB}$,又 $AB = 2OB$,从而得 $DE = 2PE$,故 $PE = PD$。

证法9:如图2.3.10所示,连接 BC 中点 F 与 O 点,先证 $\triangle DAP \backsim \triangle COF$,得 $\dfrac{PD}{FC} = \dfrac{PA}{OF}$,则

$\dfrac{PD}{PA} = \dfrac{FC}{OF} = \dfrac{\frac{1}{2}BC}{\frac{1}{2}AC} = \dfrac{BC}{AC}$,再证 $PE /\!/ BC$,得 $\dfrac{PE}{BC} = \dfrac{PA}{AC}$,故 $PE = PD$。

图 2.3.9　　　　　图 2.3.10

联想六

借助射影定理及平行线判定定理产生联想有证法10。

证法10:如图2.3.11所示,连接 BD 交 OC 于点 F,连接 PF,先证 $OF \underset{=}{/\!/} \dfrac{1}{2}AD$, $DE /\!/ BC$,

得 $\dfrac{AP}{PC} = \dfrac{AE}{BE}$,再由 $AD^2 = AE \cdot AB$, $BD^2 = BE \cdot AB$,从而得 $\dfrac{AP}{PC} = \dfrac{AD^2}{BD^2}$,同理可得 $\dfrac{OF}{FC} = \dfrac{OB^2}{BC^2}$,又证

$\triangle ABD \backsim \triangle OBC$,得 $\dfrac{OB}{BC} = \dfrac{AD}{BD}$,可推出 $\dfrac{AP}{PC} = \dfrac{OF}{FC}$,得 $PF /\!/ AB$,而 F 为 BD 中点,故 $PE = PD$。

图 2.3.11　　　　　图 2.3.12

联想七

借助三角函数产生联想有证法11。

证法11:如图2.3.12所示,设直径为 $2R$,连接 BD,设 $\angle ADE = \alpha$,易证 $\angle OCB = \angle OBD = \alpha$,由 $\mathrm{Rt}\triangle ABD$ 得 $AD = 2R\sin\alpha$,由 $\mathrm{Rt}\triangle AED$ 得 $DE = AD\cos\alpha = 2R\sin\alpha\cos\alpha$, $AE = AD\sin\alpha = 2R\sin^2\alpha$,再由 $PE /\!/ BC$,得 $\dfrac{PE}{BC} = \dfrac{AE}{AB}$,由 $\mathrm{Rt}\triangle OBC$ 得 $BC = R\cot\alpha$,从而 $PE = R\sin\alpha\cos\alpha$,故 $DE = 2PE$,即 $PE = PD$。

联想的丰富,依赖于吃透教材的基本公理、定理、推论,尤其对图形的吃透是产生多种证法的根本保证,也是攻克几何难题的有力武器。这样一题多证,可以检验掌握知识的深度和广度,使我们的联想更深入,思维能力达到更高层次,进而跳出常规思路,寻求新的解题方

法,并通过比较从中选出最佳方法。

联想八

借助图形与上述添作的辅助线可以一题多练,见图2.3.13。

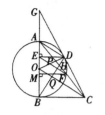

图 2.3.13

(1)若 $AB = 3$ cm,$BC = 4$ cm,AC 与 ⊙O 交于点 F,求 CF。

(2)若 BA 与 CD 交于点 G,已知 $GD = 2$,$GA = 1$,求 CD。

(3)若 $\overset{\frown}{AD} = \overset{\frown}{DF}$,求证:$PD = PA = PE$。

(4)若 AF 与 BD 交于点 H,求证:$AH \cdot AF + BH \cdot BD = AB^2$。

(5)连接 DF,若 $\overset{\frown}{AD} = \overset{\frown}{BF}$,求证:$AF^2 = BF^2 + DF \cdot AB$。

(6)若 $EF \perp OD$,求证:$\dfrac{DF}{BF} = \dfrac{AE}{EO}$。

(7)求证:$\dfrac{OA}{BE} = \dfrac{OG}{BG}$。

(8)若 $GA = OA$,E 为 OA 中点,求证:$GD = 3DE$。

(9)若 $AB = BC$,求证:$CH = 2AH$。

(10)求证:$FM \cdot BC = AB \cdot BM$。

四、浅谈数学教学中创造性思维的培养

(一)教学中注重以知识的发生代替知识的终结

要让学生感受、理解知识产生和发展的过程,培养学生的科学精神和创新思维习惯。有经验的老师认为,好的课堂教学应该重视对知识的产生和发展过程的分析,这种分析必然会渗透科学方法论的教育。中学数学是概念、原理、数学思想、方法的和谐统一体,其中数学思想是对中学数学概念、原理和方法的本质认识,是分析和处理数学问题所采用的指导思想。在中学数学课堂教学过程中,应努力挖掘蕴含在知识中的数学思想,适时有机结合、有意渗透。

如:在几何引言的教学中,应该涉及中国数学的发展史。

我国的数学史,是一部主题鲜明、绚丽多彩的历史画册,它展示了人类发展的艰难轨迹,讴歌了一批批劳动者为摘取智慧之果而表现出的英雄气概和呕心沥血、不懈奋斗的奉献精神。

公元前 1000 年,商高提出勾股定理,远远早于希腊几何学五百到六百年;东汉初年《九章算术》记载了分数的运算、负数的概念、联立一次方程的解法,遥遥领先于世界各国;刘徽整理的古代数学理论使“中国数学进入了鼎盛时期,其成就达到了西方所望尘莫及的水平”(英国科学史家李约瑟语);南北朝时期祖冲之计算出圆周率,其精确度的世界纪录保持了近千年,他的儿子提出的“祖暅原理”比西方的发现早 1200 年;秦九韶提出的“三斜求积”远远早于“海伦公式”;宋朝的“杨辉三角”比欧洲的发现早 400 多年……我国对现代数学的研究,从 20 世纪 20 年代开始活跃起来,至今已取得了举世瞩目的成就:华罗庚的数学理论和优选法誉满全球;陈景润在 40 多年前取得的研究成果"1＋2"至今保持着"哥德巴赫猜想"研究的领先地位……讲解我国古今数学的辉煌成就,展示知识的发生过程,是只讲述知识的"结果"无法比拟的。

数学被称为理科之帅。它以成熟的理论、严谨的体系、活跃的思想方法、无可估量的实用价值建树着人类的文明。正是如此,在基础教育中,它不仅仅应当成为炼智的工具,而且应该成为培养创造性思维的平台。

数学学习同其他数学思维活动一样,存在几种不同的思维过程,分别是发现性的思维,整理性的思维,以及创造性的思维。

创造性思维,从实际上看,它所得的结果并不需要充足的理由,因而它并不属于严格的形式逻辑的思维。时下,由于各种原因,在初中教材的教法中,往往过于偏重演绎论证的训练,把学生的注意力都吸引到了形式逻辑的严密性中。如:在课堂教学中,在学生还没有开展观察、归纳、猜想等活动之前,就把现成的结论、定义、方法等成人思想强加给他们;在课堂训练中,只注重如何根据现成的定义、结论、方法去解释数学现象,反复训练整理性的思维,即使是分析——综合寻找解法的过程,也往往筛去了许多创造性的信息,并不真正符合学生的认知规律;在"启发诱导"时所展现的思路都是天然合理的;在考试中只考成题、熟题等等。杰出的数学家都强调创造性思维的培养。爱因斯坦说过,直觉是头等重要的。他创造原理的模式是经验—直觉—概念或假设—逻辑推理。高斯说他自己的许多定理都是靠归纳法发现的,证明只是补行的手续。欧拉说:数学这门科学,需要观察,还需要实验。多面体的面、顶、棱数公式,就是他在具体观察若干个多面体之后,提出归纳猜想再加以证明的。数学教学不仅要教给学生系统的知识,还要培养其数学思维的素质,其中也就包括了创造性思维素质。创造性思维往往可以从同一来源中产生为数众多的输出,这表现了求异思维。运用这种思维,可以从背景材料中直接引发各种念头,其中有的念头是同既有的知识信息不同的,因而很可能成为新发现。罗巴切夫斯基和黎曼正是通过考察欧氏几何产生的背景,发现了其"公设冗余"的毛病,从而冲破了欧氏几何的公理体系,创建了新的几何。现以人教版初三教材《几何》第三册中的一题为例,谈谈添作辅助线对创造性思维素质的培养。学生做有些几何题时,只要联想相关定理或推论,补齐定理或推论中相关的线或线段,即可发现很多方法。

【题目】在以 O 为圆心的两个同心圆中,A、B 为大圆上的任意两点,过 A、B 作小圆的割线 AXY 和 BPQ(见图 2.4.1),求证:$AX \cdot AY = BP \cdot BQ$。

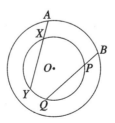

图 2.4.1

分析:本题可考虑与圆有关的比例线段,联想切割线定理、割线定理以及相交弦定理,补齐切线或另补一条割线或补齐相交弦中的残缺弦而获证。

1. 据切割线定理,发现本题有割线,无切线,因此需补齐切线。

补法1:分别过点 A、B 作小圆的切线 AM、BN,M、N 为切点,连接 OM、ON、OA、OB(见图2.4.2)。

补法2:分别过点 A、B 作小圆的切线交大圆于点 C、D,切点为 M、N,连接 OM、ON(见图2.4.3)。

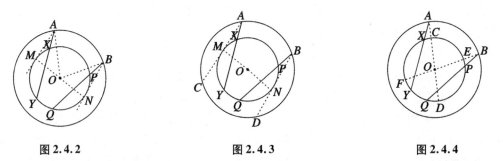

图2.4.2　　　　　　　图2.4.3　　　　　　　图2.4.4

2. 据割线定理,发现本题从 A 点、B 点各只有一条割线,因此只需分别补齐过这两点的另一条割线。

补法3:连接 AO、BO 并延长分别交小圆于点 C、D、E、F(见图2.4.4)。

3. 据相交弦定理,本题可分别视点 X、点 P、点 Q、点 Y 为相交弦的交点,然后补齐相关的弦。

补法4:延长 AY、BQ 分别交大圆于点 C、D,连接 XP 并两向延长交大圆于点 M、N(见图2.4.5)。

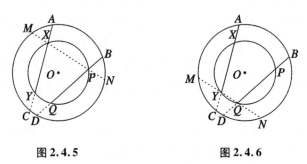

图2.4.5　　　　　　　图2.4.6

补法5:分别延长 AXY、BPQ 交大圆于点 C、D,连接 YQ 并两向延长交大圆于点 M、N(见图2.4.6)。

补法6:分别延长 AXY、BPQ 交大圆于点 C、D,连接 XQ 并两向延长交大圆于点 M、N(见图2.4.7)。

补法7:分别延长 AXY、BPQ 交大圆于点 C、D,连接 YP 并两向延长交大圆于点 M、N(见图2.4.8)。

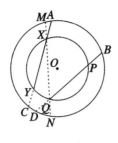
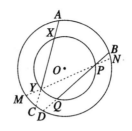

图 2.4.7　　　　　　　　　　图 2.4.8

补法 8:分别延长 AXY、BPQ 交大圆于点 C、D,过 XO、PO 作直线分别交大圆于点 M、N、G、H(见图 2.4.9)。

补法 9:分别延长 AXY、BPQ 交大圆于点 C、D,过 YO、QO 作直线分别交大圆于点 M、N、G、H(见图 2.4.10)。

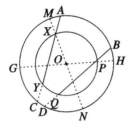
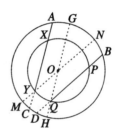

图 2.4.9　　　　　　　　　　图 2.4.10

4. 据割线定理和相交弦定理,补齐其中某条线,使其既是割线,又是弦。

补法 10:延长 BPQ 交大圆于点 D,过 AP 作直线交大圆于点 M,交小圆于点 N(见图 2.4.11)。

补法 11:延长 BPQ 交大圆于点 D,连接 AQ 交小圆于点 M,交大圆于点 N(见图 2.4.12)。

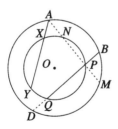
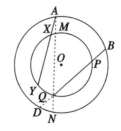

图 2.4.11　　　　　　　　　　图 2.4.12

补法 12:延长 AXY 交大圆于点 C,过 BX 作直线交小圆于点 M,交大圆于点 N(见图 2.4.13)。

补法 13:延长 AXY 交大圆于点 C,过 BY 作直线交小圆于点 M,交大圆于点 N(见图 2.4.14)。

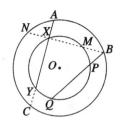 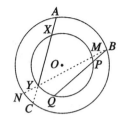

图 2.4.13   图 2.4.14

限于篇幅,详细证法略。

窥一斑而见全豹。目前证明勾股定理的方法有四百余种,而本题证法区区十余种,真是"小巫见大巫"!

看来,对一道题的分析,因为考虑角度不同,可得到不同的证法,对这些不同证法,须注意选择较便捷的方法。赞科夫说:数学教学方式应该具有多样化的"变式"特点。为此,对于一题可以一题多变、一题多解、一题多问,从而增大思维容量。

创造性思维素质的培养要求学生学会直接从背景材料中引发新念头,而不是轻易接受既有模式,同时要求有一定的根据,使思维具有简约、生动、自由、新颖的特征。这就大大增进了个体的数学思维的独创性、灵活性和敏捷性,从而提高了他们的思维素质。有一种看法认为,只有对优等生,对特定问题的创造性思维培养才有意义,而对中等生而言,谈不上创造性思维素质培养。这种看法是不符合事实的。著名的法国教育学家彭加勒说过,所谓发明,实际上就是鉴别,简单说来,也就是选择。而学生在学习一项新知识时,也常常需要选择。例如,为了证明两条线段相等或两角相等,先判断这两条线段或两个角所在的三角形全等,尔后才分析探究,看全等条件够不够,不够就选择"等角对等边"或"等边对等角",这一过程就运用了直觉进行选择。

在教学中承认和尊重学生学习的创造性思维,具有调动学习积极性和帮助学生理解知识、形成知识结构的积极意义。许多表面上头头是道,但总是"不解渴"的课,问题就出在缺乏研究性、创造性的思维过程,教学程序同发现—建立—巩固—发展知识的程序不同步。在这样的教学中,学生被动地接受知识,新知识和旧知识联系不起来,头绪纷繁,似明若暗,被人为地、无形地加重了负担。诊治这种课堂教学的良方,就是从创造性思维培养入手,多进行发散训练,多进行实验,多分组设问,多探究为什么。这样调动学习积极性,才能让学生感到数学"有学头"。

(二)重科学实验的教学

实践是检验真理的唯一标准。理科教学中的实验实际上是实践的一种具体体现。实验是学生获取知识的重要手段,因此,理科教学必须加强实验教学。通过实验教学,培养学生的观察、探究、分析和动手能力,培养学生严谨的科学态度和百折不挠的心理品质。

课堂教学大体有三个阶段。

第一阶段:老师一本正经地备好课,一本正经地走进教室,非常严肃地完成课堂教学,下课铃响教学任务刚好完成。老师问:讲的知识听懂了吗? 学生一起回答:听懂了。然后老师高兴地走出教室。

第二阶段:老师准备好上课的问题,一个问题接一个问题地讲解,直到学生回答全都听懂了,才放心地离开教室。

第三阶段:学生带着问题走进教室,老师帮学生解决问题,在解决问题的同时,又产生了新的问题,下课铃响后,学生带着更多的问题走出教室。

人人都知道教学中应该取第三阶段。这一阶段的教学就包含着对学生进行"问题意识"的培养,培养学生从生活实践中体会数学,培养学生形成从发现问题到解决问题、从解决问题到研究解决问题的思维路径。数学知识来源于生活,服务于生活,如果数学教学离开了生活,就成了雕塑式的冷而严肃的美(罗素语)。

数学实验大多以电脑作为载体,以一个数学问题为内容,运用运动、变换、动画等手段,揭示问题中的图形位置、数量关系、变化趋势,具有形象生动、操作便利的特点。它不应该是数学问题的翻版,而应该关注揭示此问题的数学属性及变化。运用多媒体使教学的表现形式更加形象化、多样化、视觉化,有利于充分描绘数学概念的形成与发展过程,揭示数学思维的过程和实质,展示数学问题的形成过程。

(三)鼓励学生的创造,加强猜想的验证

曾有这样一个故事,在幼儿园的黑板上画一个圈,幼儿园的小朋友会想象与之相似的东西,同样的一个圈画在小学的黑板上,产生的想象就少多了,当这一个圈画到中学、高中、大学的黑板上时,就没有人知道它是什么了。故事很明显说明,没有创造性思维贯穿的教育在扼杀人的想象,在扼杀人的创造。

当别人问我从事什么工作时,我会自豪地告诉他:我在培养数学家。大家都知道,成绩好的学生学习兴趣浓,主动探索精神强,这与他们经常受到肯定、表扬从而具有的成就感有关。而学习困难的学生则大多数缺乏对数学学习的兴趣,他们认为:第一,数学很难,高不可攀;第二,学习数学的过程中会经常遭受挫折、批评。因此他们的基本功特别差,以至于课堂上被动听讲或不听讲,甚至闹堂。根据最近发展区观念,应该用成就感来激发学生的兴趣,吸引他们的注意力,使他们觉得数学可亲可近,数学家离自己并不遥远。

在教学中如果要培养学生的创造能力,就必须大胆地鼓励学生创造,不论对错,都应当给以鼓励。我们活跃在教育的最前沿,理应在心理上给予学生肯定,让他们不要抛弃想象的翅膀。

但科学毕竟是科学,我们必须对错误的结论加以否定,这就要求老师教会学生对自己的结论加以验证,同时渗透归纳—猜想—验证的数学思想方法。

(四)数学教学中的创造性思维培养要点

一题多问,培养思维的广阔性;一题多变,培养思维的深刻性;一题多解,培养思维的敏捷性;设置误区,培养思维的批判性;克服定势,培养思维的灵活性;探索猜想,培养思维的独创性。

创造性思维的培养不是一朝一夕的事情,它应该包含两方面的内容,一方面是创造性思维的品质培养,另一方面是创造性思维的人格培养。在初中数学的教学中,应该按一定的计划,根据每个年级、每个学期的不同情况进行具体操作。

作为学校,作为教育工作者,我们应该把学生看成科学家,让他们去体会学习与生活的

联系,一方面培养学生科学思考问题的态度,另一方面培养学生的科学人格。叶圣陶老先生说过:人人是创造之人,处处是创造之地,时时是创造之时。

五、浅谈学生几何观察能力的培养

数学观察是指在数学活动中根据一定的研究目的,有计划地通过视觉器官从数学材料或生活、生产实践中提取数学对象,并认识数学对象的性质及其相互关系的活动。观察过程是对数学思维材料的接收和处理的过程。数学教学应当让学生获得探索数学的体验和利用数学知识解决实际问题的能力,要达到这一目标,首先应让学生学会数学观察。而学生几何观察能力的培养在数学观察中显得尤为重要。本文就如何培养学生的观察意识和观察能力这一问题进行探讨。

(一)在几何概念建构中让学生学会观察

学生的学习是一个自主建立认知结构的过程,在数学学习中,自主建构几何概念是建立学生数学知识结构的最好途径。学生通过对几何学习材料的观察、整理,抽象出事物的本质特征,进而形成几何概念。

如在九年级教学"点和圆的位置关系"时,可以设计如下教学过程。

观察1 播放《西游记》片段"孙悟空三打白骨精"。提问:孙悟空为保护唐僧、猪八戒、沙僧在地上画了一个避魔圈,在白骨精靠近时,把白骨精看成一个点,把避魔圈看成一个圆,那么点和圆有哪几种位置关系呢?

观察2 幻灯片演示点和圆的运动变化过程,要求学生观察并思考:当点运动时,它和圆的位置关系在哪些方面发生了变化?

观察3 在点和圆的位置关系变化过程中,能否用数量关系来判定点和圆的位置关系呢?

学生在对几何材料的观察、比照、抽象过程中逐步形成点和圆的位置关系的基本概念,并随着观察的深入,进而掌握通过比较圆心到点的距离和圆的半径来判定点和圆的位置关系的方法。

(二)在几何例题教学中让学生学会观察

几何例题的教学是引导学生应用几何概念、形成新的数学能力的主要手段之一。在例题教学中,要创设能让学生进行数学观察的情境,要为学生进行数学观察提供条件。

例如,在人教版八年级数学教材中,"勾股定理的证明"章节就有多种观察示范。

两千多年来,人们对勾股定理的证明颇感兴趣,因为这个定理太贴近人们的生活实际,以至于古往今来,下至平民百姓,上至帝王政要,都愿意观察、探讨、研究它的证明。据我国《周髀算经》记载,数学家商高在公元前1000年独立发现勾股定理并完成证明。魏晋时期的数学家刘徽提出的青出朱入证法脍炙人口。

三国时期的数学家赵爽通过观察指出:四个全等的直角三角形面积加上一个小正方形

的面积等于大正方形的面积(见图2.5.1)。

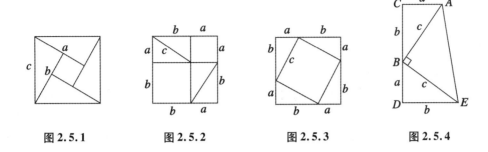

图2.5.1   图2.5.2   图2.5.3   图2.5.4

中国当代计算机科学家张景中一人就对勾股定理探究出两种不同的证法,实属罕见!他主要从事机器证明、教育数学、距离几何等研究。

毕达哥拉斯的观察指出:图2.5.2中拼成的正方形与图2.5.3中拼成的正方形的面积相等。

加菲尔德梯形证法指出:三个三角形的面积和等于一个梯形的面积(见图2.5.4)

其实,由图2.5.3还可观察出:以斜边为边长的正方形的面积 + 四个三角形的面积 = 外正方形的面积。

下面,再列出几种证明勾股定理的方法以飨读者。

相似法:如图2.5.5所示,作 $CD \perp AB$,D 为垂足,易知 $\triangle ADC \backsim \triangle CDB \backsim \triangle ACB$。

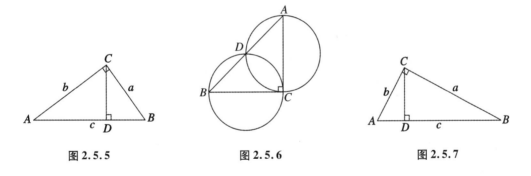

图2.5.5   图2.5.6   图2.5.7

则 $S_{\triangle ADC} : S_{\triangle CDB} : S_{\triangle ACB} = b^2 : a^2 : c^2$,

又 $\because S_{\triangle ADC} + S_{\triangle CDB} = S_{\triangle ACB}$,

$\therefore a^2 + b^2 = c^2$。

构造圆法:如图2.5.6所示,以 AC 为直径作圆交 AB 于点 D,切 BC 于点 C,圆 BCD 和 AC 相切于点 C,由切割线定理,得 $AC^2 = AB \cdot AD$,$BC^2 = AB \cdot BD$,

则 $AC^2 + BC^2 = AB(AD + BD) = AB^2$,

即 $a^2 + b^2 = c^2$。

三角法:如图2.5.7所示,作 $CD \perp AB$,

在 $\mathrm{Rt} \triangle ACD$ 中,$AD = b\cos A$,

在 $\mathrm{Rt} \triangle CBD$ 中,$BD = a\cos B$,

在 Rt$\triangle ABC$ 中,$\cos A = \dfrac{b}{c}$,$\cos B = \dfrac{a}{c}$,

又 $AD + BD = c$,$b\cos A + a\cos B = c$,

可得 $b \cdot \dfrac{b}{c} + a \cdot \dfrac{a}{c} = c$,即 $a^2 + b^2 = c^2$。

综上所述,对著名的定理或经典题或例题的多解(证)分析与观察思考,是训练和培养学生思维灵活性的一种有效手段,既可以提高学生学习数学的兴趣、主动性和积极性,又有助于沟通知识之间的内在联系。对一题多观察从而多解(证),能使学生多角度、多方位地探索同一问题,寻求解题的新方法、新途径,这样既有助于拓宽解题思路,培养发散思维能力,提高解题的应变能力和综合应用知识的能力,又可以最大限度地发挥学生运用已有知识解决问题的潜在能动性。

(三)在几何解题中让学生学会观察

良好几何题解题途径的获得很大程度上源于学生对题目条件、结论以及对应图形的深入观察。

在学完七年级第五章"相交线与平行线"后,通过对配套练习《练闯考》$P12$ 第 17 题解法的探究,可对学生观察几何图形、培养解题能力有所启迪。

【题目】如图 2.5.8 所示,已知 $\angle B = 25°$,$\angle BCD = 45°$,$\angle CDE = 30°$,$\angle E = 10°$,试说明 $AB // EF$ 的理由。

原理 1　说明直线平行有三种判定方法。

方法 1:两条直线被第三条直线所截,同位角相等,两直线平行。

方法 2:两条直线被第三条直线所截,内错角相等,两直线平行。

方法 3:两条直线被第三条直线所截,同旁内角互补,两直线平行。

上述三命题的逆命题亦真。

原理 2　多边形的内角和为:$(n-2) \cdot 180°$($n \geqslant 3$ 且为整数)。

观察 1

结合题图与原理 1 相比照,若抓截线,可以补全线段形成截线。

解法 1:如图 2.5.9 所示,延长 BC 交 FE 于点 M,利用方法 2 可说明。

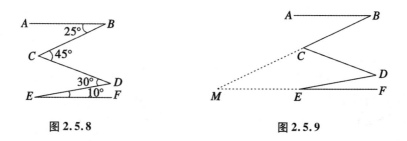

图 2.5.8　　　　　　　　图 2.5.9

解法 2:如图 2.5.10 所示,延长 ED 交 AB 于点 M,利用方法 2 可说明。

解法 3:如图 2.5.11 所示,将 CD 双向延长交 AB 于点 M,交 EF 于点 N,利用方法 2 可说明。

图 2.5.10

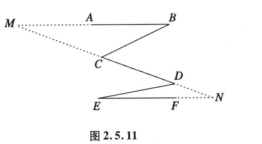

图 2.5.11

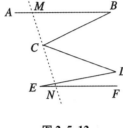

图 2.5.12

观察 2

不按上述方法,而是另辟蹊径,添加一条截线。

解法 4:如图 2.5.12 所示,过点 C 作截线 MN,利用方法 3 可说明。

解法 5:如图 2.5.13 所示,作截线 MN,利用方法 1 可说明。

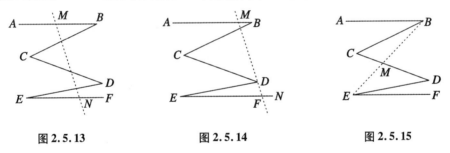

图 2.5.13　　　　　图 2.5.14　　　　　图 2.5.15

解法 6:如图 2.5.14 所示,过 D 点作截线 MN,可利用方法 3 说明。

观察 3

能否过两点作截线? 可以。

解法 7:如图 2.5.15 所示,连接 BE 交 CD 于点 M,利用方法 2 可说明。

解法 8:如图 2.5.16 所示,连接 EC 并延长交 AB 于点 M,可用方法 3 说明。

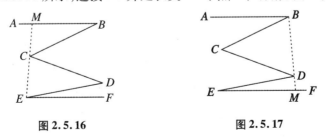

图 2.5.16　　　　　　图 2.5.17

解法 9:如图 2.5.17 所示,连接 BD 交延长交 EF 于点 M,可利用方法 3 说明。

观察4

能否作平行线或作一个角等于已知角？可以。

解法10:如图2.5.18所示,分别过点 C、D 作 $CM/\!/AB$,$DN/\!/EF$,可利用平行线性质及方法2说明。

解法11:如图2.5.19所示,过点 B 作 $BM/\!/CD$ 交 EF 的延长线于点 M,延长 ED 交 BM 于点 N,可利用方法3说明。

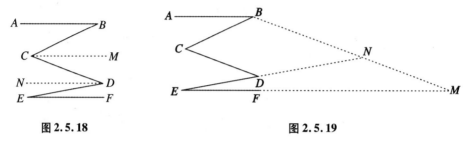

图2.5.18   图2.5.19

解法12:如图2.5.20所示,过点 E 作 $EM/\!/DC$ 交 BA 的延长线于点 M,延长 BC 交 EM 于点 N,可用方法3说明。

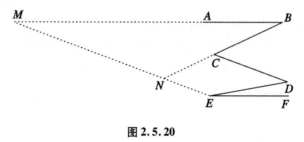

图2.5.20

解法13:如图2.5.21所示,过点 B 作 $BM/\!/DE$ 交 FE 的延长线于点 M,延长 CD 交 BM 于点 N,可利用方法2说明。

图2.5.21

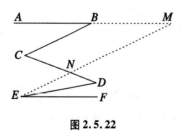

图2.5.22

解法14:如图2.5.22所示,过点 E 作 $EM/\!/CB$ 交 AB 的延长线于点 M,交 CD 于点 N,可利用方法2说明。

解法15:如图2.5.23所示,过点 C 作 $MN/\!/DE$ 交 AB 延长线于点 N,交 FE 的延长线于点 M,可利用方法2说明。

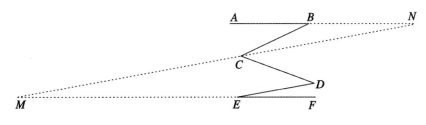

图 2.5.23

解法 16：如图 2.5.24 所示，过点 D 作 $MN /\!/ BC$ 交 EF 于点 N，交 AB 延长线于点 M，可利用法方 2 说明。

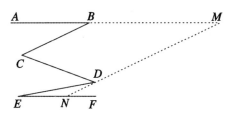

图 2.5.24

观察 5

能否作垂线而说明？可以。

解法 17：如图 2.5.25 所示，过点 C 作 $CM \perp AB$，过点 D 作 $DN \perp EF$，先说明 $CM /\!/ DN$，再利用平行公理说明 $AB /\!/ EF$。

解法 18：如图 2.5.26 所示，过 C 点作 $CM \perp AB$，作 $CN \perp EF$，先说明 M、C、N 三点共线，再用方法 3 说明。

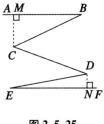

图 2.5.25

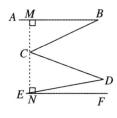

图 2.5.26

观察 6

能否利用四边形内角和而说明？可以。

解法 19：如图 2.5.27 所示，连接 BD，过点 E 作一截线 EM，可利用方法 3 说明。

解法 20：如图 2.5.28 所示，连接 CE，并过点 B 作一截线 BM，可利用方法 3 说明。

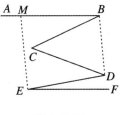

图 2.5.27

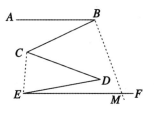

图 2.5.28

　　综上所述，一个小问题可演绎出多观察。作业是课堂教学的延伸，尤其在现行教材例题颇少的情况下，对选用的资料、作业题的探究、讲透显得尤为重要。由于观察是思维的出发点，是一题多解、多证的基础，它是有思维参与的一种活动，因此，人们认为观察是思维的知觉。几何题证题常用的观察方法还有很多，比如整体性观察法、特征性观察法、归纳性观察法、特例性观察法等等，运用好这些方法会提高观察的能力。学生学习数学的目的不仅是获得数学知识，更重要的是培养学习数学的能力。一个几何知识结论的揭示，如果是靠死记硬背、生硬灌输，虽可以得到一时的教学效果，但是学生内心对数学本质的把握、主动探究的热情、思维的曲折与顿悟等体验将无从谈起。数学教学的过程，不应只关注灵活运用概念、公式、定理等知识解题的能力，更应落足于从简单常识中用观察的方法去激发学生探究的热情、追求真理的意识。通过对学生的几何观察能力的培养，可着重提高学生的数学直觉能力和顿悟能力，以及融会贯通能力，以达到提高学生的数学思维能力的目的。

六、奇异的几何"变脸"题

　　数学是与实际紧密相连的学科，它在不停地接受实践的检验。抽象的概括虽然离开了个别的具体事物，但它是根据实践而进行的科学的抽象概括。由于抽象概括不是任意摘取事物和现象的个别方面，不是凭主观想象的，所以它不仅不是更空虚、更不可靠的认识，而是更深刻、更正确、更完全地反映了客观事物的认识。

　　列宁说过，物质的抽象、自然规律的抽象、价值的抽象及其他等等，一句话，那一切科学的抽象，都更深刻、更正确地反映着自然。数学中的抽象概括正是如此。大多抽象概括的结论往往是唯一的，形式为定式，可也时有变异，出现少见的"变脸"。但是只要我们正确地进行判断、推理，根据现有的知识去考察新的领域、新的方向，便能得到新的知识，从而充实过去，预见未来。

　　下面以这道奇异的"变脸"题与读者共享。

　　如图 2.6.1 所示，在一个房间内，有一架梯子斜靠在墙上，梯子顶端距地面的垂直距离 MA 为 a 米，此时梯子的倾斜角为 $75°$，若梯子顶端距离地面的垂直距离 NB 为 b 米，此时梯子的倾斜角为 $45°$，你知道这间房子的宽 AB 是多少米吗？

　　中学生解此题认为 AB 的结论肯定与 a、b 同时有关，很少发现单独与 a 或单独与 b 有关，就是与 a、b 同时有关的情况也有不少的"变脸"。

　　(1)初一学生因几何知识尚少，尤其擅长三角形全等知识，于是他们探求抽象出 $AB = a$（变脸1）。如图 2.6.2 所示，他们先作 $NH \perp MA$，再证四边形 $HABN$ 为矩形和 $\triangle CMN$ 为等边三角形，最后利用 AAS 证 $\triangle MNH \cong \triangle CMA$，从而 $HN = AB = MA = a$。

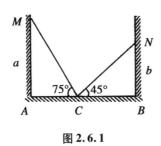
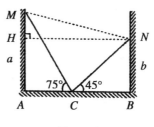

图 2.6.1　　　　　　　　图 2.6.2

（2）初二的学生因掌握的几何定理不断增加，可利用勾股定理，探求抽象出 $AB = \sqrt{2b^2 - a^2} + b$ 或 $AB = \sqrt{b^2 - a^2 + 2ab}$ 或 $AB = (2 - \sqrt{3})a + b$。

三种带根号的"变脸"形式，会让学生以为题目有问题，抑或弄不清为何出现迥然不同的结论表达形式。

认为 $AB = \sqrt{2b^2 - a^2} + b$（变脸2）的解法：

如图 2.6.3 所示，在 Rt△CBN 中和 Rt△MAC 中，分别用勾股定理求得 $CN = \sqrt{2}b$，$AC = \sqrt{(\sqrt{2}b)^2 - a^2} = \sqrt{2b^2 - a^2}$，从而 $AB = AC + b = \sqrt{2b^2 - a^2} + b$。

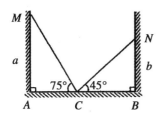
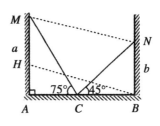

图 2.6.3　　　　　　　　图 2.6.4

认为 $AB = \sqrt{b^2 - a^2 + 2ab}$（变脸3）的解法：

如图 2.6.4 所示，连接 MN，作 $BH /\!/ MN$，先证 $MN = CN = \sqrt{2}b = BH$，可得 $AH = a - b$，则 $AB = \sqrt{(\sqrt{2}b)^2 - (a - b)^2} = \sqrt{b^2 - a^2 + 2ab}$。

认为 $AB = (2 - \sqrt{3})a + b$（变脸4）的解法：

如图 2.6.5 所示，$\angle HCM = 15°$，在 Rt△HAC 中利用勾股定理，设 $MH = HC = x$，则 $x^2 = (a - x)^2 + \left(\dfrac{x}{2}\right)^2$，可得 $x = (4 - 2\sqrt{3})a$，从而 $AC = \dfrac{x}{2} = (2 - \sqrt{3})a$，$AB = (2 - \sqrt{3})a + b$。

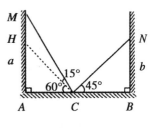

图 2.6.5

其实，AB 除了与 a 单独有关，还与 b 单独有关。

（3）初三学生因学了三角函数知识，可利用它探求抽象出 $AB = \dfrac{\sqrt{3} + 1}{2}b$（变脸5）。

如图 2.6.1 所示，$BC = NB = b$，则 $CN = \sqrt{2}b = MC$，

可得 $AC = MC\cos75° = \sqrt{2}b \cdot \dfrac{\sqrt{6} - \sqrt{2}}{4} = \dfrac{\sqrt{3} - 1}{2}b$，

从而 $AB = (\frac{\sqrt{3}-1}{2})b + b = \frac{\sqrt{3}+1}{2}b$。

综上可看出本题"变脸"5 次,要么与 b 无关,要么与 a 无关,要么与 a、b 同时有关,结论形式不唯一。何以出现这怪现象,不妨作一般探求。

如图 2.6.6 所示,

$$\left. \begin{array}{l} \text{Rt}\triangle MCA \text{ 中,} \frac{AC}{a} = \cot\alpha \Rightarrow AC = a\cot\alpha \\ \text{Rt}\triangle BNC \text{ 中,} \frac{BC}{b} = \cot\beta \Rightarrow BC = b\cot\beta \end{array} \right\} \Rightarrow AB = a\cot\alpha + b\cot\beta,$$

当 $\alpha = 75°$,$\beta = 45°$时,$AB = (2-\sqrt{3})a + b$①。

显然变脸 4 正确。

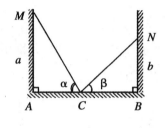

图 2.6.6

设梯子 $MC = CN = 1$,

$$\left. \begin{array}{l} \text{Rt}\triangle AMC \text{ 中,} \frac{a}{1} = \sin\alpha \Rightarrow 1 = \frac{a}{\sin\alpha} \\ \text{Rt}\triangle BNC \text{ 中,} \frac{b}{1} = \sin\beta \Rightarrow 1 = \frac{b}{\sin\beta} \end{array} \right\} \Rightarrow \frac{a}{\sin\alpha} = \frac{b}{\sin\beta} \Rightarrow a\sin\beta = b\sin\alpha,$$

当 $\beta = 45°$,$\alpha = 75°$时,$a \cdot \frac{\sqrt{2}}{2} = b \cdot \frac{\sqrt{6}+\sqrt{2}}{4} \Rightarrow a = \frac{\sqrt{3}+1}{2}b$②。

把②代入①中,可得 $AB = a(2-\sqrt{3}) + (\sqrt{3}-1)a = a$(变脸 1 正确)。

当 $a = \frac{\sqrt{3}+1}{2}b$ 时,代入变脸 2、变脸 3、变脸 5 都成立。

为此,结论的五次"变脸"都是正确的。如同川剧中的变脸一样,脸谱变幻莫测,但其实脸谱后面都是同一个人。此题的关键在于同一架梯子 $MC = CN$,加上 75°、45°这两个特殊角,从而产生了 a、b 的关系式 $2a^2 - 2ab - b^2 = 0$,进而得到 $a = \frac{\sqrt{3}+1}{2}b$。答案出现了"形异质同"的现象,只是无理数与三角函数会出现多种表现形式而已,并不能说产生了 5 个不同的答案。由此看来,我们应从观察到的事物的表面的、片段的、偶然的、不相联系的状态中,通过自觉的主观能动作用,抓住客观事物的本质,发现事物的内在联系,得出具有规律性、普遍性的结果,从而使结论具有高度的抽象性和广泛的应用性。

让我们多从解题中丰富、发展、完善相关的结论并不懈地探求吧!

七、28 捆"五环"绳长几何

1913 年,根据顾拜旦的构想,国际奥委会设计了奥运五环图,五环象征五大洲的团结,而且强调所有参赛运动员以公正、坦诚的运动员精神在比赛场上相见。

2008 年里祖国传递圣火,每站 208 位火炬手传递奥运圣火,点燃 13 亿国人奋发向上的激情。

2008 年里数学王国传递五环图,28 捆"五环"呈现代数的交响曲,几何形的芭蕾舞,传递一图多变的欢乐!五环图也点燃了笔者的激情,突发 28 捆"五环"绳长几何的奇想。

如果五个等圆的半径都为 r,那么用绳子把它们捆起来,该如何捆?如果能捆紧,捆的绳子孰长孰短?下面作一些探讨,以飨同行。

五个圆在同一平面内摆放,呈十四种形态,用绳子在外围捆绑,显然用绳要短些,呈"8"字形捆绑用绳要长些。捆紧的方法有很多,在求绳长的过程中涉及弧长公式、圆周长、解直角三角形与解斜三角形、圆与圆外切性质、公切线长求法、半径、直径、勾股定理、连心线性质、等边三角形性质等数学知识,同时涉及物体平衡原理。在求绳长的过程中,不计绳厚度与圆环本身的厚度等,为此下面取 28 种有代表性的捆法。

"五环"在平面内堆放且可以捆绑的情况共有十四种形态。

1."一"字形。

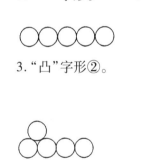

2."凸"字形①。

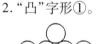

3."凸"字形②。

4."T"字形①。

5."T"字形②。

6."X"字形。

7."由"字形。

8."口"字形。

9. "十"字形①。

10. "十"字形②。

11. "Z"字形。

12. "五角星"形。

13. "L"字形①。

14. "L"字形②。

在上面十四形态中,每种形态取 2 种典型捆法,故有 28 种捆法。($\pi = 3.14, \sqrt{3} = 1.73$)

在"一"字形中,捆法如捆法(1)和捆法(2),绳长分别为 $16r + 2\pi r (22.28r), 12r + 4\pi r$ ($24.56r$)。

在"凸"字形①中,捆法如捆法(3)和捆法(4),绳长分别为 $6r + 4\sqrt{3}r + 2\pi r (19.2r), 10r$ $+ \frac{25}{6}\pi r (23.08r)$。

在"凸"字形②中,捆法如捆法(5)和捆法(6),绳长分别为 $10r + \frac{25}{6}\pi r (23.08r), 10r +$ $4\pi r (22.56r)$。

在"T"字形①中,捆法如捆法(7)和捆法(8),绳长分别 $10r + \frac{10\pi r}{3} (20.47r), 10r + 4\pi r$ ($22.56r$)。

在"T"字形②中,捆法如捆法(9)和捆法(10),绳长分别 $10r + \frac{13}{4}\pi r (20.205r), 8r + 6\pi r$

$(26.84r)$。

在"X"字形中,捆法如捆法(11)和捆法(12),绳长分别 $4r + 4\sqrt{3}r + 2\pi r(17.2r)$，$8r + \dfrac{10\pi r}{3}(18.47r)$。

在"由"字形中,捆法如捆法(13)和捆法(14),绳长分别 $10r + 2\pi r(16.28r)$，$6r + \dfrac{14}{3}\pi r(20.65r)$。

在"口"字形中,捆法如捆法(15)和捆法(16),绳长分别 $10r + 2\pi r(16.28r)$，$6r + \dfrac{25}{6}\pi r(19.08r)$。

在"十"字形①中,捆法如捆法(17)和捆法(18),绳长分别 $8r + \dfrac{13\pi r}{3}(21.61r)$，$8r + 4\pi r(20.56r)$。

在"十"字形②中,捆法如捆法(19)和捆法(20),绳长分别 $4r + 4\sqrt{3}r + \pi r(14.06r)$，$8r + 4\pi r(20.56r)$。

在"Z"字形中,捆法如捆法(21)和捆法(22),绳长都为 $8r + 6\pi r(26.84r)$。

在"L"字形②中,捆法如捆法(23)和捆法(24),绳长分别为 $12r+4\pi r(24.56r)$,$8r+6\pi r$ $(26.84r)$。

捆法(23)　　捆法(24)

在"L"字形①中,捆法如捆法(25)和捆法(26),绳长都为 $12r+4\pi r(24.56r)$。

捆法(25)　　捆法(26)

在"五角星"形中,捆法如捆法(27)和捆法(28),绳长分别为 $10r+2\pi r(16.28r)$,$6r+$ $\dfrac{25}{6}\pi r(22.33r)$。

捆法(27)　　捆法(28)

上面 28 捆"五环"令人耳目一新,给人一种美的享受,富有迷人的魅力,使人难忘。由绳子的外切围捆和内切围捆可知捆法(13)、(15)、(27)的绳子最短,捆法(10)、(21)、(22)、(24)的绳子最长。

其实"五环"的捆法又何止这 28 种,但从 28 种捆法中不难看出,一个问题的解决,并不是问题的终了。通过一题多问这种求异思维训练,可以使学生尽可能多、尽可能新地提出前所未有的独特想法,用问题的演变、引申来拓宽学生的思路,激发他们的兴趣,使他们获得更多的知识。这样,学生才会展开创造性思维的翅膀,成为驾驭知识的主人。广大数学教师应尽力挖掘教材,有意识地引导学生进行概念扩散、条件扩散、结论扩散、图形扩散、方法扩散、思路扩散,从而培养学生更多、更强的能力。

八、"无心"的链接　"有心"的给力

海伦(约公元 50 年),古希腊数学家、测量学家和工程师,在数学史上,他以出色解决几何测量问题而闻名。他提出了不少计算图形面积和体积的精确或近似公式,其中包括著名的已知三角形三边求三角形面积的海伦公式。

面积是平面几何中一个重要的概念,计算三角形面积是平面几何最常见的基本问题之一。三角形面积的相关知识如下。

已知:将 $\triangle ABC$ 三边设为 a、b、c,面积为 S,三边上的高设为 h_a、h_b、h_c,R 表示三角形外接圆的半径,r_a、r_b、r_c 表示三角形旁切圆半径,r 表三角形内切圆的半径,p 表示 $\triangle ABC$ 的半周长$\dfrac{a+b+c}{2}$。

那么：

（1）$S = \dfrac{1}{2}ah_a = \dfrac{1}{2}bh_b = \dfrac{1}{2}ch_c$。

（2）$S = \sqrt{p(p-a)(p-b)(p-c)}$（海伦公式）。

（3）$S = \dfrac{abc}{4R}$。

（4）$S = pr$。

（5）$S = r_a(p-a) = r_b(p-b) = r_c(p-c)$。

（6）等底等高的两个三角形面积相等。

（7）等高（或等底）的两个三角形面积的比等于对应底（高）的比。

（8）相似三角形的面积比等于相似比的平方。

（9）$S = \sqrt{r r_a r_b r_c}$。

（10）在平面直角坐标系中，三点坐标分别为 $A(x_1, y_1)$，$B(x_2, y_2)$，$C(x_3, y_3)$，

$$S_{\triangle ABC} = \dfrac{1}{2}\begin{vmatrix} x_1 & y_1 & 1 \\ x_2 & y_2 & 1 \\ x_3 & y_3 & 1 \end{vmatrix} = \dfrac{1}{2}|x_3 y_2 + x_1 y_3 + x_2 y_1 - x_1 y_2 - x_2 y_3 - x_3 y_1|。$$

三角形是多边形中最基本的图形，多边形可分割成多个三角形，若对其深入探究，可发现许多三个三角形面积成和、差、倍、分、比等五彩缤纷的有趣组合，这些组合对解决相关求三角形面积的问题是大有裨益的。下面以 12 例呈现这些组合，以飨读者。

链接 1　三个三角形面积成算术平均数的形式组合

例 1：如图 2.8.1 所示，已知凸四边形 $ABCD$，O 是 CD 边的中点，

试证：$S_{\triangle AOB} = \dfrac{1}{2}(S_{\triangle ABD} + S_{\triangle ABC})$。

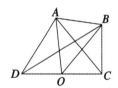

图 2.8.1

证明：

$\left.\begin{array}{l} S_{\triangle ABC} = S_{四边形ABCD} - S_{\triangle ACD} \\ O \text{ 是 } CD \text{ 边中点} \Rightarrow S_{\triangle ACD} = 2S_{\triangle AOD} \end{array}\right\} \Rightarrow S_{\triangle ABC} = S_{四边形ABCD} - 2S_{\triangle AOD}$，

$\left.\begin{array}{l} \text{又 } S_{\triangle ABD} = S_{四边形ABCD} - S_{\triangle BCD} = S_{四边形ABCD} - 2S_{\triangle BOC} \\ S_{\triangle AOB} = S_{四边形ABCD} - S_{\triangle AOD} - S_{\triangle BOC} \end{array}\right\} \Rightarrow S_{\triangle AOB} = \dfrac{S_{\triangle ABD} + S_{\triangle ABC}}{2}$。

链接 2　三个三角形面积成倒数和的形式组合

例 2：如图 2.8.2 所示，已知 $AC \perp AB$，$BD \perp AB$，AD 与 BC 相交于点 E，

求证：$\dfrac{1}{S_{\triangle ABC}} + \dfrac{1}{S_{\triangle ABD}} = \dfrac{1}{S_{\triangle ABE}}$。

证明：过点 E 作 $EF \perp AB$，垂足为 F，则 $EF // AC // BD$，

$\because \triangle BEF \backsim \triangle BCA$，

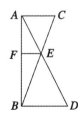

图 2.8.2

$\therefore \dfrac{EF}{AC} = \dfrac{BF}{AB}$①，

同理 $\dfrac{EF}{BD} = \dfrac{AF}{AB}$ ②,

① + ② 得 $\dfrac{EF}{AC} + \dfrac{EF}{BD} = \dfrac{BF}{AB} + \dfrac{AF}{AB} = 1$,即 $\dfrac{1}{AC} + \dfrac{1}{BD} = \dfrac{1}{EF}$ ③,

③式两边同乘以 $\dfrac{2}{AB}$,则 $\dfrac{1}{S_{\triangle ABC}} + \dfrac{1}{S_{\triangle ABD}} = \dfrac{1}{S_{\triangle ABE}}$。

链接3 三个三角形面积成和的平方形式组合

例3:如图2.8.3所示,$EH \parallel AB$,$FG \parallel BC$,$DM \parallel AC$,$\triangle DOF$、$\triangle OHM$、$\triangle EOG$ 的面积分别为 S_1、S_2、S_3,设 $\triangle ABC$ 的面积为 S,求证:$S = (\sqrt{S_1} + \sqrt{S_2} + \sqrt{S_3})^2$。

证明:易知 $\triangle DOF \backsim \triangle OMH \backsim \triangle EGO$,

所以 $FO : HM : OG = \sqrt{S_1} : \sqrt{S_2} : \sqrt{S_3}$,

即 $BH : HM : MC = \sqrt{S_1} : \sqrt{S_2} : \sqrt{S_3}$,

由此可得 $\dfrac{BC}{FO} = \dfrac{\sqrt{S_1} + \sqrt{S_2} + \sqrt{S_3}}{\sqrt{S_1}}$,

又 $\because \dfrac{S}{S_1} = \dfrac{BC^2}{OF^2} = \dfrac{(\sqrt{S_1} + \sqrt{S_2} + \sqrt{S_3})^2}{(\sqrt{S_1})^2}$,

$\therefore S = (\sqrt{S_1} + \sqrt{S_2} + \sqrt{S_3})^2$。

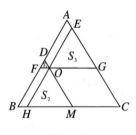

图2.8.3

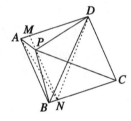

图2.8.4

链接4 三个三角形面积成差的形式组合

例4:如图2.8.4所示,已知 $ABCD$ 为平行四边形,P 为 $\triangle ABD$ 内一点,求证:$S_{\triangle PBC} - S_{\triangle PAB} = S_{\triangle PBD}$。

证明:过点 P 作 $MN \parallel AB$ 分别交 AD、BC 于点 M、N,则 $S_{\triangle PAB} = S_{\triangle NAB} = \dfrac{1}{2}S_{\square ABNM}$,$S_{\triangle PCD} =$

$S_{\triangle NCD} = \dfrac{1}{2}S_{\square MNCD}$,

$\therefore S_{\triangle PAB} + S_{\triangle PCD} = \dfrac{1}{2}S_{\square ABCD}$①,

又 $\because S_{\triangle PBC} + S_{\triangle PCD} = \dfrac{1}{2}S_{\square ABCD} + S_{\triangle PBD}$②,

由② - ①得 $S_{\triangle PBC} - S_{\triangle PAB} = S_{\triangle PBD}$。

链接 5　三个三角形面积成倍分的形式组合

例 5：如图 2.8.5 所示，在 $\triangle ABC$ 的边 BC、AC 分别取点 D、E，使 $BD = 2CD$，$CE = 2AE$，设 AD 与 BE 的交点为 P，求证：$S_{\triangle EPA} = \dfrac{1}{6} S_{\triangle APB} = \dfrac{1}{8} S_{\triangle PBD} = \dfrac{1}{21} S_{\triangle ABC}$。

证明：过点 E 作 $EF /\!/ AD$，交 BC 于点 F，则 $\dfrac{BP}{PE} = \dfrac{BD}{DF} = \dfrac{PD}{EF - PD}$，$\dfrac{DF}{FC} = \dfrac{AE}{EC} = \dfrac{1}{2}$，

$\because DF = \dfrac{1}{3}DC$，$DB = 2DC = 6DF$，

$\therefore \dfrac{BP}{PE} = \dfrac{6}{1}$，　　　$\therefore S_{\triangle EPA} = \dfrac{1}{6} S_{\triangle APB}$。

$\because \dfrac{PD}{EF} = \dfrac{BP}{BP + PE} = \dfrac{6}{7}$，$\dfrac{EF}{AD} = \dfrac{CF}{CD} = \dfrac{2}{3}$，

$\therefore \dfrac{PD}{AD} = \dfrac{PD}{EF} \cdot \dfrac{EF}{AD} = \dfrac{4}{7}$，

$\therefore \dfrac{S_{\triangle APB}}{S_{\triangle BPD}} = \dfrac{AP}{PD} = \dfrac{AD - PD}{PD} = \dfrac{3}{4}$，

$\therefore S_{\triangle EPA} = \dfrac{1}{6} S_{\triangle APB} = \dfrac{1}{6} \cdot \dfrac{3}{4} S_{\triangle BPD} = \dfrac{1}{8} S_{\triangle BPD}$。

又 $\because \dfrac{S_{\triangle ADB}}{S_{\triangle ABC}} = \dfrac{BD}{BC} = \dfrac{2}{3}$，$\quad S_{\triangle ABD} = 14 S_{\triangle EPA}$，

$\therefore S_{\triangle EPA} = \dfrac{1}{14} \cdot \dfrac{2}{3} S_{\triangle ABC} = \dfrac{1}{21} S_{\triangle ABC}$。

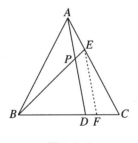

图 2.8.5

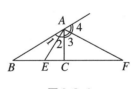

图 2.8.6

链接 6　三个三角形面积成自然数比的形式组合

例 6：如图 2.8.6 所示，在 $\triangle ABC$ 中，$AC : AB = 1 : 2$，设 A 角的内外角平分线分别交直线 BC 于点 E、F，求证：$S_{\triangle ACE} : S_{\triangle ABE} : S_{\triangle ABC} : S_{\triangle AEF} = 1 : 2 : 3 : 4$。

证明：$\angle 1 = \angle 2 \Rightarrow \dfrac{AC}{AB} = \dfrac{CE}{BE} = \dfrac{1}{2} \Rightarrow \dfrac{\frac{1}{2} \cdot CE \cdot h}{\frac{1}{2} \cdot BE \cdot h} = \dfrac{1}{2} \Rightarrow \dfrac{S_{\triangle ACE}}{S_{\triangle ABE}} = \dfrac{1}{2}$，

同理由外角平分线定理求得 $CF = 3CE$，从而 $S_{\triangle AEF} = 4 S_{\triangle ACE}$，

故 $S_{\triangle ACE} : S_{\triangle ABE} : S_{\triangle ABC} : S_{\triangle AEF} = 1 : 2 : 3 : 4$。

链接7 三个三角形面积成奇数比的形式组合

例7:如图2.8.7所示,已知▱$ABCD$ 的面积为1(平方单位),E 为边 DC 上一点,$DE:EC=3:2$,AE、BD 交于点 F,设 $\triangle DEF$、$\triangle EFB$、$\triangle AFB$ 的面积分别为 S_1、S_2、S_3,求证:$S_1:S_2:S_3=9:15:25$。

证明:由题设得 $S_2^2=S_1 \cdot S_3$①,

又 $S_2+S_3=S_{\triangle AEB}=S_{\triangle ABD}=\dfrac{S_{\square ABCD}}{2}$,即 $S_2+S_3=\dfrac{1}{2}$②,

由 $S_{\triangle BDE}:S_{\triangle BCE}=DE:EC=3:2$,

及 $S_{\triangle BDE}+S_{\triangle BCE}=S_{\triangle BCD}=\dfrac{1}{2}$,

可求出 $S_{\triangle BDE}=\dfrac{3}{10}$,

即 $S_1+S_2=\dfrac{3}{10}$③,

解①、②、③得 $S_1=\dfrac{9}{80}$,$S_2=\dfrac{3}{16}$,$S_3=\dfrac{5}{16}$,

所以 $S_1:S_2:S_3=9:15:25$。

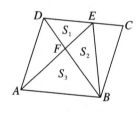

图2.8.7

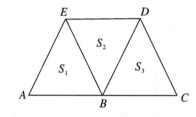

图2.8.8

链接8 三个三角形面积成比例中项的形式组合

例8:如图2.8.8所示,已知 $AE /\!/ BD$,$BE /\!/ CD$,设 $\triangle ABE$、$\triangle BED$、$\triangle DBC$ 的面积分别为 S_1、S_2、S_3,求证:$S_2^2=S_1 \cdot S_3$。

证明:

$$\left.\begin{array}{l} AE /\!/ BD \Rightarrow \dfrac{S_1}{S_2}=\dfrac{AE}{BD} \\[2mm] BE /\!/ CD \Rightarrow \dfrac{S_3}{S_2}=\dfrac{CD}{BE} \\[2mm] \text{又}\triangle AEB \backsim \triangle BDC \Rightarrow \dfrac{AE}{BD}=\dfrac{BE}{CD} \end{array}\right\} \Rightarrow S_2^2=S_1 \cdot S_3 \text{。}$$

链接9 三个三角形面积成和的完全平方组合

例9:如图2.8.9所示,已知 D 为 $\triangle ABC$ 边 BC 上的一点,$DE /\!/ BA$,$DF /\!/ AC$,分别设平行四边形 $AFDE$、$\triangle BFD$、$\triangle CED$、$\triangle ABC$ 的面积为 S_1、S_2、S_3、$S_\triangle$,求证:$S_\triangle=(\sqrt{S_2}+\sqrt{S_3})^2$。

证明:显然 $\triangle FBD \backsim \triangle EDC$,$\therefore \dfrac{ED}{FB}=\sqrt{\dfrac{S_3}{S_2}}$,

又 $\dfrac{S_1}{2S_2} = \dfrac{AF}{FB} = \dfrac{ED}{FB}$, $\therefore \dfrac{S_1}{2S_2} = \sqrt{\dfrac{S_3}{S_2}}$, 即 $S_1 = 2\sqrt{S_2 S_3}$,

由此可得 $S_\triangle = S_1 + S_2 + S_3 = (\sqrt{S_2} + \sqrt{S_3})^2$。

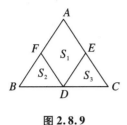 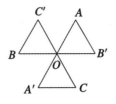

图 2.8.9　　　　　　　　　　图 2.8.10

链接 10　三个三角形面积成不等式形式组合

例 10：如图 2.8.10 所示，作 $AA' = BB' = CC' = 1$, $\angle AOB' = \angle BOC' = \angle COA' = 60°$, 求

证：$S_{\triangle AOB'} + S_{\triangle BOC'} + S_{\triangle COA'} < \dfrac{\sqrt{3}}{4}$。

证明：将 $\triangle BOC'$ 向 BB' 方向平移 1 个单位，所移成的三角
形设为 $\triangle B'PR$，将 $\triangle COA'$ 向 $A'A$ 方向平移 1 个单位，所移成的
三角形设为 $\triangle AQR$，如图 2.8.11 所示，

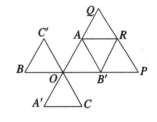

由于 $OQ = OA + AQ = OA + OA' = AA' = 1$, $OP = OB' + B'P = OB' + OB = BB' = 1$,

又因为 $\angle QOP = 60°$，则 $PQ = OQ = OP = 1$。

又因为 $QR + RP = OC + OC' = 1$，故 Q、R、P 三点共线，在等

图 2.8.11

边 $\triangle OPQ$ 中，有 $S_{\triangle OPQ} = \dfrac{\sqrt{3}}{4}$，

则 $S_{\triangle AOB'} + S_{\triangle BOC'} + S_{\triangle COA'} + S_{\triangle AB'R} = \dfrac{\sqrt{3}}{4}$,

所以 $S_{\triangle AOB'} + S_{\triangle BOC'} + S_{\triangle COA'} < \dfrac{\sqrt{3}}{4}$。

链接 11　三个三角形面积成和的形式组合

例 11：如图 2.8.12 所示，在四边形 $ABCD$ 中，M、N 分别是 AB、CD 的中点，AN、BN、DM、CM 划分四边形所成的 7 个区域的面积分别为 S_1、S_2、S_3、S_4、S_5、S_6、S_7，求证：$S_4 = S_1 + S_7$。

证明：连接 AC，则 $\dfrac{S_{\triangle ACN}}{S_{\triangle ACD}} = \dfrac{CN}{CD} = \dfrac{1}{2}$, $\dfrac{S_{\triangle ACM}}{S_{\triangle ACB}} = \dfrac{AM}{AB} = \dfrac{1}{2}$,

于是 $S_{\triangle CAN} = \dfrac{1}{2} S_{\triangle ACD}$, $S_{\triangle ACM} = \dfrac{1}{2} S_{\triangle ACB}$,

故 $S_{四AMCN} = S_{\triangle CAN} + S_{\triangle ACM} = \dfrac{1}{2}(S_{\triangle ACD} + S_{\triangle ACB}) = \dfrac{1}{2} S_{四ABCD}$,

同理可证 $S_{四BMDN} = \dfrac{1}{2} S_{四ABCD}$,

所以 $S_4 = S_1 + S_7$。

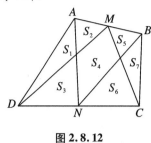

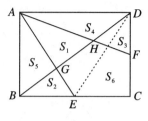

图 2.8.12 图 2.8.13

链接 12 三个三角形面积成混合比的形式组合

例 12：如图 2.8.13 所示，在矩形 $ABCD$ 中，点 E、F 分别为 BC、CD 的中点，线段 AE、AF 与对角线 BD 分别交于 G、H，AE、AF、BD 将矩形划分成的 6 个区域的面积分别为 S_1、S_2、S_3、S_4、S_5、S_6，设矩形 $ABCD$ 的面积为 S，求证：①$S_1 + S_2 + S_3 = \dfrac{1}{3}S$，②$S_2 : S_4 : S_6 = 1 : 2 : 4$。

证明：连接 ED，因为 $\dfrac{AG}{GE} = \dfrac{S_{\triangle ABD}}{S_{\triangle BDE}} = \dfrac{S_{\triangle BDC}}{S_{\triangle BDE}} = \dfrac{BC}{BE} = \dfrac{2}{1}$，

所以 $\dfrac{S_5}{S_2} = \dfrac{AG}{GE} = \dfrac{2}{1}$，$S_5 = 2S_2$，

同理 $S_4 = 2S_3$。

又 $S_{\triangle ABE} = S_{\triangle ADF} = \dfrac{1}{4}S$，则 $S_2 = S_3 = \dfrac{1}{12}S$，$S_4 = S_5 = \dfrac{1}{6}S$，

又 $S_1 + S_4 + S_5 = S_{\triangle ABD} = \dfrac{1}{2}S$，则 $S_1 = \dfrac{1}{6}S$，

所以 $S_1 + S_2 + S_3 = \dfrac{1}{3}S$。

又因为 $S_6 = S_{矩形ABCD} - S_{\triangle ABD} - S_2 - S_3 = \left(1 - \dfrac{1}{2} - 2 \times \dfrac{1}{12}\right)S = \dfrac{1}{3}S$，

从而 $S_2 : S_4 : S_6 = 1 : 2 : 4$。

上述 12 例既考查了观察、分析、化归、猜想能力，又蕴含着从特殊到一般的思想方法。特别对求一些关系复杂的三角形面积或一些图形面积而言，布列方程是一个重要方法，它不但可使学生熟悉列方程的方法和了解方程在几何中的应用，而且能通过恰当连线、图形割补、等积变形、图形平移、图形旋转等方法，将三角形面积代数化，清晰地将求多边图形面积转化为求三角形面积，从而降低问题的难度。

九、重视习题一题多问 培养学生求异思维

数学习题表面看来是一个类型又一个类型，但由于知识之间存在着接近性、相似性和对比性，所以对来自同一信息源的联想也不止一种。习题的一题多问、一题多解，正是求异思

维在运用全部信息进行放射性的联想,从而寻找出知识之间合理的结合点。这种思维追求问题的多层次,追求解决问题的多途径,追求问题的引申,是一种不依常规的思维形式。联想的多向性是求异思维的基础,而联想又是建立在观察的基础上的。从不同的侧面、不同的角度、不同的方位来观察同一个问题,可能获得不同的信息,从而引起不同的联想。由于知识间的联系是多方面、多层次、多容量的,有许多题目的条件、结论及图形,表异实同,只是它们最后求(或求证)结论所选的角度不同而已。既然如此,我们何不去粗取精,去表留质,沟通习题间的联系,克服习题中所设的障碍呢? 要想这样,必须具备一种求异能力。初中阶段是学生智力发展的关键时期,在这一时期,多培养学生的求异能力是很有必要的。虽然数学学习需要大量的严格的逻辑思维,同时也需要大量的直觉思维,但更需要求异思维。然而,由于教师的"辛苦型教法"(题型 + 方法),常常掩盖了求异思维的存在和作用,这正是数学教学中的时弊之一。不注重认识发生的阶段,不注重能力的培养,把知识和方法抛给学生,学生只要能复制例题就可以得到高分,数学变得枯燥无味,学生对于"尾巴翘一点"的题常感到惧怕而束手无策,这就是在教学过程中削弱了对学生求异思维的培养所带来的结果。

初中生由于认识能力的增长和学习内容的深化,肤浅的内容已不能引起他们的兴趣。为此,教师应通过一题多练等形式的教学,引导学生求新探索,这样做后,能使学生的知识范围扩大,能增强学生的求知欲,能使学生已有的学习兴趣得到巩固、加深和提高,并且还能弥补过去学习中的不足。

下面就"圆的基本性质"这节,用一题 30 练,谈谈对学生的求异思维的培养。

圆是初中平几中的一大分支,而此节是全章的基础,新概念多,新定理多,新的证法多,圆的有关性质贯穿始终,是进一步研究圆的重要依据。为此,本小节用四点共圆这个媒介物,将三角形、四边形、相似形等知识联系在一起,簇集为一题 30 练,从以下 30 练中,通过抓规律、找特点,可将知识融为一体,从而使学生掌握其共性与个性,进而培养学生的求异能力以及分析、探索能力。

【题目】已知:$\triangle ABC$ 的高 AD、BE、CI 相交于点 H,AD 的延长线交三角形外接圆于点 G,$\angle A = \angle BAC$,$\angle B = \angle ABC$,$\angle C = \angle BCA$,记 R 为 $\triangle ABC$ 外接圆半径。

①写出所有四点共圆的组数。

②求证:D 为 HG 的中点。

③若外接圆的直径为 AF,如果 HF 交 BC 于点 M,则 $HM = MF$。

④若 HA 中点为 P,BC 中点为 M,求证:$PM \perp IE$。

⑤求证:BC 与 HF 互相平分。

⑥求证:$AI \cdot AB = AE \cdot AC$。

⑦求证:$OA \perp EI$。

⑧求证:H 为 $\triangle DEI$ 的内心。

⑨求证:$BC^2 = AB \cdot BI + AC \cdot CE$。

⑩求证:BC 上的弦心距等于 A 点到垂心距离的一半。

⑪过直径 AF 的 F 点作 $FP \perp BC$,求证:$\triangle OPD$ 为等腰三角形。

⑫若 O' 为 BC 中点,求证:$\angle BAC = \angle IEO'$。

⑬过点 O 作 $OZ \perp BG$,求证:$AC = 2OZ$。

⑭若 Q 为 $\overset{\frown}{BC}$ 中点,求证:$\angle QAD = \angle QAO$。

⑮求证:$AH \cdot HD = BH \cdot HE = CH \cdot HI$ 为定值。

⑯求证:$HA^2 + BC^2 = BH^2 + AC^2 = HC^2 + AB^2$。

⑰求证:三垂足 D、E、I 与三边中点 M_A、M_B、M_C 及垂心到顶点线段中点 P_A、P_B、P_C 这九点共圆。

⑱若 D 为 AG 与 BC 的交点(定点),且 $OD = a$,试求 $AG + BC$ 的最大值与最小值。

⑲圆为定圆,求证:$BD^2 + CD^2 + AD^2 + DG^2$ 为定值。

⑳若在 AB 上截取 $AQ = AH$,在 AC 上截取 $AS = AO$,求证:$HS = QO$。

㉑若在 AB 上截取 $AQ = AH$,在 AC 上截取 $AS = AO$,求证:SQ 与 $\triangle ABC$ 的外接圆的半径相等。

㉒过点 D 作 $XY \perp AC$,交 AC 于点 X,交 BG 于点 Y,求证:点 Y 平分 BG。

㉓求证:点 H 关于 AC 的对称点在 $\triangle ABC$ 的外接圆上。

㉔若 $\triangle ABC$ 为钝角三角形,设 a、b、c 分别为 A、B、C 对边,d_a、d_b、d_c 分别表示垂心 H 到 A、B、C 三顶点的距离,求证:$\dfrac{d_a}{|\cos A|} = \dfrac{d_b}{|\cos B|} = \dfrac{d_c}{|\cos C|} = 2R$。

㉕若延长高 AD、BE、CI 分别交 $\odot O$ 于 G、Q、P,求证:$\triangle PQG \backsim \triangle IED$。

㉖若过点 D 分别作 AB、AC 的垂线 DP、DQ,求证:$\angle PBQ = \angle PCQ$。

㉗H 是 $\triangle ABC$ 的垂心,求证:$\triangle ABC$ 的外接圆半径与 $\triangle HBC$ 的外接圆半径相等。

㉘若 a、b、c 分别为 A、B、C 的对边,求证:$BH \cdot BE + CI \cdot HC + AD \cdot HA = \dfrac{1}{2}(a^2 + b^2 + c^2)$。

㉙H 是 $\triangle ABC$ 的垂心,令 $BC = a$,$CA = b$,$AB = c$,$AH = a'$,$BH = b'$,$CH = c'$,求证:$\dfrac{a}{a'} + \dfrac{b}{b'} + \dfrac{c}{c'} = \dfrac{abc}{a'b'c'}$。

㉚若高 $CI = BI$,高 BE 平分 $\angle ABC$,求证:$CE = \dfrac{1}{2}BH$。

这个题目大的条件简单,但附加一个条件后,却带来了复杂的结论,如果没有巧妙的联想,就难以建立条件和结论之间的联系。现由条件作出各种图形,并进行观察,可使学生联想到结论的结合点,并能起到沟通知识的作用。

【答案或提示】

①如图 2.9.1 所示,共有七组四点共圆:B、I、H、D,H、E、C、D,A、I、H、E,B、D、E、A,A、I、D、C,B、I、E、C,A、B、G、C。

②如图 2.9.2 所示,连接 BG,通过 H、E、C、D 和 A、C、G、B 四点共圆,代换 $\angle 1 = \angle 3$,得 $BH = BG$,从而得 $HD = DC$。

③如图 2.9.3 所示,略证:连接 FG,由 $Rt\triangle AGF$ 和 $Rt\triangle BDA$,得 $\angle ADB = \angle FCA$,由②得 $HD = DG$,知 $DM \overset{\parallel}{=} \dfrac{1}{2}FG$,则 $HM = MF$。

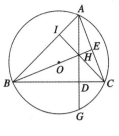
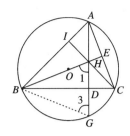
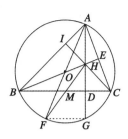

| 图 2.9.1 | 图 2.9.2 | 图 2.9.3 |

④如图 2.9.4 所示,略证:证 $\triangle PIM \cong \triangle PEM$,或证 IE 为过 A、I、H、E 的 $\odot P$ 与过 B、I、E、C 的 $\odot M$ 的公共弦,PM 为连心线。

⑤如图 2.9.5 所示,提示:连接 BF、FC,证四边形 $BHCF$ 为平行四边形。

⑥如图 2.9.6 所示,略证:取 BC 中点 M,连接 EM、IM,

$$\left.\begin{array}{l} \text{Rt} \triangle BEC \text{ 中},ME = MC = MB \\ \text{Rt} \triangle BIC \text{ 中},BM = IM = MC \end{array}\right\} \Rightarrow B\text{、}I\text{、}E\text{、}C \text{ 四点共圆} \Rightarrow AI \cdot AB = AE \cdot AC \text{。}$$

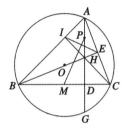
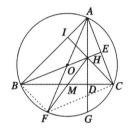
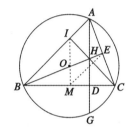

| 图 2.9.4 | 图 2.9.5 | 图 2.9.6 |

⑦如图 2.9.7 所示,略证:设 OA、EI 交于点 P,延长 AO 交圆 O 于点 F,连接 BF,通过四点共圆证 $\angle AHE = \angle ACD$,$\angle AIE = \angle AHE$,$\angle BFA = \angle ACD$,得 $\angle AIE = \angle BFA$,再证 $\triangle AIP \backsim \triangle AFB$,得 $\angle API = \angle ABF = 90° \Rightarrow OA \perp IE$。

⑧如图 2.9.8 所示,提示:B、I、E、C 四点共圆 $\Rightarrow \angle 3 = \angle 4$,$B$、$I$、$H$、$D$ 四点共圆 $\Rightarrow \angle 1 = \angle 3$,$D$、$H$、$E$、$C$ 四点共圆 $\Rightarrow \angle 2 = \angle 4 \Rightarrow \angle 1 = \angle 2 \Rightarrow AD$ 平分 $\angle IDE$ 等。

⑨如图 2.9.9 所示,略证:

$$\left.\begin{array}{l} A\text{、}I\text{、}D\text{、}C \text{ 四点共圆} \Rightarrow BI \cdot AB = BD \cdot BC \\ A\text{、}E\text{、}D\text{、}B \text{ 四点共圆} \Rightarrow AC \cdot CE = CD \cdot BC \end{array}\right\} \Rightarrow BC^2 = AB \cdot BI + AC \cdot CE \text{。}$$

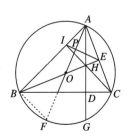
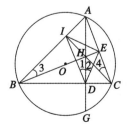
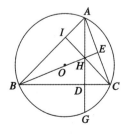

| 图 2.9.7 | 图 2.9.8 | 图 2.9.9 |

⑩如图 2.9.10 所示,提示:过 O 点作 $OM \perp BC$,过 C 点作直径 CP,连接 BP、PA,证 $\square BPAH$。

⑪如图 2.9.11 所示,略证:连接 FG,过 O 点作 $OM \perp BC$ 于点 M,交 FG 于点 Q,

$\because PF$、MQ、DG 均垂直于 BC,

$\therefore PF /\!/ MQ /\!/ DG$。

又 $\because AF$ 为直径,$\therefore \angle AGF = 90°$,

$\therefore BC /\!/ FG$,故四边形 $PFGD$ 为矩形,

$\therefore FG = PD$。

由垂径定理知 OQ 平分 FG,即 OM 也平分 $PD \Rightarrow \triangle OPD$ 为等腰三角形。

⑫如图 2.9.12 所示,证明:

$\left.\begin{array}{l} O' \text{为} BC \text{中点} \Rightarrow O'E = O'C \Rightarrow \angle O'EC = \angle ACB \\ B、I、E、C \text{四点共圆} \Rightarrow \angle AIE = \angle ACB \end{array}\right\} \Rightarrow$

$\left.\begin{array}{l} \angle O'EC = \angle AIE \\ \angle BAC = 180° - \angle AIE - \angle AEI \\ \angle IEO' = 180° - \angle AEI - \angle O'EC \end{array}\right\} \Rightarrow \angle BAC = \angle IEO'$。

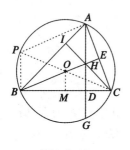

图 2.9.10

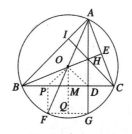

图 2.9.11

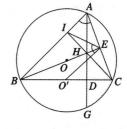

图 2.9.12

⑬如图 2.9.13 所示,提示:$\angle BAC = \angle IEO'$,过 G 点作直径 GP 交 $\odot O$ 于点 P,连接 BP、PA,

$\left.\begin{array}{l} OZ \overset{/\!/}{=} \dfrac{1}{2} BP \\ PA /\!/ BC \Rightarrow BP = AC \end{array}\right\} \Rightarrow 2OZ = AC$。

⑭如图 2.9.14 所示,提示:延长 AO 交 $\odot O$ 于点 P,连接 PG 可证明 $BC /\!/ PG$,则 $\overset{\frown}{BP} = \overset{\frown}{CG}$,所以 $\angle BAP = \angle GAC$,从而证得 $\angle QAD = \angle QAO$。

⑮如图 2.9.15 所示,略证:$\triangle ABC$ 中,$AH = 2R|\cos A|$,$BH = 2R|\cos B|$,又在 $\triangle BHD$ 中,有 $HD = BH \cdot |\cos C| = 2R|\cos B \cdot \cos C|$,

所以 $AH \cdot HD = 4R^2|\cos A \cdot \cos B \cdot \cos C|$,为定值,

同理证 $BH \cdot HE = CH \cdot HI = 4R^2|\cos A \cdot \cos B \cdot \cos C|$。

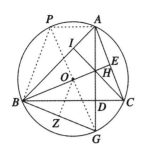

图 2.9.13

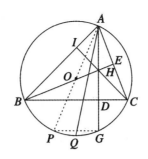

图 2.9.14

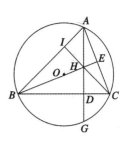

图 2.9.15

⑯如图 2.9.16 所示,略证:$AH^2 = (2R\cos A)^2$,$BC^2 = (2R\sin A)^2$,

所以 $AH^2 + BC^2 = (2R\cos A)^2 + (2R\sin A)^2 = 4R^2$,

故 $HA^2 + BC^2 = BH^2 + AC^2 = HC^2 + AB^2 = 4R^2$。

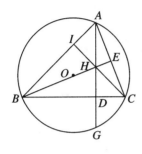

图 2.9.16

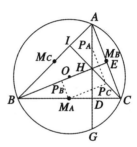

图 2.9.17

⑰如图 2.9.17 所示,略证:连接 $P_A P_C$、$P_C M_A$,

∵ $HP_A = P_A A$,$HP_C = P_C C$,$BM_A = M_A C$,

∴ $P_A P_C /\!/ AC$,$M_A P_C /\!/ BE$,

又∵ $BE \perp AC$,∴ $M_A P_C \perp P_A P_C$,

∴ P_C 在以 $P_A M_A$ 为直径的圆上,

同理可证得余下各点对 $P_A M_A$ 的张角均成直角,故这九点共圆。

⑱如图 2.9.18 所示,略证:设 $AG = l_1$,$BC = l_2$,弦心距分别为 x、y,⊙O 半径为 1,

$$\left. \begin{array}{l} x = \sqrt{1 - (\frac{l_1}{2})^2} \\ y = \sqrt{1 - (\frac{l_2}{2})^2} \end{array} \right\} \Rightarrow \left. \begin{array}{l} l_1 = 2\sqrt{1-x^2} \\ l_2 = 2\sqrt{1-y^2} \end{array} \right\} \Rightarrow$$

$$\left. \begin{array}{l} (l_1 + l_2)^2 = (2\sqrt{1-x^2} + 2\sqrt{1-y^2})^2 \\ \quad = 4[2 - (x^2 + y^2) + 2\sqrt{(1-x^2)(1-y^2)}] \\ x^2 + y^2 = a^2 \end{array} \right\} \Rightarrow$$

$$(l_1 + l_2)^2 = 4\left[2 - a^2 + 2\sqrt{1 - a^2 + \frac{a^4}{4} - (x^2 - \frac{a^2}{2})^2}\right],$$

由 $x^2 + y^2 = a^2$,知 $0 \leqslant x^2 \leqslant a^2$,

当 $x^2 = \dfrac{a^2}{2}$ 时, 可得 $AG + BC$ 的最大值为 $2\sqrt{2(2 - a^2)}$,

当 $x^2 = 0$ 时, 可得 $AG + BC$ 的最小值为 $2(1 + \sqrt{1 - a^2})$。

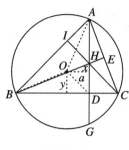

图 2.9.18

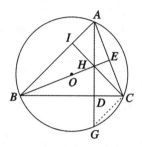

图 2.9.19

⑲如图 2.9.19 所示, 略证: 连接 CG, 由第②问结论知

$$\left.\begin{array}{l} HC = CG \\ HC = 2R\cos C \\ CD^2 + DG^2 = CG^2 \end{array}\right\} \Rightarrow CG^2 = (2R\cos C)^2,$$

又 $BD^2 + AD^2 = AB^2 = (2R\sin C)^2$,

则 $BD^2 + CD^2 + AD^2 + DG^2 = 4R^2$ (定值)。

⑳如图 2.9.20 所示, 略证: 延长 AO 交 $\odot O$ 于点 F, 连接 BF、FG、CG,

$$\left.\begin{array}{l} AF \text{ 是} \odot O \text{ 直径} \Rightarrow \angle 1 = 90° - \angle 4 \\ AD \perp BC \Rightarrow \angle 2 = 90° - \angle 5 \\ A、B、F、C \text{ 四点共圆} \Rightarrow \angle 4 = \angle 5 \end{array}\right\} \Rightarrow \left.\begin{array}{l} \angle 1 = \angle 2 \\ AO = AS \\ AQ = AH \end{array}\right\} \Rightarrow \triangle AQO \cong \triangle AHS \Rightarrow OQ = HS。$$

㉑如图 2.9.21 所示, 证明: 连接 CO 且延长交 $\odot O$ 于点 F, 连接 AF、FB,

$$\left.\begin{array}{l} \text{则 } FA \perp AC \\ BH \perp AC \end{array}\right\} \Rightarrow FA \parallel BH \left.\begin{array}{l} \\ \text{同理 } FB \parallel AH \end{array}\right\} \Rightarrow \Box AFBH \Rightarrow AH = BF。$$

过 O 点作 $OM \perp BC$ 且延长到 K, 使 $MK = OM$, 连接 CK,

$$\left.\begin{array}{l} O \text{ 是 } FC \text{ 中点} \\ M \text{ 是 } BC \text{ 中点} \end{array}\right\} \Rightarrow OM \underset{=}{\parallel} \frac{1}{2} FB,$$

所以 $OM = \dfrac{1}{2} AH$, $OK = AH = AQ$。

又 O 是 $\triangle ABC$ 的外心, 则 $OC = AO = AS$,

且 $\angle KOC = 90° - \angle BCF = 90° - \angle BAF = \angle BAC$,

所以 $\triangle AQS \cong \triangle OKC \Rightarrow SQ = KC$

$$\left.\begin{array}{l} M \text{ 是 } OK \text{ 的中点} \\ MC \perp OK \end{array}\right\} \Rightarrow OC = KC \left.\begin{array}{l} \\ \end{array}\right\} \Rightarrow SQ = OC = AO。$$

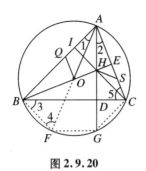

图 2.9.20　　　　　　　　　图 2.9.21

㉒如图 2.9.22 所示,略证:

$$\left.\begin{array}{l}\angle 1 = \angle 2 \\ \left.\begin{array}{l}DX \perp AC \\ \angle ADC = 90°\end{array}\right\} \Rightarrow \angle 1 = \angle 3\end{array}\right. \qquad \Rightarrow \angle 2 = \angle 4 \Rightarrow$$

A、B、G、C 四点共圆 $\Rightarrow \angle 3 = \angle 4$

$$\left.\begin{array}{l}BY = DY \\ 同理可得 \; DY = YG\end{array}\right\} \Rightarrow BY = YG \Rightarrow 点 \; Y \; 平分 \; BG。$$

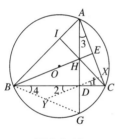 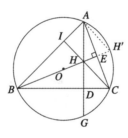 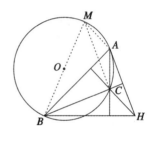

图 2.9.22　　　　　　　　图 2.9.23　　　　　　　　图 2.9.24

㉓如图 2.9.23 所示,证明:延长 HE 交 $\odot O$ 于点 H',连接 AH',

∵ $BE \perp AC$,$AD \perp BC$,

∴ $\triangle ADC \backsim \triangle BEC$,　∴ $\angle EBC = \angle DAC$,

∴ $\overset{\frown}{H'C} = \overset{\frown}{GC}$,

∴ $\angle CAH' = \angle CAG$,

由此可得在 $\triangle AHH'$ 中,AE 既是角平分线,又是高,因此,AE 也是中线,

∴ $HE = EH'$,即 H 点关于边 AC 的对称点为 H',其在 $\odot O$ 上。

㉔如图 2.9.24 所示,证明:过 B 点作 $\odot O$ 直径 BM,连接 MA、MC,

∵ $MA \perp AB$,$CH \perp AB$,　∴ $MA /\!/ HC$,

又∵ $MC \perp BC$,　$BC \perp AH$,

∴ $CM /\!/ AH$,即四边形 $AHCM$ 为 $\square$,则 $CH = AM = AB \cdot \cot \angle AMB = AB\cot(180° - \angle ACB)$

$= AB \cdot |\cot \angle ACB|$,即 $d_c = c \cdot |\cot \angle ACB|$,

同理 $d_a = a \cdot \cot \angle BAC$,$d_b = b \cdot \cot \angle ABC$。

又∵ $a = 2R\sin A$(正弦定理),

$$\therefore d_a = 2R \cdot \sin A \cdot \frac{\cos A}{\sin A} = 2R \cdot \cos A \Rightarrow \frac{d_a}{\cos A} = 2R,$$

同理可得 $\dfrac{d_b}{\cos B} = \dfrac{d_c}{|\cos C|} = 2R$,

所以在任意钝角 $\triangle ABC$ 中, $\dfrac{d_a}{|\cos A|} = \dfrac{d_b}{|\cos B|} = \dfrac{d_c}{|\cos B|} = 2R$。

㉕如图 2.9.25 所示,提示:利用㉓问思想易证 $\triangle PQG \backsim \triangle IED$。

㉖如图 2.9.26 所示,略证:连接 PQ, $\angle APD = \angle AQD = 90° \Rightarrow \angle 1 = \angle 2$,

因 $\angle 2$、$\angle DCQ$ 同为 $\angle QDC$ 之余角,故相等,所以 $\angle 1 = \angle DCQ$,则 B、P、Q、C 四点共圆,

$\therefore \angle PBQ = \angle PCQ$。

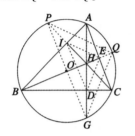
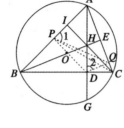
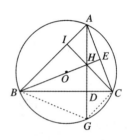

图 2.9.25 图 2.9.26 图 2.9.27

㉗如图 2.9.27 所示,提示:由第②问易证 $\triangle BHC \cong \triangle BGC$,故 $\triangle HBC$ 的外接圆半径与 $\triangle BGC$ 的外接圆半径相等,从而与 $\triangle ABC$ 的外接圆半径相等。

㉘如图 2.9.27 所示,证明:$\because H$、D、C、E 四点共圆,H、D、B、I 四点共圆,

$\therefore AD \cdot AH = AC \cdot AE$,$AD \cdot AH = AB \cdot AI$,

从而 $AD \cdot AH = \dfrac{1}{2}(AC \cdot AE + AB \cdot AI)$,

同理 $BE \cdot BH = \dfrac{1}{2}(BA \cdot BI + BC \cdot BD)$,

$CI \cdot CH = \dfrac{1}{2}(CB \cdot CD + CA \cdot CE)$,

由此可得 $AD \cdot AH + BE \cdot BH + CI \cdot CH = \dfrac{1}{2}(AC \cdot AE + AB \cdot AI + BA \cdot BI + BC \cdot BD + CB$

$\cdot CD + CA \cdot CE) = \dfrac{1}{2}[AC(AE + EC) + AB(AI + IB) + BC(BD + DC)] = \dfrac{1}{2}(AC^2 + AB^2 +$

$BC^2) = \dfrac{1}{2}(a^2 + b^2 + c^2)$。

㉙如图 2.9.28 所示,略证:由第㉗问可知, $\triangle ABC$、$\triangle ABH$、$\triangle AHC$、$\triangle BHC$ 有相等的外接圆半径,设为 R,

则 $S_{\triangle ABC} = \dfrac{abc}{4R}$, $S_{\triangle AHB} = \dfrac{a'b'c}{4R}$, $S_{\triangle BHC} = \dfrac{ab'c'}{4R}$, $S_{\triangle CHA} = \dfrac{a'bc'}{4R}$,

又 $S_{\triangle AHB} + S_{\triangle BHC} + S_{\triangle CHA} = S_{\triangle ABC} \Rightarrow a'b'c + ab'c' + bc'a' = abc \Rightarrow \dfrac{a}{a'} + \dfrac{b}{b'} + \dfrac{c}{c'} = \dfrac{abc}{a'b'c'}$。

㉚如图 2.9.29 所示,证明:

$$\left.\begin{array}{l}\angle 1 = \angle 2 \\ BE \perp AC\end{array}\right\} \Rightarrow CE = AE \Rightarrow AC = 2CE$$

$$\Rightarrow CE = \frac{1}{2}BH。$$

$$\left.\begin{array}{l}\angle 3 = \angle 4 \Rightarrow \angle 1 = \angle 5 \\ BI = IC\end{array}\right\} \Rightarrow \text{Rt}\triangle BIH \cong \text{Rt}\triangle CIA \Rightarrow BH = AC$$

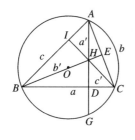
图 2.9.28

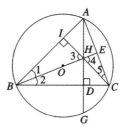
图 2.9.29

上面一题 30 练的编排是教案中少有的,其题型、题图及解答给人一种美的享受,富有迷人的魅力,使人难忘。此题由常见三角形与高作条件,可提出有几组四点共圆的①问;由四点共圆作条件,可提出证线段相等的②问、③问、⑳问、㉒问、㉗问,证线段垂直的④问、⑦问,证角相等的⑧问、⑫问、㉕问,证恒等式成立的⑨问、㉘问;由高的定义可提出证线段平分、线段相等的⑤问、⑩问、⑪问、⑬问、⑭问、㉑问、㉓问、㉚问,证四点共圆的⑥问、⑳问;由三角形与圆的关系,用正弦定理、余弦定理可提出⑮问、⑯问、㉔问、㉙问;由 Rt△ 中的特殊点中点,可提出⑰问、⑱问。

从对上面 30 问的研究中可以发现,在三角形的垂心周围,秘密地凝聚着三角形的许多有趣的性质,结论如下。

1. 两直角三角形共弦,则有六个四点组共圆。

2. 圆的内接四边形的外角等于内对角。三个截余三角形与原三角形相似,相似比就是对应的顶角的余弦。

3. 等角传递。三角形的垂心就是垂足三角形的内心。

4. 妙趣横生。三角形的三顶点正好是垂足三角形的三个旁心。

5. 两弦交割。垂心分三条高线等积。

6. 两角互补。垂心三角形与原三角形的外接圆半径相等。

7. 与正弦定理酷似。垂心到顶点的距离与顶角余弦之比相等,公比恰巧为 $2R$。

8. 奇遇接踵。垂足三角形的外接圆过垂心与顶点连线的中点。

9. 三中点入伙。六点圆变成九点圆(欧拉圆)等。

基于四点共圆这样一个大条件,能提出多个问题。从中不难看出,一个问题获得解决,并不是问题的终了,而可以通过一题多问这种求异思维训练的形式,使学生尽可能多、尽可能新地提出前所未有的独特想法、解法、见解,用问题的演变、引申、联动拓宽思路,从而使学生获得知识、产生兴趣、发展思维。

为此,学数学也应掌握变题思想,懂得多变中有不变,不变是多变的核心。这样,学生才会展开创造性思维的翅膀,成为知识的主人。广大数学教师应尽力施展自己潜在的扩散思维能力,挖掘教材、资料中潜在的扩散思维因素,有意识地引导学生主动接受扩散思维的训练。笔者觉得一题多问是训练学生扩散思维能力的练兵场,只有由一个问题出发,通过一题多变的形式,对原题进行仿造和引申,设计新的教学程序,引导学生自己去探索某一类问题的内在规律,才能培养学生由此及彼的思维迁移能力,从而使学生既获得了知识,又提高了能力。

让我们为培养具有开拓精神的创造型人才而多做这方面的工作吧！这不,笔者就1989年中考"荆卷"中第二十三大题,又编排了一题11问,供阅读此文的师生参考。

$\triangle ABC$ 为圆内接正三角形,边长为 a,P 为 $\overset{\frown}{BC}$ 上任意一点,PM、PN、PG 分别是点 P 到边 AC、BC、AB 的距离。

①求共有多少组四点共圆和多少对相似三角形。

②求证:$PA = PB + PC$。

③求证:$PA^2 = AB^2 + BP \cdot PC$。

④求证:$PA^2 = PB^2 + PC^2 + 2PA \cdot PD$。

⑤求证:M、N、G 三点共线。

⑥求证:$AC^2 = AN \cdot AP$。

⑦求证:$PA^2 + PB^2 + PC^2$ 为定值$(2a^2)$。

⑧求证:$PA^4 + PB^4 + PC^4$ 为定值$(2a^4)$。

⑨求证:$\dfrac{1}{PN} = \dfrac{1}{PM} + \dfrac{1}{PG}$。

⑩求证:$PN^2 + PM^2 + PG^2$ 为定值$\left(\dfrac{3}{4}a^2\right)$。

⑪求证:$PM \cdot PG - PM \cdot PN - PN \cdot PG = 0$(利用三角形面积证明)。

此文意在抛砖引玉,如有不妥之处还望批评斧正！

十、从古钱币谈几何命题

雨果说过,收藏家就是一批具有非凡毅力的普通人。

收藏界钱币为大,硬币为王,而价值不菲的硬币,多是以金、银、铜、铁等金属元素为材质的硬币。中国古钱币是中华文化艺术宝库中的一朵奇葩,萌芽于夏朝,殷朝得以广泛发展。古钱币的设计思想精妙,将"天圆地方"的宇宙观融于钱币中。古钱币能够反映出一个朝代、一个民族在不同的社会环境及政治背景下的文化、风俗、习惯,而古钱币又以铜币居多。我国古钱币虽品种繁杂(见图2.10.1),但大多数古钱币外形是圆形中开一个正方形的小孔,或开一个小圆孔,或不开孔,这为几何命题提供了丰富的历史背景。古人做人崇尚福禄寿喜俱全与花好月圆似的大团圆,做事堂堂正正、可方可圆,而初中平面几何亦覆盖了做事为人的内涵,点、线、三角形、四边形、相似形等在圆中"大团圆"。下面就从众多古钱币中遴选几种进行几何命题探究,以飨读者。

图 2.10.1

1. **五帝钱:** 五帝钱,是指清朝顺治、康熙、雍正、乾隆、嘉庆五个皇帝在位时发行的货币。五帝处于古代中国国力最强盛的年代,社会安定繁荣,百姓乐业,钱币铸造精良,流通时间久。这五位皇帝用的方孔钱和大多其他古钱一样,都是在同心圆中开一个正方形的孔。基于此类钱币可构建如下命题。

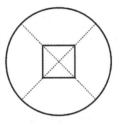

图 2.10.2

(1)一枚圆形方孔钱(见图 2.10.2)的外圆直径为 a,中间方孔边长为 b,则圆中实体面积为?($\dfrac{\pi a^2 - 4b^2}{4}$)

(2)某古钱币直径为 4 厘米,钱币内孔边缘恰好是圆心在钱币外缘均匀分布的等弧(见图 2.10.3),求钱币在桌面上能覆盖的面积为多少。(10.84 平方厘米)

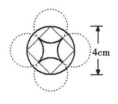

图 2.10.3

(3)如图 2.10.4 所示,一枚直径为 4 cm 的"中华民国"古钱币沿着直线滚动一周,圆心移动的距离是?(4π cm)

图 2.10.4

预构建命题　钱币中的正方形孔有一个与钱币圆同心的外接圆。

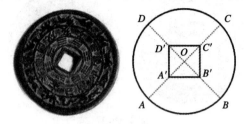

图 2.10.5

再命题 1　如果画出这个正方形的对角线(见图 2.10.5),那么 $\angle OAB = 45°$,$\angle OB'A' = 45°$,于是 A、B、B'、A' 四点共圆,同理可证 B、C、C'、B',C、D、D'、C',D、A、A'、D',这三组四点都分别共圆。

变式命题 2　现在,我们把上述问题变换如下。

如图 2.10.6 所示,若以下各组四点都共圆:A、B、B'、A',B、C、C'、B',C、D、D'、C',D、A、A'、D',A、B、C、D。那么 A'、B'、C'、D' 仍然共圆吗?(提示:四边形 $A'B'C'D'$ 不一定是正方形。)

 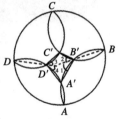

图 2.10.6

证明:$\because A$、B、B'、A' 共圆,$\therefore \angle 1 = \angle A'AB$,

$\because B$、C、C'、B' 共圆,$\therefore \angle 2 = \angle C'CB$,

$\because C$、D、D'、C' 共圆,$\therefore \angle 3 = \angle C'CB$,

$\because D$、A、A'、D' 共圆,$\therefore \angle 4 = \angle A'AD$,

$\therefore \angle 1 + \angle 2 + \angle 3 + \angle 4 = \angle DAB + \angle BCD$,

又 $\because A$、B、C、D 共圆,$\therefore \angle DAB + \angle BCD = 180°$,

$\therefore \angle 1 + \angle 2 + \angle 3 + \angle 4 = 180°$,$\therefore A'$、$B'$、$C'$、$D'$ 共圆。

推论命题 3　有六组四点,若其中任何五组四点均共圆,则最后一组四点必共圆。

2.“孙小头”:1912 年“中华民国”成立,选举孙中山为第一领导人。为了纪念这件翻天覆地的大事,国民政府决定铸银圆。铸造的首批银圆以孙中山头像为背景图案。下面以“中华民国”开国纪念币为例,进行命题构想。

命题 4　如图 2.10.7 所示,(1)内圆 S_1 和圆环 S_2、S_3 有相同的圆心,且小圆 S_1 和圆环 S_2、S_3 的面积相等,S_1、S_2、S_3 对应的半径分别为 R_1、R_2、R_3,则 $R_3^2 = $ _____ R_1^2。

(2)若两条 R_2 互相垂直,且和圆环 S_2 相交四点组成的等腰梯形面积为 25,则圆环 S_2 的面积为多少?

 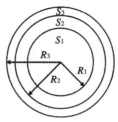

图 2.10.7

解:(1)因为 $S_1 = S_2$,所以 $\pi R_1^2 = \pi R_2^2 - \pi R_1^2$,所以 $\pi R_2^2 = 2\pi R_1^2$,所以 $R_2^2 = 2R_1^2$,又因为 $S_1 = S_3$,所以 $\pi R_1^2 = \pi R_3^2 - \pi R_2^2 = \pi R_3^2 - 2\pi R_1^2$,所以 $R_3^2 = 3R_1^2$。

(2)$S_{\text{等腰梯形}} = \dfrac{1}{2}R_2^2 - \dfrac{1}{2}R_1^2 = \dfrac{1}{2}(R_2^2 - R_1^2) = 25$,所以 $R_2^2 - R_1^2 = 50$,所以圆环的面积为 50π。

3. 四川铜币:四川铜币是民国时期发行的一种货币,由机器铸造,少量翻砂造,数量很大,可以说是民国铜圆的主体品种。铜币多数为实心,其上有大大小小的各种位置关系的圆。

如图 2.10.8 所示,四川铜币上铸造有 18 个实心圆圈。由于此古钱币为机制币,因而存在因人为或模具磨损而出现的错币和残币,比如出现图 2.10.9 所示的月牙儿币。下面以四川铜币为例构建命题。

趣味币命题 5 如图 2.10.8 所示,在大圆周上有 16 个小圆圈,小明将其中一些不相邻的小圆圈涂成红色,这时无论再将哪个小圆圈涂成红色,都会使圆周上出现两个相邻的红色小圆圈,问小明最少涂红了几个小圆圈? 说明理由。

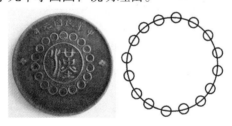

图 2.10.8

答:将一个红圈与两旁的两个圆圈组成一组,则 16 个圆圈可分 5 组并多出 1 个,将这个圆圈也涂红,则共有 6 个涂红的圆圈,此时再涂任意 1 个白圈就能使两个红圈相邻。而如果大圆周上只涂红了 5 个小圆圈,则此 5 个小圆圈共有 5 个间隔。所以小明最少涂红了 6 个小圆圈。

月牙儿错币命题 6 如图 2.10.9 所示,在圆 O 中,弧 $ADB = 90°$,弦 $AB = a$,以 B 为圆心、BA 为半径画圆弧交圆 O 于另一点 C,则由两条圆弧所围成的月亮形(图中阴影部分)的面积 $S = $?

解:连接 AC、BC,因为弧 $ADB = 90°$,所以 $\angle ACB = 45°$,又因为 $AB = BC$,故 $\triangle ABC$ 是等腰直角三角形,所以 AC 为圆 O 的直径,$OA = \dfrac{1}{2}AC = \dfrac{\sqrt{2}}{2}a$,扇形 ABC 的面积 $S_1 = \dfrac{1}{4}\pi a^2$,圆 O 的

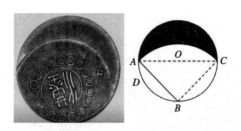

图 2.10.9

上半部分面积 $S_2 = \frac{1}{4}\pi a^2$，于是 $S_1 = S_2$，两边同减去公共部分（不含阴影的弓形 AC）的面积得

$$S = S_{\triangle ABC} = \frac{1}{2}a^2。$$

4. 花钱：花钱源于汉代，在早期是汉族民间自娱自乐的一种玩钱，这种钱币由于不是流通钱，因此它的材质和工艺大都比较粗糙。汉族民间花钱的种类繁多，用处五花八门，诸如开炉、镇库、馈赠、祝福等等都要铸钱，这种钱其实是专供某种需要的辟邪品、吉利品、纪念品。其中吉语钱是比较普遍的一类花钱，主要以"长命富贵""福德长寿""加官进禄""天下太平"等吉语为内容，其珍稀精美胜过官局制钱币。下面以花钱为例构建命题。

命题 7 有两个半径差为 2 厘米的圆，它们各有一个内接正十二边形（见图 2.10.10），已知阴影部分的面积是 2016 平方厘米，请问小圆的半径是多少？

图 2.10.10

解：已知顶角为 $30°$ 的等腰三角形，设腰长为 a，腰上的高是腰的一半，所以等腰三角形的面积是 $\frac{1}{2} \times \frac{a}{2} \times a = \frac{a^2}{4}$，图中一个等腰梯形的面积为 $2016 \div 12 = 168$，而梯形的面积为 $\frac{a^2}{4} - \frac{(a-2)^2}{4} = a + 1$，所以 $a = 168 - 1 = 167$。

5. 刀币：春秋晚期至战国时期的燕国、齐国、赵国、中山国所通行的刀类货币，外形由同心圆和曲多边形组成，像一把钥匙（见图 2.10.11）。下面以刀币为例构建命题。

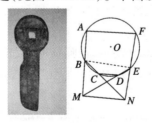

图 2.10.11

命题 8　如图 2.10.11 所示,若圆内接六边形 $ABCDEF$ 的对边 $CD /\!/ AF$,对边 AB、ED 延长交于点 M,对边 BC、FE 延长交于点 N,则 $MN /\!/ CD$。

证明:$\because \angle BME = \dfrac{1}{2}($弧 $AFE -$弧 $BCD)$,

$\angle BNE = \dfrac{1}{2}($弧 $BAF -$弧 $CDE)$,

$\therefore \angle BME - \angle BNE = \dfrac{1}{2}($弧 $AFE -$弧 $BCD) - \dfrac{1}{2}($弧 $BAF -$弧 $CDE)$

$= \dfrac{1}{2}($弧 $AFE -$弧 $BAF) - \dfrac{1}{2}($弧 $BCD -$弧 $CDE)$

$= \dfrac{1}{2}($弧 $FE -$弧 $BA) - \dfrac{1}{2}($弧 $BC -$弧 $DE)$

$= \dfrac{1}{2}($弧 $FED -$弧 $ABC)$,

$\because AF /\!/ CD$,$\therefore$ 弧 $FED =$ 弧 ABC,

$\therefore \angle BME = \angle BNE$,

$\therefore M$、N、E、B 四点共圆,

连接 BE,则 $\angle EMN = \angle EBC = \angle CDM$,

$\therefore MN /\!/ CD$。

事实上,本命题对于六边形 $ABCDEF$ 不是凸六边形、六边形发生相交的情况亦是成立的。由此可演变出 21 个命题,选择几个命题罗列如下,它们的证明方法基本相同,不再一一写出。

变式 1:圆内接六边形 $ABCDEF$ 的对角线 AF 与 CD 平行,AB、DE 交于点 M,BC、EF 交于点 N,则 $MN /\!/ CD$。（见图 2.10.12(2)）

变式 2:圆内接六边形 $ABCDEF$ 的对边 $CD /\!/ AF$,AB、DE 延长交于点 M,BC、EF 交于点 N,则 $MN /\!/ CD$。（见图 2.10.12(3)）

变式 3:圆内接六边形 $AECDBF$ 的对边 $CD /\!/ AF$,AB、ED 延长交于点 M,BC、FE 延长交于点 N,则 $MN /\!/ CD$。（见图 2.10.12(4)）

变式 4:圆内接六边形 $ABEFCD$ 的对角线 $AF /\!/ DC$,DE 与 AB 延长交于点 M,CB 与 FE 延长交于点 N,则 $MN /\!/ CD$。（见图 2.10.12(5)）

变式 5:圆内接六边形 $ABDCFE$ 的对角线 $AF /\!/ DC$,ED 与 AB 延长交于点 M,BC 与 EF 延长交于点 N,则 $MN /\!/ DC$。（见图 2.10.12(6)）

变式 1~5 中,若仍将图中六边形看作凸六边形 $ABCDEF$,则回到了命题 8 的形式。

古今中外的硬币不计其数,从古钱币看几何命题可追溯到远古,这也为欧几里得几何学建造了另一座宫殿,虽然冷僻,但是宝藏无限,有待数学教师中的"摸金校尉"去挖掘,去"盗宝"……由古钱币联想圆与圆的位置关系及圆与正多边形的关系等,能使学生真正感受到生活处处皆学问,古钱币中有无限的几何呀！

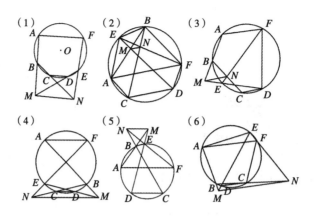

图 2.10.12

十一、一花引来万花开
——浅谈发散思维培养

一道好的数学题,如同一块璞玉,只有耐心揣摩,用手雕刻,用眼欣赏,用心品味,方能领悟到它的精妙绝伦。

探究一道题的不同证法,能培养思维能力,使知识范围扩大,沟通知识间的联系,并能弥补学习中的不足。

数学能力的提高离不开解题,但题海战术只会增加学习的负担而难以培养各种思维能力,所以在数学学习中要追求质而非量,质从何来? 课本是教学过程的载体,课本中的题可以一题多解、一题多变、一题多练、一题反思,如此不仅能提高学习成绩,更能培养学生的发散思维能力。

下面以人教版八年级上册《数学》中的一题为例,引来多解、多变、多思等"万花",来谈谈发散思维能力的培养。

(一)一题多证,培养思维的灵活性和广阔性

一题多证是命题角度的集中,是解法角度的分散,是发散思维的一种基本形式,多种证法从一个侧面反映了思维能力的灵活性和广阔性。

【题目】 如图 2.11.1 所示,六边形 $ABCDEF$ 的内角都相等,$\angle DAB = 60°$,AB 与 DE 有怎样的位置关系? BC 和 EF 有这种关系吗? 这些结论是怎样得出的?

先去掉条件 $\angle DAB = 60°$ 做如下探索。

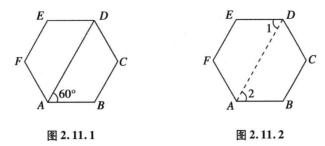

图 2.11.1   图 2.11.2

证法 1:如图 2.11.2 所示,连接 AD,先求出六边形内角和$(6-2)180°=540°$,再证$\angle 1 = \angle 2$,可得出 $AB \parallel DE$。

证法 2:如图 2.11.3 所示,连接 BE,同证法 1,证$\angle 1 = \angle 2$。

证法 3:如图 2.11.4 所示,连接 FC,先证 $FC \parallel DE$,再证 $FC \parallel AB$ 即可。

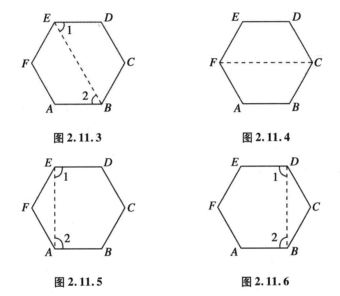

图 2.11.3   图 2.11.4

图 2.11.5   图 2.11.6

证法 4:如图 2.11.5 所示,连接 EA,证$\angle 1 + \angle 2 = 180°$即可。

证法 5:如图 2.11.6 所示,连接 DB,证$\angle 1 + \angle 2 = 180°$即可。

证法 6:如图 2.11.7 所示,过 F 点作直线交 DE、BA 的延长线于 G 与 H 点,证$\angle G + \angle H = 180°$即可。

证法 7:如图 2.11.8 所示,过 C 点作直线交 ED、AB 的延长线于点 G、H,证$\angle G + \angle H = 180°$即可。

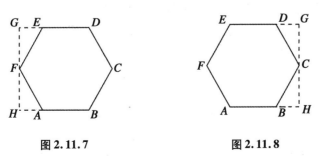

图 2.11.7   图 2.11.8

证法 8：如图 2.11.9 所示，延长 EF、BA 交于点 G，证 $\angle E + \angle G = 180°$ 即可。

证法 9：如图 2.11.10 所示，延长 DC、AB 交于点 G，证 $\angle D + \angle G = 180°$ 即可。

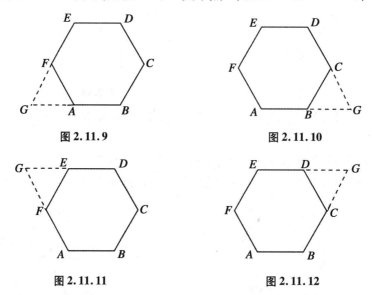

图 2.11.9   图 2.11.10

图 2.11.11   图 2.11.12

证法 10：如图 2.11.11 所示，延长 AF、DE 交于点 G，证 $\angle G + \angle A = 180°$ 即可。

证法 11：如图 2.11.12 所示，延长 ED、BC 交于点 G，证 $\angle G + \angle B = 180°$ 即可。

证法 12：如图 2.11.13 所示，双向延长 EF、AB、DC 交于点 G、H、Q，先证 $\triangle GHQ$ 为等边三角形，再证 $\triangle FGA$ 为等边三角形，证 $\angle QED = \angle G = 60°$ 即可。

证法 13：如图 2.11.14 所示，连接 DF 并延长交 BA 延长线于点 G，证 $\angle G = \angle FDE$ 即可。

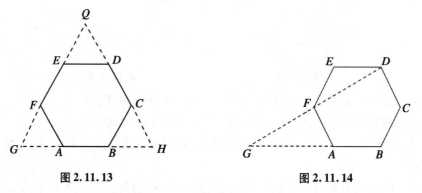

图 2.11.13   图 2.11.14

证法 14：如图 2.11.15 所示，连接 EC 并延长交 AB 延长线于点 G，证 $\angle G = \angle CED$ 即可。

证法 15：如图 2.11.16 所示，连接 AC 并延长交 ED 延长线于点 G，证 $\angle G = \angle CAB$ 即可。

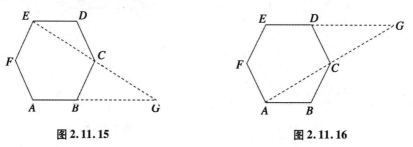

图 2.11.15   图 2.11.16

证法 16：如图 2.11.17 所示，连接 BF 并延长交 DE 延长线于点 G，证 $\angle G = \angle FAB$ 即可。

证法 17：如图 2.11.18 所示，作 $FO \parallel DE$，再证 $FO \parallel AB$ 即可。

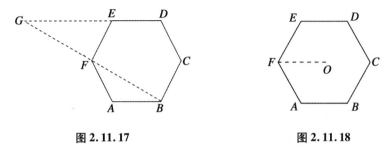

图 2.11.17   图 2.11.18

证法 18：如图 2.11.19 所示，作 $CO \parallel DE$，再证 $CO \parallel AB$ 即可。

证法 19：如图 2.11.20 所示，作任一直线分别交 DE、AB 于点 M、N，证同位角、内错角相等或同旁内角互补即可。

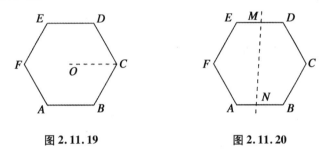

图 2.11.19   图 2.11.20

证法 20：如图 2.11.21 所示，作直线 $MN \perp DE$ 于点 M，再证 $MN \perp AB$ 即可。

再回到原题，如图 2.11.22 所示，如果按教材所述题目加上 $\angle DAB = 60°$ 会变简单，也就是证法 1 的特殊情形，先证 $\angle 2 = 60°$，从而 $\angle 1 = 60°$ 即可。

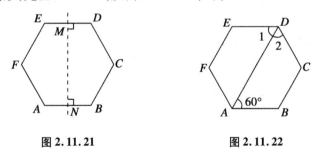

图 2.11.21   图 2.11.22

（二）一题多变，培养思维的创造性和迁移性

一题多变是发散思维的另一种基本形式，它在命题角度和解法角度两方面同时发散，在数学学习中恰当地、适时地对其加以运用，能培养思维的创造性和迁移性。

变式 1：任意六边形 $ABCDEF$ 中，共有多少条对角线？（9 条。）

变式 2：已知六边形 $ABCDEF$ 中，$\angle A = \angle B = \angle C = \angle D = \angle E = \angle F = 120°$，求证：$AB + BC = EF + ED$。（证法同证法 12。）

变式 3：如图 2.11.23 所示，六边形 $ABCDEF$ 中，6 个内角都是 120°，4 条边长依次为 $AB = 1$，$BC = 3$，$CD = 3$，$DE = 2$，那么这个六边形的周长是多少？（同证法 12，周长为 15。）

变式4：如图2.11.24所示，在六边形 $ABCDEF$ 中，$AF /\!/ CD$，$AB /\!/ DE$，且 $\angle A = 120°$，$\angle B = 80°$，求 $\angle C$ 和 $\angle D$ 的度数。（作 $BG /\!/ CD$，$\angle C = 120°$，$\angle D = 160°$。）

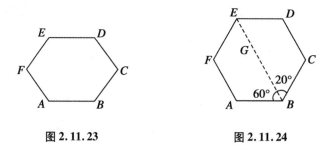

图2.11.23   图2.11.24

变式5：如图2.11.25所示，已知 M,N 分别为六边形 $ABCDEF$ 的边 CD、DE 的中点，BN 与 AM 交于点 P，则 $\dfrac{BP}{PN} = \dfrac{6}{7}$。（延长 AB、DC 交于点 G，延长 ED、AM 交于点 H。）

变式6：如图2.11.26所示，在正六边形 $ABCDEF$ 中，$AB = 2$，点 P 是 ED 的中点，连接 AP，则 AP 的长为多少？（连接 AE，$AP = \sqrt{13}$。）

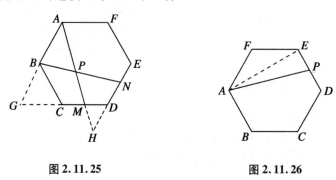

图2.11.25   图2.11.26

（三）一题反思，培养思维的批判性和深刻性

从一题多解和一题多变中可知：

1. 变式题相关证法为一题多解的翻版及运用。

2. 原题设中 BD 连线是多余的，无论是否有 BD，原命题结论皆成立。

3. 对此几何题20种证法的探索中，思考、作法、证法常伴有问题，抑或不严谨。在一个数学问题解决之后，往往要认真地进行回顾与反思，通过对解法思维过程与结论的回顾，检验思维的正确性和严密性。

4. 证法还有缺陷。

5. 未探究完整，还可能有其他证法等等。

一个数学问题就是一个"信息源"闪烁在问题的条件、结论及图形中，这就要求我们从题目的形式和意义的全部信息中及时反馈，分离出若干条"子信息"。初中阶段是学生智力发展与创新的关键时期，在这一时期，多培养学生的求异思维能力是很有必要的。如今辛苦型教法（题型＋方法）掩盖了求异思维，若要与时俱进，求新求异，需要教师引导学生做求新探索,以适应时代发展的需要。一个问题获得一种解法,并不是问题的终了,而可以通过一题的多问、多变、反思,使学生尽可能多、尽可能新地提出前所未有的独特想法、解法、见解。

广大数学教师应尽力施展自己的潜在扩散思维能力,挖掘教材、资料中的经典题或潜在扩散的题源,有意识地引导学生进行概念、条件、结论、方法、思路、图形的扩散,用这些材料浇筑起发散思维能力的摩天大楼来!

十二、多向思维绽开"并蒂莲"

一个数学问题就是一个"信息源"闪烁在问题的条件、结论和题图中,这就要求我们从上述三要素的全部信息中及时反馈,分离出若干条"子信息"。从同类信息源引发的联想不止一种,习题的一题多问、一题多解,正是追求问题的多层次,追求解决问题的多途径,追求问题的引申。这是一种不依常规的思维形式——联想的多向性,它是求异思维的基础,而联想又建立在观察的基础上。

一道几何题,若从不同的侧面、不同的角度、不同的方位来观察它,可能获得不同的信息,从而引起不同的联想。其添作辅助线和类似证法花开两朵,恰如"并蒂莲",相映成趣,争辉斗妍,给人以美的享受。

下面就以一道几何题呈现这种奇观,以飨读者。

如图 2.12.1 所示,$AB = CD$,AD、BC 的中点分别为 E、F,EF 所在直线交直线 AB、CD 于 G、H,求证:$\angle AGF = \angle DHF$。

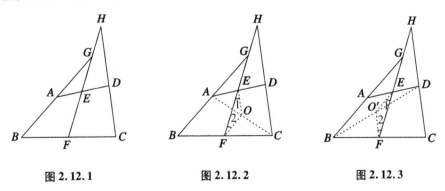

图 2.12.1　　　　　　图 2.12.2　　　　　　图 2.12.3

思路 1:抓中点,连接对角线,有证法 1(见图 2.12.2)和证法 2(见图 2.12.3)。

思路 2:将线段翻倍,有证法 3 和证法 4。

思路 3:作平行线,有证法 5 和证法 6。

思路 4:在图形外作平行线,有证法 7 和证法 8。

思路 5:在图形内作等腰三角形,有证法 9 和证法 10。

思路 6:在图形上或下作平行四边形,有证法 11 和证法 12。

思路7:将线段往上翻倍,有证法13和证法14。

思路8:作垂线,有证法15和证法16。

思路9:用代数法,有证法17和证法18。

思路10:利用解斜三角形和解析法,有证法19和证法20。

思路11:利用中位线和平行四边形,有证法21和证法22。

下面对各证法只作简单的提示。

证法1:连接 AC,并取其中点 O,连接 OE、OF,证明 $OE = \frac{1}{2}CD = \frac{1}{2}AB = OF \Rightarrow \angle 1 = \angle 2$,又 $\angle 1 = \angle DHF$,从而得证 $\angle 2 = \angle AGF$(见图2.12.2)。

证法2:连接 BD,取其中点 O',连接 $O'E$、$O'F$,证明 $\angle 1 = \angle 2$(见图2.12.3)。

证法3:延长 DF 至点 M,使 $FM = DF$,连接 AM、BM,先证 $\triangle BFM \cong \triangle CFD$,再证 $\angle 1 = \angle 2$(见图2.12.4)。

证法4:延长 AF 至点 M',使 $FM' = AF$,连接 CM'、DM',先证 $\triangle ABF \cong \triangle M'CF$,再证 $\angle 1 = \angle 2$。(见图2.12.5)

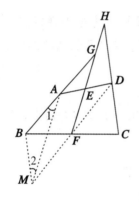

图2.12.4

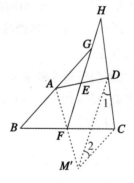

图2.12.5

证法5:过点 A、D 分别作 EF 的平行线,过点 F 作 AD 的平行线交上面两线于点 M、N,连接 BM、CN,先证 $\triangle BFM \cong \triangle CFN$,$\triangle ABM \cong \triangle DCN$,再证 $\angle 1 = \angle 2$。(见图2.12.6)

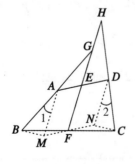

图2.12.6

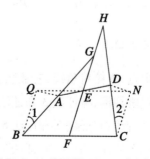

图2.12.7

证法 6：过点 B、C 分别作 EF 的平行线，过 E 点作 BC 的平行线交以上两线于点 Q、N，连接 AQ、DN，先证 $\triangle EAQ \cong \triangle EDN$，$\triangle BQA \cong \triangle CND$，再证 $\angle 1 = \angle 2$。（见图 2.12.7）

证法 7：过点 C、D 作 EF 的平行线分别交 BG 的延长线于点 M、K，先证四边形 $CDKM$ 为等腰梯形，后证 $\angle 1 = \angle 2$。（见图 2.12.8）

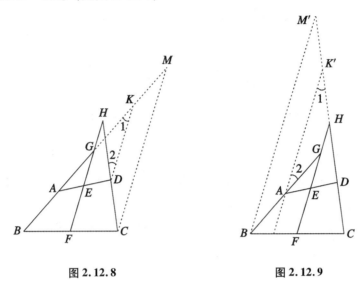

图 2.12.8　　　　　　　　　图 2.12.9

证法 8：过点 A、B 作 EF 的平行线分别交 CH 的延长线于点 K'、M'，先证四边形 $K'M'BA$ 为等腰梯形，后证 $\angle 1 = \angle 2$。（见图 2.12.9）

证法 9：将 AB 沿 AD 平移至 DK，连接 CK，取其中点 M，连接 DM、FM，先证四边形 $ABKD$ 为平行四边形，后证四边形 $DEFM$ 为平行四边形，再证 $\triangle DKC$ 为等腰三角形，最后证 $\angle 1 = \angle 2$。（见图 2.12.10）

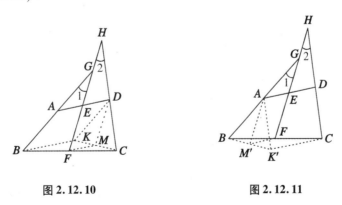

图 2.12.10　　　　　　　　　图 2.12.11

证法 10：将 CD 沿 DA 平移至 AK'，连接 BK'，取其中点 M'，连接 $M'F$、AM'，先证四边形 $ADCK'$ 为平行四边形，后证四边形 $AEFM'$ 为平行四边形，再证 $\triangle ABK'$ 为等腰三角形，最后证 $\angle 1 = \angle 2$。（见图 2.12.11）

证法 11：过点 E 作 $EG' \underset{=}{\parallel} AB$，连接 BG'、$G'F$，延长 $G'F$ 至点 H'，使 $FH' = G'F$，连接 $H'C$、$H'E$，先证四边形 $H'CDE$ 为平行四边形，再证 $\angle 1 = \angle 2$。（见图 2.12.12）

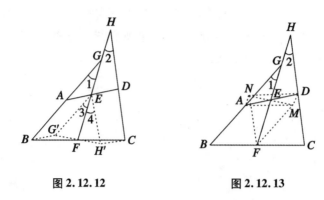

图 2.12.12   图 2.12.13

证法 12：过点 F 作 $FM \underset{=}{\parallel} AB$，$FM$ 与 AB 在 BC 的同侧，连接 ME、DM，并延长 ME 至点 N，使 $ME = EN$，连接 NA 和 ND，先证四边形 $ANDM$ 为平行四边形，后证四边形 $FCDN$ 为平行四边形，再证 $\angle 1 = \angle 2$。（见图 2.12.13）

证法 13：连接 CE 并延长至点 Q，使 $EQ = CE$，连接 AQ、BQ，先证四边形 $ACDQ$ 为平行四边形，后证 $BQ \parallel FH$，再证 $\angle 1 = \angle 2$。（见图 2.12.14）

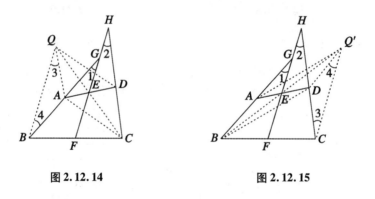

图 2.12.14   图 2.12.15

证法 14：连接 BE 并延长至点 Q'，使 $EQ' = BE$，连接 $Q'D$、$Q'C$，先证四边形 $ABDQ'$ 为平行四边形，再证 $\angle 1 = \angle 2$。（见图 2.12.15）

证法 15：过点 A、B、C、D 各作 $AH' \perp EF$、$BI \perp EF$、$CK \perp EF$、$DQ \perp EF$、$AM \perp BI$、$DN \perp CK$，H'、I、K、Q、M、N 为垂足。先证四边形 $AMIH'$、四边形 $QKND$ 为矩形，再证 $Rt \triangle ABM \cong Rt \triangle DCN$，最后证 $\angle 1 = \angle 2$。（见图 2.12.16）

证法 16：过点 E 作 $MN \perp EF$，过点 F 作 $XY \perp EF$，分别过点 A、B、C、D 作 $AI \perp MN$ 于点 I、$BM \perp MN$ 交 XY 于点 X、$CN \perp MN$ 交 XY 于点 Y、$DQ \perp MN$ 于点 Q，过点 A 作 $AA' \perp BM$ 于点 A'，过点 D 作 $DN' \perp CN$ 于点 N'，可证 $AA' = MI = QN = DN'$，$Rt \triangle ABA' \cong Rt \triangle DCN'$，得 $\angle 3 = \angle 4$，最后证 $\angle 1 = \angle 2$。（见图 2.12.17）

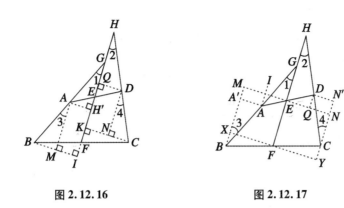

图 2.12.16　　　　　　　图 2.12.17

证法 17:在 $\triangle GAE$ 和 $\triangle HED$ 中,由正弦定理得: $GA \cdot \sin\angle 1 = HD \cdot \sin\angle 2$,同理可得 $(GA + AB)\sin\angle 1 = (HD + DC)\sin\angle 2$,从而得出 $\angle 1 = \angle 2$。(见图 2.12.18)

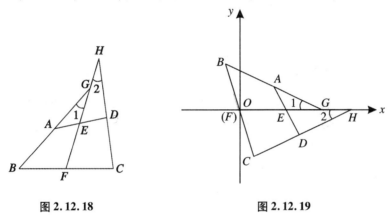

图 2.12.18　　　　　　　图 2.12.19

证法 18:以 EF 所在的直线为 x 轴,以 F 点为原点,建立平面直角坐标系,则 $F(0,0)$,设 $E(c,0)$,$B(a,b)$,$C(-a,-b)$,$D(c-d,-h)$,$A(c+d,h)$,由斜率公式计算 $k_{AB} = k_{CD}$,从而得出 $\angle 1 = \angle 2$。(见图 2.12.19)

证法 19:如图 2.12.20 所示,过点 A、D 作 EF 的平行线交 BC 于点 N、M,设 $\angle CMD = \angle ANC = \alpha$,则 $\angle BNA = 180° - \alpha$,在 $\triangle ABN$ 中,用正弦定理得 $\sin\angle 3 = \dfrac{BN \cdot \sin(180° - \alpha)}{AB}$,同理,在 $\triangle CMD$ 中,有 $\sin\angle 4 = \dfrac{CM \cdot \sin\alpha}{CD}$,

$\because AB = CD$,$\sin\alpha = \sin(180° - \alpha)$,$\therefore BN = CM$,$\therefore \sin\angle 3 = \sin\angle 4$,

又 $\because \angle 3$、$\angle 4$ 为锐角,$\therefore \angle 3 = \angle 4$,又 $\angle 3 = \angle 1$,$\angle 4 = \angle 2$,

$\therefore \angle 1 = \angle 2$。

证法 20:如图 2.12.21 所示,建平面直角坐标系,设 $B(0,0)$,$F(a,0)$,$C(2a,0)$,$A(b,c)$,$D(m,n)$,则 $E\left(\dfrac{b+m}{2}, \dfrac{n+c}{2}\right)$,

可得 $k_{AB} = \dfrac{c}{b}, k_{CD} = \dfrac{n}{m-2a}, k_{EF} = \dfrac{n+c}{b+m-2a}$,

$\because AB = \sqrt{b^2 + c^2}, CD = \sqrt{(m-2a)^2 + n^2}$,且已知 $AB = CD$,

又$\because \tan\alpha = (\dfrac{c}{b} - \dfrac{n+c}{b+m-2a}) / (1 + \dfrac{c}{b} \cdot \dfrac{n+c}{b+m-2a})$,

$\tan\beta = (\dfrac{n}{m-2a} - \dfrac{n+c}{b+m-2a}) / (1 + \dfrac{n}{m-2a} \cdot \dfrac{n+c}{b+m-2a})$,

$\therefore \tan\alpha = \tan\beta$,则 $\alpha = \beta$。

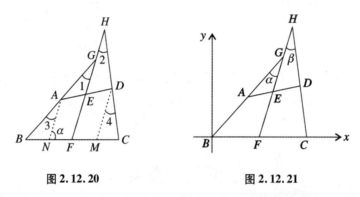

图 2.12.20　　　　　　　　　　图 2.12.21

证法 21:过点 B 作 $BQ \underset{=}{\parallel} CD$,连接 AQ、BD、DQ、CQ。先证四边形 $BQCD$ 为▱,再证 $BQ = AB$,$\triangle ABQ$ 为等腰△,后证 EF 为 $\triangle DAQ$ 的中位线,则 $EF \parallel AQ$,而 $\angle 1 = \angle BQA$,$\angle 2 = AQB$,所以 $\angle 1 = \angle 2$。(见图 2.12.22)

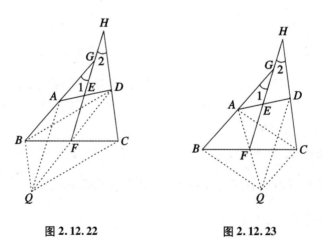

图 2.12.22　　　　　　　　　　图 2.12.23

证法 22:过点 C 作 $CQ \underset{=}{\parallel} AB$,连接 DQ、AC、AQ、BQ,先证四边形 $ACQB$ 为▱,再证 $\triangle CQD$ 为等腰△,后证 EF 为 $\triangle ADQ$ 的中位线,$\because \angle 1 = \angle DQC$,$\angle 2 = \angle QDC$,$\therefore \angle 1 = \angle 2$。(见图 2.12.23)

上述 11 条思路中,每一条都有两种不同的证法,这两种证法具有对称性,就像两朵绽开的并蒂莲花,这 22 朵"并蒂莲"各呈奇姿,引人入胜,给人以美的享受,让人难忘,令人回味无穷。

我们在解题过程中,要善于从题目的四面八方去联想,从多个层次、多种角度、多个途径去思考、去分析、去构思、去想象,由 $\begin{array}{c}\text{中}\\ \nearrow \uparrow \searrow \\ \text{上}\leftrightarrow\text{下}\end{array}$ 、 $\begin{array}{c}\text{中}\\ \nearrow \uparrow \searrow \\ \text{左}\leftrightarrow\text{右}\end{array}$ 、 $\begin{array}{c}\text{上}\\ \nwarrow \uparrow \nearrow \\ \text{内}\leftrightarrow\text{外}\\ \swarrow \downarrow \searrow \\ \text{下}\end{array}$ 等去延伸、去拓展、去挖掘,由此融会贯通,举一反三,收到以一贯十之效,进而在一题多解中获得无穷的乐趣。

笔者觉得一题多解是训练思维能力的广阔练兵场,师生在平时应有度地共同进行概念扩散、条件扩散、结论扩散、方法扩散、思路扩散、图形扩散、编题扩散。只有用这些材料,方能浇铸成思维能力的金字塔,让数学的美充分显示,从而既使学生获得了知识,又陶冶了学生的情操,培养了学生的思维迁移能力。

让我们为培养出有开拓精神的创造型人才而多做这方面的工作吧!

第三章　平几多证举例

一、求证线段相等(1～35)

1. 在△ABC 中,AB = AC,D 为 AB 上一点,E 为 AC 延长线上一点,且 BD = CE,DE 连线交 BC 于点 F,求证:DF = EF。

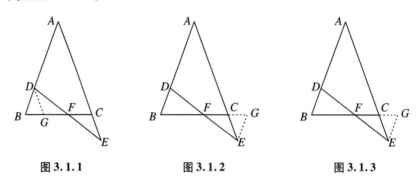

图 3.1.1　　　　　图 3.1.2　　　　　图 3.1.3

证法 1:如图 3.1.1 所示,过点 D 作 DG∥AE,证△DGF≌△ECF。

证法 2:如图 3.1.2 所示,过点 E 作 EG∥AB 交 BC 于点 G,证△BDF≌△GEF。

证法 3:如图 3.1.3 所示,延长 BC 到点 G,CG = BF,连接 EG,证△BDF≌△GEF。

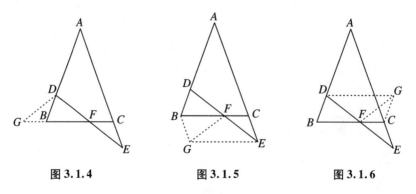

图 3.1.4　　　　　图 3.1.5　　　　　图 3.1.6

证法 4:如图 3.1.4 所示,延长 CB 到点 G,使 BG = CF,连接 DG,证△CEF≌△BDG。

证法 5:如图 3.1.5 所示,过点 B 作 BG = CE,连接 FG、GE,证△BDF≌△BGF。

证法 6:如图 3.1.6 所示,过 D 点作 DG = BC,连接 FG、CG,证△CEF≌△CGF。

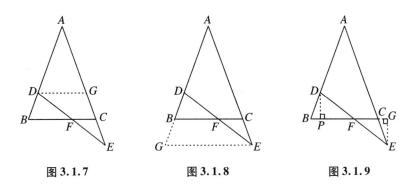

图 3.1.7   图 3.1.8   图 3.1.9

证法7：如图3.1.7所示，过点 D 作 $DG /\!/ BC$ 交 AC 于点 G，得 $BD = CG$，从而 $CE = CG$。

证法8：如图3.1.8所示，过点 E 作 $EG /\!/ BC$ 交 AB 延长线于点 G，证 $BG = CE = BD$。

证法9：如图3.1.9所示，分别过点 D、E 作 $DP \perp BC$、$EG \perp BC$，先证 $\triangle DBP \cong \triangle ECG$，再证 $\triangle DFP \cong \triangle EFG$。

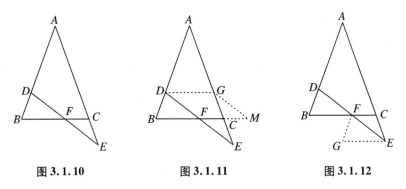

图 3.1.10   图 3.1.11   图 3.1.12

证法10：如图3.1.10所示，视直线 BFC 分别截 $\triangle ADE$ 的三边于点 B、F、C，根据梅氏定理得 $\dfrac{AC}{CE} \cdot \dfrac{FE}{FD} \cdot \dfrac{BD}{AB} = 1$，又 $AB = AC$，$CE = BD$，则 $DF = EF$。

证法11：如图3.1.11所示，将 $\triangle EFC$ 绕 C 点旋转 $180°$，得 $\triangle GMC$，连接 DG，先证 $\triangle EFC \cong \triangle GMC$，再证 FC 为 $\triangle EDG$ 的中位线。

证法12：如图3.1.12所示，作 $FG \stackrel{/\!/}{=} BD$，且连接 GE，证 $\triangle DBF \cong \triangle FGE$。

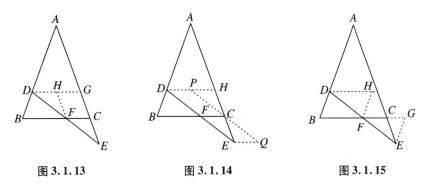

图 3.1.13   图 3.1.14   图 3.1.15

证法13：如图3.1.13所示，作 $DG /\!/ BC$ 交 AC 于点 G，作 $FH /\!/ GC$ 交 DG 于点 H，证 $\triangle DHF \cong \triangle FCE$。

证法14:如图3.1.14所示,作 $DH \parallel BC$ 交 AC 于点 H,过点 C 作 $PCQ \parallel DE$ 交 DH 于点 P,过点 E 作 $EQ \parallel BC$ 交 PCQ 于点 Q,证 $\triangle PCH \cong \triangle QCE$。

证法15:如图3.1.15所示,作 $EG \parallel AB$ 交 BC 的延长线于点 G,作 $DH \parallel BC$,$FH \parallel AB$,且 DH 与 FH 交于点 H,证 $\triangle DFH \cong \triangle FEG$(AAS)。

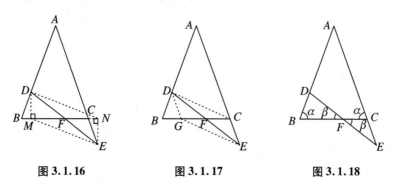

图3.1.16　　　　　图3.1.17　　　　　图3.1.18

证法16:如图3.1.16所示,作 $DM \perp BC$ 交于点 M,作 $EN \perp BC$ 交 BC 的延长线于点 N,连接 CD、ME,证四边形 $DMEN$ 为平行四边形。

证法17:如图3.1.17所示,作 $DG \parallel AC$ 交 BC 于点 G,连接 CD、GE,证四边形 $DGEC$ 为平行四边形。

证法18:(利用三角函数证明)如图3.1.18所示,设 $\angle B = \alpha$,则 $\angle ACB = \alpha$,设 $\angle DFB = \angle CFE = \beta$,

$$\because \frac{DF}{\sin\alpha} = \frac{BD}{\sin\beta}, \therefore DF = \frac{BD \cdot \sin\alpha}{\sin\beta}, \because \frac{EF}{\sin(180° - \alpha)} = \frac{CE}{\sin\beta}, \therefore EF = \frac{CE \cdot \sin\alpha}{\sin\beta},$$

又 $BD = CE$,$\therefore$ 结论成立。

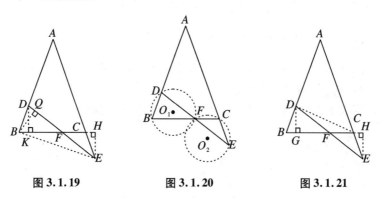

图3.1.19　　　　　图3.1.20　　　　　图3.1.21

证法19:(利用等积证明)如图3.1.19所示,作 $DK \perp BC$ 且交 BC 于点 K,作 $EH \perp BC$ 交 BC 的延长线于点 H,连接 BE,作 $BQ \perp DE$,先证 $\triangle DBK \cong \triangle ECH$,再证 $DK = EH$,又 $S_{\triangle DBF} = S_{\triangle EBF}$,$\frac{1}{2}BQ \cdot DF = \frac{1}{2}BQ \cdot EF$,$\therefore$ 结论成立。

证法20:(利用等圆证明)如图3.1.20所示,过点 B、D、F 作 $\odot O_1$,过点 F、C、E 作 $\odot O_2$,

$\because \angle BFD = \angle CFE$(对顶角相等),又 $\because BD = CE$,$\therefore \odot O_1$ 和 $\odot O_2$ 为等圆,

又 $\because \angle B = \angle ACF$,$\therefore \angle B$ 和 $\angle FCE$ 互补,故 $DF = FE$。

证法 21:(利用等积证明)如图 3.1.21 所示,作 $DG \perp BC$ 交 BC 于点 G,作 $EH \perp BC$ 交 BC
延长线于点 H,连接 DC,先证 $DG = EH$,再证 $S_{\triangle DFC} = S_{\triangle FEC}$。

证法 22:(解析法)如图 3.1.22 所示,建立平面直角坐标系,
$B(0,0)$,设 $C(2a,0)$,则 $A(a,b)$,

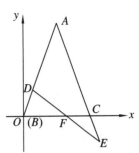

∵ 直线 AB 的方程为 $y = \dfrac{b}{a}x$,再设 $D\left(c, \dfrac{bc}{a}\right)$,∴ $BD =$

$\sqrt{c^2 + \left(\dfrac{bc}{d}\right)^2} = \dfrac{c}{a}\sqrt{a^2 + b^2}$,

又直线 AC 的方程为 $\dfrac{y-b}{x-a} = \dfrac{b-0}{a-2a}$,即 $bx + ay - 2ab = 0$,

图 3.1.22

而 E 点是以 C 为圆心、以 $\dfrac{c}{a}\sqrt{a^2 + b^2}$ 为半径的圆与 AC 的交

点,联立该圆与直线 AC 方程如下,

$$\begin{cases} (x-2a)^2 + y^2 = \dfrac{c^2(a^2+b^2)}{a^2} \\ bx + ay - 2ab = 0 \end{cases} \Rightarrow \begin{cases} x = 2a + c, \\ y = -\dfrac{bc}{a}, \end{cases}$$

∴ $E\left(2a+c, -\dfrac{bc}{a}\right)$,而 DE 中点坐标为 $(a+c, 0)$,中点 F 在 x 轴上,则 DE 被 x 轴平分。

2. 如图 3.1.23 所示,在 $\text{Rt}\triangle ABC$ 中,$\angle CAB = 90°$,$AD \perp BC$ 于点 D,$\angle ACB$ 的平分线交
AD 于点 O,交 AB 于点 E,过 O 点作 $OF /\!/ BC$ 交 AB 于点 F,求证:$AE = BF$。

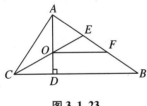

图 3.1.23

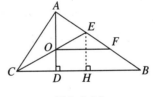

图 3.1.24

证法 1:如图 3.1.24 所示,过点 E 作 $EH \perp BC$,先证 $AE = AO$,再证 $\text{Rt}\triangle AOF \cong \text{Rt}\triangle EHB$,
得 $AF = EB$,从而 $AE = BF$。

证法 2:如图 3.1.25 所示,过 O 点作 $OH /\!/ BF$ 交 BD 于点 H,先证四边形 $OFBH$ 为平行
四边形,再证 $\triangle AOE$ 为等腰 $\triangle$,最后证 $\triangle COA \cong \triangle COH$。

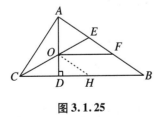

图 3.1.25

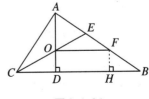

图 3.1.26

证法 3:如图 3.1.26 所示,过点 F 作 $FH \perp BC$ 交 BC 于点 H,先证 $AE = AO$,可得 $\dfrac{AO}{OD} =$

$\dfrac{AC}{CD} \Rightarrow \dfrac{AE}{OD} = \dfrac{AC}{CD}$,再证四边形 $OFHD$ 为矩形,则 $\triangle BFH \backsim \triangle ACD$,即 $\dfrac{BF}{HF} = \dfrac{AC}{CD}$,从而 $BF = AE$。

证法 4：如图 3.1.23 所示，易证 △ACD ∽ △BCA ⟹ $\dfrac{AC}{BC} = \dfrac{CD}{AC}$，

$$∠ACE = ∠BCE \Rightarrow \left. \begin{cases} \dfrac{AC}{BC} = \dfrac{AE}{BE} \\ \dfrac{CD}{AC} = \dfrac{OD}{AO} \end{cases} \right\} \Rightarrow BE \cdot BF = AE \cdot AF \Rightarrow (EF + BF)BF = AE(AE + $$

$OF \parallel BD \Rightarrow \dfrac{OD}{AO} = \dfrac{BF}{AF}$

$EF) \Rightarrow AE = BF$。

3. 如图 3.1.27 所示，$∠ACB = ∠BAD = 105°$，$∠ABC = ∠ADC = 45°$，求证：$CD = AB$。

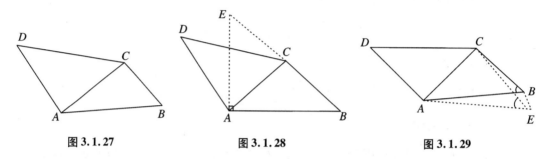

图 3.1.27　　　　　　图 3.1.28　　　　　　图 3.1.29

证法 1：如图 3.1.28 所示，延长 BC，过点 A 作 $EA \perp AB$ 交 BC 延长线于点 E，先证 △EAB 为等腰△，再证 △$EAC \cong$ △DCA（AAS）。

证法 2：如图 3.1.29 所示，作 $AE \overset{\parallel}{=} CD$，连接 BE、CE，先证四边形 $AECD$ 是 □，再证 A、C、B、E 四点共圆，最后证 $∠AEB = ∠ABE = 75°$。

4. 如图 3.1.30 所示，已知 $AB \perp BC$，$DC \perp BC$，$MA = MD$，$∠AMB = 75°$，$∠DMC = 45°$，求证：$AB = BC$。

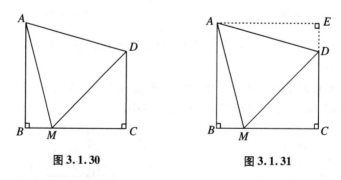

图 3.1.30　　　　　　图 3.1.31

证法 1：如图 3.1.31 所示，过点 A 作 $AE \perp CD$ 交 CD 的延长线于点 E，先证 Rt△$ADE \cong$ Rt△AMB，再证四边形 $ABCE$ 是矩形。

证法 2：如图 3.1.32 所示，过点 D 作 $DE \perp AB$，垂足为 E，先证 △AMD 是等边三角形，再证 Rt△$ADE \cong$ Rt△MAB，最后证四边形 $BCDE$ 为矩形。

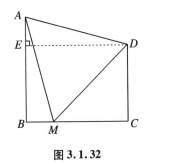

图 3.1.32

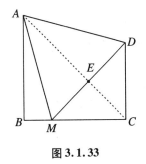

图 3.1.33

证法 3：如图 3.1.33 所示，取 DM 中点 E，连接 AE、CE，先证 $\triangle AMD$ 是等边 $\triangle$，再证 $\triangle CDM$ 是等腰 $\triangle$，最后证 $\angle BAC = 45°$。

其他证法见 $P36$《奇异的几何"变脸"题》。

5. 如图 3.1.34 所示，已知 $\triangle ABC$ 是等边三角形，延长 BC 到点 D，延长 BA 到点 E，使 $BD = AE$，连接 CE、ED，求证：$EC = ED$。

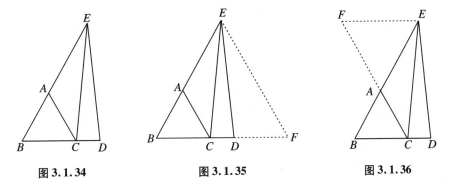

图 3.1.34   图 3.1.35   图 3.1.36

证法 1：如图 3.1.35 所示，延长 BD 到点 F，使 $DF = BC$，连接 EF，先证 $\triangle BEF$ 为等边三角形，再证 $\triangle EBC \cong \triangle EFD$。

证法 2：如图 3.1.36 所示，过点 E 作 $EF \parallel BD$，EF 交 CA 的延长线于点 F，先证 $\triangle AEF$ 为等边 $\triangle$，再证 $\triangle CFE \cong \triangle EBD$。

证法 3：如图 3.1.37 所示，过点 D 作 $DF \parallel AC$ 交 BE 于点 F，则 $\triangle BDF$ 为等边 $\triangle$，再证 $\triangle ACE \cong \triangle FED$。

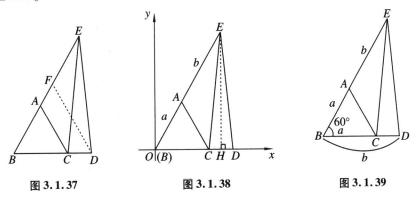

图 3.1.37   图 3.1.38   图 3.1.39

证法 4:(解析法)如图 3.1.38 所示,建立平面直角坐标系,作 $EH \perp CD$,设 $AB = a$,$AE = b$,则 $B(0,0)$,$A\left(\dfrac{a}{2}, \dfrac{\sqrt{3}}{2}a\right)$,$C(a,0)$,$D(b,0)$,$E\left[\dfrac{a+b}{2}, \dfrac{\sqrt{3}}{2}(a+b)\right]$,

$\therefore EC = \sqrt{a^2 + ab + b^2} = ED$。

证法 5:(三角法)如图 3.1.39 所示,设 $AB = a$,$AE = BD = b$,由余弦定理得,

$\triangle BEC$ 中,$EC^2 = (a+b)^2 + a^2 - 2 \cdot (a+b) \cdot a \cdot \dfrac{1}{2} = a^2 + ab + b^2$,

$\triangle BED$ 中,$ED^2 = b^2 + (a+b)^2 - 2 \cdot b \cdot (a+b) \cdot \dfrac{1}{2} = a^2 + ab + b^2$,

$\therefore EC = ED$。

6. 如图 3.1.40 所示,在 $\triangle ABC$ 中,D 为 AB 的中点,且 $DE /\!/ BC$,求证:E 为 AC 的中点。

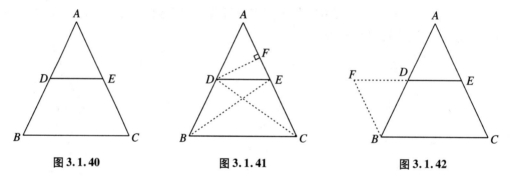

图 3.1.40　　　　　　　图 3.1.41　　　　　　　图 3.1.42

证法 1:如图 3.1.41 所示,连接 CD、BE,过点 D 作 $DF \perp AC$,$S_{\triangle DBE} = S_{\triangle DAE} = S_{\triangle DCE}$,

又 $\because S_{\triangle DAE} = \dfrac{AE \cdot DF}{2}$,$S_{\triangle DCE} = \dfrac{EC \cdot DF}{2}$,$\therefore AE = EC$。

证法 2:如图 3.1.42 所示,延长 ED,使 $DF = DE$,连接 BF,

$\because \triangle BFD \cong \triangle AED(SAS)$,$\therefore \angle F = \angle AED$,

$\therefore BF /\!/ EC$,$\therefore$ 四边形 $FBCE$ 为 $\square$,$\therefore FB = EC$,又 $\because FB = AE$,$\therefore AE = EC$。

证法 3:如图 3.1.43 所示,取 BC 的中点 F,分别连接 DF、EF,易证四边形 $DFCE$ 为 $\square$,

则 $DF = EC = \dfrac{AC}{2}$,$\therefore AE = EC = \dfrac{AC}{2}$。

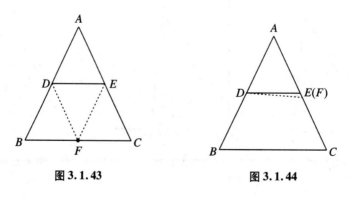

图 3.1.43　　　　　　　　图 3.1.44

证法4:如图3.1.44所示,取 AC 的中点 F,易知 $DF /\!/ BC$,$\because DE /\!/ BC$,又 $\because$ 在同一平面内过直线外一点,有且只有一条直线与已知直线平行,$\therefore E$、F 为同一个点,$\therefore AE = EC$。

7. 如图3.1.45所示,$\triangle ABC$ 的中线 BD、CE 相交于点 O,F、G 分别是 BO、CO 的中点,求证:$EF \stackrel{/\!/}{=} DG$。

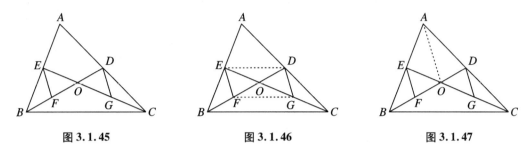

图3.1.45　　　　　　　图3.1.46　　　　　　　图3.1.47

证法1:如图3.1.46所示,连接 DE、FG,$\because BD$、CE 是 $\triangle ABC$ 的中线,$\therefore DE$ 是 $\triangle ABC$ 的中位线,$\therefore ED /\!/ BC$,且 $ED = \dfrac{1}{2}BC$,同理 FG 为 $\triangle OBC$ 的中位线,$\therefore FG /\!/ BC$,且 $FG = \dfrac{1}{2}BC$,则 $ED \stackrel{/\!/}{=} FG$,$\therefore$ 四边形 $DEFG$ 为 $\square$,$\therefore EF /\!/ DG$,且 $EF = DG$。

证法2:如图3.1.47所示,连接 OA,先证 $EF \stackrel{/\!/}{=} \dfrac{1}{2}OA$,再证 $DG \stackrel{/\!/}{=} \dfrac{1}{2}OA$,$\therefore EF \stackrel{/\!/}{=} DG$。

8. 如图3.1.48所示,已知在 $\triangle ABC$ 中,$BD \perp AC$,$CE \perp AB$,且 $BD = CE$,求证:$AB = AC$。

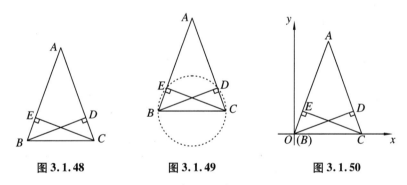

图3.1.48　　　　　　　图3.1.49　　　　　　　图3.1.50

证法1:如图3.1.48所示,证 $\triangle CEB \cong \triangle BDC$。

证法2:如图3.1.48所示,证 $\triangle ABD \cong \triangle ACE$。

证法3:如图3.1.49所示,证 B、E、D、C 四点共圆,再证 $\overset{\frown}{BD} = \overset{\frown}{CE}$。

证法4:如图3.1.48所示,用三角函数证明 $\sin A = \dfrac{BD}{AB} = \dfrac{CE}{AC}$。

证法5:如图3.1.48所示,用三角函数证明 $BC = \dfrac{CE}{\sin \angle ABC} = \dfrac{BD}{\sin \angle ACB}$。

证法6:如图3.1.48所示,用等积证明 $S_{\triangle ABC} = \dfrac{1}{2}AC \cdot BD = \dfrac{1}{2}AB \cdot CE$。

证法7:如图3.1.48所示,用勾股定理证明 $BE = \sqrt{BC^2 - CE^2}$,$CD = \sqrt{BC^2 - BD^2}$。

证法8:如图3.1.50所示,建立平面直角坐标系,设 $B(0,0)$,$C(a,0)$,$A(c,d)$,则直线 AB

的方程为 $y = \dfrac{d}{c}x$,直线 AC 的方程为 $\dfrac{y-d}{x-c} = \dfrac{d-0}{c-a}$,用点到直线距离公式求出 CE、BD 即可。

9. 如图 3.1.51 所示,在 $\triangle ABC$ 中,AD 为 BC 边上的中线,E 为 AC 上一点,BE 交 AD 于点 F,$AE = EF$,求证:$AC = BF$。

证法 1:如图 3.1.52 所示,延长 AD,过点 B 作 $BG = BF$ 交 AD 延长线于点 G,证 $\triangle ADC \cong \triangle GDB$(AAS)。

证法 2:如图 3.1.53 所示,延长 AD,使 $GD = AD$,连接 BG,证 $\triangle GDB \cong \triangle ADC$(SAS)。

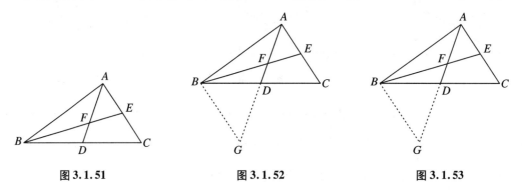

图 3.1.51　　　　　　　图 3.1.52　　　　　　　图 3.1.53

证法 3:如图 3.1.54 所示,延长 AD,过点 B 作 $BH = BD$ 交 AD 延长线于点 H,证 $\triangle ADC \cong \triangle FHB$(AAS)。

证法 4:如图 3.1.55 所示,作 $DG \parallel BE$ 交 AC 于点 G。

证法 5:如图 3.1.56 所示,作 $DG \parallel AC$ 交 BE 于点 G。

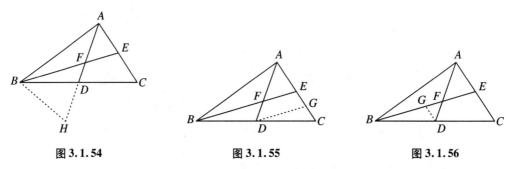

图 3.1.54　　　　　　　图 3.1.55　　　　　　　图 3.1.56

证法 6:如图 3.1.57 所示,作 $AG \parallel BC$ 交 BE 延长线于点 G。

证法 7:如图 3.1.58 所示,作 $CG \parallel BE$ 交 AD 延长线于点 G。

证法 8:如图 3.1.59 所示,作 $EG \parallel AD$ 交 BC 于点 G。

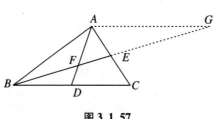

图 3.1.57

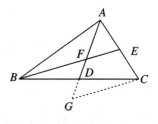

图 3.1.58

证法 9：如图 3.1.60 所示，作 $CG /\!/ AD$ 交 BE 延长线于点 G。

证法 10：如图 3.1.61 所示，作 $EG /\!/ BD$ 交 AD 于点 G。

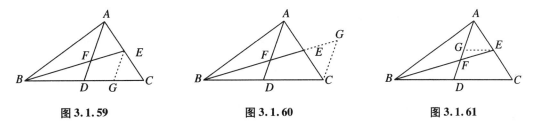

图 3.1.59　　　　　　图 3.1.60　　　　　　图 3.1.61

10. 如图 3.1.62 所示，已知 D 为 BC 边上的中点，E 和 A 是射线 $DA(\angle BDA > \angle CDA)$ 上的点，$\angle BED = \angle CAD$，求证：$AC = BE$。

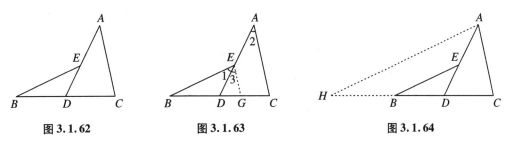

图 3.1.62　　　　　　图 3.1.63　　　　　　图 3.1.64

证法 1：如图 3.1.63 所示，过点 E 作 $EG /\!/ AC$ 交 BC 于点 G，则 $\dfrac{EG}{AC} = \dfrac{DG}{DC}$，又 $\angle 1 = \angle 2 = \angle 3$，则 $\dfrac{EG}{BE} = \dfrac{DG}{BD}$，已知 $BD = DC$，从而 $AC = BE$。

证法 2：如图 3.1.64 所示，过点 A 作 $AH /\!/ BE$ 交 CB 延长线于点 H，同证法 1 证明。

证法 3：如图 3.1.65 所示，延长 AD 至点 F，使 $DF = AD$，连接 BF，先证 $\triangle ADC \cong \triangle FDB$，再证 $\triangle BEF$ 为等腰三角形。

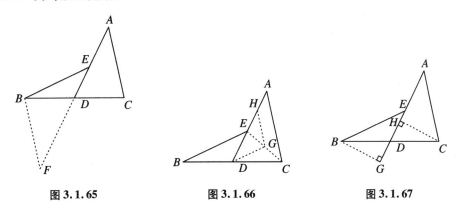

图 3.1.65　　　　　　图 3.1.66　　　　　　图 3.1.67

证法 4：如图 3.1.66 所示，连接 EC，取 AE 中点 H，取 CE 中点 G，连接 DG、HG，证 $\triangle HGD$ 为等腰 $\triangle$。

证法 5：如图 3.1.67 所示，作 $BG \perp AD$，作 $CH \perp AD$，先证 Rt $\triangle BDG \cong$ Rt $\triangle CDH$，再证 Rt $\triangle AHC \cong$ Rt $\triangle EGB$。

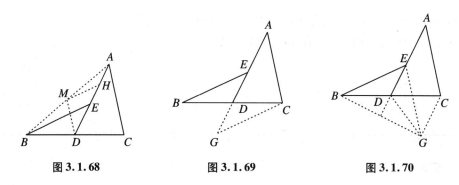

图 3.1.68　　　　　图 3.1.69　　　　　图 3.1.70

证法 6：如图 3.1.68 所示，连接 AB，取 AB 中点 M，连接 DM，过点 M 作 $MH /\!/ BE$ 交 AD 于点 H，证 $\triangle DMH$ 为等腰 $\triangle$，$MH = MD$，从而 $AC = BE$。

证法 7：如图 3.1.69 所示，延长 ED 至点 G，使 $DG = ED$，先证 $\triangle BDE \cong \triangle CDG$，再证 $\triangle AGC$ 为等腰 $\triangle$。

证法 8：（运用 Rt$\triangle$ 中点性质证明）如图 3.1.70 所示，作 $EG /\!/ AC$，截取 $EG = EB$，连接 BG、CG、DG，先证 $\triangle BCG$ 为 Rt$\triangle$，再证 $AD \perp BG$，最后证四边形 $ACGE$ 为 $\square$。

证法 9：如图 3.1.71 所示，过点 A 作 $AG /\!/ BE$，使 $AG = AC$，连接 GC、GD、GB，先证 $AD \perp GC$，再证 $\triangle BGC$ 为 Rt$\triangle$，最后证四边形 $GAEB$ 为 $\square$。

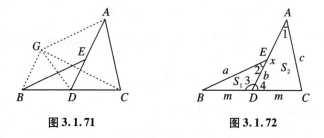

图 3.1.71　　　　　图 3.1.72

证法 10：（面积法）如图 3.1.72 所示，设 $BE = a$，$AC = c$，$DE = b$，$CD = m$，$AD = x$，$\triangle BDE$ 的面积为 S_1，$\triangle ACD$ 的面积为 S_2，

$$
\left.
\begin{array}{l}
S_1 = \dfrac{1}{2} m \cdot b \sin \angle 3 \\[2mm]
S_2 = \dfrac{1}{2} m \cdot x \sin \angle 4
\end{array}
\right\} \Rightarrow \dfrac{S_1}{S_2} = \dfrac{b}{x}
$$

$$
\left.
\begin{array}{l}
S_1 = \dfrac{1}{2} ab \sin \angle 2 \\[2mm]
S_2 = \dfrac{1}{2} cx \sin \angle 1 \\[2mm]
\angle 1 = \angle 2
\end{array}
\right\} \Rightarrow \dfrac{S_1}{S_2} = \dfrac{ab}{cx}
$$

$$\Rightarrow a = c \Rightarrow AC = BE。$$

证法 11：如图 3.1.73 所示，延长 AD，过点 B 作 $BF = BD$ 交 AD 延长线于点 F，证 $\triangle ADC \cong \triangle EFB$。

证法 12：如图 3.1.74 所示，过点 C 作 $CF = CD$ 交 AE 于点 F，证 $\triangle AFC \cong \triangle EDB$。

证法 13：如图 3.1.75 所示，过点 D 作 $DG \stackrel{/\!/}{=} BE$，过点 C 作 $CG \stackrel{/\!/}{=} DE$，DG 交 AC 于点 H，证 $\triangle ADH$、$\triangle GHC$ 为等腰 $\triangle$。

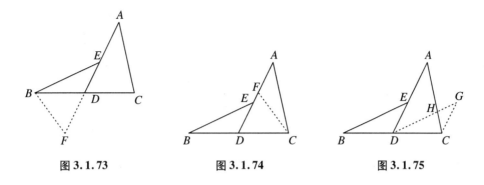

图 3.1.73   图 3.1.74   图 3.1.75

证法 14：如图 3.1.76 所示，过点 D 作 $DG \underset{=}{\parallel} AC$，过点 B 作 $BG \underset{=}{\parallel} AD$，$DG$ 交 BE 于点 H，先证 $\triangle BDG \cong \triangle DCA$，再证 $\triangle GBH$、$\triangle HED$ 为等腰 $\triangle$。

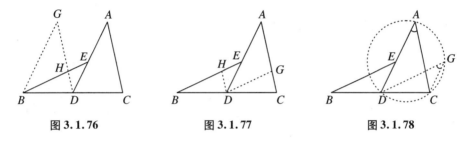

图 3.1.76   图 3.1.77   图 3.1.78

证法 15：如图 3.1.77 所示，过点 D 作 $DH \parallel AC$ 交 BE 于点 H，作 $DG \parallel BE$ 交 AC 于点 G，先证 $\triangle BHD \cong \triangle DGC$，再证 $\triangle EHD$、$\triangle AGD$ 为等腰 $\triangle$。

证法 16：如图 3.1.78 所示，同证法 13，$\angle A = \angle G$，先证 A、G、C、D 四点共圆，再证四边形 $AGCD$ 为等腰梯形。

11. 如图 3.1.79 所示，在 $\triangle ABC$ 中，$\angle BAC = 90°$，$AB = AC$，BD 平分 $\angle ABC$，BD 交 AC 于点 D，$AE \perp BD$ 于点 F，AE 交 BC 于点 E，求证：$AD = CE$。

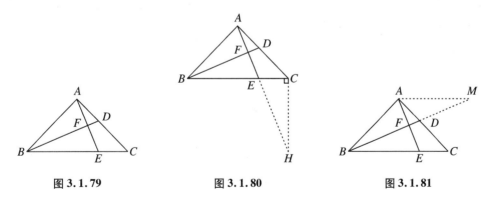

图 3.1.79   图 3.1.80   图 3.1.81

证法 1：如图 3.1.80 所示，延长 AE，过点 C 作 $CH \perp BC$ 交 AE 延长线于点 H，先证 $\angle DAF = \angle CHE$，再证 $\triangle ACH$ 为等腰 $\triangle$，$AC = CH$，最后证 $Rt\triangle BAD \cong Rt\triangle HCE$(ASA)。

证法 2：如图 3.1.81 所示，过点 A 作 $AM \parallel BC$ 交 BD 延长线于点 M，先证 $AB = AM = AC$，再证 $\triangle ADM \cong \triangle CEA$(ASA)。

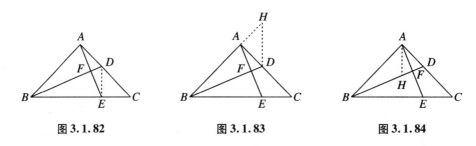

图 3.1.82   图 3.1.83   图 3.1.84

证法 3：如图 3.1.82 所示，连接 DE，先证 $\triangle BAD \cong \triangle BED$，再证 $\angle DEC = \angle BAD = 90°$，后证 $\triangle DEC$ 为等腰 Rt$\triangle$。

证法 4：如图 3.1.83 所示，延长 BA，使 $AH = EC$，连接 HD，先证 $AB = BE$，再证 $\triangle BDH \cong \triangle BDC$，又 $\angle BAC = \angle HAD = 90°$，可证 $AH = AD = CE$。

证法 5：如图 3.1.84 所示，过点 A 作 $\angle BAC$ 的平分线交 BD 于点 H，先证 $AB = BE = AC$，再证 $\triangle BHA \cong \triangle AEC$（ASA），后证 $AD = AH$。

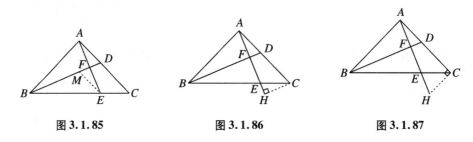

图 3.1.85   图 3.1.86   图 3.1.87

证法 6：如图 3.1.85 所示，过点 E 作 $EM \parallel AC$ 交 BD 于点 M，先证 $AB = AC = BE$，再证 $\triangle BME \cong \triangle AEC$（ASA），后证 $\triangle AFD \cong \triangle EFM$（ASA）。

证法 7：如图 3.1.86 所示，延长 AE，过点 C 作 $CH \perp AE$ 交 AE 延长线于点 H，先证 Rt$\triangle BFA \cong$ Rt$\triangle AHC$，再证 Rt$\triangle AFD \cong$ Rt$\triangle CHE$（ASA）。

证法 8：如图 3.1.87 所示，过点 C 作 $CH \perp AC$ 交 AE 延长线于点 H，先证 Rt$\triangle BAD \cong$ Rt$\triangle ACH$（ASA），后证 $\triangle CEH$ 为等腰 $\triangle$。

12. 如图 3.1.88 所示，在 $\triangle ABC$ 中，$AB = AC$，点 D、E、F 分别在边 AB、BC、AC 上，且 $DE \parallel AC$，$\angle BEF = \angle A$，当 $BD = EF$ 时，求证：$BE = FC$。

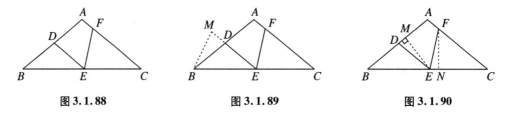

图 3.1.88   图 3.1.89   图 3.1.90

证法 1：如图 3.1.89 所示，过点 B 作 $BM = BD$，BM 交 ED 延长线于点 M，证 $\triangle BME \cong \triangle EFC$。

证法 2：如图 3.1.90 所示，过点 E 作 $EM \perp BD$，过点 F 作 $FN \perp EC$，先证 $\triangle DME \cong \triangle ENF$，再证 $\triangle BME \cong \triangle CNF$。

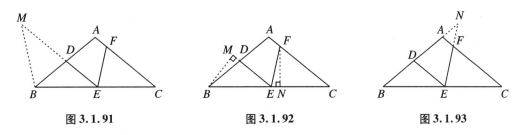

图 3.1.91　　　　　　　图 3.1.92　　　　　　　图 3.1.93

证法 3:如图 3.1.91 所示,过点 B 作 $BM = BE$ 交 ED 延长线于点 M,证 $\triangle MBD \cong \triangle CFE$。

证法 4:如图 3.1.92 所示,过点 B 作 $BM \perp ED$ 交 ED 延长线于点 M,过点 F 作 $FN \perp EC$ 交 EC 于点 N,先证 $\angle BDM = \angle FEN$,再证 $\triangle BDM \cong \triangle FEN$,后证 $\triangle BME \cong \triangle FNC$。

证法 5:如图 3.1.93 所示,延长 DA、EF 交于点 N,先证 $\angle FEC = \angle NDE$,再证 $\triangle DEN \cong$ $\triangle EFC$,后证 $BE = CF$。

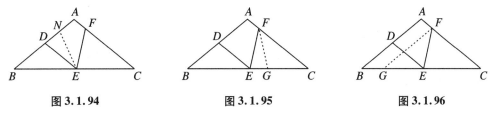

图 3.1.94　　　　　　　图 3.1.95　　　　　　　图 3.1.96

证法 6:如图 3.1.94 所示,过点 E 作 $EN = ED(= EF)$ 交 AD 于点 N,证 $\triangle BNE \cong \triangle CEF$。

证法 7:如图 3.1.95 所示,过点 F 作 $FG = EF(= BD)$ 交 CE 于点 G,先证 $\angle BEF =$ $\angle FGC$,再证 $\triangle BDE \cong \triangle FGC$。

证法 8:如图 3.1.96 所示,过点 F 作 $FG \parallel AB$ 交 BC 于点 G,先证 $\triangle BED \cong \triangle GFE$,再证 $FG = FC$。

13. 如图 3.1.97 所示,已知 $\triangle ABC$ 中,$AB = AC$,D、E 是 BC 边上的两点,且 $AD = AE$,求证:$BD = CE$。

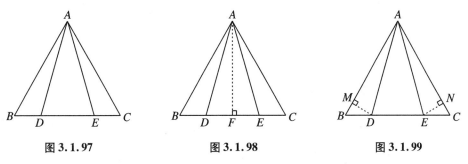

图 3.1.97　　　　　　　图 3.1.98　　　　　　　图 3.1.99

证法 1:如图 3.1.97 所示,证 $\triangle ADB \cong \triangle ACE$(AAS)。

证法 2:如图 3.1.97 所示,证 $\triangle ADB \cong \triangle ACE$(ASA)。

证法 3:如图 3.1.97 所示,证 $\triangle ADB \cong \triangle ACE$(SAS)。

证法 4:如图 3.1.97 所示,证 $\triangle AEB \cong \triangle ADC$(AAS)。

证法 5:如图 3.1.97 所示,证 $\triangle AEB \cong \triangle ADC$(ASA)。

证法 6:如图 3.1.97 所示,证 $\triangle AEB \cong \triangle ADC$(SAS)。

证法 7:如图 3.1.98 所示,过点 A 作 $AF \perp BC$ 交 BC 于点 F,用"三线合一"性质证明。

证法 8：如图 3.1.99 所示，过点 D 作 $DM \perp AB$ 交 AB 于点 M，过点 E 作 $EN \perp AC$ 交 AC 于点 N，先证 $\triangle ADM \cong \triangle AEN$，再证 $\triangle BDM \cong \triangle CEN$。

证法 9：如图 3.1.100 所示，过点 B 作 $BM \perp AD$ 交 AD 延长线于点 M，过点 C 作 $CN \perp AE$ 交 AE 延长线于点 N，先证 $\triangle ABM \cong \triangle ACN$，再证 $\triangle BMD \cong \triangle CNE$。

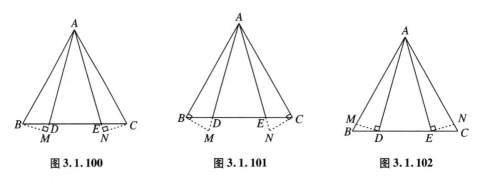

图 3.1.100　　　　图 3.1.101　　　　图 3.1.102

证法 10：如图 3.1.101 所示，过点 B 作 $BM \perp AB$，BM 交 AD 延长线于点 M，过点 C 作 $CN \perp AC$，CN 交 AE 延长线于点 N，先证 $\triangle MAB \cong \triangle NAC$，再证 $\triangle BDM \cong \triangle CEN$。

证法 11：如图 3.1.102 所示，过点 D 作 $DM \perp AD$ 交 AB 于点 M，过 E 作 $NE \perp AE$ 交 AC 于点 N，先证 $\triangle ADM \cong \triangle AEN$，再证 $\triangle BDM \cong \triangle CEN$。

证法 12：如图 3.1.103 所示，过点 D 作 $DM \perp AC$ 交 AC 于点 M，过点 E 作 $EN \perp AB$ 交 AB 于点 N，先证 $\angle 1 = \angle 2$，再证 $\triangle ADM \cong \triangle AEN$，后证 $\triangle BEN \cong \triangle CDM$，得 $BE = CD$，从而 $BD = EC$。

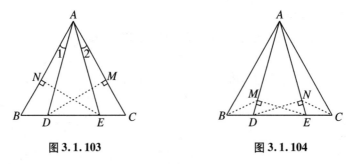

图 3.1.103　　　　　　图 3.1.104

证法 13：如图 3.1.104 所示，过点 D 作 $DN \perp AE$ 交 AE 于点 N，过点 E 作 $EM \perp AD$ 交 AD 于点 M，连接 BM、CN，先证 $\triangle DNE \cong \triangle EMD$，再证 $\triangle BME \cong \triangle CND$。

证法 14：如图 3.1.104 所示，同证法 13，可证 $\triangle BDM \cong \triangle CEN$，$\triangle ABM \cong \triangle ACN$。

14. 如图 3.1.105 所示，$\triangle ABC$ 为等边 $\triangle$，点 D 为边 BC 上任意一点，$\angle ADE = 60°$，DE 与 $\angle ACB$ 外角的平分线交于点 E，求证：$AD = DE$。

证法 1：如图 3.1.106 所示，过点 D 作 $DF /\!/ AC$ 交 AB 于点 F，证 $\triangle ADF \cong \triangle DEC$。

证法 2：如图 3.1.107 所示，过点 D 作 $DF /\!/ AB$ 交 AC 于点 F，证 $\triangle ADF \cong \triangle EDC$。

证法 3：如图 3.1.108 所示，过点 D 作 $DM \perp AC$ 交 AC 于点 M，作 $DN \perp CE$ 交 EC 延长线于点 N，证 $\triangle DCM \cong \triangle DCN$，再证 Rt$\triangle ADM \cong$ Rt$\triangle EDN$。

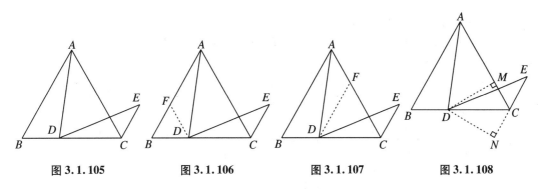

图 3.1.105　　　　图 3.1.106　　　　图 3.1.107　　　　图 3.1.108

15. 如图 3.1.109 所示,已知等腰 Rt$\triangle ABC$,$AB = BC$,D 是边 AC 中点,$DE \perp DF$,求证:$DE = DF$。

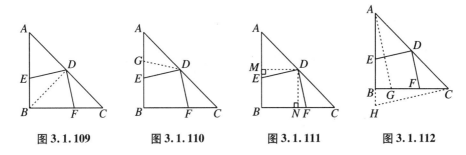

图 3.1.109　　　　图 3.1.110　　　　图 3.1.111　　　　图 3.1.112

证法 1:如图 3.1.109 所示,连接 DB,证 $\triangle DEB \cong \triangle DFC$。

证法 2:如图 3.1.109 所示,连接 DB,证 $\triangle AED \cong \triangle BFD$。

证法 3:如图 3.1.110 所示,过点 D 作 $DG = DE$ 交 AB 于点 G,证 $\triangle DAG \cong \triangle DCF$。

证法 4:如图 3.1.111 所示,过点 D 作 $DM \perp AB$ 交 AB 于点 M,作 $DN \perp BC$ 交 BC 于点 N,证 $\triangle DME \cong \triangle DNF$。

证法 5:如图 3.1.112 所示,过点 C 作 $CH /\!/ DE$ 交 AB 延长线于点 H,过 A 作 $AG /\!/ DF$ 交 BC 于点 G,证 $\triangle ABG \cong \triangle CBH$。

证法 6:如图 3.1.113 所示,作正方形 $ABCM$,延长 ED 交 MC 于点 N,延长 FD 交 AM 于点 G,过点 E 作 $EP /\!/ BC$ 交 MC 于点 P,过点 G 作 $GQ /\!/ AB$ 交 BC 于点 Q,$EN = 2DE$,$FG = 2DF$,证 $\triangle GQF \cong \triangle EPN$。

证法 7:如图 3.1.114 所示,连接 BD、EF,取 EF 中点 O,连接 OB、OD,证 $\angle DFE = \angle DEF = 45°$。

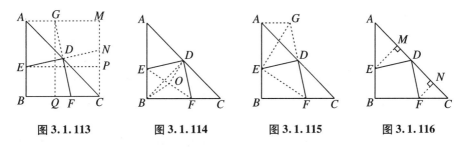

图 3.1.113　　　　图 3.1.114　　　　图 3.1.115　　　　图 3.1.116

证法 8:如图 3.1.115 所示,过点 A 作 $AG /\!/ BC$,延长 FD 交 AG 于点 G ,连接 EG、EF,证

△DAG≌△DCF，△AEG≌△BFE.

证法9：如图3.1.116所示，过点 E 作 EM⊥AC 交 AC 于点 M，过点 F 作 FN⊥AC 交 AC 于点 N，先证△EDM∽△DFN，再证其全等。

16. 如图3.1.117所示，正方形 ABCD 中，点 E 是边 AB 上一点，点 G 是边 BC 上一点，点 F 是边 AD 上一点，FG⊥DE 交于点 H，求证：FG = DE。

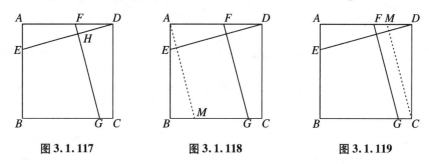

图 3.1.117   图 3.1.118   图 3.1.119

证法1：如图3.1.118所示，将 FG 平移至 AM，证△ABM≌△DAE。

证法2：如图3.1.119所示，将 FG 平移至 CM，证△CDM≌△DAE。

17. 如图3.1.120所示，已知∠1 = ∠2，∠E = 90°，AB = 3AC，求证：AD = DE。

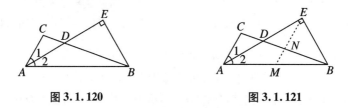

图 3.1.120   图 3.1.121

证法1：如图3.1.121所示，取 AB 中点 M，连接 EM 交 BC 于点 N，设 AC = a，则 AM = MB = $\frac{3}{2}a$，MN = $\frac{a}{2}$，再证△ACD≌△END，∴ AD = DE。

证法2：如图3.1.122所示，延长 AC 与 BE 交于点 P，先证 AP = AB = 3AC，CP = 2AC，再过点 E 作 EM∥BC 交 AP 于点 M，则 PE = EB，EM 为△PCB 的中位线，后证 D 为 AE 中点。

18. 如图3.1.123所示，已知△ABC 中，AB = AC = BD，∠BAC = 90°，∠ABD = 30°，求证：AD = CD。

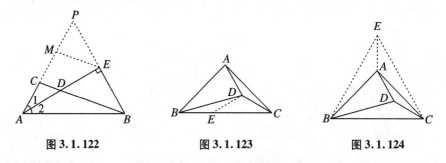

图 3.1.122   图 3.1.123   图 3.1.124

证法1：如图3.1.123所示，在 BC 上作 BE = AD，连接 DE，先证△ADC≌△BED，∴ DE = DC，△DEC 为等腰△，设∠BDE = ∠ACD = x，15° + x = 45° − x，∴ x = 15°，从而 AD = CD。

证法 2:如图 3.1.124 所示,以 BC 为边作等边△,连接 EA,先证 △$BEA \cong$ △$CEA \cong$ △BCD,再求 ∠$BCD = 30°$,从而 $AD = DC$。

19. 如图 3.1.125 所示,若点 E 在 BC 的延长线上,∠$AEF = 90°$,CF 为正方形外角平分线,试探究 AE 与 EF 之间的数量关系。

解法 1:如图 3.1.125 所示,在 BA 的延长线上截取 $AG = CE$,证 △$AGE \cong$ △ECF,可得 $AE = EF$。

解法 2:如图 3.1.126 所示,过点 E 作 $EM \perp BC$ 交 CF 于 M,连接 AC,证 △$ACE \cong$ △FME,可得 $AE = EF$。

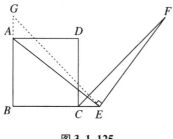

图 3.1.125

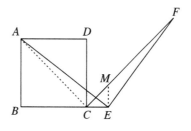

图 3.1.126

20. 如图 3.127 所示,在四边形 $ABCD$ 中,∠$A = $ ∠$BCD = 90°$,$BC = CD$,$CE \perp AD$ 于点 E,求证:$AE = CE$。

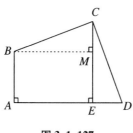

图 3.1.127

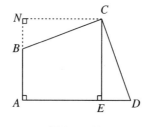

图 3.1.128

证法 1:如图 3.1.127 所示,过点 B 作 $BM \perp CE$ 于点 M,证四边形 $ABME$ 为矩形,再证 △$BMC \cong$ △CED。

证法 2:如图 3.1.128 所示,过点 C 作 $CN \perp AB$ 于点 N,证四边形 $AECN$ 为矩形,再证 △$CBN \cong$ △CDE。

21. 如图 3.1.129 所示,已知四边形 $ABCD$ 是正方形,E 是 AB 边上一点,F 是 BC 延长线上一点,且 $DE = DF$,连接 AC、EF 交于点 M,求证:M 是 EF 的中点。

证法 1:如图 3.1.129 所示,过点 E 作 $EN \parallel BC$ 交 AC 于点 N,先证 △$DAE \cong$ △DCF(HL),得 $AE = CF$,再证 △$ENM \cong$ △FCM,从而 $EM = MF$。

证法 2:如图 3.1.130 所示,过点 F 作 $FG \perp CF$ 交 AC 延长线于点 G,先证 Rt△$DAE \cong$ Rt△DCF,得 $AE = CF$,再证 $CF = FG$,后证 △$AEM \cong$ △GFM(AAS),从而 $EM = MF$。

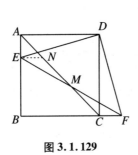

图 3.1.129

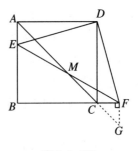

图 3.1.130

22. 如图 3.1.131 所示,已知▱ABCD,点 E、F 分别是 AB、CD 的中点,且 AF、CE 与 BD 分别相交于点 P、H,求证:BH = HP = PD。

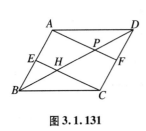

图 3.1.131

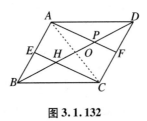

图 3.1.132

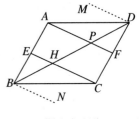

图 3.1.133

证法 1:如图 3.1.131 所示,利用平行线等分线段定理证明,先证 PF∥HC,再证 EH∥AP。

证法 2:如图 3.1.132 所示,连接 AC 交 BD 于点 O,利用三角形中线性质证明。

证法 3:如图 3.1.133 所示,过点 D 作 DM∥AF,过点 B 作 BN∥EC,利用平行线性质证明。

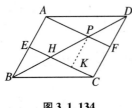

图 3.1.134

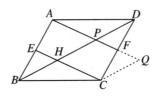

图 3.1.135

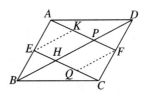

图 3.1.136

证法 4:如图 3.1.134 所示,过点 P 作 PK∥DC 交 EC 于点 K,证 △BEH ≌ △PKH ≌ △DFP。

证法 5:如图 3.1.135 所示,过点 C 作 CQ∥BD 交 AF 延长线于点 Q,先证 △PDF ≌ △QCF,再证 △BEH ≌ △CFQ。

证法 6:如图 3.1.136 所示,过点 E 作 EK∥BD 交 AF 于点 K,过点 F 作 FQ∥BD 交 EC 于点 Q,利用平行四边形性质证明。

证法 7:如图 3.1.131 所示,利用相似三角形性质证明,先证 △ABP∽△FDP,再证 2PD = BH + HP,2BH = HP + PD。

证法 8:(解析法)如图 3.1.137 所示,建立平面直角坐标系,$B(0,0)$,$C(c,0)$,$A(a,b)$,

则 $E\left(\dfrac{a}{2},\dfrac{b}{2}\right),D(a+c,b),F\left(\dfrac{a+2c}{2},\dfrac{b}{2}\right),$

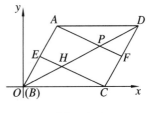

　　BD 方程为 $bx-(a+c)y=0,$

　　AF 方程为 $bx-(a-2c)y-2bc=0,$

　　EC 方程为 $bx-(a-2c)y-bc=0,$

　　联立方程解得 $P\left[\dfrac{2}{3}(a+c),\dfrac{2}{3}b\right],H\left[\dfrac{1}{3}(a+c),\dfrac{1}{3}b\right],$

图 3.1.137

　　$\therefore BH=HP=PD=\dfrac{1}{3}\sqrt{(a+c)^2+b^2}$。

23. 如图 3.1.138 所示,已知梯形 $ABCD$,$AB\parallel CD$,四边形 $ACED$ 为平行四边形,延长 DC 交 BE 于点 F,求证:$EF=FB$。

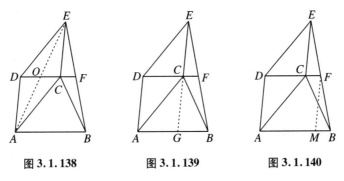

图 3.1.138　　　　　图 3.1.139　　　　　图 3.1.140

　　证法 1:如图 3.1.138 所示,连接 AE 交 CD 于点 O,$\square ACED\Rightarrow OA=OE$,又 $OF\parallel AB$,则 $EF=FB$。

　　证法 2:如图 3.1.139 所示,延长 EC 交 AB 于点 G,可得 $\square AGCD$,又已知 $\square ACED$,则 $EC=AD=CG$,从而 $EF=BF$。

　　证法 3:如图 3.1.140 所示,过点 F 作 $FM\parallel AD$ 交 AB 于点 M,证 $\triangle BMF\cong\triangle FCE$。

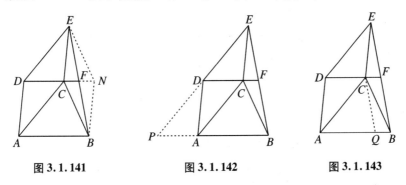

图 3.1.141　　　　　图 3.1.142　　　　　图 3.1.143

　　证法 4:如图 3.1.141 所示,过点 B 作 $BN\parallel AD$ 交 DF 延长线于点 N,连接 EN,由 $\square ABND$ 和 $\square ACED$ 得 $BN\underset{=}{\parallel}CE$,再用平行四边形性质和判定定理得 $EF=BF$。

　　证法 5:如图 3.1.142 所示,延长 ED 和 BA 交于点 P,由 $\square ACDP$ 和 $\square ACED$ 可得 $PD=AC=DE$,又 $CF\parallel AB$,可得 $EF=FB$。

　　证法 6:如图 3.1.143 所示,过点 C 作 $CQ\parallel BE$ 交 AB 于点 Q,则四边形 $CQBF$ 为 $\square$,可证 $\angle QAC=\angle FDE$,$AC=DE$,$\angle ACQ=\angle DEF$,后证 $\triangle AQC\cong\triangle DFE$。

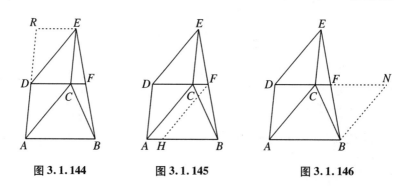

图 3.1.144　　　　　图 3.1.145　　　　　图 3.1.146

证法 7:如图 3.1.144 所示,过点 E 作 $ER // AB$ 交 AD 延长线于点 R,由 $\square ACED$ 和 $\square DCER$ 得 $AD = CE = DR$,再由 $AB // CD // RE$ 得出结论。

证法 8:如图 3.1.145 所示,过点 F 作 $FH // AC$,可得 $\square AHFC$,则 $AC // DE // FH$,易证 $\triangle DEF \cong \triangle HFB$,从而 $EF = FB$。

证法 9:如图 3.1.146 所示,过点 B 作 $BN // AC$ 交 CF 的延长线于点 N,可得 $\square ABNC$,易证 $AC // DE // BN$,再证 $\triangle EDF \cong \triangle BNF$。

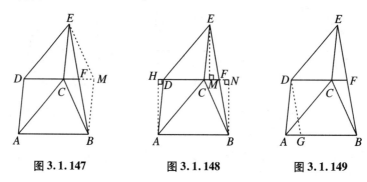

图 3.1.147　　　　　图 3.1.148　　　　　图 3.1.149

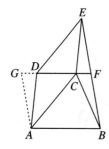

图 3.1.150

证法 10:如图 3.1.147 所示,过点 E 作 $EM // BC$ 交 DC 延长线于点 M,连接 BM,易证 $\triangle DEM \cong \triangle ACB$,再证四边形 $ECBM$ 为 $\square$。

证法 11:如图 3.1.148 所示,过点 A 作 $AH \perp CD$ 于点 H,过点 B 作 $BN \perp DC$ 于点 N,过点 E 作 $EM \perp CD$ 于点 M,先证 Rt $\triangle ADH \cong$ Rt $\triangle ECM$,再证四边形 $AHNB$ 为矩形,后证 Rt $\triangle EMF \cong$ Rt $\triangle BNF$。

证法 12:如图 3.1.149 所示,过点 D 作 $DG // BE$ 交 AB 于点 G,先证四边形 $DFBG$ 为 $\square$,再证 $\triangle ADG \cong \triangle CEF$。

证法 13:如图 3.1.150 所示,过点 A 作 $AG // BE$ 交 CD 延长线于点 G,证 $\triangle ADG \cong \triangle ECF$。

24. 如图 3.1.151 所示,四边形 $ABCD$ 为正方形,四边形 $ACEF$ 为菱形,$DE // AC$,延长 EC 交 DA 于点 M,求证:$AM = AE$。

证法 1:如图 3.1.151 所示,连接 BD 交 AC 于点 O,过点 C 作 $CG \perp DE$ 于点 G,先证四边形 $ODGC$ 为正方形,再证 $\angle CEF = 30°$,$\angle CEA = 15°$,后证 $\angle M = 15°$,从而 $AM = AE$。

证法 2:如图 3.1.152 所示,连接 BD 交 AC 于点 O,过点 F 作 $FG \perp AC$ 于点 G,先证四边形 $ODFG$ 为正方形,再证 $\angle CED = 30°$,$\angle AEC = 15°$,$\angle M = 15°$,从而 $AM = AE$。

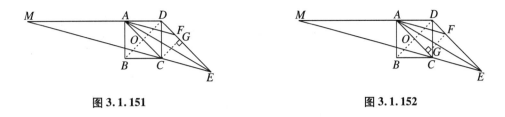

图 3.1.151　　　　　　　　　　图 3.1.152

证法 3：如图 3.1.153 所示，连接 BD 交 AC 于点 O，过点 A 作 $AG \perp DE$ 于点 G，先证四边形 $AGDO$ 为正方形，再证 $\angle CAF = 30°$，$\angle AEC = 15°$，$\angle M = 15°$，从而 $AM = AE$。

证法 4：如图 3.1.154 所示，连接 BD 交 AC 于点 O，过点 E 作 $EG \perp AC$ 交 AC 延长线于点 G，证四边形 $ODEG$ 为矩形，再证 $\angle CED = 30°$，$\angle CEA = 15°$，$\angle M = 15°$，从而 $AM = AE$。

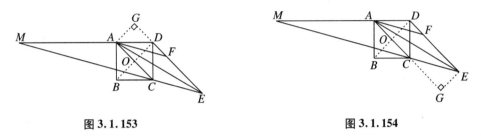

图 3.1.153　　　　　　　　　　图 3.1.154

25. 如图 3.1.155 所示，在四边形 $ABCD$ 中，$AD /\!/ BC$，$\angle ABC = 90°$，E 是 CD 的中点，求证：$AE = BE$。

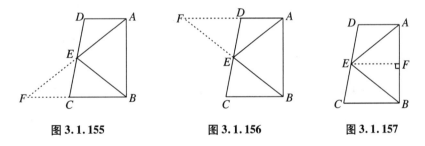

图 3.1.155　　　　图 3.1.156　　　　图 3.1.157

证法 1：如图 3.1.155 所示，延长 AE 交 BC 延长线于点 F，先证 $\triangle AED \cong \triangle FEC$，再证 $AE = EF = BE$。

证法 2：如图 3.1.156 所示，延长 BE 交 AD 延长线于点 F，先证 $\triangle BCE \cong \triangle FDE$，再证 $FE = EB = AE$。

证法 3：如图 3.1.157 所示，过点 E 作 $EF /\!/ AD$ 交 AB 于点 F，证 EF 为梯形中位线，再由"等腰三角形三线合一"证 $AE = BE$。

证法 4：如图 3.1.158 所示，过点 D 作 $DF \perp BC$ 于点 F，连接 EF，先证四边形 $DABF$ 为矩形，再证 $\triangle AED \cong \triangle BEF$。

证法 5：如图 3.1.159 所示，过点 C 作 $CF /\!/ AB$ 交 AD 延长线于点 F，连接 EF，易证 $DE = EF = CE$，再证 $\triangle AEF \cong \triangle BEC$，得 $AE = BE$。

证法 6：如图 3.1.160 所示，过点 E 作 $FM \perp BC$ 分别交 AD、BC 于点 M、F，先证 $\triangle EMD \cong \triangle EFC$，再证 $\triangle AEM \cong \triangle BEF$。

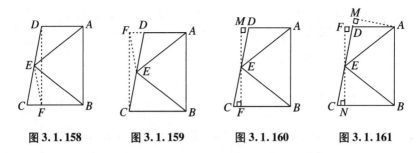

图 3.1.158 图 3.1.159 图 3.1.160 图 3.1.161

证法 7:如图 3.1.161 所示,过点 E 作 $FN\perp BC$ 分别交 AD、BC 于点 F、N,过点 A 作 $AM\perp CD$ 于点 M,证 $\triangle EAF\cong\triangle EBN$。

26. 如图 3.1.162 所示,四边形 $ABCD$ 为正方形,点 E 是边 BC 上一点,$\angle AEF=90°$,EF 交正方形外角的平分线 CF 于点 F,求证:$AE=EF$。

证法 1:如图 3.1.162 所示,作 $AG=CE$,连接 GE,先证 $\triangle BGE$ 为等腰 Rt$\triangle$,再证 $\triangle AEG\cong\triangle EFC$(ASA)即可。

证法 2:如图 3.1.163 所示,过点 E 作 $EG\perp BC$ 交 FC 的延长线于点 G,连接 AC,证 $\triangle AEC\cong\triangle FEG$(ASA)。

证法 3:如图 3.1.164 所示,延长 AC 至点 G 使得 $CG=CF$,并连接 EG,先证 $\triangle ECF\cong\triangle ECG$(SAS),再证 $\angle EAC=\angle G$。

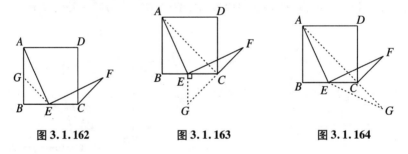

图 3.1.162 图 3.1.163 图 3.1.164

证法 4:如图 3.1.165 所示,分别延长 AB、FC 交于点 G,并连接 EG,先证 $\triangle ABE\cong\triangle GBE$(SAS),再证 $\angle EGC=\angle F$ 即可。

证法 5:如图 3.1.166 所示,延长 AB 至点 G,使 $BG=BE$,并连接 EG、CG,先证 $\triangle ABE\cong\triangle CBG$(SAS),再证四边形 $EGCF$ 为□。

证法 6:如图 3.1.167 所示,连接 AC,过点 E 作 $EG\perp BC$ 交 AC 于点 G,证明 $\triangle AEG\cong\triangle FEC$(ASA)。

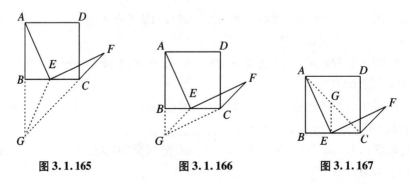

图 3.1.165 图 3.1.166 图 3.1.167

证法 7：如图 3.1.168 所示，过点 E 作 $EG \parallel CF$，过点 F 作 $FG \parallel CD$、$FH \parallel BC$，EG 分别与 FG、FH 交于点 G、H，易证四边形 $ECFH$ 为 $\square$，再证明 $\triangle ACE \cong \triangle EGF$（ASA）即可。

证法 8：如图 3.1.169 所示，过点 F 作 $FG \perp BC$ 于点 G，先证 $\triangle ABE \backsim \triangle EGF$，设 $AB = a$，$EC = x$，$CG = FG = y$，$\therefore \dfrac{a}{a-x} = \dfrac{x+y}{y}$，$a = x + y$，从而 $AB = EG$，$BE = FG$，$\therefore AE = EF$。

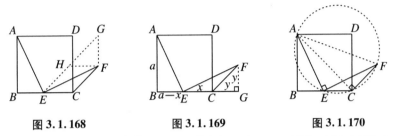

图 3.1.168　　　　图 3.1.169　　　　图 3.1.170

证法 9：如图 3.1.170 所示，连接 AC、AF，先证 $\angle ACF = \angle AEF = 90°$，可得 A、E、C、F 四点共圆，再证 $\angle EAF = 45° = \angle AFE = \angle BAC$。

证法 10：如图 3.1.171 所示，建立平面直角坐标系，设 $A(0,1)$，$C(1,0)$，$E(m,0)$，则 $AE = \sqrt{m^2 + 1}$，$k_{AE} = -\dfrac{1}{m}$，$k_{EF} = m$，设直线 EF 方程为 $y = mx + b$，已知 EF 过点 $E(m,0)$，$\therefore b = -m^2$，$\therefore$ 直线 EF 方程为 $y = mx - m^2$，又 $k_{CF} = 1$，CF 与 $y = x$ 平行且过点 $C(1,0)$，可得直线 CF 方程为 $y = x - 1$，$\therefore$ 联立直线 EF、CF 方程可得两线交点 F 坐标为 $(m+1, m)$，则 $EF = \sqrt{(m+1-m)^2 + m^2} = \sqrt{m^2 + 1} = AE$。

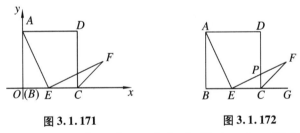

图 3.1.171　　　　　图 3.1.172

证法 11：如图 3.1.172 所示，当 E 为 BC 中点时，设 $AB = 2a$，EF 与 CD 交于点 P，先证 $\triangle ABE \backsim \triangle ECP$，又 CF 为 $\triangle CPE$ 外角 $\angle PCG$ 的平分线，则 $\dfrac{EF}{PF} = \dfrac{EC}{PC} = \dfrac{a}{a/2} = 2$，即 $PF = PE$，又 $PE = \dfrac{\sqrt{5}}{2}a$，$\therefore EF = 2\dfrac{\sqrt{5}}{2}a = \sqrt{5}a$，又 $AE = \sqrt{5}a$，$\therefore AE = EF$。（说明：当 E 为 BC 中点时，又可仿证法 1～10 进行证明。）

27. 如图 3.1.173 所示，已知 $ABCD$ 是正方形，且 $\angle EAD = \angle EDA = 15°$，求证：$\triangle BCE$ 是等边 $\triangle$。

证法 1：如图 3.1.173 所示，在正方形内作 $\triangle ABF$，且使 $\angle FAB = \angle ABF = 15°$，先证 $\triangle ABF \cong \triangle ADE$，再证 $\triangle ABF \cong \triangle BEF$。

证法 2：如图 3.1.174 所示，在正方形外作等边 $\triangle ADF$，连接 EF，先证 EF 是 AD 的中垂线，再证 $\angle FAE = \angle AEF$，$FE \underset{=}{\parallel} AB$，$\square ABEF$。

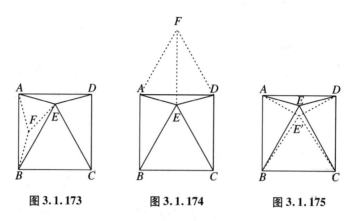

图 3.1.173 　　　　　图 3.1.174 　　　　　图 3.1.175

证法 3:如图 3.1.175 所示,设 $\triangle BCE'$ 是正方形内一个等边 $\triangle$,连接 AE' 、DE' ,证 E 与 E' 重合。

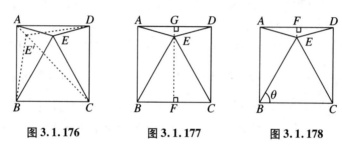

图 3.1.176 　　　　　图 3.1.177 　　　　　图 3.1.178

证法 4:如图 3.1.176 所示,在正方形内作 $\triangle ABE'$,使 $BE' = AB$,$\angle ABE' = 30°$,证明 $\triangle ABE'$ 与 $\triangle ABE$ 重合。

证法 5:如图 3.1.177 所示,过点 E 作 $GF \perp AD$,GF 交 AD 于点 G ,交 BC 于点 F ,设 $AB = a$,则 $GE = \dfrac{a}{2}\tan 15°$,$EF = a - \dfrac{2-\sqrt{3}}{2}a = \dfrac{\sqrt{3}}{2}a$,$\therefore BE = EC = \sqrt{EF^2 + \left(\dfrac{a}{2}\right)^2} = a$ 。

证法 6:如图 3.1.178 所示,过点 E 作 $EF \perp AD$ 于点 F ,设 $\angle EBC = \theta$,由正弦定理可得 $\dfrac{AE}{\sin \angle ABE} = \dfrac{AB}{\sin \angle AEB}$,$\therefore \tan\theta = \sqrt{3}$,则 $\theta = 60°$ 。

证法 7:如图 3.1.178 所示,用余弦定理证明,设 $AB = a$,可得 $BE^2 = AB^2 + AE^2 - 2AB \cdot AE\cos(90° - 15°) = EC^2 = a^2$ 。

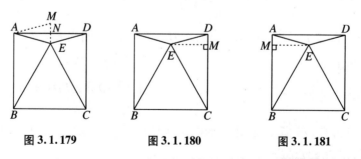

图 3.1.179 　　　　　图 3.1.180 　　　　　图 3.1.181

证法 8:如图 3.1.179 所示,过点 E 作 $EN \perp AD$ 于点 N ,延长 EN 使 $NM = NE$,连接 AM ,证 $\triangle ABE \backsim \triangle MAE$ 。

证法 9：如图 3.1.180 所示，过点 E 作 $EM \perp CD$ 于点 M，则 $EM = \frac{1}{2}AD$，解 Rt$\triangle DEM$。

证法 10：如图 3.1.181 所示，过点 E 作 $EM \perp AB$ 于点 M，则 $EM = \frac{1}{2}AD$，解 Rt$\triangle AME$。

证法 11：如图 3.1.180 所示，用穷举法证明，易证 $EB = EC$，设 $\angle BEC$ 大于 60° 时导致矛盾（$CE > CD$ 与 $CE < CD$），设 $\angle BEC$ 小于 60° 也导致矛盾，从而 $\angle BEC = 60°$。

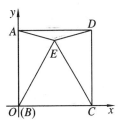

图 3.1.182

证法 12：（解析法）如图 3.1.182 所示，建立平面直角坐标系，设 $AB = a$，则 $B(0, 0)$，$C(a, 0)$，$D(a, a)$，$A(0, a)$，设 $E\left(\frac{a}{2}, y_0\right)$，则

$\tan 15° = \dfrac{a - y_0}{a - \dfrac{a}{2}}$，$\therefore y_0 = \dfrac{\sqrt{3}}{2}a$，$E\left(\dfrac{a}{2}, \dfrac{\sqrt{3}}{2}a\right)$，则 $BE = a$，同理 $EC = a$。

28. 如图 3.1.183 所示，已知梯形 $ABCD$，$AD \parallel BC$，且 $AC = BD$，求证：$AB = CD$。

证法 1：如图 3.1.183 所示，过点 A 作 $AE \parallel BD$ 交 CB 的延长线于点 E，先证四边形 $AEBD$ 是 $\square$，再证 $\triangle ABC \cong \triangle DCB$。

证法 2：如图 3.1.184 所示，过点 A 作 $AE \perp BC$ 于点 E，过点 D 作 $DF \perp BC$ 于点 F，先证明 $\triangle AEC \cong \triangle DFB$，再证 $\triangle ABC \cong \triangle DCB$。

证法 3：如图 3.1.185 所示，先证 $\triangle ADP \backsim \triangle CBP$，再证 $AP = PD$，后证 $\triangle ADB \cong \triangle DAC$。

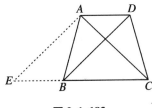

图 3.1.183

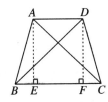

图 3.1.184

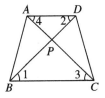

图 3.1.185

证法 4：如图 3.1.185 所示，设 $AD = a$，$BC = b$，$AC = BD = c$，

$AB^2 = a^2 + c^2 - 2ac\cos \angle 2 = b^2 + c^2 - 2bc\cos \angle 3$，$CD^2 = b^2 + c^2 - 2bc\cos \angle 1 = a^2 + c^2 - 2ac\cos \angle 4$，又 $\angle 2 = \angle 3$，$\angle 1 = \angle 4$，从而 $AB^2 = CD^2 \Rightarrow AB = CD$。

证法 5：如图 3.1.186 所示，过点 C 作 $CE \perp AD$ 于点 E，过点 A 作 $AF \perp BC$ 于点 F，连接 EF，先证四边形 $AECF$ 为 $\square$，再证 Rt$\triangle ABF \cong$ Rt$\triangle CDE$。

证法 6：如图 3.1.187 所示，由证法 3 知 $AP = PD$，$PB = PC$，则 $AP \cdot PC = DP \cdot PB$，$\therefore A$、$B$、$C$、$D$ 四点共圆，$\because AD \parallel BC$，$\therefore \angle 1 = \angle 2$，从而 $\overset{\frown}{CD} = \overset{\frown}{AB}$，故 $CD = AB$。

证法 7：如图 3.1.187 所示，先证明 A、B、C、D 四点共圆，又 $BD = AC$，$\therefore \overset{\frown}{BAD} = \overset{\frown}{ADC}$，因而 $\overset{\frown}{BAD} - \overset{\frown}{AD} = \overset{\frown}{ADC} - \overset{\frown}{AD}$，$\overset{\frown}{AB} = \overset{\frown}{CD}$，$\therefore AB = CD$。

证法 8：如图 3.1.188 所示，过点 A 作 $AE \parallel BD$ 交 CB 延长线于点 E，过点 D 作 $DF \parallel AC$ 交 BC 延长线于点 F，先证四边形 $AEBD$、$ACFD$ 都是 $\square$，再证 $\triangle AEB \cong \triangle DFC$。

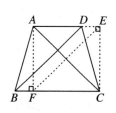

图 3.1.186

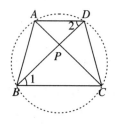

图 3.1.187

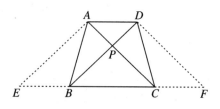

图 3.1.188

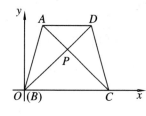

图 3.1.189

证法9：(解析法)如图 3.1.189 所示,建立平面直角坐标系,
设 $A(a,m)$,$B(0,0)$,$C(c,0)$,$D(d,m)$,则 $AC^2 = (c-a)^2 + m^2$,
$BD^2 = d^2 + m^2$,

∵ $AC = BD$,∴ $c-a = d$,而 $AB = \sqrt{a^2+m^2}$,$DC = \sqrt{(c-d)^2+m^2} = \sqrt{[c-(c-a)]^2+m^2} = \sqrt{a^2+m^2}$,∴ $AB = CD$。

29. 如图 3.1.190 所示,已知 AB、DE 是 $\odot O$ 的直径,AC 是
$\odot O$ 的弦,且 $AC \parallel DE$,求证：$CE = BE$。

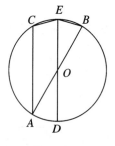

图 3.1.190

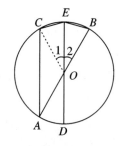

图 3.1.191

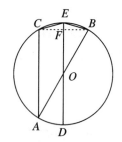

图 3.1.192

证法1：如图 3.1.190 所示,用等弧对等弦证 $\overparen{AD} = \overparen{CE} = \overparen{BE}$。

证法2：如图 3.1.190 所示,用圆周角与圆心角关系证 $\angle CAB = \frac{1}{2}\overparen{BC}$,$\angle EOB = \overparen{BE}$。

证法3：如图 3.1.191 所示,用平行线的性质证明,连接 OC,证 $\angle 1 = \angle 2$。

证法4：如图 3.1.192 所示,用全等三角形证明,连接 CB 交 DE 于点 F,证 $\triangle ECF \cong \triangle EBF$。

证法5：如图 3.1.193 所示,连接 AE,用平行线及等腰三角形的性质证明。

证法6：如图 3.1.194 所示,连接 CD、BD,证 $\angle 1 = \angle 2 = \angle 3 = \angle 4$。

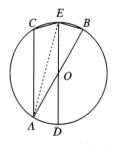

图 3.1.193

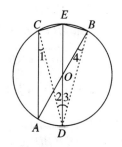

图 3.1.194

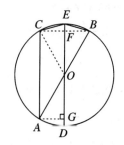

图 3.1.195

证法7:如图3.1.195所示,过点 C 作 $CF \perp DE$ 于点 F,过点 A 作 $AG \perp DE$ 于点 G,证 $\triangle COF \cong \triangle AOG$,$\triangle FOB \cong \triangle GOA$,$\triangle ECF \cong \triangle EBF$。

证法8:如图3.1.192所示,连接 BC 交 DE 于点 F,证 $OE \perp BC$,用直径与弦的关系证明。

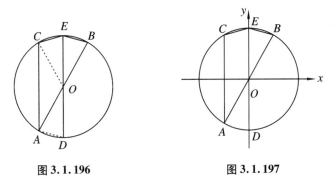

图3.1.196　　　　　　　图3.1.197

证法9:如图3.1.196所示,连接 OC、AD,先证 $\triangle COE \cong \triangle AOD$,再证 $\triangle AOD \cong \triangle BOE$。

证法10:如图3.1.197所示,建立平面直角坐标系,设 $\odot O$ 的方程为 $x^2 + y^2 = R^2$,$A(-a, -\sqrt{R^2-a^2})$,$B(a, \sqrt{R^2-a^2})$,$C(-a, \sqrt{R^2-a^2})$,$D(0, -R)$,$E(0, R)$,则 $CE = BE = \sqrt{2R^2 - 2R\sqrt{R^2-a^2}}$。

30. 如图3.1.198所示,$\triangle ABC$ 为圆 O 的内接 $\triangle$,M、N 分别为 AB、AC 边上的点,且 $AM \cdot BM = AN \cdot NC$,求证:$OM = ON$。

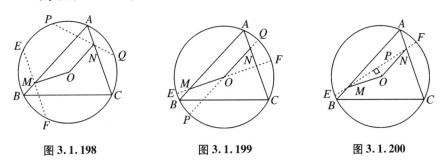

图3.1.198　　　　　图3.1.199　　　　　图3.1.200

证法1:如图3.1.198所示,过点 M 作 $EF \perp OM$ 交 $\odot O$ 于点 E、F,过点 N 作 $PQ \perp ON$ 交 $\odot O$ 于点 P、Q,由相交弦定理和垂径定理证明。

证法2:如图3.1.199所示,分别将 OM、ON 向两边延长交 $\odot O$ 于 E、F、P、Q 点,后同证法1。

证法3:如图3.1.200所示,连接 M、N 并两边延长交 $\odot O$ 于点 E、F,过 O 点作 $OP \perp MN$,后同证法1。

31. 如图3.1.201所示,A 是 $\odot O$ 直径上一点,OB 是和这条直径垂直的半径,BA 和 $\odot O$ 相交于另一点 C,过点 C 的切线和 OA 的延长线交于点 D,求证:$DA = DC$。

证法1:如图3.1.201所示,延长 BO 交 $\odot O$ 于点 E,连接 CE,证 A、O、E、C 四点共圆,再证 $\angle DAC = \angle DCA$。

证法2:如图3.1.202所示,连接 OC,先证 $\angle DCA = \angle OAB$,再证 $\angle DCA = \angle DAC$。

证法3:如图3.1.203所示,过点 B 作 $\odot O$ 的切线 BE 交 CD 于点 E,证 $\angle ECB = \angle DAC$。

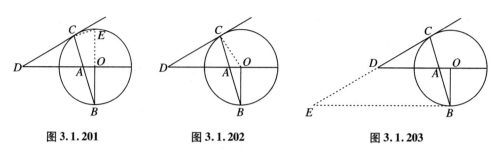

图 3.1.201　　　　　图 3.1.202　　　　　图 3.1.203

证法 4：如图 3.1.204 所示，设点 A 所在的直径两端点为 E、F，连接 BE、BF、CF，证 $\angle DCB = \angle DAC$。

证法 5：如图 3.1.205 所示，设直径两端点为 E、F，连接 CE、CF，先证 $\angle DCE = \angle F$，再证 $\angle ECB = \angle FCB$，后证 $\angle DCB = \angle DAC$。

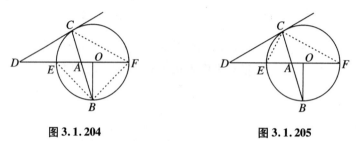

图 3.1.204　　　　　　　　　图 3.1.205

32. 如图 3.1.206 所示，AB 为半圆的直径，CA、CD 是半圆的切线，A、D 是切点，$DE \perp AB$，CB 交 DE 于点 M，求证：$DM = ME$。

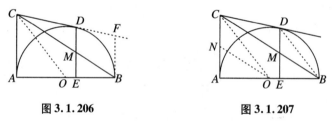

图 3.1.206　　　　　　　　　图 3.1.207

证法 1：如图 3.1.206 所示，过点 B 作半圆的切线 BF 与 CD 延长线交于点 F，则 $CD = CA$，$FB = FD$，$AC /\!/ DE /\!/ BF$，用平行线分线段成比例证明。

证法 2：如图 3.1.207 所示，连接 BD、CO，取 AC 的中点 N，连接 ON，先证 $\mathrm{Rt}\triangle AOC \backsim \mathrm{Rt}\triangle EBD$，$ON /\!/ BC$，再证 $\triangle AON \backsim \triangle EBM$，从而 $CA = 2NA$，$DE = 2ME$。

证法 3：如图 3.1.208 所示，连接 BD 并延长交 AC 延长线于点 F，连接 AD，在 $\triangle ADF$ 中，先证 $\angle 1 = \angle 2$，再证 $\angle F = \angle 3$，得 $CF = CD = CA$，再由 $DE /\!/ AF$，证 $\dfrac{DM}{ME} = \dfrac{CF}{CA} = 1$。

证法 4：如图 3.1.209 所示，连接 BD、CO，先证 $\angle ABD = \angle AOC$，解 $\mathrm{Rt}\triangle CAO$ 与 $\mathrm{Rt}\triangle BEM$。

证法 5：如图 3.1.210 所示，如图建平面直角坐标系，设 $AB = 2R$，$A(-R,0)$，$B(R,0)$，$D(x_0,y_0)$，则 CD 方程为 $x_0x + y_0y = R^2$ ①，AC 方程为 $x = -R$ ②，联立①、②得 $C\left(-R,\dfrac{R^2 + Rx_0}{y_0}\right)$，

又 CB 方程为 $\dfrac{y}{x-R} = \dfrac{R+x_0}{-2y_0}$ ③，DE 方程为 $x = x_0$ ④，联立③、④得 $M\left(x_0,\dfrac{1}{2}y_0\right)$，

$\because D(x_0, y_0)$，$\therefore$ 结论成立。

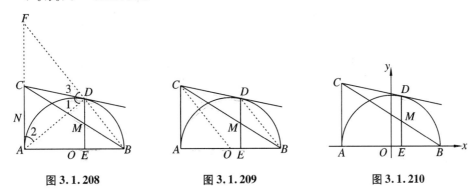

图 3.1.208　　　　　图 3.1.209　　　　　图 3.1.210

33. 如图 3.1.211 所示，AB 为半圆的直径，$CD \perp AB$，$EF \perp AB$，$EG \perp CO$，连接 FG，求证：$CD = FG$。

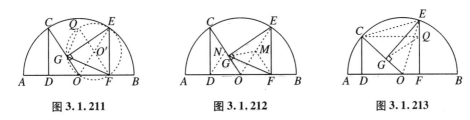

图 3.1.211　　　　　图 3.1.212　　　　　图 3.1.213

证法 1：如图 3.1.211 所示，先证 E、G、O、F 四点共圆，过这四点作 $\odot O'$，再作 $\odot O'$ 的直径 FQ，连接 QG，再证 $FQ = OE = OC$，后证 $\triangle COD \cong \triangle FQG$。

证法 2：如图 3.1.212 所示，连接 EO，并取中点 M，连接 FM 和 GM，取 CO 中点 N，连接 DN，则先证 $CN = DN = GM = FM$，再证 $\angle CND = 2\angle COD = \angle GMF$，后证 $\triangle CND \cong \triangle GMF$。

证法 3：如图 3.1.213 所示，过点 C 作 $CQ \perp EF$ 于点 Q，连接 EO、GQ、CE，先证 E、G、C、Q 四点共圆，再证 E、G、O、F 四点共圆，后证 $\triangle COE \backsim \triangle GFQ$ 与四边形 $CDFQ$ 是矩形。

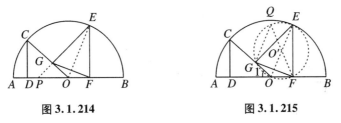

图 3.1.214　　　　　　图 3.1.215

证法 4：如图 3.1.214 所示，连接 EO，延长 EG 交 BA 于点 P，先证 $\triangle POG \backsim \triangle COD$，再证 E、G、O、F 四点共圆和 $\triangle PGF \backsim \triangle POE$。

证法 5：如图 3.1.215 所示，由证法 1 知 $CO = QF$，$\angle 1 = \angle GEF = \angle Q$，$\therefore CD = CO \sin \angle 1$，$FG = QF \sin \angle Q$，$\therefore CD = FG$。

34. 如图 3.1.216 所示，$\odot O$ 与 $\odot O_1$ 相交于点 E、F，连心线 O_1O 交 $\odot O$ 于点 A，AE、AF 的延长线分别交 $\odot O$ 于点 C、B，求证：$EB = FC$。

证法 1：如图 3.1.216 所示，连接 EF 交圆 O_1 于点 D，则 $AOO_1 \perp EF$，$ED = DF$，又 $AE \cdot AB = AF \cdot AC$，$\therefore AB = AC$，后证结论。

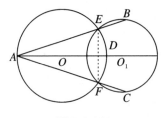

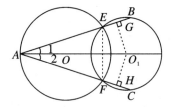

图 3.1.216　　　　　　　　　　　　图 3.1.217

证法 2:如图 3.1.217 所示,连接 EF,过点 O_1 作 $O_1G \perp BE$ 于点 G,作 $O_1H \perp FC$ 于点 H,则 AOO_1 是 EF 的垂直平分线 $,\therefore AE = AF$,则 $\angle 1 = \angle 2,\therefore O_1G = O_1H$,则 $EB = FC$。

35. 如图 3.1.218 所示,两个等圆 $\odot O_1$ 和 $\odot O_2$ 都经过 A、B 两点,过点 A 的直线 EF 分别交 $\odot O_1$、$\odot O_2$ 于点 E、F,连接 BE、BF,求证:$BE = BF$。

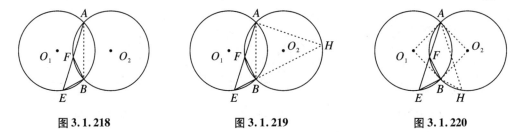

图 3.1.218　　　　　　　　　图 3.1.219　　　　　　　　　图 3.1.220

证法 1:如图 3.1.218 所示,连接 AB,$\angle EAB = \angle FAB$,证 $\overparen{BE} = \overparen{BF}$,从而 $BE = BF$。

证法 2:如图 3.1.219 所示,连接 AB,延长 EB 交 $\odot O_2$ 于点 H,连接 AH,先证 $\angle EFB = \angle H = \angle AEB$,再证 $BE = BF$。

证法 3:如图 3.1.220 所示,连接 O_1A、O_1B、O_2A、O_2B,过点 A 作 $AH \parallel BF$ 交 $\odot O_2$ 于点 H,先证四边形 AO_2BO_1 为菱形,再证 $\angle EFB = \angle AHB = \angle FEB = \dfrac{1}{2} \angle AO_1B$。

二、求证角相等(36 ~ 50)

36. 如图 3.2.1 所示,$AB \parallel CD$,P 是 CD 上一点,$\angle 1 = \angle 2$,求证:$\angle AEF = \angle F$。

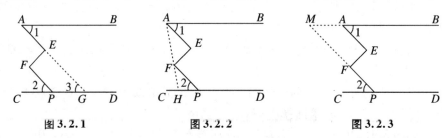

图 3.2.1　　　　　　　　图 3.2.2　　　　　　　　图 3.2.3

证法 1:如图 3.2.1 所示,延长 AE 交 CD 于点 G,先证 $\angle 2 = \angle 3$,再证 $PF \parallel AE$。

证法2:如图3.2.2所示,连接 AF 并延长交 CD 于点 H。

证法3:如图3.2.3所示,延长 PF 交 BA 于点 M。

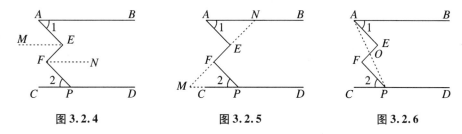

图3.2.4   图3.2.5   图3.2.6

证法4:如图3.2.4所示,作 $EM /\!/ AB$,$FN /\!/ CD$。

证法5:如图3.2.5所示,延长 EF 交 AB 于点 N,交 CD 于点 M。

证法6:如图3.2.6所示,连接 AP 交 EF 于 O 点。

37. 已知 D 为 $\triangle ABC$ 中 BC 边上一点,且 $\dfrac{BD}{CD} = \dfrac{AB}{AC}$,求证:$\angle BAD = \angle CAD$。

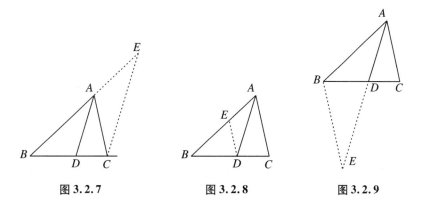

图3.2.7   图3.2.8   图3.2.9

证法1:如图3.2.7所示,过点 C 作 $CE /\!/ AD$ 交 BA 延长线于点 E。

证法2:如图3.2.8所示,过点 D 作 $DE /\!/ AC$ 交 AB 于点 E。

证法3:如图3.2.9所示,过点 B 作 $BE /\!/ AC$ 交 AD 延长线于点 E。

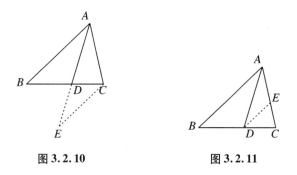

图3.2.10   图3.2.11

证法4:如图3.2.10所示,过点 C 作 $CE /\!/ AB$ 交 AD 延长线于点 E。

证法5:如图3.2.11所示,过点 D 作 $DE /\!/ AB$ 交 AC 于点 E。

证法6:如图3.2.12所示,过点 B 作 $BE /\!/ AD$ 交 CA 延长线于点 E。

证法 7：如图 3.2.13 所示，过点 A 作 $AE \perp BC$ 于点 E，过点 D 作 $DM \perp AB$ 于点 M，作 $DN \perp AC$ 于点 N，用三角形面积证明。

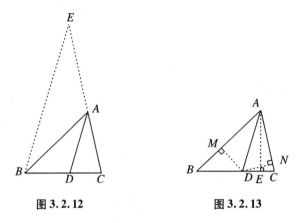

图 3.2.12   图 3.2.13

38. 如图 3.2.14 所示，$AB = AC$，$AD = AE$，$\angle BAC = \angle DAE$，BD、CE 交于点 P，求证：AP 平分 $\angle BPE$。

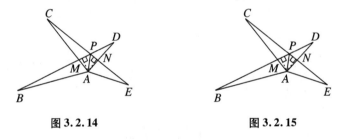

图 3.2.14   图 3.2.15

证法 1：如图 3.2.14 所示，过点 A 作 $AM \perp BD$ 于点 M，作 $AN \perp CE$ 于点 N，先证 $\triangle BAD \cong \triangle CAE$（SAS），再用面积法证距离相等。

证法 2：如图 3.2.15 所示，过点 A 作 $AM \perp BD$ 于点 M，作 $AN \perp CE$ 于点 N，证 $\triangle BAM \cong \triangle CAN$ 或 $\triangle DAM \cong \triangle EAN$。

39. 如图 3.2.16 所示，$AB \parallel CD$，点 E、F、G、H 分别是 AB、BC、CD、AD 上的点，且 $EH \parallel FG$，求证：$\angle AEH = \angle CGF$。

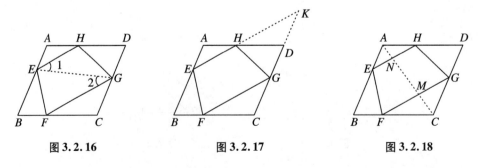

图 3.2.16   图 3.2.17   图 3.2.18

证法 1：如图 3.2.16 所示，连接 EG，先证 $\angle 1 = \angle 2$，再证 $\angle AEG = \angle CGE$。

证法 2：如图 3.2.17 所示，延长 EH 交 CD 于点 K，证 $\angle AEH = \angle K = \angle CGF$。

证法 3：如图 3.2.18 所示，连接 AC 交 FG 于点 M，交 EH 于点 N，在 $\triangle AEN$ 和 $\triangle CMG$ 中

证角相等。

40. 如图 3.2.19 所示，已知在 $\triangle ABC$ 中，$\angle A = 90°$，$AB = AC$，M 是 AC 的中点，AD 垂直 BM 于点 E，且交 BC 于点 D，求证：$\angle AMB = \angle CMD$。

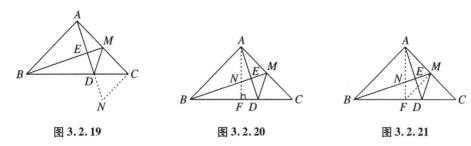

图 3.2.19   图 3.2.20   图 3.2.21

证法1：如图 3.2.19 所示，过点 C 作 $CN \perp AC$ 交 AD 的延长线于点 N，先证 $Rt\triangle ABM \cong Rt\triangle CAN$，再证 $\triangle CDM \cong \triangle CDN$。

证法2：如图 3.2.20 所示，过点 A 作 $AF \perp BC$ 于点 F，交 BM 于点 N，先证 $\triangle ABN \cong \triangle CAD$，再证 $\triangle AMN \cong \triangle CMD$。

证法3：如图 3.2.21 所示，过点 M 作 $MF /\!/ AB$，连接 AF 交 BM 于点 N，先证 $Rt\triangle AFD \cong Rt\triangle BFN$，再证 $\triangle FNM \cong \triangle FDM$。

证法4：如图 3.2.22 所示，过点 D 作 $DK \perp AC$ 于点 K，先证 $\triangle AKD \backsim \triangle BAM$，再证 $\triangle KDM \backsim \triangle ABM$。

证法5：如图 3.2.23 所示，设 $AB = AC = 2$，$AM^2 = ME \cdot MB$，先求 ME、BD，再证 $\tan\angle AMB = \tan\angle CMD$。

证法6：如图 3.2.24 所示，建立平面直角坐标系，设 $B(0, 2a)$，则 $M(a, 0)$，

$\because k_{BM} = \dfrac{2a}{-a} = -2, \therefore k_{AD} = \dfrac{1}{2}$

则 AD 方程为 $y = \dfrac{1}{2}x$，BC 方程为 $\dfrac{x}{2a} + \dfrac{y}{2a} = 1$，$\therefore D\left(\dfrac{4}{3}a, \dfrac{2}{3}a\right)$，

$\therefore k_{MD} = 2$，故 $\tan\angle DMC = 2 = \tan\angle BMA$。

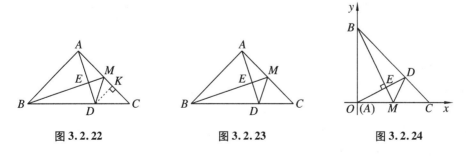

图 3.2.22   图 3.2.23   图 3.2.24

证法7：如图 3.2.25 所示，过点 A 作 $AN \perp BC$ 于点 N，交 BM 于点 F，连接 CF 并延长交 AB 于点 G，先证 $\triangle AFC \cong \triangle CDA$，再证 $\triangle AMF \cong \triangle CMD$。

证法8：如图 3.2.26 所示，作正方形 $ABGC$，连接 DG，延长 AD 交 GC 于点 H，先证 $\triangle AHC \cong \triangle BMA$，再证 M、D、G 三点共线，后证 $\triangle GMC \cong \triangle BMA$。

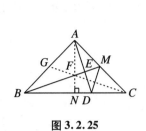

图 3.2.25

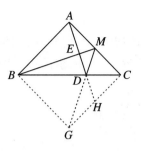

图 3.2.26

41. 如图 3.2.27 所示,在 $\triangle ABC$ 中,$AB = AC$,AD 是高,$DE \perp AB$,$DF \perp AC$,垂足分别是 E、F,求证:$\angle DEF = \angle DFE$。

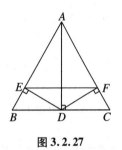

图 3.2.27

证法 1:AD 为高,则 $\angle BAD = \angle CAD$,再证 $\triangle AED \cong \triangle AFD$(AAS)。

证法 2:AD 为中线,则 $DB = DC$,再证 $\triangle DEB \cong \triangle DFC$(AAS)。

证法 3:AD 为角平分线,则 $DE = DF$。

证法 4:在 $\triangle ABC$ 中,$S_{\triangle ADB} = S_{\triangle ADC}$,$\dfrac{1}{2}AB \cdot DE = \dfrac{1}{2}AC \cdot DF$。

证法 5:$AD^2 = AE \cdot AB = AF \cdot AC$,证 $\triangle AED \cong \triangle AFD$。

证法 6:$DB^2 = BE \cdot AB$,$DC^2 = AC \cdot CF$,证 $\triangle DEB \cong \triangle DFC$(HL)。

证法 7:$DE^2 = AE \cdot BE = AF \cdot CF = DF^2$。

说明:本题题设不变,结论还可证明 $EF /\!/ BC$,先证 $\triangle AEF$ 为等腰 $\triangle$,得 $\angle AEF = \angle ABC$,所以 $EF /\!/ BC$。

42. $\triangle ABC$ 中,F 为 AC 边中点,$BD = AD$,$DE /\!/ AB$ 交中线 BF 于点 E,连接 AE,求证:$\angle DAE = \angle C$。

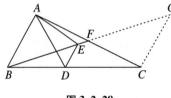

图 3.2.28

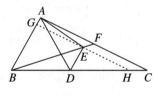

图 3.2.29

证法 1:如图 3.2.28 所示,过点 C 作 $CG /\!/ AB$ 交 BF 延长线于点 G,先证 $CG = AB$,再证 $\angle ADE = \angle DBA$,后证 $\triangle DEA \sim \triangle BAC$。

证法 2:如图 3.2.29 所示,过点 E 作 $GH /\!/ AC$ 交 AB 于点 G,交 BC 于点 H,先证 $GE = EH$,再证 $BD = DH = AD$,后证 $\triangle ADE \cong \triangle HDE$。

43. 如图 3.2.30 所示,在四边形 $ABCD$ 中,对角线 $AC = BD$,E、F 分别是 AD、BC 中点,连接 EF 与 BD、AC 分别交于点 G、H,求证:$\angle BGF = \angle CHF$。

证法 1:如图 3.2.30 所示,取 AB 中点 S,连接 ES、FS,先证 $SE \overset{/\!/}{=} \dfrac{1}{2}BD$,$SF \overset{/\!/}{=} \dfrac{1}{2}AC$,再证 $SE = SF$,后用角代换。

证法 2:如图 3.2.31 所示,过点 D 作 $DM /\!/ EF$ 交 AF 的延长线于点 M,连接 BM 交 EF 延

长线于点 P，先证 $BD = AC = BM$，再证四边形 $HPMQ$ 为▱，后用角代换。

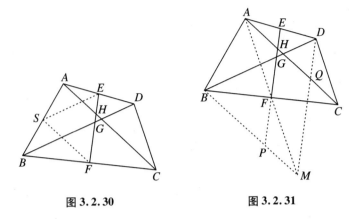

图 3.2.30   图 3.2.31

44. 如图 3.2.32 所示，已知在 $\triangle ABC$ 中，AB、BC、CA 的中点分别是 E、F、G，高为 AD，求证：$\angle EDG = \angle EFG$。

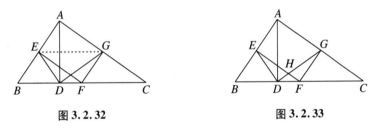

图 3.2.32   图 3.2.33

证法 1：如图 3.2.32 所示，连接 EG，证 $\triangle EDG \cong \triangle GFE$。

证法 2：如图 3.2.33 所示，设 EF 与 DG 交于点 H，证 $\triangle EDH \cong \triangle GFH$。

证法 3：如图 3.2.33 所示，利用平行线的性质证明，先证 $\angle GDC = \angle EFB$，$\angle EDB = \angle GFC$。

证法 4：如图 3.2.32 所示，利用▱证明 $\angle EDA = \angle EAD$，$\angle EDG = \angle BAC$。

证法 5：如图 3.2.32 所示，连接 EG，证 $\triangle ABC \backsim \triangle FGE$，$\triangle ABC \backsim \triangle DEG$。

证法 6：如图 3.2.33 所示，先证 $\triangle EDF \cong \triangle GFD$，再证 E、D、F、G 四点共圆。

证法 7：如图 3.2.34 所示，建平面直角坐标系，设 $A(0, a)$，$B(b, 0)$，$C(c, 0)$，则 $E\left(\dfrac{b}{2}, \dfrac{a}{2}\right)$，$F\left(\dfrac{b+c}{2}, 0\right)$，$G\left(\dfrac{c}{2}, \dfrac{a}{2}\right)$，求 k_{ED}、k_{DG}、k_{EF}、k_{FG}，后证 $\tan\angle EDG = \tan\angle EFG = \dfrac{ac + ab}{bc - a^2}$。

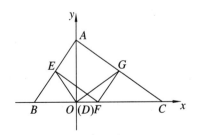

图 3.2.34

45. 已知 AB 为 $\odot O$ 的弦, AD 为直径, AC 垂直于过 B 的切线, 求证: $\angle DAB = \angle BAC$。

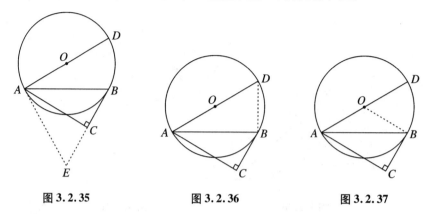

图 3.2.35　　　　图 3.2.36　　　　图 3.2.37

证法 1: 如图 3.2.35 所示, 从点 A 作 $\odot O$ 的切线交 BC 的延长线于点 E。

证法 2: 如图 3.2.36 所示, 连接 BD, 先证 $\angle ABC = \angle D$。

证法 3: 如图 3.2.37 所示, 连接 OB, 先证 $\angle OAB = \angle OBA$。

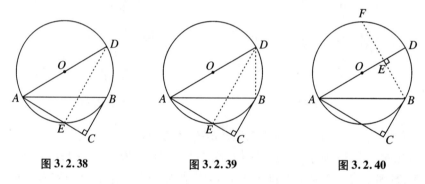

图 3.2.38　　　　图 3.2.39　　　　图 3.2.40

证法 4: 如图 3.2.38 所示, 设 AC 交 $\odot O$ 于点 E, 连接 DE。

证法 5: 如图 3.2.39 所示, 连接 BD, 设 CA 交 $\odot O$ 于点 E, 连接 DE。

证法 6: 如图 3.2.40 所示, 过点 B 作 $BE \perp AD$ 于点 E, 延长 BE 交 $\odot O$ 于点 F。

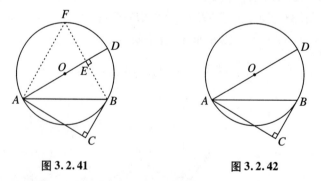

图 3.2.41　　　　图 3.2.42

证法 7: 如图 3.2.41 所示, 过点 B 作 $BE \perp AD$ 于点 E, 延长 BE 交于 $\odot O$ 于点 F, 连接 AF。

证法 8: 如图 3.2.42 所示, $\angle C = 90° \Rightarrow \angle BAC + \angle ABC = 90°$, $\angle DAB + \angle ABC = \frac{1}{2}(\overset{\frown}{DB} + \overset{\frown}{AB}) = 90° \Rightarrow \angle BAC = \angle DAB$。

46. 如图 3.2.43 所示,已知 M、N 为 $\odot O$ 中两弧 $\overgroup{AB}$、$\overgroup{CD}$ 的中点,弦 MN 分别交 AB、CD 两弦于 H、K,求证:$\angle AHK = \angle CKH$。

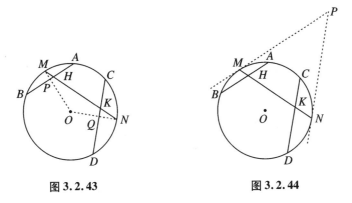

图 3.2.43   图 3.2.44

证法 1:如图 3.2.43 所示,作半径 OM、ON,先证 $OM \perp AB$,$ON \perp CD$,$OM = ON$,在 Rt$\triangle PMH$、Rt$\triangle QNK$ 中,证 $\angle PHM = \angle QKN$。

证法 2:如图 3.2.44 所示,过点 M、N 分别引切线 MP、NP,交点为 P,则 $\angle PMN = \angle PNM$,再证 $MP /\!/ AB$,$NP /\!/ CD$,后证 $\angle AHK = \angle CKH$。

证法 3:如图 3.2.43 所示,由圆内角度数定理可知 $\angle AHK = \frac{1}{2}(\overgroup{AC} + \overgroup{CN} + \overgroup{BM})$,$\angle CKH = \frac{1}{2}(\overgroup{AM} + \overgroup{AC} + \overgroup{ND})$。

47. 两圆内切于点 P,大圆的弦 BC 切小圆于点 A,PB、PC 与小圆的交点是 E、F,求证:$\angle BPA = \angle CPA$。

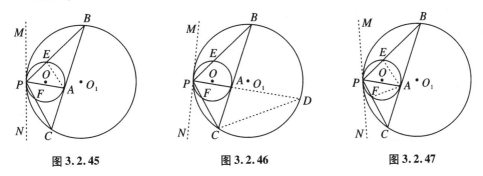

图 3.2.45   图 3.2.46   图 3.2.47

证法 1:如图 3.2.45 所示,过点 P 作 $\odot O$、$\odot O_1$ 的外公切线 MN,连接 AE,先证 $\angle BPM = \angle C = \angle PAE$,$\angle BAE = \angle APB$,再证 $\angle BAE = \angle CPA$。

证法 2:如图 3.2.46 所示,过点 P 作 $\odot O$、$\odot O_1$ 的外公切线 MN,延长 PA 交大圆于点 D,连接 CD,先证 $\triangle PAB \backsim \triangle PCD$,后得出结论。

证法 3:如图 3.2.47 所示,过点 P 作 $\odot O$、$\odot O_1$ 的外公切线 MN,连接 AE、AF,A、E、P、F 四点共圆,证 $\triangle AEP \backsim \triangle CFA$,得 $\angle EPA = \angle CAF$,又已知 BC 是 $\odot O$ 的切线,$\therefore \angle CAF = \angle FPA$。

说明:此题还可证明 $\dfrac{AB}{AC} = \dfrac{PB}{PC}$。

48. 已知 D、E 是 $\triangle ABC$ 边上中点,H 是 CB 的延长线上的一点,$CF = HF$,G 是 DF 的中点,EG 的延长线交 HB 于点 M,求证:$HM = BM$。

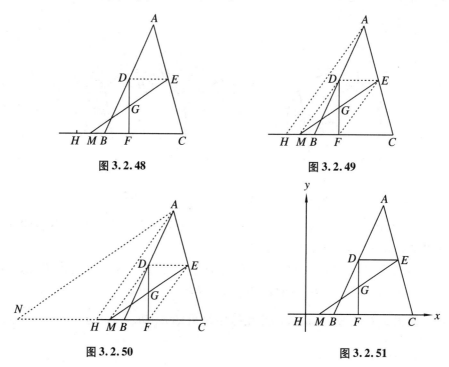

图 3.2.48   图 3.2.49

图 3.2.50   图 3.2.51

证法 1:如图 3.2.48 所示,连接 DE,先证 $\triangle DEG \cong \triangle FMG$,$HM = HF - MF = BM$。

证法 2:如图 3.2.49 所示,连接 DE、DM、AH、EF,先证 $DE = MF$ 与 $EF /\!/ AH$。

证法 3:如图 3.2.50 所示,连接 AH、DE、EF,过点 A 作 $AN /\!/ EM$ 交 CH 于点 N,证 $\triangle ANH$ $\backsim \triangle EMF$。

证法 4:如图 3.2.51 所示,建平面直角坐标系,设 $H(0,0)$,$B(2c,0)$,$C(2b,0)$,$A(2a,2d)$,$M(x,0)$,则 $E(a+b,d)$,$D(a+c,d)$,$F(b,0)$,$G\left(\dfrac{a+b+c}{2},\dfrac{d}{2}\right)$,

∵ M、G、E 共线,∴ $M(c,0)$,$HM = BM$。

49. 如图 3.2.52 所示,在等腰 Rt $\triangle ABC$ 中,$\angle A = 90°$,$AE = \dfrac{1}{3}AC$,$BD = \dfrac{1}{3}AB$,求证: $\angle ADE = \angle EBC$。

证法 1:如图 3.2.52 所示,过点 E 作 $EF \perp BC$,先求 $EF = \dfrac{2}{3}AC$,再证 $\triangle EAD \backsim \triangle EFB$。

证法 2:如图 3.2.53 所示,在 AB 上取点 F,使 $AF = \dfrac{1}{3}AB$,连接 EF,证 $\triangle EFD \backsim \triangle BFE$。

证法 3:如图 3.2.54 所示,设 $AB = AC = 3$,计算 $\cos \angle ADE$,$\cos \angle EBC$。

证法 4:如图 3.2.54 所示,计算 $\tan \angle ADE$,$\tan \angle ABE$,$\tan \angle EBC$。

证法 5:如图 3.2.55 所示,建平面直角坐标系,设 $A(0,0)$,$B(3,0)$,$C(0,3)$,$D(2,0)$,$E(0,1)$,则 $k_{BC} = -1$,$k_{BE} = -\dfrac{1}{3}$,$k_{DE} = -\dfrac{1}{2}$,$k_{AB} = 0$,计算 $\tan \theta_1$ 与 $\tan \theta_2$。

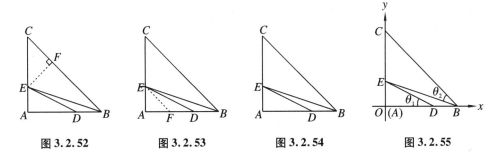

图 3.2.52   图 3.2.53   图 3.2.54   图 3.2.55

50. 如图 3.2.56 所示,已知在梯形 $ABCD$ 中,$AD /\!/ BC$,$AD + BC = AB$,F 是 CD 的中点,求证:$\angle 1 = \angle 2$,$\angle 3 = \angle 4$。

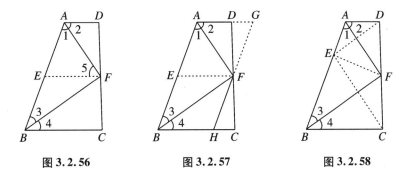

图 3.2.56   图 3.2.57   图 3.2.58

证法 1:如图 3.2.56 所示,取 AB 的中点 E,连接 EF,先证 $EF = \dfrac{1}{2}AB = AE$,再证 $\angle 1 = \angle 5$,$EF /\!/ AD$,$\angle 2 = \angle 5$,$\therefore \angle 1 = \angle 2$,同理 $\angle 3 = \angle 4$。

证法 2:如图 3.2.57 所示,取 AB 的中点 E,连接 EF,过点 F 作 AB 平行线交 AD 于点 G,交 BC 于点 H,先证四边形 $AEFG$ 为 $\square$,再证 $\square AEFG$ 为菱形。

证法 3:如图 3.2.58 所示,在 AB 上取 $AE = AD$,连接 ED、EC、EF,先求 $\angle 1 + \angle 2 + \angle ADE + \angle AED + \angle 3 + \angle 4 + \angle BEC + \angle BCE = 360°$,再证 $\triangle AEF \cong \triangle ADF$。

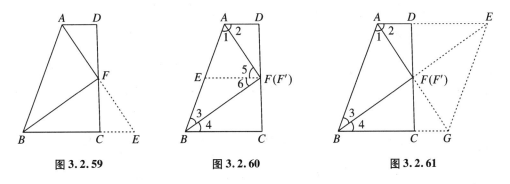

图 3.2.59   图 3.2.60   图 3.2.61

证法 4:如图 3.2.59 所示,延长 BC 至点 E,使 $CE = AD$,连接 FE,先证 $\triangle AFD \cong \triangle EFC$,再证 A、F、E 三点共线,后证 $\triangle ABF \cong \triangle EBF$。

证法 5:如图 3.2.60 所示,设 $\angle A$、$\angle B$ 的平分线相交于点 F',则取 AB 中点 E,连接 EF',证 F 与 F' 重合。

证法 6：如图 3.2.61 所示，延长 AD 至点 E，延长 BC 至点 G，使 $AE = BG = AB$，连接 GE，先证四边形 $ABGE$ 为菱形，连接 AG，BE 与 AG 相交于点 F，设 AG 交 CD 于点 F'，证 $\triangle ADF \cong \triangle GCF'$，从而点 F 与 F' 重合。

三、求证两直线平行或垂直(51～70)

51. 如图 3.3.1 所示，已知 GH 分别交 AB、CD 于点 G、H，$\angle BED = \angle B + \angle D$，$\angle 1 = \angle 2$，求证：$GM /\!/ HN$。

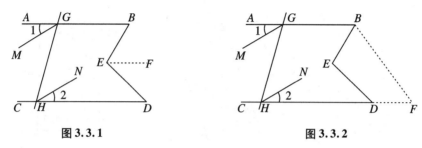

图 3.3.1　　　　　　　　　图 3.3.2

证法 1：如图 3.3.1 所示，过 E 点作 $EF /\!/ AB$，证 $EF /\!/ CD$，得 $AB /\!/ CD$，再证 $\angle MGH = \angle NHG$，从而 $GM /\!/ HN$。

证法 2：如图 3.3.2 所示，过点 B 作 $BF /\!/ DE$ 交 CD 的延长线于点 F，证 $\angle BFH = \angle EDH$，$AB /\!/ CD$，从而易证 $GM /\!/ HN$。

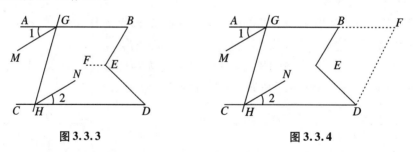

图 3.3.3　　　　　　　　　图 3.3.4

证法 3：如图 3.3.3 所示，过点 E 作 $EF /\!/ AB$，证 $CD /\!/ EF$，$AB /\!/ CD$，从而证 $GM /\!/ HN$。

证法 4：如图 3.3.4 所示，过点 D 点作 $DF /\!/ BE$ 交 AB 的延长线于点 F，先证 $AB /\!/ CD$，再证 $GM /\!/ HN$。

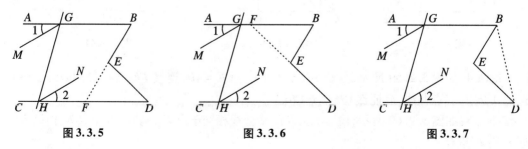

图 3.3.5　　　　　图 3.3.6　　　　　图 3.3.7

证法 5：如图 3.3.5 所示，延长 BE 交 CD 于点 F，证 $AB\!/\!/CD$。

证法 6：如图 3.3.6 所示，延长 DE 交 AB 于点 F，证 $AB\!/\!/CD$。

证法 7：如图 3.3.7 所示，连接 BD，证 $AB\!/\!/CD$。

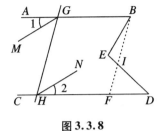

图 3.3.8

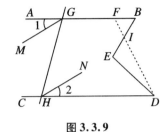

图 3.3.9

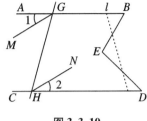

图 3.3.10

证法 8：如图 3.3.8 所示，作 BF 交 ED 于点 I，交 CD 于点 F，证 $AB\!/\!/CD$。

证法 9：如图 3.3.9 所示，作 DF 交 BE 于点 I，交 AB 于点 F，证 $AB\!/\!/CD$。

证法 10：如图 3.3.10 所示，作直线 l，证 $AB\!/\!/CD$。

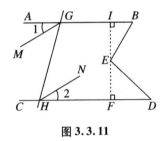

图 3.3.11

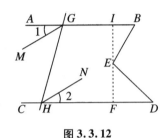

图 3.3.12

证法 11：如图 3.3.11 所示，作 $IE\perp AB$，$EF\perp CD$，证 I、E、F 三点共线，$AB\!/\!/CD$。

证法 12：如图 3.3.12 所示，过点 E 作直线 IF，分别交 AB、CD 于点 I、F，证 $AB\!/\!/CD$。

52. 如图 3.3.13 所示，已知 $CD\!/\!/EF$，$\angle 1+\angle 2=\angle ABC$，求证：$AB\!/\!/GF$。

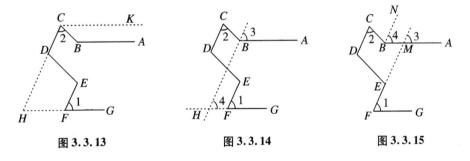

图 3.3.13　　　　　　　图 3.3.14　　　　　　图 3.3.15

证法 1：如图 3.3.13 所示，作 $CK\!/\!/FG$，延长 GF、CD 交于点 H。

证法 2：如图 3.3.14 所示，过点 B 作 $BH\!/\!/CD$ 交 GF 延长线于点 H，证 $\angle 3=\angle 4$。

证法 3：如图 3.3.15 所示，延长 FE 交 AB 于点 M，作 $BN\!/\!/FM$，证 $\angle 1=\angle 4$。

证法 4：如图 3.3.16 所示，延长 CB 交 FG 于点 N，延长 CD、GF 交于点 M。

证法 5：如图 3.3.17 所示，作 $CM\!/\!/FG$，延长 CD 交 GF 于点 N，先证 $\angle MCD=\angle CNG=\angle EFG=\angle 1=\angle 3$，再证 $\angle ABC=\angle MCB$，从而 $CM\!/\!/AB$。

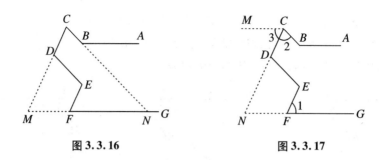

图 3.3.16   图 3.3.17

53. 求证:三角形的中位线平行且等于第三边的一半。

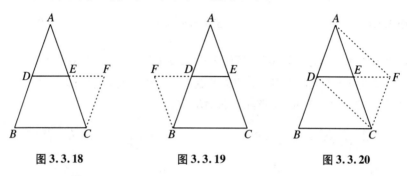

图 3.3.18   图 3.3.19   图 3.3.20

证法 1:如图 3.3.18 所示,延长 DE 至点 F,使 $EF = DE$,连接 CF,先证 $\triangle ADE \cong \triangle CFE$,再证四边形 $BDFC$ 为 $\square$。

证法 2:如图 3.3.19 所示,延长 ED 至点 F,使 $DF = DE$,连接 BF,先证 $\triangle ADE \cong \triangle BDF$,再证四边形 $BFEC$ 为 $\square$。

证法 3:如图 3.3.20 所示,延长 DE 至点 F,使 $EF = ED$,连接 AF、CF、DC,先证四边形 $AFCD$ 为 $\square$,再证四边形 $BDFC$ 为 $\square$。

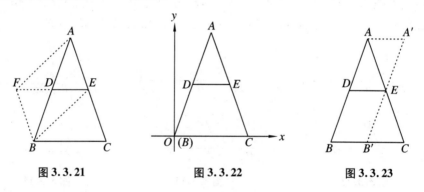

图 3.3.21   图 3.3.22   图 3.3.23

证法 4:如图 3.3.21 所示,延长 ED 至点 F,使 $FD = DE$,证四边形 $AEBF$、四边形 $BFEC$ 为 $\square$。

证法 5:如图 3.3.22 所示,建立平面直角坐标系,设 $B(0,0)$、$C(a,0)$、$A(b,c)$,则 $D\left(\dfrac{b}{2},\dfrac{c}{2}\right)$,$E\left(\dfrac{a+b}{2},\dfrac{c}{2}\right)$,故 $DE /\!/ BC$,求两点间距离可得 $DE = \dfrac{a}{2}$。

证法 6:如图 3.3.23 所示,平移 AB 至 $A'B'$,$A'B' \stackrel{/\!/}{=} AB$,证四边形 $AA'B'B$、四边形 $EB'BD$ 为 $\square$。

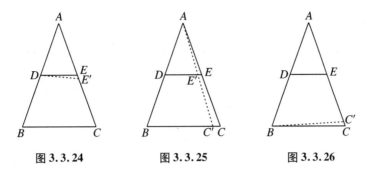

图 3.3.24　　　　图 3.3.25　　　　图 3.3.26

证法 7:(同一法)如图 3.3.24 所示,过点 D 作 $DE' /\!/ BC$,证点 E 与 E' 重合。

证法 8:如图 3.3.25 所示,过点 D 作 $DE' /\!/ BC$,且使 $DE' = \frac{1}{2}BC$,连接 AE' 并延长交 BC 于点 C',先证 $\triangle ABC' \backsim \triangle ADE'$,再证点 C' 与 C 重合。

证法 9:如图 3.3.26 所示,过点 B 作 $BC' /\!/ DE$,先证 $\triangle ABC' \backsim \triangle ADE$,再证点 C' 与 C 重合。

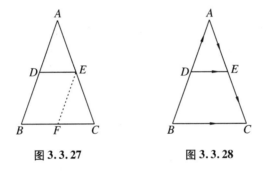

图 3.3.27　　　　　图 3.3.28

证法 10:如图 3.3.27 所示,设 $AD = c$,$AE = b$,则 $AB = 2c$,$AC = 2b$,在 $\triangle ADE$ 中,$DE^2 = b^2 + c^2 - 2bc\cos A$,在 $\triangle ABC$ 中,$BC^2 = 4(b^2 + c^2 - 2bc\cos A)$,从而 $BC^2 = 4DE^2$,所以 $DE = \frac{1}{2}BC$,同样,若 F 是 BC 中点,连接 EF,则 $EF = \frac{1}{2}AB$,所以 $DE = \frac{1}{2}BC = BF$,$EF = \frac{1}{2}AB = BD$。

证法 11:(向量法)如图 3.3.28 所示,设 $\triangle ADE$ 三边分别为三个向量 $\overrightarrow{DA}$、$\overrightarrow{AE}$、$\overrightarrow{DE}$,$\triangle ABC$ 三边为三个向量 $\overrightarrow{BA}$、$\overrightarrow{AC}$、$\overrightarrow{BC}$,则 $\overrightarrow{BA} = 2\overrightarrow{DA}$,$\overrightarrow{AC} = 2\overrightarrow{AE}$,由向量加法得 $\overrightarrow{DE} = \overrightarrow{DA} + \overrightarrow{AE}$,$\overrightarrow{BC} = \overrightarrow{BA} + \overrightarrow{AC} = 2(\overrightarrow{DA} + \overrightarrow{AE}) = 2\overrightarrow{DE}$,故 $\overrightarrow{DE} /\!/ \overrightarrow{BC}$,$|\overrightarrow{DE}| = \frac{1}{2}|\overrightarrow{BC}|$。

54. 求证:梯形的中位线平行两底且等于两底和的一半。

证法 1:如图 3.3.29 所示,连接 CM 并延长交 DA 于点 E,先证 MN 为 $\triangle CDE$ 的中位线,再证 $\triangle MAE \cong \triangle MBC$。

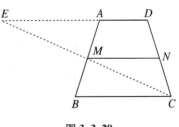

图 3.3.29

证法 2:如图 3.3.30 所示,连接 AC,设 AC 中点为 K,过点 M 和 N 分别作 BC 和 AD 的平行线都过 AC 的中点

K,即 K 在 MN 上。

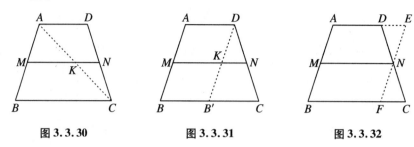

图 3.3.30　　　　　图 3.3.31　　　　　图 3.3.32

证法 3:如图 3.3.31 所示,把 AB 平移到 DB',先证四边形 $ADB'B$ 是 $\square$,再证 M、K、N 在同一条直线上,后证 $MK = AD = BB' = \dfrac{1}{2}(AD + BB')$。

证法 4:如图 3.3.32 所示,把 AB 平移到 ENF,则四边形 $AEFB$ 是 $\square$,再证 $\triangle DEN \cong \triangle CFN$。

证法 5:如图 3.3.33 所示,把 AB 沿着 AD 的方向平移到 CE,MN 交 CE 于点 F,先证四边形 $ABCE$ 是 $\square$,再证 NF 为 $\triangle CDE$ 的中位线。

证法 6:如图 3.3.34 所示,以 N 为中心作 A、B 对称点 A' 和 B',则四边形 $ABA'B'$ 为 $\square$,D 和 C 关于 N 中心对称,M' 是 $A'B'$ 的中点,则 M' 和 M 关于 N 对称。

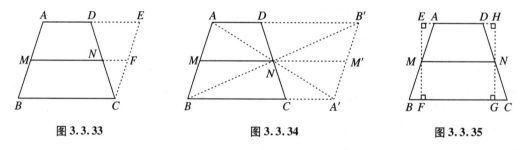

图 3.3.33　　　　　图 3.3.34　　　　　图 3.3.35

证法 7:如图 3.3.35 所示,过 M、N 分别作两底的垂线,交两底于 E、F、H、G,先证 $\text{Rt}\triangle AME \cong \text{Rt}\triangle BMF$,再证 $\triangle DNH \cong \triangle CNG$。

证法 8:(同一法)如图 3.3.36 所示,过点 M 作 BC 的平行线交 CD 于点 N',则 $AD /\!/ MN'$ $/\!/ BC$,证 N' 与 N 为同一点。

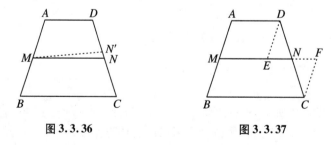

图 3.3.36　　　　　图 3.3.37

证法 9:如图 3.3.37 所示,过点 D、C 分别作 AB 的平行线交 MN 及其延长线于点 E、F,先证 $\triangle DEN \cong \triangle CFN$。

证法 10:如图 3.3.38 所示,过点 M 作 $MN' /\!/ BC$,并使 $MN' = \dfrac{1}{2}(AD + BC)$,过点 D 作 AB

的平行线,分别交 MN' 和 BC 于点 E 和 F,连接 DN' 并延长交 BC 于点 C',证明 $ME = AD = BF$ $= 1/2(AD + BF)$①, $EN' = \frac{1}{2}FC'$②,①+②可得证。

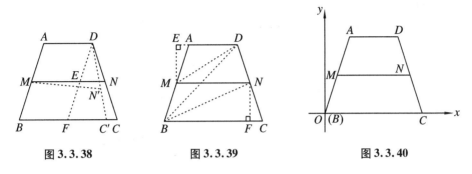

图 3.3.38　　　　图 3.3.39　　　　图 3.3.40

证法 11:(面积法)如图 3.3.35 所示,先证四边形 $EFGH$ 为矩形,易知 $S_{梯ABCD} = S_{□EFGH}$。

证法 12:如图 3.3.39 所示,过点 M 作 $ME \perp AD$ 于点 E,过点 N 作 $NF \perp BC$ 于点 F,连接 MD、BD、BN,先求 $S_{梯ABCD} = S_{\triangle ABD} + S_{\triangle BDC} = 2S_{\triangle BMD} + 2S_{\triangle BND}$。

证法 13:如图 3.3.40 所示,建平面直角坐标系,设 $A(a,h)$,$B(0,0)$,$C(c,0)$,$D(d,h)$,则 $M(\frac{a}{2}, \frac{h}{2})$,$N(\frac{d+c}{2}, \frac{h}{2})$,$MN = \frac{d+c-a}{2} = \frac{1}{2}(AD + BC)$。

55. 如图 3.3.41 所示,在四边形 $ABCD$ 中,$\angle B = 90°$,E、F 分别是 AB、CD 上一点,$BE = DF$,AC、EF 互相平分于点 O,求证:四边形 $ABCD$ 是矩形。

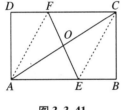　　　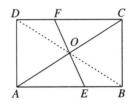

图 3.3.41　　　　　　图 3.3.42

证法 1:如图 3.3.41 所示,连接 AF、CE,先证四边形 $AECF$ 为 $□$,再证四边形 $ABCD$ 为 $□$。

证法 2:如图 3.3.42 所示,连接 OD、OB,先证 $\triangle COF \cong \triangle AOE$,再证 $\triangle COD \cong \triangle AOB$,后证 D、O、B 三点共线,四边形 $ABCD$ 为 $□$,最后证其为矩形。

56. 如图 3.3.43 所示,四边形 $ABCD$ 中,AC 平分 $\angle DAB$,$BC = CD$,求证:$\angle ADC + \angle B = 180°$。

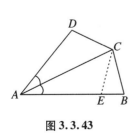　　　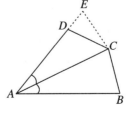

图 3.3.43　　　　　　图 3.3.44

证法1:如图3.3.43所示,在 AB 上截取 $AE=AD$,连接 CE ,先证 $\triangle ACE\cong\triangle ACD$ (SAS),再证 $CE=CD=BC$ 。

证法2:如图3.3.44所示,延长 AD 至点 E ,使 $AE=AB$,连接 CE ,先证 $\triangle ACE\cong\triangle ACB$ (SAS),再证 $BC=CE=CD$ 。

57. 如图3.3.45所示,已知在 $\triangle ABC$ 中, $\angle B=2\angle A$, $AB=2BC$,求证: $AB^2=AC^2+BC^2$ 。

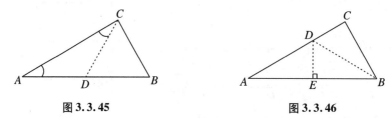

图3.3.45　　　　　　　　　图3.3.46

证法1:如图3.3.45所示,过点 C 作 CD 交 AB 于点 D 使 $\angle ACD=\angle A$,先证 $CD=CB$,再证 $AD=BD$,最后证 $\angle A=30°$ 。

证法2:如图3.3.46所示,作 $\angle B$ 的平分线 BD 交 AC 于点 D ,过点 D 作 $DE\perp AB$ 于点 E ,先证 $\triangle DEB\cong\triangle DCB$,再证 $\angle C=\angle DEB=90°$ 。

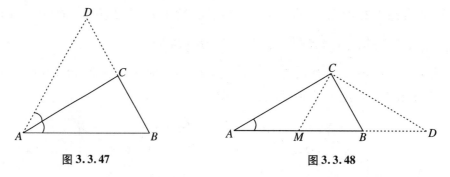

图3.3.47　　　　　　　　　图3.3.48

证法3:如图3.3.47所示,过点 A 作 $\angle CAD=\angle A$ 交 BC 延长线于点 D ,先证 $\dfrac{AD}{AB}=\dfrac{CD}{CB}$,再证 $\angle ACB=90°$ 。

证法4:如图3.3.48所示,取 AB 的中点 M ,连接 CM ,延长 AB 到点 D 使 $BD=BC$,再连接 CD ,先证 $\triangle ACB\cong\triangle DCM$,再证 $\angle CAM=30°$,从而 $\angle ACB=90°$ 。

58. 如图3.3.49所示,在 $\triangle ABC$ 中, AD 平分 $\angle BAC$,点 E 、 F 分别在 BD 、 AD 上,且 $DE=CD$, $EF=AC$,求证: $EF\parallel AB$ 。

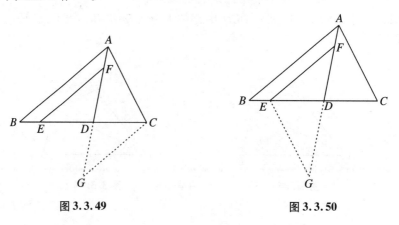

图3.3.49　　　　　　　　　图3.3.50

证法1:如图3.3.49所示,延长 FD 至点 G 使 $DG = DF$,连接 CG,先证 $\triangle DEF \cong \triangle DCG$（SAS），再证 $CG = EF = AC$, $\angle EFD = \angle G = \angle CAD = \angle BAD$,得 $EF /\!/ AB$。

证法2:如图3.3.50所示,延长 AD 至点 G 使 $DG = AD$,连接 EG,先证 $\triangle DCA \cong \triangle DEG$（SAS），再证 $EG = AC = EF$, $\angle EFD = \angle G = \angle CAD = \angle BAD$,得 $EF /\!/ AB$。

59. 如图3.3.51所示,在正方形 $ABCD$ 中, AC 与 BD 交于点 O,点 M、N 分别在 OA、OB 上,且 $OM = ON$,求证:①$BM = CN$;②$BM \perp CN$。

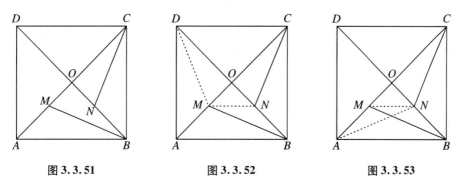

图3.3.51　　　　　图3.3.52　　　　　图3.3.53

证法1:如图3.3.51所示,证 $\triangle OBM \cong \triangle OCN$（SAS）。

证法2:如图3.3.51所示,证 $\triangle ABM \cong \triangle BCN$（SAS）。

证法3:如图3.3.52所示,连接 DM、MN,先证四边形 $DCNM$ 为等腰梯形,则 $DM = CN$,再证 $\triangle DAM \cong \triangle BAM$。

证法4:如图3.3.53所示,连接 MN、AN,先证 $\triangle CNB \cong \triangle ANB$（SAS），再证四边形 $MNBA$ 为等腰梯形。

60. 如图3.3.54所示, $\triangle ABC$ 和 $\triangle ADE$ 都是等腰 Rt$\triangle$, $\angle ACB = \angle AED = 90°$,点 D 在 AB 上, M、N 分别为 BD、CE 的中点,求证:①$MN = \dfrac{1}{2}CE$,②$MN \perp CE$。

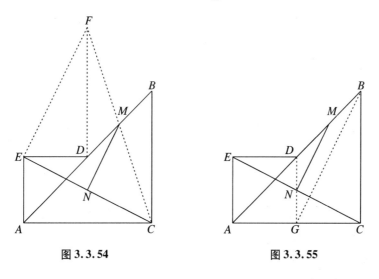

图3.3.54　　　　　　　　图3.3.55

证法1:如图3.3.54所示,延长 CM 至点 F 使 $FM = CM$,连接 FD、FE,易证 $CB = FD = AC$,易证 $FD /\!/ BC$,后证 $\triangle FED \cong \triangle CEA$ 与 $\angle FEC = 90°$,最后证 $\triangle EFC$ 为等腰 Rt$\triangle$。

证法 2：如图 3.3.55 所示，取 AC 中点 G，连接 DG、BG，先证 $\triangle BCG \cong \triangle CAE$，再证 D、N、G 三点共线，最后证 MN 为 $\triangle DGB$ 的中位线。

61. 如图 3.3.56 所示，点 D、E、F、G 分别是 AB、OB、OC、AC 的中点，求证：四边形 $DEFG$ 为 $\square$。

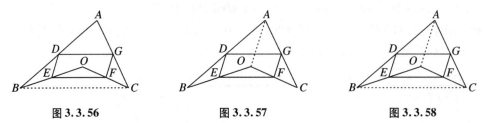

图 3.3.56　　　　　图 3.3.57　　　　　图 3.3.58

证法 1：如图 3.3.56 所示，连接 BC，先证 $DG \stackrel{\parallel}{=} \frac{1}{2}BC$，$EF \stackrel{\parallel}{=} \frac{1}{2}BC$，所以 $DG \stackrel{\parallel}{=} EF$，则四边形 $DEFG$ 为 $\square$。

证法 2：如图 3.3.57 所示，连接 AO，先证 $GF \stackrel{\parallel}{=} \frac{1}{2}OA$，$DE \stackrel{\parallel}{=} \frac{1}{2}OA$，所以 $GF \stackrel{\parallel}{=} DE$，则四边形 $DEFG$ 为 $\square$。

证法 3：如图 3.3.58 所示，连接 AO、BC，证 $DE \parallel GF$，$DG \parallel EF$，所以四边形 $DGFE$ 为 $\square$。

62. 如图 3.3.59 所示，BD 是 $\square ABCD$ 的对角线，$AE \perp BD$ 于点 E，$CF \perp BD$ 于点 F，求证：四边形 $AECF$ 为 $\square$。

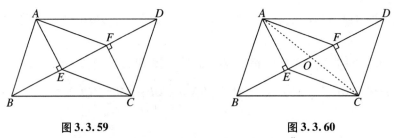

图 3.3.59　　　　　　　　　图 3.3.60

证法 1：如图 3.3.59 所示，先证 $\triangle ABE \cong \triangle CDF$，再证 $AE \stackrel{\parallel}{=} CF$，后证四边形 $AECF$ 为 $\square$。

证法 2：如图 3.3.59 所示，先证 $\triangle ABE \cong \triangle CDF$，再证 $\triangle ABF \cong \triangle CDE$，后证 $AF \parallel CE$，$AE \parallel CF$。

证法 3：如图 3.3.60 所示，连接 AC 交 BD 于点 O，先证 $\triangle AOE \cong \triangle COF$，再证 $OE = OF$，从而得证。

63. 如图 3.3.61 所示，$\square ABCD$ 中，$AD = 2AB$，$AE = AB = BF$，求证：$CE \perp DF$。

证法 1：如图 3.3.61 所示，先证 $\angle E + \angle F = 90°$，再证 $\angle EOF = 90°$。

证法 2：如图 3.3.62 所示，先证 $\triangle DCM$ 和 $\triangle CND$ 为等腰 $\triangle$，再证 DO、CO 分别是它们的顶角平分线，则 $CE \perp DF$。

证法 3：如图 3.3.62 所示，设 CE、DF 分别交 AD、BC 于点 M、N，连接 MN，先证 M、N 分别为 AD、DE 中点，再证四边形 $MNCD$ 为菱形，从而 $CE \perp DF$。

证法 4：如图 3.3.63 所示，连接 BM，则 $AM = AE = AB$，先证 $\triangle EBM$ 为 $Rt\triangle$，再证 BM 为 $\triangle AFD$ 的中位线，从而 $FO \parallel BM$。

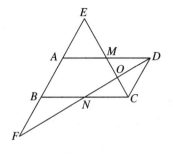

图 3.3.61

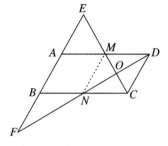

图 3.3.62

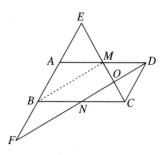

图 3.3.63

64. 如图 3.3.64 所示,已知 $BF = CE$,BE 平分 $\angle ABC$,CF 平分 $\angle ACB$,求证:$EF /\!/ BC$。

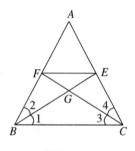

图 3.3.64

证法 1:如图 3.3.64 所示,

$$\left.\begin{array}{l} \angle 1 = \angle 2 \Rightarrow \dfrac{FG}{GC} = \dfrac{BF}{BC} \\ \angle 3 = \angle 4 \Rightarrow \dfrac{EG}{GB} = \dfrac{CE}{BC} \end{array}\right\} \Rightarrow \dfrac{FG}{GC} = \dfrac{EG}{GB} \Rightarrow EF /\!/ BC。$$

证法 2:如图 3.3.64 所示,

$$\left.\begin{array}{l} \angle 1 = \angle 2 \Rightarrow \dfrac{AE}{EC} = \dfrac{AB}{BC} \\ \angle 3 = \angle 4 \Rightarrow \dfrac{AF}{BF} = \dfrac{AC}{BC} \end{array}\right\} \Rightarrow \dfrac{AE}{AF} = \dfrac{AB}{AC} = \dfrac{AF + BF}{AE + EC} \Rightarrow AE = AF \Rightarrow EF /\!/ BC。$$

证法 3:如图 3.3.64 所示,

$$\left.\begin{array}{l} \text{由证法 2 知} \dfrac{AE}{AF} = \dfrac{AB}{AC} \\ \angle A = \angle A \end{array}\right\} \Rightarrow \triangle ABE \backsim \triangle ACF \Rightarrow AE = AF \Rightarrow EF /\!/ BC。$$

65. 如图 3.3.65 所示,已知 $\triangle ABC$ 中,$\angle B - \angle C = 90°$,外心为 O,求证:$OA /\!/ BC$。

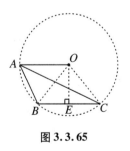

图 3.3.65

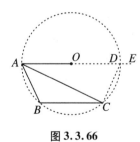

图 3.3.66

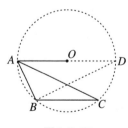

图 3.3.67

证法 1:(利用圆心角与圆周角的关系证明)如图 3.3.65 所示,作 $\triangle ABC$ 的外接圆 O,连接 OB、OC,作 $OE \perp BC$ 交 BC 于点 E,先证 $\angle BOE = \angle EOC = \angle BAC$,再证 $\angle AOB = 2\angle ACB$,$\angle BAC + \angle ACB + \angle ABC = 180°$①,$\angle ABC - \angle ACB = 90°$②,①$-$②得 $\angle BAC + 2\angle ACB = 90°$,所以 $\angle AOE = 90°$,即 $AO \perp EO$,又 $EO \perp BC$,故 $AO /\!/ BC$。

证法 2:(利用圆内接四边形的性质证明)如图 3.3.66 所示,作 $\triangle ABC$ 的外接圆 O,延长

AO 交圆于点 D,延长 AD 至 E,连接 CD,先证 $\angle CDE = \angle B = 90^\circ + \angle C$,再证 $\angle BCD = 90^\circ + \angle C$,所以 $\angle CDE = \angle BCD$,故 $AO /\!/ BC$。

证法 3:(利用圆周角与弧的关系证明)如图 3.3.67 所示,作 $\triangle ABC$ 的外接圆 O,作直径 AD,连接 BD,先证 $\angle ABD = 90^\circ$,所以 $\angle DBC = \angle ABC - 90^\circ = (90^\circ + \angle C) - 90^\circ = \angle C$,$\because \angle C = \angle D$,$\therefore \angle DBC = \angle D$,故 $AO /\!/ BC$。

证法 4:(利用圆周角与弦切角的关系证明)如图 3.3.68 所示,作 $\triangle ABC$ 的外接圆 O,过点 A 作 $\odot O$ 的切线 AD,过点 B 作 $BE \perp BC$ 交 AO 于点 E,先证 $AO \perp AD$,再证 $\angle ABE = \angle B - 90^\circ = \angle C$,后证 $AD /\!/ BE$ 和 $AD \perp BC$,又 $AO \perp AD$,故 $AO /\!/ BC$。

证法 5:(利用两直线都垂直第三条直线证明)如图 3.3.69 所示,作 $\triangle ABC$ 的外接圆 O,过点 B 作 $BE \perp BC$ 交 $\odot O$ 于点 E,先证 $\overset{\frown}{AE} = \overset{\frown}{AB}$,$\angle ABE = \angle C$,再证 $AO \perp BE$,又 $BE \perp BC$,故 $AO /\!/ BC$。

证法 6:(同上)如图 3.3.70 所示,作 $\triangle ABC$ 的外接圆 O 和直径 AOD,过点 B 作 $BE \perp AO$ 交 AO 于点 E,$\because \angle BAE = \frac{1}{2}\overset{\frown}{BCD} = \frac{1}{2}\overset{\frown}{ABCD} - \frac{1}{2}\overset{\frown}{AB} = 90^\circ - \angle C$,

$\therefore \angle ABE = 90^\circ - \angle BAE = 90^\circ - (90^\circ - \angle C) = \angle C$,又 $\angle B - \angle C = 90^\circ$,

$\therefore \angle EBC = \angle ABC - \angle ABE = (90^\circ + \angle C) - \angle C = 90^\circ$,

即 $BE \perp BC$,而 $BE \perp AO$,故 $AO /\!/ BC$。

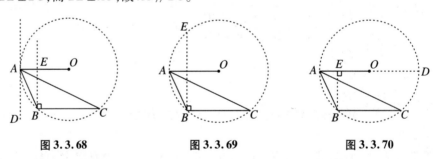

图 3.3.68　　　　　图 3.3.69　　　　　图 3.3.70

证法 7:(利用正弦定理及勾股定理证明)如图 3.3.71 所示,作 $\triangle ABC$ 外接圆 O,作直径 AD,连接 CD,设 $\odot O$ 半径为 R,根据正弦定理知 $AB = 2R \cdot \sin C$,$AC = 2R \cdot \sin(90^\circ + C) = 2R \cdot \cos C$,所以 $AB^2 + AC^2 = 4R^2$,又 $\because AD$ 是直径,$\therefore AC^2 + CD^2 = AD^2$,即 $CD^2 + AC^2 = 4R^2$,$AB^2 = CD^2$,$\therefore AB = CD$(舍负),故 $AD /\!/ BC$,即 $AO /\!/ BC$。

证法 8:(同证法 5)如图 3.3.69 所示,作 $\triangle ABC$ 外接圆 O,过点 B 作 $BE \perp AO$ 交圆 O 于点 E,$\because \overset{\frown}{AB} = \overset{\frown}{AE}$,$\therefore \angle ABE = \angle C$,又根据条件,可得 $\angle EBC = \angle B - \angle ABE = (90^\circ + \angle C) - \angle C = 90^\circ$,即 $BE \perp BC$,故 $AO /\!/ BC$。

证法 9:(利用圆周角的性质证明)如图 3.3.72 所示,作 $\triangle ABC$ 外接圆 O,作直径 AD,过点 C 作 $CE \perp BC$ 交圆于点 E,交 AD 于点 P,先证 $\angle EPD = 2\angle C + \angle A$,再证 $\angle A = 90^\circ - 2\angle C$,得 $\angle EPD = 90^\circ$。

证法 10:(利用三角形全等证明)如图 3.3.73 所示,作 $\triangle ABC$ 外接圆 O,作直径 AD、BE,连接 DE,先证 $\triangle OAB \cong \triangle ODE$,再用对同弧的圆心角与圆周角的关系证明。

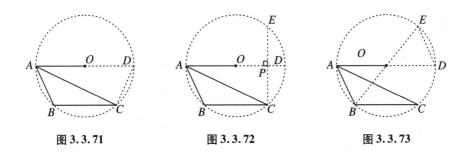

图 3.3.71　　　　　　　图 3.3.72　　　　　　　图 3.3.73

66. 如图 3.3.74 所示,已知 $AD \perp BC$,垂足为 D,且 $AD^2 = BD \cdot DC$,求证:$\triangle ABC$ 是 Rt$\triangle$。

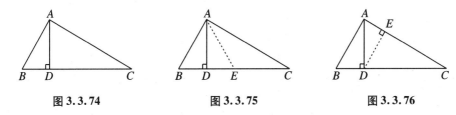

图 3.3.74　　　　　　　图 3.3.75　　　　　　　图 3.3.76

证法 1:如图 3.3.74 所示,先证 $\triangle ADB \backsim \triangle CDA$,再证 $\angle BAC = 90\ °$。

证法 2:如图 3.3.74 所示,$AB^2 + AC^2 = AD^2 + BD^2 + AD^2 + DC^2 = BD^2 + 2BD \cdot DC + DC^2 = (BD + DC)^2 = BC^2$。

证法 3:如图 3.3.74 所示,$AB^2 = BD^2 + AD^2 = BD^2 + BD \cdot DC = BD \cdot BC$,又 $\dfrac{AB}{BD} = \dfrac{BC}{AB}$,$\angle B = \angle B$,则 $\triangle ABC \backsim \triangle DBA$。

证法 4:如图 3.3.74 所示,$\because AB^2 \cdot AC^2 = (AD^2 + BD^2) \cdot (AD^2 + DC^2) = AD^2 \cdot BD \cdot BC + AD^2(BD^2 + DC^2) + AD^2 \cdot BD \cdot DC = BC^2 \cdot AD^2$,$\therefore AB \cdot AC = BC \cdot AD$,

$\therefore S_{\triangle ABC} = \dfrac{1}{2}AB \cdot AC \cdot \sin \angle BAC = \dfrac{1}{2}BC \cdot AD$,

$\therefore \sin \angle BAC = 1$,$\therefore \angle BAC = 90°$。

证法 5:如图 3.3.75 所示,取 BC 中点 E,连接 AE,由已知可得 $AE^2 = AD^2 + DE^2 = BD \cdot DC + DE^2 = (BE - DE) \cdot (BE + DE) + DE^2 = BE^2 - DE^2 + DE^2 = BE^2$,

则有 $AE = BE = EC$,所以 $\angle BAC = 90°$(E 不在 D 点),当 E 与 D 重合时,也极易证明,这里从略。

证法 6:如图 3.3.76 所示,过点 D 作 $DE \perp AC$,垂足为 E,由已知得 $\dfrac{BD}{DC} = \dfrac{AD^2}{DC^2} = \dfrac{AE}{EC}$,

则有 $AB /\!/ DE$,所以 $\angle BAC = 90°$。

证法 7:如图 3.3.77 所示,以 BC 为直径在 A 的异侧作半圆 O,延长 AD 交半圆 O 于 E 点,连接 BE、EC,则有 $\angle BEC = 90°$,又 $\because AD^2 = BD \cdot DC = DE^2 \therefore DE = AD$,又 $\because$ Rt$\triangle BAD \cong$ Rt$\triangle BED$,$\therefore AB = EB$,$AC = EC$,$\therefore \triangle ABC \cong \triangle EBC$,$\therefore \triangle ABC$ 是 Rt$\triangle$。

证法 8:如图 3.3.78 所示,过点 B 作 AC 边上的高 BE,假设 BE 交 AD 或其延长线于 H 点,则 H 为 $\triangle ABC$ 的垂心,再作 $EF \perp BC$,垂足为 F,先证 $AD = HD$,再证 A 与 H 重合,即 A 是 $\triangle ABC$ 的垂心,所以 $AB \perp AC$。

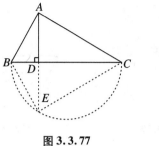

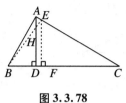

图 3.3.77   图 3.3.78

67. 如图 3.3.79 所示,在梯形 $ABCD$ 中,M、N 分别为 AC、BD 的中点,求证:$MN \underset{=}{ /\!\!/ } \frac{1}{2}(AB - CD)$。

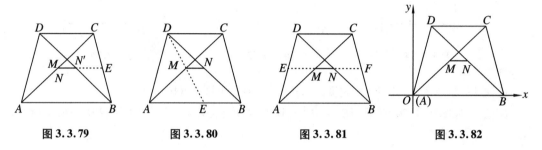

图 3.3.79   图 3.3.80   图 3.3.81   图 3.3.82

证法 1:如图 3.3.79 所示,过点 M 作 $ME /\!\!/ AB$ 交 BC 于点 E,交 BD 于点 N',先证 N 与 N' 重合,再证 $ME = \frac{1}{2}AB$,$NE = \frac{1}{2}CD$,$MN = ME - NE$。

证法 2:如图 3.3.80 所示,连接 DM 并延长交 AB 于点 E,先证 $\triangle AME \cong \triangle CMD$,再证 MN $/\!\!/ AB$,且 $MN = \frac{1}{2}BE = \frac{1}{2}(AB - AE)$。

证法 3:如图 3.3.81 所示,取 AD 的中点 E,取 BC 的中点 F,连接 EF,先证 $MN /\!\!/ AB$,再证 $EM + NF = \frac{1}{2}DC + \frac{1}{2}DC = DC$。

证法 4:如图 3.3.82 所示,建立平面直角坐标系,设 $A(0,0)$,$B(a,0)$,$C(b,d)$,$D(c,d)$,则 $M(\frac{b}{2}, \frac{d}{2})$,$N(\frac{a+c}{2}, \frac{d}{2})$,可得 $MN /\!\!/ AB$,$|MN| = |\frac{a+c}{2} - \frac{b}{2}| = \frac{1}{2}|a+c-b|$,

$\frac{1}{2}(|AB| - |CD|) = \frac{1}{2}[a - (b-c)] = \frac{1}{2}|a+c-b|$,故结论成立。

68. 如图 3.3.83 所示,已知在 Rt$\triangle ABC$ 中,$\angle A = 90°$,$\angle B$ 的平分线交 AC 于点 E,$AD \perp BC$,$EF \perp BC$,AD 交 BE 于点 H,求证:四边形 $AHFE$ 是菱形。

证法 1:如图 3.3.83 所示,先证 $AE = EF$,再证 $AB = BF$,后证 $AH = EF$。

证法 2:如图 3.3.83 所示,先证 $AE = EF$,再证 $AH = AE = EF$。

证法 3:如图 3.3.83 所示,先证 $AE = AB \cdot \tan \frac{B}{2}$,$AH = AD - HD = AB \cdot \sin B - AB \cdot \cos B$

$\cdot \tan \frac{B}{2} = AB \cdot \tan \frac{B}{2}$,从而 $AE = AH$。

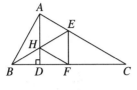

图 3.3.83

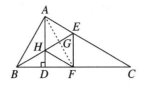

图 3.3.84

证法 4:如图 3.3.84 所示,连接 AF 交 BE 于点 G,则 $AF = BF$,又由 BE 平分 $\angle B$ 可得 $AG = GF$,$AF \perp BE$,则 H 是 $\triangle ABF$ 的垂心,$FH \perp AB$,所以 $FH /\!/ AE$,又 $EF /\!/ AH$,$AF \perp BE$,故结论成立。

69. 如图 3.3.85 所示,梯形 $ABCD$ 中,$AD /\!/ BC$,$AD \perp AB$,点 E 在边 AB 上,$AE = 2AD$,$AB = BC = 4$,$AD = 1$,求证:$ED \perp EC$。

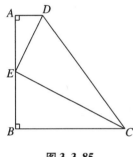

图 3.3.85

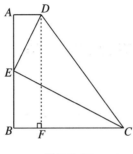

图 3.3.86

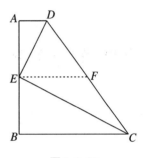

图 3.3.87

证法 1:如图 3.3.86 所示,过 D 点作 $DF \perp BC$,先证四边形 $ABFD$ 为矩形,在 Rt$\triangle DFC$ 中,$DC^2 = 25$,同理 $DE^2 = AE^2 + AD^2 = 5$,$EC^2 = BE^2 + BC^2 = 20$,$\therefore DC^2 = DE^2 + EC^2$,$\therefore \triangle DEC$ 为 Rt$\triangle$。

证法 2:如图 3.3.87 所示,过点 E 作 $EF /\!/ BC$ 交 CD 于点 F,先求 $AE = 2$,$EF = 2.5$,$CD = 5$,从而 $EF = \dfrac{1}{2}CD$,所以 $\triangle EDC$ 为直角三角形。

证法 3:如图 3.3.85 所示,$\because AD \perp AB$,$AD /\!/ BC$,$\therefore BC \perp AB$,又 $\because AE = 2AD$,$AD = 1$,$BC = 4$,$\therefore AE = 2$,$BE = AB - AE = 2$,在 Rt$\triangle AED$ 与 Rt$\triangle BEC$ 中,$\dfrac{AD}{BE} = \dfrac{AE}{BC} = \dfrac{1}{2}$,

$\therefore$ Rt$\triangle ADE \backsim$ Rt$\triangle BEC$,

$\therefore \angle BEC = \angle ADE$,又 $\because \angle AED + \angle ADE = 90°$,

$\therefore \angle AED + \angle BEC = 90°$,

$\therefore \angle DEC = 180° - (\angle AED + \angle BEC) = 90°$,即知 $ED \perp EC$。

70. 如图 3.3.88 所示,$\odot O$ 与 $\odot O'$ 交于 A、B,PE 是 $\odot O$ 的直径,PA 延长线交 $\odot O'$ 于点 C,PB 交 $\odot O'$ 于点 D,CD 的延长线交 PE 于点 F,求证:$CF \perp PE$。

证法 1:如图 3.3.88 所示,连接 AB、BE,先证 F、E、B、D 四点共圆,再证 $\angle PBE = \angle PFD = 90°$,从而 $CF \perp PE$。

证法 2:如图 3.3.89 所示,连接 AB、AE,则 $\angle C = \angle B = \angle E$,

∵ PE 是直径,∴ $\angle PAE = 90°$,则 $\angle EPA + \angle E = 90°$,

∴ $\angle EPA + \angle C = 90°$,则 $\angle PFC = 90°$,

∴ $CF \perp PE$。

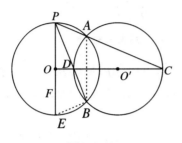

图 3.3.88　　　　　　　　　　图 3.3.89

四、求证线段（或角）的不等（71～80）

71. 如图 3.4.1 所示,已知在 $\triangle ABC$ 中,$AB > AC$,AD 平分 $\angle A$,求证:$BD > DC$。

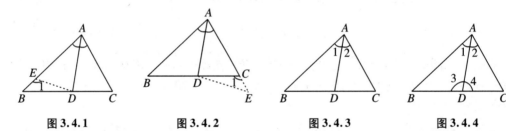

图 3.4.1　　　图 3.4.2　　　图 3.4.3　　　图 3.4.4

证法 1:如图 3.4.1 所示,在 AB 上作 $AE = AC$,连接 DE,先证 $\triangle ADE \cong \triangle ADC$,再证 $\angle 1 > \angle B$。

证法 2:如图 3.4.2 所示,延长 AC 至点 E,使 $AE = AB$,连接 DE,先证 $\triangle ADE \cong \triangle ADB$,再证 $\angle 1 > \angle E$。

证法 3:如图 3.4.3 所示,$\angle 1 = \angle 2 \Rightarrow \dfrac{AB}{AC} = \dfrac{BD}{DC} > 1 \Rightarrow BD > DC$。

证法 4:如图 3.4.4 所示,在 $\triangle ABD$ 和 $\triangle ADC$ 中,由正弦定理得 $BD = \dfrac{AB \cdot \sin\angle 1}{\sin\angle 3}$, $DC = \dfrac{AC \cdot \sin\angle 2}{\sin\angle 4}$,又 $\angle 1 = \angle 2$,$\sin\angle 3 = \sin\angle 4$,$AB > AC$,所以 $BD > DC$。

72. 如图 3.4.5 所示,已知 $\triangle ABC$ 中,$AC > AB$,$AD \perp BC$,求证:$CD > BD$。

证法 1:如图 3.4.5 所示,延长 AB 至点 E,使 $AE = AC$,连接 DE,先证 $CD > DE$。

证法 2:如图 3.4.6 所示,在 AC 上取 $AE = AB$,先证 $DE > BD$,再证 $CD > DE$。

证法 3:如图 3.4.7 所示,作 $\angle EBC = \angle C$,过点 E 作 $EF \perp BC$ 于点 F,先证 $BF > BD$,再证

$CD > CF$。

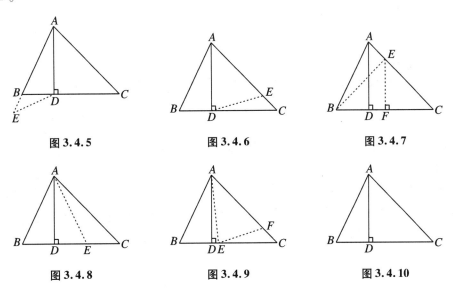

图 3.4.5　　　　图 3.4.6　　　　图 3.4.7

图 3.4.8　　　　图 3.4.9　　　　图 3.4.10

证法 4:如图 3.4.8 所示,以点 A 为圆心、AB 为半径作 $AE = AB$,先证 $\triangle ABD \cong \triangle AED$。

证法 5:如图 3.4.9 所示,作 $\angle BAC$ 的平分线 AE,取 $AF = AB$,连接 EF,先证 $\triangle ABE \cong \triangle AFE$。

证法 6:如图 3.4.10 所示,在 Rt $\triangle ABD$、Rt $\triangle ADC$ 中,$BD = AB \cdot \cos \angle B$,$CD = AC \cdot \cos \angle C$,

$\because AC > AB, \therefore \angle B > \angle C, \therefore \cos \angle C > \cos \angle B$。

73. 如图 3.4.11 所示,已知在 $\triangle ABC$ 中,$AB > AC$,BE、CF 为中线,求证:$BE > CF$。

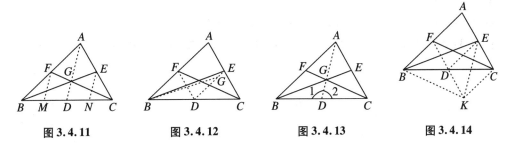

图 3.4.11　　　　图 3.4.12　　　　图 3.4.13　　　　图 3.4.14

证法 1:如图 3.4.11 所示,BE、CF 交于点 G,连接 AG 交 BC 于点 D,取 BD、DC 中点 M、N,连接 FM、EN。

证法 2:如图 3.4.12 所示,取 BC 中点 D,连接 DE、DF,在 DE 上取 $DG = DF$,连接 BG。

证法 3:如图 3.4.13 所示,设 BE、CF 交于点 G,则 G 为 $\triangle ABC$ 的重心,连接 AG 交 BC 于点 D,先证 $\angle 1 > \angle 2$。

证法 4:如图 3.4.14 所示,过点 B 作 CF 的平行线 BK,过点 C 作 AB 的平行线 CK,连接 FK、DE、EK,先证四边形 $BKCF$ 为 $\square$,再证四边形 $EDKC$ 为 $\square$。

证法 5:如图 3.4.15 所示,取 BC 中点 D,连接 EF、DE、DF,取 BD 中点 G、DC 中点 H,连接 FG、EH,先证四边形 $EFGH$ 为 $\square$,四边形 $EFDC$ 为 $\square$,后利用 $\triangle BHE$、$\triangle CGF$ 证明。

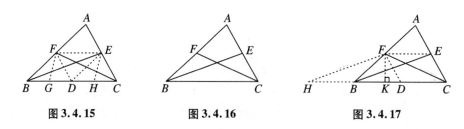

图 3. 4. 15　　　　　图 3. 4. 16　　　　　图 3. 4. 17

证法 6：如图 3. 4. 16 所示，由中线定理证明，$AB^2 + BC^2 = 2(BE^2 + CE^2)$，$AC^2 + BC^2 = 2(CF^2 + BF^2)$。

证法 7：如图 3. 4. 17 所示，取 BC 的中点 D，连接 EF、FD，过点 F 作 $FK \perp BC$ 于点 K，作 $FH /\!/ BE$ 交 CB 延长线于点 H，据垂线定理及斜线定理证 $BK > KD$，$HK > KC$。

74. 如图 3. 4. 18 所示，已知 $\triangle ABC$ 中，$AB > AC$，$CE \perp AB$，$BD \perp AC$，求证：$AB + CE > AC + BD$。

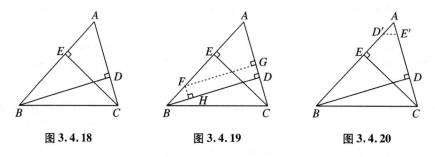

图 3. 4. 18　　　　　图 3. 4. 19　　　　　图 3. 4. 20

证法 1：如图 3. 4. 19 所示，取 $AF = AC$，过点 F 作 $FG \perp AC$ 于点 G，作 $FH \perp BD$ 于点 H，先证 $\triangle AFG \cong \triangle ACE$。

证法 2：如图 3. 4. 18 所示，$BD = AB \cdot \sin A$，$CE = AC \cdot \sin A$，$AB - BD > AC - CE$。

证法 3：如图 3. 4. 20 所示，取 $BD' = BD$，$CE' = CE$，连接 $D'E'$，$AB \cdot CE = AC \cdot BD$。

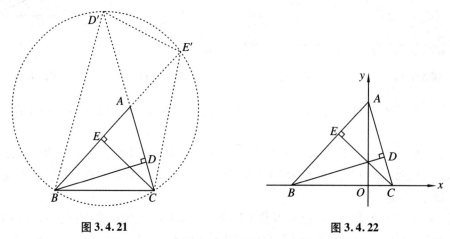

图 3. 4. 21　　　　　图 3. 4. 22

证法 4：如图 3. 4. 21 所示，延长 BA，使 $AE' = CE$，延长 CA，使 $AD' = BD$，先证 B、C、E'、D' 四点共圆，连接 $D'E'$、BD'、CE'，利用 $\text{Rt}\triangle ABD$ 证明。

证法 5：如图 3.4.18 所示，$AB \cdot CE = AC \cdot BD$，$\dfrac{AB}{BD} = \dfrac{AC}{CE} = \dfrac{AB - AC}{BD - CE} > 1$。

证法 6：如图 3.4.18 所示，设 $S_{\triangle ABC} = S$，$AB \cdot CE = AC \cdot BD = 2S$，计算 $AB + CE - AC - BD$

$= AB + \dfrac{2S}{AB} - AC - \dfrac{2S}{AC}$。

证法 7：如图 3.4.22 所示，建立平面直角坐标系，设 $A(0, a)$，$B(-c, 0)$，$C(b, 0)$，AB 方程为 $\dfrac{x}{-c} + \dfrac{y}{a} = 1$，$AC$ 方程为 $\dfrac{x}{b} + \dfrac{y}{a} = 1$，再求 BD、AB、AC、CE。

75. 如图 3.4.23 所示，已知 $\triangle ABC$ 中，$AB > AC$，$BD \perp AC$，$CE \perp AB$，求证：$BD > CE$。

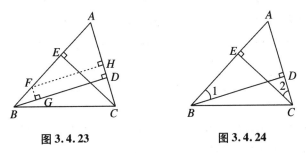

图 3.4.23　　　　　图 3.4.24

证法 1：如图 3.4.23 所示，取 $AF = AC$，过点 F 作 $FH \perp AC$ 于点 H，作 $FG \perp BD$ 于点 G，先证四边形 $FGDH$ 为矩形，再证 $\triangle AFH \cong \triangle ACE$。

证法 2：如图 3.4.24 所示，$\angle 1 + \angle A = \angle 2 + \angle A = 90°$，证 $\triangle ABD \backsim \triangle ACE$。

证法 3：如图 3.4.24 所示，$S_{\triangle ABC} = \dfrac{1}{2} AC \cdot BD = \dfrac{1}{2} AB \cdot CE$，$AB > AC$，所以 $BD > CE$。

证法 4：如图 3.4.24 所示，$BD = AB \cdot \sin A$，$CE = AC \cdot \sin A$，$AB > AC$，所以 $BD > CE$。

证法 5：如图 3.4.25 所示，$\angle BEC = \angle BDC = 90°$，所以 B、E、D、C 四点共圆，

又 $\because \angle ACB > \angle ABC$，$\therefore \overparen{BED} > \overparen{CDE}$，$\therefore BD > CE$。

证法 6：如图 3.4.26 所示，取 BC 中点 M，连接 ME、MD，先证 $\angle 1 > \angle 2$，再证 $\angle BMD > \angle CME$。

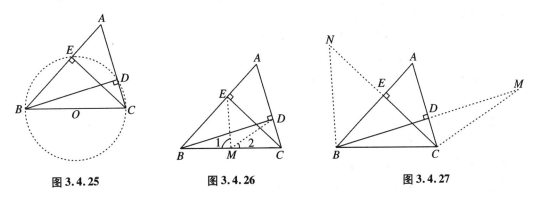

图 3.4.25　　　图 3.4.26　　　　图 3.4.27

证法 7：如图 3.4.27 所示，分别延长 BD、CE，使 $DM = BD$，$EN = CE$，连接 CM、BN，利用 $\triangle NBC$ 与 $\triangle BCM$ 可证。

76. 如图 3.4.28 所示,已知梯形 $ABCD$ 中,$AD /\!/ BC$,$DC < AB$,$BC > AD$,求证:$\angle B < \angle C$。

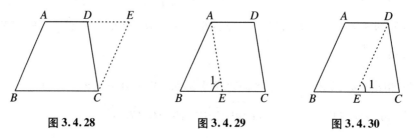

图 3.4.28   图 3.4.29   图 3.4.30

证法 1:如图 3.4.28 所示,过点 C 作 $CE /\!/ BA$,交 AD 的延长线于点 E,先证四边形 $ABCE$ 为 $\square$,由 $DC < AB$,得 $DC < EC$,在 $\triangle CDE$ 中,再证 $\angle E < \angle CDE$。

证法 2:如图 3.4.29 所示,过点 A 作 $AE /\!/ DC$ 交 BC 于点 E,则四边形 $AECD$ 为 $\square$,利用 $\triangle ABE$ 证明。

证法 3:如图 3.4.30 所示,过点 D 作 $DE /\!/ AB$ 交 BC 于点 E,先证四边形 $ABED$ 为 $\square$,再用 $\triangle DEC$ 去证明。

77. 如图 3.4.31 所示,四边形 $ABCD$ 为正方形,过点 A 引直线 AXY 截 BC 于点 X,截 DC 的延长线于点 Y,求证:$AX + AY > 2AC$。

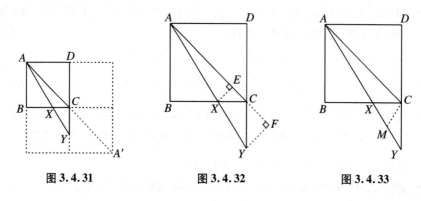

图 3.4.31   图 3.4.32   图 3.4.33

证法 1:如图 3.4.31 所示,由 4 个 $ABCD$ 拼成一个大正方形,A 与 A' 是对角顶点,
$AA' = 2AC$,$AX + A'X > 2AC$,
$\because \angle CXY > 45° > \angle CYX$,$\therefore CX < CY$,$A'X < AY$。

证法 2:如图 3.4.32 所示,过点 X、Y 引 AC 的垂线分别交 AC 及其延长线于点 E、F,
$\because \angle ACB = \angle FCY = 45°$,$\therefore CF = YF > XE = EC$,
$\therefore AX + AY > AE + AF = AC - EC + AC + CF = 2AC + (CF - EC) > 2AC$。

证法 3:如图 3.4.33 所示,设 M 为 XY 的中点,则 $\angle MXC = \angle MCX = \angle AXB$,
$\because AB > BX$,$\therefore \angle AXB > 45°$,$\therefore \angle MCX > 45°$,
$\therefore \angle ACM = 45° + \angle MCX > 90°$。

在 $\triangle ACM$ 中,$\angle ACM$ 最大,$\therefore AM > AC$,即 $2AM > 2AC$,
$\therefore \dfrac{AX + AY}{2} = AM$,$\therefore$ 结论成立。

78. 如图 3.4.34 所示,已知 △ABC 中,∠C > ∠B,BD、CE 分别是 ∠B、∠C 的平分线,求证:BD > CE。

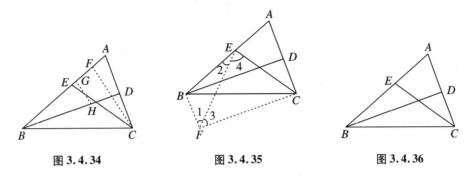

图 3.4.34　　　　图 3.4.35　　　　图 3.4.36

证法1:如图 3.4.34 所示,在 ∠ACE 内作 CF,使 ∠FCE = ∠ABD,CF 交 AE 于点 F,在 BF 上取 BG = CF,过点 G 作 GH∥FC 交 BD 于点 H,先证 ∠FCB > ∠ABC,再证 △GBH ≌ △FCE。

证法2:如图 3.4.34 所示,设 ∠A、∠B、∠C 对边分别为 a、b、c,由角平分线长公式求出 BD^2、CE^2,则 $BD^2 - CE^2 = ac - \dfrac{ab^2c}{(a+c)^2} - ab - \dfrac{abc^2}{(a+b)^2} > 0$。

证法3:如图 3.4.35 所示,过点 C 作 $CF \stackrel{\parallel}{=} BD$,连接 BF、EF,先证 ∠BEC > ∠BDC,再证 $\dfrac{AC}{DC} > \dfrac{AB}{BE}$,后证 FC > CE 和 BD > CE。

证法4:如图 3.4.36 所示,设 ∠A、∠B、∠C 对边分别为 a、b、c,由 $S_{\triangle ABC} = S_{\triangle ABD} + S_{\triangle DBC}$,可得 $\dfrac{1}{2}ac\sin B = \dfrac{1}{2}c \cdot BD \cdot \sin\dfrac{B}{2} + \dfrac{1}{2}a \cdot BD \cdot \sin\dfrac{B}{2}$,可证 $\dfrac{ac}{a+c} > \dfrac{ab}{a+b}$。

79. 如图 3.4.37 所示,已知 E、F 分别为等腰三角形两腰 AB、AC 边上的点,且 AE = CF,BC = 2,求证:EF ≥ 1。

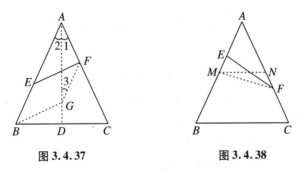

图 3.4.37　　　　图 3.4.38

证法1:如图 3.4.37 所示,过点 B 作 $BG \stackrel{\parallel}{=} EF$,连接 FG,构成 ▱BEFG,延长 AG 交 BC 于点 D,先证 AF = FG,再证 AG 是 ∠A 平分线,后证 △BDG 中,∠BDG = 90°,则 EF = BG > BD = 1。

证法2:如图 3.4.38 所示,作 △ABC 的中位线 MN,则 $MN = \dfrac{1}{2}BC = 1$,设 E 在 A、M 之间,先证 ∠EMF ≥ ∠EMN = ∠MNA ≥ ∠MFN,可知 FE ≥ MN = 1。

证法3:如图 3.4.39 所示,设 EF 不是 △ABC 的中位线,则 EF 与 BC 不平行,作

$\square ABCP$，在 CP 上取点 G 使 $CG = BE$，连接 EG、FG，先证 $\triangle AFE \cong \triangle CGF$，再证 $EG = BC$，

则有 $2EF = EF + FG \geqslant EG = BC$，所以 $EF \geqslant \dfrac{1}{2}BC = 1$。

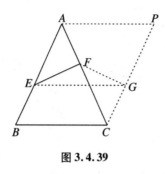 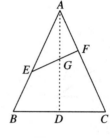

图 3.4.39　　　　　　　　　　　图 3.4.40

证法 4：如图 3.4.40 所示，设 EF 交中线 AD 于点 G，设 $\angle AGE = \theta$，在 $\triangle AEG$ 和 $\triangle AFG$ 中，由正弦定理得 EG、GF，相加得 $EF = \dfrac{AC}{\sin\theta} \cdot \sin\dfrac{A}{2}$，$\because \sin\dfrac{A}{2} = \dfrac{1}{AC}$，$\therefore EF = \dfrac{1}{\sin\theta} \geqslant 1$。

80. 如图 3.4.41 所示，已知在 Rt$\triangle ABC$ 中，$\angle C = 90°$，$CD \perp AB$，求证：$AB + CD > AC + BC$。

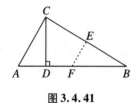 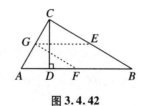 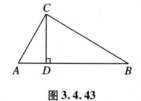

图 3.4.41　　　　　　　图 3.4.42　　　　　　　图 3.4.43

证法 1：如图 3.4.41 所示，在 BC 上取 $CE = CD$，在 AB 上取 $AF = AC$，连接 EF，

先证 $S_{\triangle ABC} = \dfrac{1}{2}AB \cdot CD = \dfrac{1}{2}AC \cdot BC$，再证 $AB \cdot CE = AF \cdot BC \Rightarrow EF /\!/ AC$，则有 $BF > BE$，

故 $AB + CD = AC + BF + CE > AC + BE + CE = AC + BC$。

证法 2：如图 3.4.42 所示，在 CB 上取 $CE = CD$，在 BA 上取 $BF = AC$，过点 E 作 $EG /\!/ AB$ 交 AC 于点 G，连接 GF，先证 $\triangle GCE \cong \triangle ADC$，再证四边形 $BEGF$ 为 $\square$，后证 $AF > GF$，

故 $AB - BF = AB - AC > BC - CE = BC - CD$。

证法 3：如图 3.4.43 所示，$AC^2 + BC^2 = AB^2$①，$AC \cdot BC = AB \cdot CD$②，

①$+ 2 \cdot$②得 $AB + CD > AC + BC$。

证法 4：如图 3.4.44 所示，在 BA 上取 $BE = BC$，过点 E 作 $EF /\!/ BC$ 交 AC 于点 F，连接 CE，先证：$\angle 1 = \angle 2 = \angle ECB$，再证 Rt$\triangle CFE \cong$ Rt$\triangle CDE$，而 $CF = CD$，而 $AE > AF$，即 $AB - BE > AC - CF$，因此结论成立。

证法 5：如图 3.4.45 所示，延长 AC 至点 E，使 $AE = AB$，过点 E 作 $EF \perp AB$ 于点 F，连接 ED，则 $EF = BC$，$CE + CD > DE > EF$，

故 $AC + CE + CD > AC + EF$，即 $AE + CD > AC + BC$。

证法6：如图3.4.45所示，先证 $AB \cdot CD = BC \cdot AC$，用分比性质可得 $\dfrac{AB - BC}{BC} = \dfrac{AC - CD}{CD}$，

因此 $\dfrac{AB - BC}{AC - CD} = \dfrac{BC}{CD} > 1$。

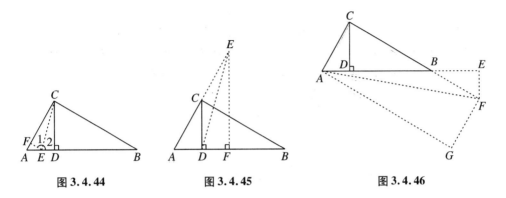

图3.4.44　　　　　图3.4.45　　　　　图3.4.46

证法7：如图3.4.46所示，延长 AB 至点 E，使 $BE = CD$，延长 CB 至点 F，使 $BF = AC$，过点 A 作 $AG \underset{=}{\parallel} CF$，连接 AF、GF、EF，先证四边形 $AGFC$ 是矩形，再证 $\angle BEF = \angle CDA = 90°$，

则有 $AF^2 = AG^2 + GF^2 = AE^2 + EF^2$，$\because BF = AC = GF$，$BF > EF$，$\therefore GF > EF$，$\therefore AG < AE$，即 $AE > CF$。

证法8：如图3.4.47所示，在 BC 上取 $BE = CD$，在 BA 上取 $BF = AC$，连接 EF，则 $CE = BC - CD$，$AF = AB - AC$，

先证 $\triangle BEF \cong \triangle CDA$，再证 $EF \parallel CA$，后证四边形 $AFEC$ 为直角梯形，$\therefore AF > CE$，

则 $AB - AC > BC - CD$，故结论成立。

证法9：如图3.4.48所示，在 AB 上取 $AE = AC$，在 CB 上取 $CF = CD$，连接 CE、EF、DF，先证 $\triangle ACE$、$\triangle CDF$ 都是等腰三角形，再证 D、E、F、C 四点共圆，后证 $\angle EFB = 90°$，

$\therefore BE > BF$，$\therefore$ 结论成立。

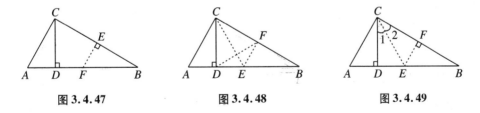

图3.4.47　　　　　图3.4.48　　　　　图3.4.49

证法10：如图3.4.49所示，在 AB 上取 $AE = AC$，过点 E 作 $EF \perp BC$ 于点 F，连接 CE，则 $\angle ACE = \angle AEC$，

$\because \angle 1 = 90° - \angle AEC$，$\angle 2 = 90° - \angle ACE$，$\therefore \angle 1 = \angle 2$，于是 $Rt\triangle DEC \cong Rt\triangle FEC$，

$\therefore CF = CD$，下同证法9。

证法11：如图3.4.43所示，$AC = AB \cdot \cos A$，$CD = BC \cdot \cos \angle BCD$，

$\because \angle BCD = \angle A$，$\therefore CD = BC \cdot \cos A$，$AB - AC = AB(1 - \cos A)$，$BC - CD = BC(1 - \cos A)$，

$\because 1 - \cos A > 0$，$AB > BC$，$\therefore AB - AC > BC - CD$。

证法 12:如图 3.4.43 所示,设 $BC = a$,则 $AC = a \cdot \tan B$,$AB = a \cdot \sec B$,$CD = a \cdot \sin B$,$AC + BC - (AB + CD) = \dfrac{(\cos B - 1)(1 - \sin B)a}{\cos B}$

∵∠B 是锐角,∴$\cos B - 1 < 0$,

∴$AC + BC - (AB + CD) < 0$

证法 13:如图 3.4.50 所示,以 AB 为一边作正方形 $AEFB$,延长 CD 交 EF 于点 G,延长 CA 至点 H,使 $AH = BC$,连接 HE、HG,则 $\triangle BAC \cong \triangle AEH$,∴$HE = AC$,$\angle AHE = \angle ACB = 90°$,

∵$AC > AD$ ∴$HE > EG$,$\angle EHG < \angle EGH$,∴$\angle AHG > \angle CGH$,

∴$CG > CH$,即 $AB + CD > AC + BC$。

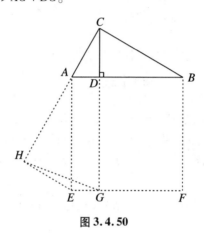

图 3.4.50

五、求证某些线段(或角)的和、差、倍、分(81～132)

81. 如图 3.5.1 所示,已知 $AB /\!/ CD$,求证:$\angle BED = \angle B + \angle D$。

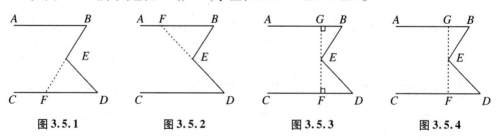

图 3.5.1　　图 3.5.2　　图 3.5.3　　图 3.5.4

证法 1:如图 3.5.1 所示,延长 BE 交 CD 于点 F,在 $\triangle DEF$ 中,用三角形内角和定理证明。

证法 2:如图 3.5.2 所示,延长 DE 交 AB 于点 F,在 $\triangle BEF$ 中,用三角形内角和定理证明。

证法 3:如图 3.5.3 所示,过点 E 作 CD 的垂线交 CD 于点 F,交 AB 于点 G。

证法 4:如图 3.5.4 所示,过点 E 作直线交 CD 于点 F,交 AB 于点 G。

证法 5:如图 3.5.5 所示,连接 BD。

证法 6:如图 3.5.6 所示,过点 B 作直线交 DE 于点 G,交 CD 于点 F。

证法 7:如图 3.5.7 所示,作直线 $IHGF$ 与 AB、BE、ED、CD 分别交于点 I、H、G、F。

证法 8：如图 3.5.8 所示，过点 D 作直线 DGF，分别交 BE、AB 于点 G、F。

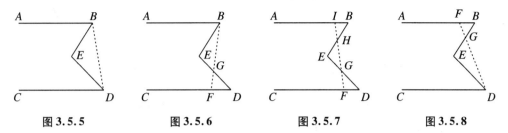

图 3.5.5　　　　图 3.5.6　　　　图 3.5.7　　　　图 3.5.8

证法 9：如图 3.5.9 所示，过 E 点作 $EF // AB$。

证法 10：如图 3.5.10 所示，过 E 点作 $EF // CD$。

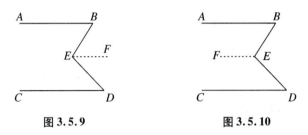

图 3.5.9　　　　　　图 3.5.10

证法 11：如图 3.5.11 所示，过 B 点作 $BF // ED$ 交 CD 延长线于点 F。

证法 12：如图 3.5.12 所示，过点 D 作 $DF // BE$ 交 AB 延长线于点 F。

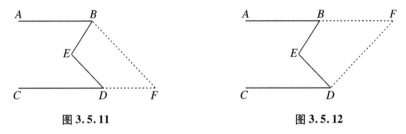

图 3.5.11　　　　　　　图 3.5.12

82. 如图 3.5.13 所示，已知折线 $ABCDE$ 中，$AB // ED$，求证：$\angle ABC + \angle BCD + \angle EDC = 360°$。

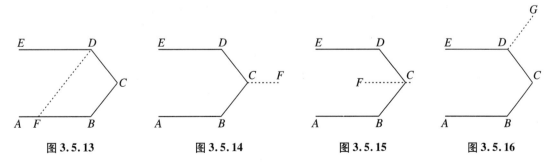

图 3.5.13　　　　图 3.5.14　　　　图 3.5.15　　　　图 3.5.16

证法 1：如图 3.5.13 所示，过点 D 作射线 DF 交 AB 于点 F。

证法 2：如图 3.5.14 所示，过点 C 向右作 $CF // AB$。

证法 3：如图 3.5.15 所示，过点 C 向左作 $CF // AB$。

证法 4：如图 3.5.16 所示，过点 D 向右上方作 $DG // BC$。

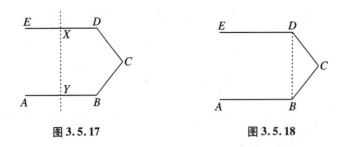

图 3.5.17   图 3.5.18

证法 5：如图 3.5.17 所示，作直线 XY，交 ED 于点 X，交 AB 于点 Y。

证法 6：如图 3.5.18 所示，连接 BD。

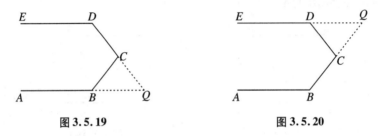

图 3.5.19   图 3.5.20

证法 7：如图 3.5.19 所示，延长 DC 交 AB 延长线于点 Q。

证法 8：如图 3.5.20 所示，延长 BC 交 ED 延长线于点 Q。

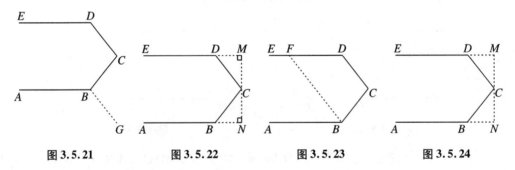

图 3.5.21   图 3.5.22   图 3.5.23   图 3.5.24

证法 9：如图 3.5.21 所示，过点 B 作 $BG /\!/ CD$。

证法 10：如图 3.5.22 所示，作线段 $MN \perp ED$ 于点 M，交 AB 于点 N。

证法 11：如图 3.5.23 所示，过点 B 作 $BF /\!/ CD$ 交 DE 于点 F。

证法 12：如图 3.5.24 所示，过点 C 作 MN 分别交 AB、ED 于点 N、M。

83. 如图 3.5.25 所示，已知四边形 $ABCD$，求证：$\angle ADC = \angle B + \angle A + \angle C$。

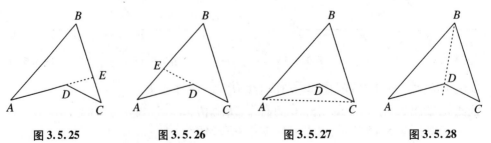

图 3.5.25   图 3.5.26   图 3.5.27   图 3.5.28

证法 1:如图 3.5.25 所示,延长 AD 交 BC 于点 E。

证法 2:如图 3.5.26 所示,延长 CD 交 AB 于点 E。

证法 3:如图 3.5.27 所示,连接 AC。

证法 4:如图 3.5.28 所示,连接 BD 并延长。

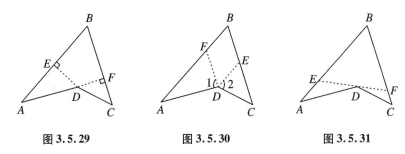

图 3.5.29　　　　　图 3.5.30　　　　　图 3.5.31

证法 5:如图 3.5.29 所示,过点 D 作 $DE \perp AB$ 于点 E,作 $DF \perp BC$ 于点 F。

证法 6:如图 3.5.30 所示,过点 D 作 $DE \parallel AB$ 交 BC 于点 E,作 $DF \parallel BC$ 交 AB 于点 F,证四边形 $BEDF$ 为 $\square$。

证法 7:如图 3.5.31 所示,过 D 点任作一条直线交 AB 于点 E,交 BC 于点 F,在 3 个三角形中证明。

84. 如图 3.5.32 所示,$\triangle ABC$ 中,$CA = CB$,$\angle ACB = 108°$,BD 平分 $\angle ABC$ 交 AC 于点 D,求证:$AB = AD + BC$。

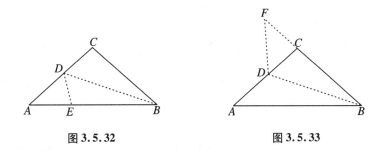

图 3.5.32　　　　　　　　　图 3.5.33

证法 1:(截长法)如图 3.5.32 所示,在 AB 上截取 $BE = BC$,连接 DE,先证 $\triangle BCD \cong \triangle BED$,易求 $\angle AED = \angle ADE = 72°$,$\therefore AD = AE$,$\therefore AB = BE + AE = BC + AD$。

证法 2:(补短法)如图 3.5.33 所示,延长 BC 至点 F,使 $BF = AB$,连接 FD,先证 $AD = DF = CF$ 即可。

85. 已知 $\angle BAF$、$\angle CBD$、$\angle ECA$ 是 $\triangle ABC$ 的三个外角,求证:其和为 $360°$。

证法 1:如图 3.5.34 所示,利用平角定义及三角形内角和证明。

证法 2:如图 3.5.35 所示,作 CB 的延长线 BH,过点 B 作 $BG \parallel CA$。

证法 3:如图 3.5.36 所示,过点 B 作 $BG \parallel AC$,证 $\angle BAF + \angle CBD + \angle ACE = 360°$。

证法 4:如图 3.5.37 所示,在 CA 的延长线上取点 G,过点 G 作 $GH \parallel AB$,交 CB 于点 H。

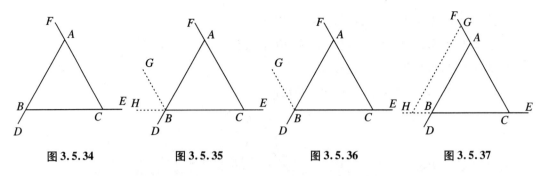

图 3.5.34　　　　　图 3.5.35　　　　　图 3.5.36　　　　　图 3.5.37

证法 5：如图 3.5.38 所示，分别在 CB、CA 的延长线上取点 H、G，连接 HG。

证法 6：如图 3.5.39 所示，在 BC、BA 上取点 M、N，连接 MN。

证法 7：如图 3.5.40 所示，在 AB、AC 的延长线上取点 M、N，连接 MN。

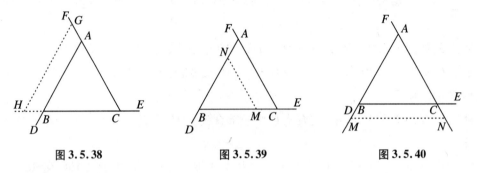

图 3.5.38　　　　　　　图 3.5.39　　　　　　　图 3.5.40

86. 如图 3.5.41 所示，求证五角星中：$\angle A + \angle B + \angle C + \angle D + \angle E = 180°$。

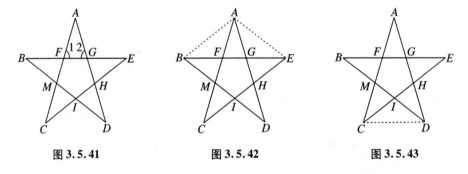

图 3.5.41　　　　　　　图 3.5.42　　　　　　　图 3.5.43

证法 1：如图 3.5.41 所示，在 $\triangle AFG$ 中，$\angle A + \angle 1 + \angle 2 = 180°$，$\angle 1 = \angle C + \angle E$，$\angle 2 = \angle B + \angle D$。

证法 2：如图 3.5.41 所示，在 $\triangle BFM$ 中证明。

证法 3：如图 3.5.41 所示，在 $\triangle CMI$ 中证明。

证法 4：如图 3.5.41 所示，在 $\triangle DIH$ 中证明。

证法 5：如图 3.5.41 所示，在 $\triangle EGH$ 中证明。

证法 6：如图 3.5.41 所示，在 $\triangle ACH$ 中证明。

证法 7：如图 3.5.41 所示，在 $\triangle BDG$ 中证明。

证法 8：如图 3.5.41 所示，在 $\triangle CEF$ 中证明。

证法 9：如图 3.5.41 所示，在 $\triangle DAM$ 中证明。

证法 10：如图 3.5.41 所示，在 △EBI 中证明。

证法 11：如图 3.5.42 所示，连接 AB、AE，在 △ABD、△ACE、△ABE 中证明。

证法 12：如图 3.5.42 所示，连接 AB、BC。

证法 13：如图 3.5.42 所示，连接 BC、CD。

证法 14：如图 3.5.42 所示，连接 CD、DE。

证法 15：如图 3.5.42 所示，连接 DE、AE。

证法 16：如图 3.5.43 所示，连接 CD，在 △ACD 中证明。

证法 17：如图 3.5.43 所示，连接 DE，在 △BDE 中证明。

证法 18：如图 3.5.43 所示，连接 AE，在 △ACE 中证明。

证法 19：如图 3.5.43 所示，连接 AB，在 △ABD 中证明。

证法 20：如图 3.5.43 所示，连接 BC，在 △EBC 中证明。

说明：证法 1 到证法 10 将 5 个角集中到一个三角形中，应用三角形内角和定理求证；证法 11 到证法 20 利用一对角是对顶角的特性，从而巧妙地利用三角形内角和定理而获证。

证法 21：如图 3.5.44 所示，连接 AB、BC、CD、ED、AE。

证法 22～证法 26：如图 3.5.45 所示，连接 4 边，构成四边形内角和进行求证。

证法 27～证法 31：如图 3.5.46 所示，连接 3 边进行求证。

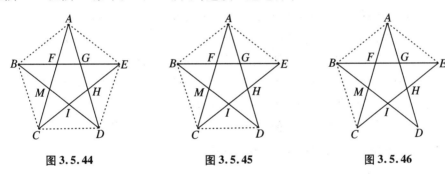

图 3.5.44　　　　　　图 3.5.45　　　　　　图 3.5.46

87. 如图 3.5.47 所示，AD 是 △ABC 的角平分线，AD = AC，BE⊥AD 于点 E，AC、BE 的延长线交于点 F，求证：AB − AC = 2DE。

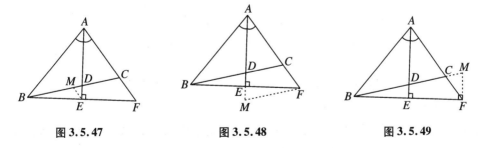

图 3.5.47　　　　　　图 3.5.48　　　　　　图 3.5.49

证法 1：如图 3.5.47 所示，取 BC 中点 M，连接 EM，证 △ABE ≌ △AFE，则 BE = EF，AB = AF，再证 $ME \overset{\underline{//}}{=} \frac{1}{2}CF$，后证 DE = ME，则有 AB − AC = CF = 2ME = 2DE。

证法 2：如图 3.5.48 所示，延长 DE，使 EM = DE，连接 FM，先证 △ABE ≌ △AFE，再证 DC // MF，后证 DM = CF，从而 AB − AC = CF = DM = 2DE。

证法 3:如图 3.5.49 所示,过点 F 作 $MF \perp BF$ 于点 F,MF 交 BC 延长线于点 M,先证 $\triangle ABE \cong \triangle AFE$,则 $BE = EF$,$AB = AF$,

所以 $AB - AC = CF$,再证 $FC = FM$,$\because DE \stackrel{\underline{\quad}}{/\!/} \dfrac{1}{2} FM$,$\therefore 2DE = CF$。

88. 如图 3.5.50 所示,等腰 $\triangle ABC$ 中,$AH \perp BC$ 于点 H,D 是底边 BC 上任意一点,过点 D 作 BC 的垂线交 AC 于点 M,交 BA 的延长线于点 N,求证:$DM + DN = 2AH$。

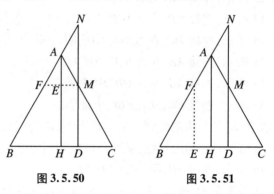

图 3.5.50　　　　图 3.5.51

证法 1:如图 3.5.50 所示,过点 M 作 $EM /\!/ BC$ 交 AH 于点 E,交 AB 于点 F,则 $DM = HE$,证 AE 是 $\triangle FNM$ 的中位线,$\therefore DM + DN = 2DM + MN = 2HE + 2AE = 2AH$。

证法 2:如图 3.5.51 所示,在 BH 上取 $HE = HD$,过点 E 作 $FE \perp BC$ 交 AB 于点 F,易证 $EF = DM$,四边形 $FEDN$ 为梯形,又 AH 为梯形的中位线,从而得证。

说明:当 $\triangle ABC$ 为任意 $\triangle$,H 为 BC 的中点,D 是 BC 上任意一点时,过点 D 作 AH 的平行线交 AC 于点 M,交 BA 的延长线于点 N,则仍有 $DM + DN = 2AH$。

89. 如图 3.5.52 所示,四边形 $ABCD$ 中,$AD /\!/ BC$,$\angle ABC = 90°$,连接 BD,E 为 CD 的中点,连接 AE,若 $\angle BAE = 60°$,求证:$BC + AD = \sqrt{3} AB$。

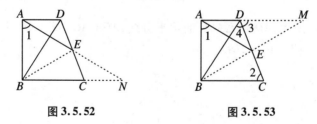

图 3.5.52　　　　图 3.5.53

证法 1:如图 3.5.52 所示,延长 AE 交 BC 的延长线于点 N,易证 $\triangle ADE \cong \triangle NCE$,连接 BE,$\because \angle 1 = 60°$,$\therefore AD + CB = BN = \sqrt{3} AB$。

证法 2:如图 3.5.53 所示,连接 BE 并延长交 AD 的延长线于点 M,易证 $\triangle DEM \cong \triangle CEB$,再证 $AE = EB = EM$,所以 $AD + CB = AM = \sqrt{3} AB$。

90. 如图 3.5.54 所示,设 $\triangle ABC$ 中,$AB = AC$,延长 AB 至点 D,使 $AB = BD$,E 是 AB 的中点,求证:$CD = 2CE$。

证法 1:如图 3.5.54 所示,取 CD 中点 H,连接 BH,则 BH 为 $\triangle ADC$ 的中位线,证 $\triangle HBC \cong \triangle EBC$ 即可。

证法 2：如图 3.5.55 所示，延长 CE 至点 H，使 $CE = EH$，连接 HA、HB，先证四边形 $CAHB$ 为 $\square$，再证 $\triangle DBC \cong \triangle CAH$，也可以先证 $\triangle HBC \cong \triangle DBC$，还可利用 BC 的中点构成类似的全等三角形。

证法 3：如图 3.5.56 所示，取 AC 的中点 F，连接 BF，证 BF 为 $\triangle ADC$ 的中位线即可。

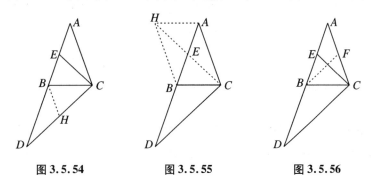

图 3.5.54　　　　图 3.5.55　　　　图 3.5.56

证法 4：如图 3.5.57 所示，过点 A 作 $AG \parallel EC$ 交 BC 延长线于 G 点，先证 CE 为 $\triangle ABG$ 的中位线，再证 $\triangle ACG \cong \triangle DBC$。

证法 5：如图 3.5.58 所示，延长 AC 到点 F，使 $AC = CF$，连接 BF，则 $BF = 2EC$，证 $\triangle BCF \cong \triangle CBD$ 即可。

证法 6：如图 3.5.59 所示，在 $\triangle AEC$、$\triangle ACD$ 中，$\angle A$ 的夹边 $AE : AC = 1 : 2$，$AC : AD = 1 : 2$，从而 $\triangle AEC \backsim \triangle ACD$，所以 $EC : CD = 1 : 2$。

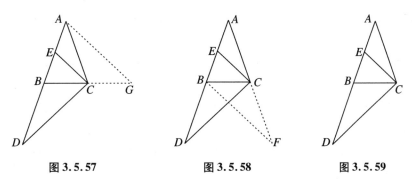

图 3.5.57　　　　图 3.5.58　　　　图 3.5.59

证法 7：如图 3.5.60 所示，$AC^2 = AB^2 = \dfrac{1}{2}AB \cdot 2AB = AE \cdot AD$，所以 AC 为 $\triangle ECD$ 的外接圆的切线，先证 CB 是 $\angle ECD$ 的平分线，可得 $\dfrac{CE}{CD} = \dfrac{BE}{BD} = \dfrac{1}{2}$。

证法 8：如图 3.5.61 所示，过点 E 作 $EF \perp CB$，过点 D 作 $DG \perp CB$，证 $\text{Rt}\triangle CEF \backsim \text{Rt}\triangle CDG$。

证法 9：如图 3.5.59 所示，设 $AE = a$，则 $AB = AC = 2a$，$AD = 4a$，由余弦定理求 $CE^2 = 5a^2 - 4a^2\cos A$，$CD^2 = 20a^2 - 16a^2\cos A$，所以 $DC^2 = 4EC^2$。

证法 10：如图 3.5.62 所示，建立平面直角坐标系，设 $C(2a, 0)$，$\because \triangle ABC$ 为等腰 $\triangle$，$\therefore A(a, h)$，$E\left(\dfrac{a}{2}, \dfrac{h}{2}\right)$，$D(-a, -h)$，用两点间距离公式求 CE、CD。

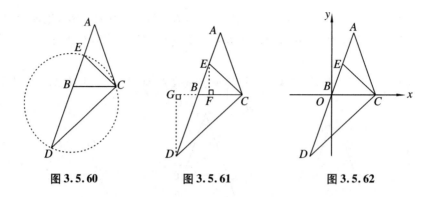

图 3.5.60　　　　　图 3.5.61　　　　　图 3.5.62

91. 如图 3.5.63 所示,△ABC 中,点 D、F 在边 AB 上,AD = BF,过点 D 作 DE∥BC 交 AC 于点 E,过点 F 作 FG∥BC 交 AC 于点 G,求证:BC = DE + FG。

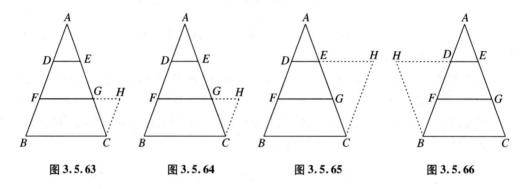

图 3.5.63　　　　图 3.5.64　　　　图 3.5.65　　　　图 3.5.66

证法 1:如图 3.5.63 所示,延长 FG 到点 H,使 FH = BC,连接 CH,先证 GH = DE,再证 △ADE≌△CHG。

证法 2:如图 3.5.64 所示,延长 FG 到点 H,使 GH = DE,连接 CH,先证 BC = FH,再证 △ADE≌△CHG。

证法 3:如图 3.5.65 所示,延长 DE 到点 H,使 DH = BC,连接 CH,先证 FG = EH,再证 ▱DBCH 及 △AFG≌△CHE。

证法 4:如图 3.5.66 所示,延长 ED 至点 H,使 EH = BC,连接 HB,先证 DH = FG,再证 ▱BCEH 及 △AFG≌△BDH。

证法 5:如图 3.5.67 所示,延长 GF 到点 H,使 GH = BC,连接 BH,先证 FH = DE,再证 △BFH≌△ADE。

证法 6:如图 3.5.68 所示,过点 G 作 GH∥FB 交 BC 于点 H,先证 FG = BH,再证 △ADE≌△GHC。

证法 7:如图 3.5.69 所示,找 EG 的中点 K,连接 DK 并延长交 FG 的延长线于点 H,可先证 △DEK≌△HGK,再证 △ADE≌△CHG。

证法 8:如图 3.5.70 所示,过点 D 作 DH∥AC 交 BC 于点 H,先证 DE = HC,再证 △AFG≌△DBH。

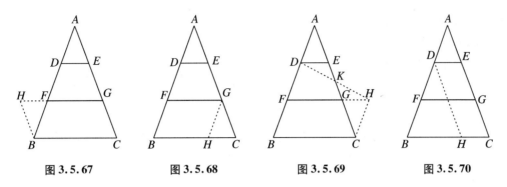

图 3.5.67　　　　图 3.5.68　　　　图 3.5.69　　　　图 3.5.70

证法 9：如图 3.5.71 所示，取 DF 中点 K，连接 EK 并延长交 GF 于点 H，连接 BH，先证 $\triangle DEK \cong \triangle FHK$，再证 $\triangle ADE \cong \triangle BHF$（或证 $\triangle AEK \cong \triangle BHK$）。

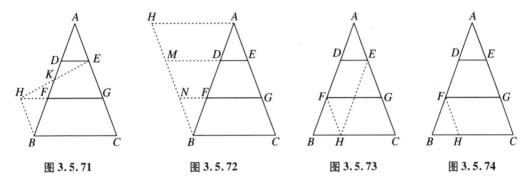

图 3.5.71　　　　图 3.5.72　　　　图 3.5.73　　　　图 3.5.74

证法 10：如图 3.5.72 所示，延长 GF 至点 N，延长 ED 至点 M，过点 A 作 $AH /\!/ BC$，使 $EM = GN = AH = BC$，先证 $\triangle ADE \cong \triangle BFN$，再证四边形 $BNGC$ 为 $\square$。

证法 11：如图 3.5.73 所示，过点 F 作 $FH /\!/ AC$ 交 BC 于点 H，连接 EH（或在 BC 上截取 $CH = FG$），先证 $\square FHCG$ 和 $\square AFHE$。

证法 12：如图 3.5.74 所示，在 BC 上截取 $BH = DE$，先证 $\triangle ADE \cong \triangle FBH$，再证 $FH /\!/ AC$（同理可在 BC 上截取 $BH = FG$，再证 $HC = DE$）。

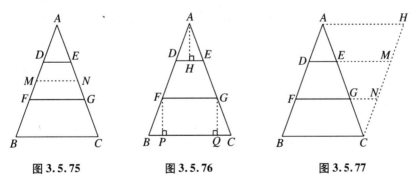

图 3.5.75　　　　图 3.5.76　　　　图 3.5.77

证法 13：如图 3.5.75 所示，作梯形 $DFGE$ 的中位线 MN，则 $MN = \dfrac{1}{2}(DE + FG)$，又 $AD = FB$，则 MN 也是 $\triangle ABC$ 的中位线，$MN = \dfrac{1}{2}BC$。

证法 14：如图 3.5.76 所示，由 $DE /\!/ BC$，$FG /\!/ BC$，先证 $\triangle ADE \backsim \triangle ABC \backsim \triangle AFG$，由比例

式相加即可得证。

证法 15：如图 3.5.76 所示，过点 A 作 $AH \perp DE$ 于点 H，过点 F 作 $FP \perp BC$ 于点 P，过点 G 作 $GQ \perp BC$ 于点 Q，易证 $\triangle ADH \cong \triangle FBP$，$\triangle AHE \cong \triangle GQC$。

证法 16：如图 3.5.77 所示，过点 A 作 $AH \underset{=}{\parallel} BC$，连接 CH，DE、FG 延长线分别交 CH 于点 M、N，用平行四边形性质证明。

92. 已知在 $\triangle ABC$ 中，O 是外心，H 是垂心，M 是 BC 的中点，求证：$OM = \dfrac{1}{2}AH$。

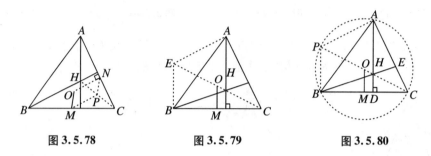

图 3.5.78　　　　　图 3.5.79　　　　　图 3.5.80

证法 1：如图 3.5.78 所示，连接 HC，过点 O 作 $ON \perp AC$ 于点 N，过点 N 作 $NP \parallel AH$ 交 CH 于点 P，连接 MP，先证 NP 为 $\triangle AHC$ 的中位线，再证四边形 $OMPN$ 是 $\square$，后证 $OM = NP$。

证法 2：如图 3.5.79 所示，连接 CO，过点 B 作 $BE \perp BC$ 交 CO 于点 E，连接 AE，先证 OM 为 $\triangle EBC$ 的中位线，再证四边形 $EBHA$ 是 $\square$，从而 $\dfrac{1}{2}BE = OM$，$AH = BE$。

证法 3：如图 3.5.80 所示，作 $\triangle ABC$ 的外接圆，引直径 COP，连接 PA、PB，先证 $PB \parallel AD$，$PA \parallel BE$，再证四边形 $PBHA$ 是 $\square$，MO 为 $\triangle PBC$ 的中位线。

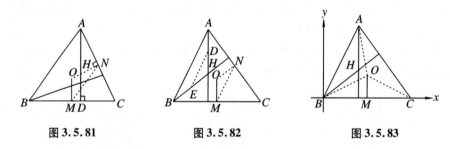

图 3.5.81　　　　　图 3.5.82　　　　　图 3.5.83

证法 4：如图 3.5.81 所示，过点 O 作 $ON \perp AC$ 于点 N，连接 MN，先证 $AB = 2MN$，再证 $\triangle AHB \backsim \triangle MON$。

证法 5：如图 3.5.82 所示，连接 OM，取 AC 中点 N，连接 ON、MN，取 AH、BH 中点 D、E，连接 DE，先证 $MN \underset{=}{\parallel} DE$，再证 $\triangle OMN \cong \triangle HDE$。

证法 6：如图 3.5.83 示，建平面直角坐标系，设 $M(a, 0)$，$C(2a, 0)$，$A(b, c)$，$O(c, y_0)$，先求 k_{AC}、k_{BH}，可得 BH 的方程为 $y = -\dfrac{b-2a}{c}x$，AH 的方程为 $x = b$，则 $H\left(b, \dfrac{2ab - b^2}{c}\right)$，$O\left(a, \dfrac{c^2 - 2ab - b^2}{2c}\right)$，计算得 $OM = \dfrac{1}{2}AH$。

93. 如图 3.5.84 所示,已知在 $\triangle ABC$ 中,$AB = AC$,P 是 BC 上任意一点,$PQ \perp AB$ 交 AB 于点 Q,$PR \perp AC$ 交 AC 于点 R,腰上高为 BD(或 CE,见图 3.5.85),求证:$PQ + PR = BD$。

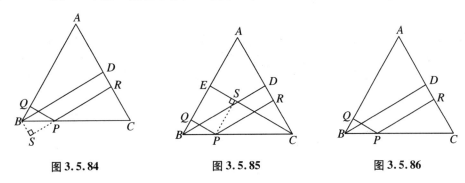

图 3.5.84   图 3.5.85   图 3.5.86

证法 1:如图 3.5.84 所示,延长 RP 至点 S,使 $PS = PQ$,证 $\triangle QBP \cong \triangle SBP$,后证四边形 $BSRD$ 是矩形。

证法 2:如图 3.5.85 所示,过点 P 作 $PS \perp CE$ 交 CE 于点 S,证四边形 $QPSE$ 是矩形,后证 $\triangle PCS \cong \triangle CPR$。

证法 3:如图 3.5.86 所示,用三角函数证明 $PQ + PR = BP\sin B + PC\sin C$,$\sin B = \sin C$。

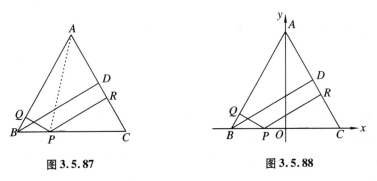

图 3.5.87   图 3.5.88

证法 4:如图 3.5.87 所示,连接 AP,用 $S_\triangle$ 求证 $\dfrac{1}{2}AC \cdot BD = \dfrac{1}{2}AB \cdot PQ + \dfrac{1}{2}AC \cdot PR$。

证法 5:如图 3.5.86 所示,用相似 $\triangle$ 性质证 $\triangle PQB \backsim \triangle PRC \backsim \triangle BDC$,$\dfrac{QP}{BP} = \dfrac{PR}{PC} = \dfrac{BD}{BC}$,$\dfrac{QP + PR}{BP + PC} = \dfrac{BD}{BC}$。

证法 6:如图 3.5.88 所示,建平面直角坐标系,设 $B(-a,0)$,$A(0,b)$,$P(c,0)$,$C(a,0)$,先求 k_{AB}、k_{PQ}、k_{RP}、k_{BD},则 AC 的方程为 $bx + ay - ab = 0$,AB 的方程为 $bx - ay + ab = 0$,用点到直线距离求 BD、PR、PQ,可得 $BD = PR + PQ = \dfrac{2ab}{\sqrt{a^2 + b^2}}$。

94. 如图 3.5.89 所示,在矩形 $ABCD$ 中,$AB = 3BC$,H、G 是 DC 上两点,且 $DH = HG = GC$,作 HE、GF 垂直 AB 于点 E、F,求证:$\angle 1 + \angle 2 + \angle 3 = 90°$。

证法 1:如图 3.5.89 所示,证 $\triangle HAG \backsim \triangle HCA$,$\angle HAG = \angle 3$,又 $\because \angle 1 = 45°$,$\therefore \angle 2 + \angle 1 + \angle 3 = 90°$。

证法 2:如图 3.5.90 所示,延长 EH 到点 R,使 $HR = AD$,连接 AR、CR,先证 $\triangle AER \cong$

$\triangle RHC$，再证 $\triangle AHR \cong \triangle AHG$，$\angle 2 = \angle ARH$。

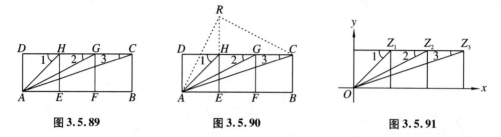

图 3.5.89　　　　　图 3.5.90　　　　　图 3.5.91

证法 3：如图 3.5.91 所示，利用复数求证，建立平面直角坐标系，$\because Z_2 = 2 + i$，$Z_3 = 3 + i$，

则 $Z_2 \cdot Z_3 = (2 + i)(3 + i) = 5(1 + i) = 5\sqrt{2}(\cos 45° + i \cdot \sin 45°)$，$\therefore \arg(Z_2 \cdot Z_3) = 45°$，

$\therefore \angle 2 + \angle 3 = \arg Z_2 + \arg Z_3 = \arg(Z_2 \cdot Z_3) = 45°$，

$\therefore \angle 1 + \angle 2 + \angle 3 = 90°$。

证法 4：如图 3.5.89 所示，计算 $\tan(\angle 2 + \angle 3) = 1$，先求 $\tan \angle 2 = \dfrac{1}{2}$，$\tan \angle 3 = \dfrac{1}{3}$。

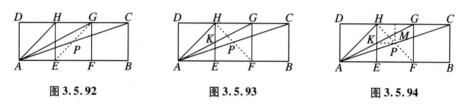

图 3.5.92　　　　　图 3.5.93　　　　　图 3.5.94

证法 5：如图 3.5.92 所示，连接 EG 交 AC 于点 P，先证 $\triangle AHG \backsim \triangle CGP$

证法 6：如图 3.5.92 所示，设 $AD = a$，可证 $\triangle PGC \cong \triangle PEA$。

证法 7：如图 3.5.93 所示，连接 HF 交 AC 于点 P，HE、AG 交于点 K，证 $\triangle AHP \backsim \triangle GHK$。

证法 8：如图 3.5.94 所示，连接 HF 交 AC 于点 P，HE 交 AG 于点 K，连接 PK，过点 P 作 $PM \perp CD$ 交 AG 于点 M，先证 $\triangle APH \backsim \triangle KMP$，再证 $PK /\!/ HG$。

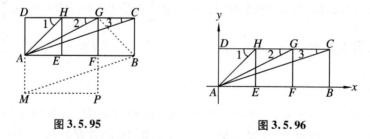

图 3.5.95　　　　　　图 3.5.96

证法 9：如图 3.5.95 所示，延长 DA 至点 M，使 $DA = AM$，延长 GF 至点 P，使 $GF = PF$，连接 MP、BM、BG，先证四边形 $DGPM$ 为正方形，再证 $\triangle BAM \cong \triangle CDA$。

证法 10：如图 3.5.96 所示，建立平面直角坐标系，先求 k_{AH}、k_{AG}、k_{AC}，再求 $\tan \angle 1$，$\tan \angle 2$，$\tan \angle 3$（在 Rt$\triangle$ 中求），$\because \tan \angle 1 = 1$，$\therefore$ 只需求 $\tan(\angle 2 + \angle 3)$ 即可。

证法 11：如图 3.5.97 所示，在原矩形上方拼一个全等的矩形，连接 AR、RC，证 $\triangle AQR \cong \triangle RPC$，得 $AR = RC$，$\because \angle 2 = \angle RCD$，$\angle 3 + \angle RCD = 45°$，$\therefore \angle 1 + \angle 2 + \angle 3 = 90°$。

证法 12：如图 3.5.98 所示，在原矩形下方拼一个与之全等的矩形，连接 AQ、QC，证

$\triangle AQR \cong \triangle QCS$，得 $AQ = QC$，$\angle 2 = \angle FAQ$，又 $\because \angle FAQ + \angle 2 = 45°$，$\therefore \angle 1 + \angle 2 + \angle 3 = 90°$。

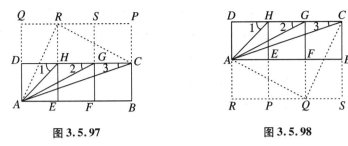

图 3.5.97　　　　　　　　　图 3.5.98

95. 如图 3.5.99 所示，在等腰 $\triangle ABC$ 中，$AB = AC$，$\angle BAC = 45°$，$BD \perp AC$，点 P 为边 AB 上一点（不与点 A、点 B 重合），$PM \perp BC$，垂足为 M，交 BD 于点 N，证明：$PN = 2BM$。

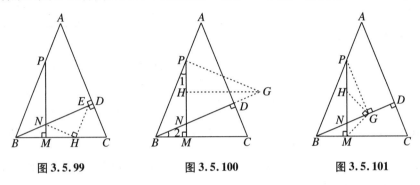

图 3.5.99　　　　　　图 3.5.100　　　　　　图 3.5.101

证法 1：如图 3.5.99 所示，作 $MH = BM$，连接 NH，过点 H 作 $EH \perp NH$ 交 BD 于点 E，先证 $EH = NH = BN$，再证 $\triangle PBN \cong \triangle BEH$。

证法 2：（折半法）如图 3.5.100 所示，取 PN 中点 H，过点 H 作 $HG \perp PN$ 交 BD 延长线于点 G，连接 PG，先求 $\angle 1 = \angle 2 = 22.5°$，$HG$ 为 $\triangle PGN$ 的中垂线，后证 $\triangle GPH \cong \triangle PBM$，$\triangle PBG$ 为等腰直角三角形。

证法 3：如图 3.5.101 所示，过点 P 作 $PG \perp BD$ 于点 G，连接 GM，过点 G 作 $HG \perp GM$ 交 PM 于点 H，证 $\triangle PHG \cong \triangle BMG$，$\angle HGN = \angle BNM = 67.5°$，$HG = HN$。

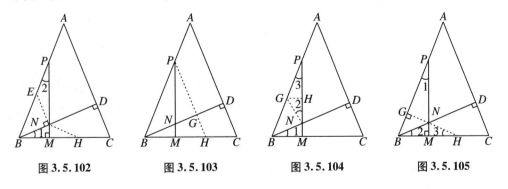

图 3.5.102　　　　图 3.5.103　　　　图 3.5.104　　　　图 3.5.105

证法 4：如图 3.5.102 所示，作 $MH = BM$，连接 NH，过点 N 作 $EN \perp BN$ 交 AB 于点 E，证 $\angle 1 = \angle 2$，后证 $\triangle PEN \cong \triangle BNH$。

证法 5：如图 3.5.103 所示，作 $BH = 2BM$，连接 PH 交 BD 于点 G，先证 PM 为 $\triangle PBH$ 的中垂线，$\triangle PNG \cong \triangle BHG$，后证 $PG = BG$。

证法 6：如图 3.5.104 所示，作 $PH = HN$，过点 H 作 $GH \perp PN$ 交 PB 于点 G，连接 GN，先证 $\angle 2 = \angle 1 = \angle 3$，再证 $\triangle GNB$ 为等腰直角三角形，后证 $\triangle GHN \cong \triangle NMB$。

证法 7：如图 3.5.105 所示，过点 N 作 $NG \perp AB$ 于点 G，并延长 GN 交 BC 于点 H，先证 $\angle 1 = \angle 2 = \angle 3$，再证 $\triangle PNG \cong \triangle HBG$，最后证 $\triangle BNH$ 为等腰三角形。

96. 在 $\triangle ABC$ 中，$AB = BC = AC$，以 AC 为边作等腰 $\triangle ACD$，$AC = AD$，$AE \perp CD$ 于点 E，连接 BD 交 AE 于点 F，连接 CF，求证：$BF = AF + FC$。

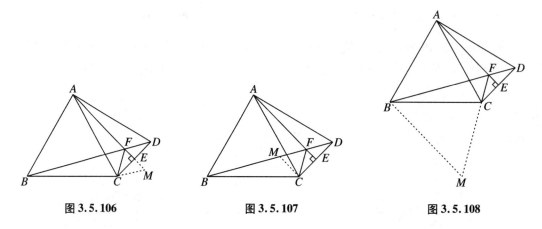

图 3.5.106   图 3.5.107   图 3.5.108

证法 1：如图 3.5.106 所示，过点 C 作 $CM = CF$ 交 FE 延长线于点 M，先证 $\angle CFM = 60°$，再证正 $\triangle CFM$，则有 $\triangle CFB \cong \triangle CAM$，所以 $AM = BF$，又 $\because AM = AF + FM = AF + FC$，$\therefore BF = AF + FC$。

证法 2：如图 3.5.107 所示，过点 C 作 $CM = CF$ 交 BD 于点 M，先证正 $\triangle CMF$，再证 $\triangle CMB \cong \triangle CFA$，则有 $FA = BM$，$BF = BM + MF = FA + CF$。

证法 3：如图 3.5.108 所示，过点 B 作 $BM = BF$ 交 FC 延长线于点 M，先证正 $\triangle BFM$，再证 $\triangle BAF \cong \triangle BMC$，则有 $CM = AF$，所以 $BF = FA + CF$。

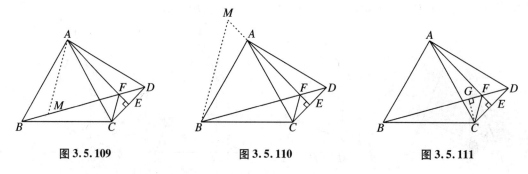

图 3.5.109   图 3.5.110   图 3.5.111

证法 4：如图 3.5.109 所示，过点 A 作 $AM = AF$ 交 BD 于点 M，先证正 $\triangle AFM$，再证 $\triangle ABF \cong \triangle ADM$，所以 $BF = DM$，又 $DM = DF + FM = AF + CF$。

证法 5：如图 3.5.110 所示，过点 B 作 $BM = BF$ 交 FA 延长线于点 M，证 $\angle MFB = 60°$，正 $\triangle BFM$，$\triangle BCF \cong \triangle BAM$，所以 $AM = CF$，故 $BF = FM = FA + AM$。

证法 6：如图 3.5.111 所示，过点 C 作 $CG \perp BF$ 于点 G，易证 $CE = CG$，再证 $\triangle CBG \cong$

$\triangle CAE$，所以 $BG = AE$，$BF - GF = AF + EF$，后证 $\triangle CFG \cong \triangle CFE$，故 $EF = GF$，$BF = AF + 2GF$。

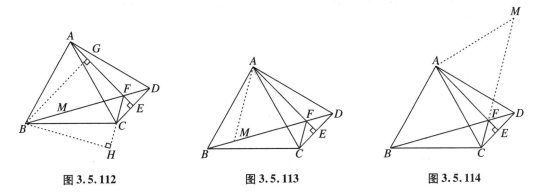

图 3.5.112　　　　　　图 3.5.113　　　　　　图 3.5.114

证法 7：如图 3.5.112 所示，过点 B 作 $BG \perp AF$ 于点 G，作 $BH \perp FC$ 于点 H，先证 $BG = BH$ 和 $\triangle ABG \cong \triangle CBH$，再证 $\triangle BGF \cong \triangle BHF$，$\angle FBH = 30°$，故 $BF = 2FH = FC + AF$。

证法 8：如图 3.5.113 所示，过点 A 作 $\angle FAM = 60°$，AM 交 BD 于点 M，先证 $\triangle FAM$ 为正 $\triangle$，再证 $\triangle ABM \cong \triangle ACF$。

证法 9：如图 3.5.114 所示，过点 A 作 $AM = AF$ 交 CF 延长线于点 M，先证正 $\triangle AFM$，再证 $\triangle ABF \cong \triangle ACM$，后证 $BF = CM = CF + FM$。

97. 如图 3.5.115 所示，已知锐角 $\triangle ABC$ 中，AD 是 BC 边上的高，M 是 BC 边上的中点，$\angle B = 2\angle C$，求证：$AB = 2DM$。

证法 1：如图 3.5.115 所示，取 AC 的中点 N，连接 MN、DN，则 $MN \stackrel{//}{=} \frac{1}{2}BA$，又 $DN = \frac{1}{2}AC = NC$，利用 $\triangle$ 中位线定理证明。

证法 2：如图 3.5.116 所示，取 AB 的中点 P，连接 PD、PM，先证 $PM /\!/ AC$，同证法 1 证明。

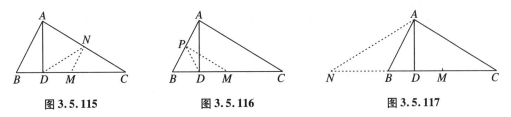

图 3.5.115　　　　　　图 3.5.116　　　　　　图 3.5.117

证法 3：如图 3.5.117 所示，延长 CB 到点 N，$NB = AB$，连接 AN，则 $\angle N = \frac{1}{2}\angle ABC$，证 $AB + DB = NB + DB = ND = DC$。

证法 4：如图 3.5.118 所示，作 $\angle B$ 的平分线交 AC 于点 E，连接 EM，则有 $\frac{EC}{AE} = \frac{BC}{AB}$，$\because BC = 2MC$，$\therefore \frac{EC}{AE} = \frac{2MC}{AB}$，再证 $AD /\!/ EM$，则有 $\frac{EC}{AE} = \frac{MC}{DM}$，故 $AB = 2DM$。

证法 5：如图 3.5.119 所示，作 $\triangle ABC$ 的外接圆，过点 A 作 $EA \perp AD$ 交圆于点 E，连接 EC，过点 E 作 $EF \perp BC$ 交 BC 于点 F，先证 $\overset{\frown}{AB} = \overset{\frown}{AE} = \overset{\frown}{EC}$，再证四边形 $ADFE$ 是矩形，后证 Rt$\triangle ABD$ $\cong$ Rt$\triangle ECF$。

证法6:如图3.5.120所示,在 CB 上截取 $CD' = BD$,过点 D' 作 $A'D' \perp BC$,且使 $A'D' = AD$,连接 AA'、$A'C$,先证四边形 $ADD'A'$ 是矩形,再证 $\mathrm{Rt}\triangle ABD \cong \mathrm{Rt}\triangle A'CD'$。

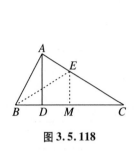

图 3.5.118

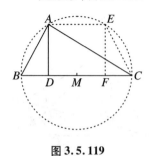

图 3.5.119

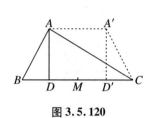

图 3.5.120

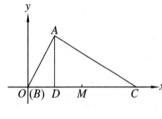

图 3.5.121

证法7:如图3.5.115所示,设 $\angle ACB = \alpha$,$\angle ABC = 2\alpha$,$\dfrac{AD}{\tan\alpha} = BM + DM$,$\dfrac{AD}{\tan 2\alpha} = BM - DM$,$DM = \dfrac{1}{2}\dfrac{AD}{\sin 2\alpha}$。

证法8:如图3.5.121所示,建平面直角坐标系,$B(0,0)$,$M(a,0)$,$C(2a,0)$,$A(x,y)$,$D(x,0)$,设 $\angle B = 2\alpha$,AB 的方程为 $y = \tan 2\alpha \cdot x$,AC 的方程为 $y = -\tan\alpha \cdot x + 2a\tan\alpha$,求 A 点、D 点坐标,可得 AB 和 DM。

98. 如图3.5.122所示,$\triangle ABC$ 中,$AB = AC$,$\angle A = 100°$,CD 平分 $\angle ACB$,交 AB 于点 D,E 为 BC 上一点,$BE = DE$,求证:$BC = CD + AD$。

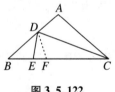

图 3.5.122

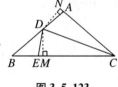

图 3.5.123

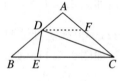

图 3.5.124

证法1:如图3.5.122所示,在 CB 上截取 $CF = AC$,则 $\triangle ACD \cong \triangle FCD$,$AD = DF$,再证 $\angle DEF = 80° = \angle DFE$,可得 $DF = DE$,又易证 $CD = CE$,则 $BC = CE + BE = CD + AD$。

证法2:如图3.5.123所示,过点 D 作 $DM \perp BC$ 于点 M,作 $DN \perp AC$ 于点 N,先证 $\triangle DEM \cong \triangle DAN$,再证 $CD = CE$ 即可。

证法3:如图3.5.124所示,过点 D 作 $DF /\!/ BC$ 交 AC 于点 F,先证 $DF = FC = BD$,再证 $\triangle ADF \cong \triangle EBD$,则有 $AD = DE = BE$,再证 $\triangle CDE$ 为等腰三角形,故 $BC = CE + BE = CD + AD$。

证法4:如图3.5.125所示,延长 CD,使 $DF = AD$,连接 BF,作 $\angle BDC$ 平分线 DM 交 BC 于点 M,先证 $\triangle ADC \cong \triangle MDC$,$AD = DM$,再证 $\triangle DBF \cong \triangle DBM$,$DM = DF$,最后证 $\triangle DEM$ 为等腰三角形,$\triangle CDE$ 为等腰三角形,所以 $BC = CE + BE = CD + AD$。

证法5:如图3.5.126所示,连 AE,先证 A、D、E、C 四点共圆,再证 $\triangle CDE$ 为等腰三角形,从而 $BC = CE + BE = CD + AD$。

证法6:如图3.5.127所示,延长 CD,使 $DF = AD$,连接 FA,过点 A 作 $AH \perp BC$ 于点 H,过点 C 作 $CK \perp FA$ 于点 K,先证 $\triangle ACK \cong \triangle ACH$,从而 $CK = CH = \dfrac{1}{2}BC$,再证 $\angle F = 30°$,则 $CF = $

BC,从而 $BC = CD + DF = CD + AD$。

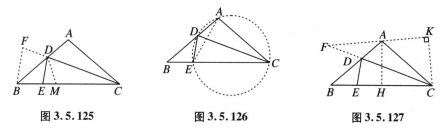

图 3.5.125　　　　　图 3.5.126　　　　　图 3.5.127

99. 如图 3.5.128 所示,在 ▱$ABCD$ 中,E、F 分别是 BC、DC 的中点,直线 AE、AF 分别交 BD 于点 G、H,求证:$GH = \dfrac{1}{3}BD$。

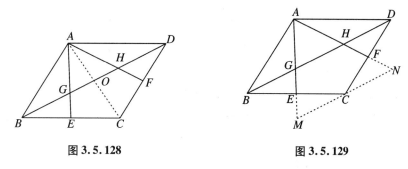

图 3.5.128　　　　　　　　图 3.5.129

证法 1:如图 3.5.128 所示,连接 AC 交 BD 于点 O,则在 △ABC 中,G 为重心,故 $OG = \dfrac{1}{3}BO$,同理 $OH = \dfrac{1}{3}DO$,故 $GH = OG + OH = \dfrac{1}{3}BD$。

证法 2:如图 3.5.129 所示,过点 C 作 $MN \parallel BD$,延长 AE 交 MN 于点 M,延长 AF 交 MN 于点 N,由平行线等分线段定理可推得 GH 为 △AMN 的中位线,则有 $GH = \dfrac{1}{2}MN = \dfrac{1}{2}(BG + DH) = \dfrac{1}{2}(BD - GH)$,故 $GH = \dfrac{1}{3}BD$。

100. 如图 3.5.130 所示,矩形 $ABCD$ 的对角线 AC、BD 相交于点 O,$DE \parallel AC$,$CE \parallel BD$,连接 AE 交 BD 于点 M,求证:$OA = 2OM$。

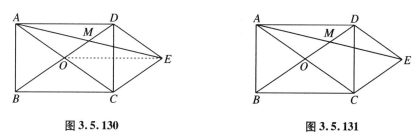

图 3.5.130　　　　　　　　图 3.5.131

证法 1:如图 3.5.130 所示,连接 OE,先证四边形 $OCED$ 为菱形,得 $OC = DE = OD$,再证四边形 $AOED$ 为 ▱,得 $AO = DE$,又 $OM = \dfrac{1}{2}OD$,则 $AO = 2OM$。

证法2:如图3.5.131所示,先证四边形 $OCED$ 为菱形,得 $OA = OC = CE$,再证 OM 为 $\triangle ACE$ 的中位线,从而 $OA = 2OM$。

101. 如图3.5.132所示,已知梯形 $ABCD$,$AD /\!/ BC$,AB 上两点 E、G,且 $AE = BG$,$EF /\!/ AD$ 交 CD 于点 F,$GH /\!/ AD$ 交 CD 于点 H,求证:$AD + BC = EF + GH$。

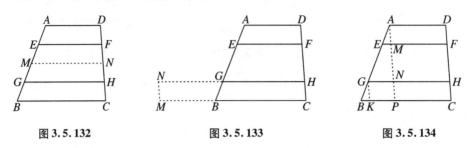

图3.5.132　　　　　图3.5.133　　　　　图3.5.134

证法1:如图3.5.132所示,分别取 AB、CD 中点 M、N,连接 MN,利用中位线性质证明。

证法2:如图3.5.133所示,延长 CB 至点 M,使 $BM = AD$,延长 HG 至点 N,使 $GN = EF$,连接 MN,利用全等形及平行四边形证明。

证法3:如图3.5.134所示,过点 A 作 $AP /\!/ CD$ 分别交 EF、HG、CB 于点 M、N、P,过点 G 作 $GK /\!/ AP$ 交 CB 于点 K,证明四边形 $AMFD$、四边形 $NPCH$、四边形 $GKPN$ 都是 □,后证 $\triangle AEM \cong \triangle GBK$。

证法4:(用割补法证明)如图3.5.135所示,过点 E 作 $l /\!/ CD$。

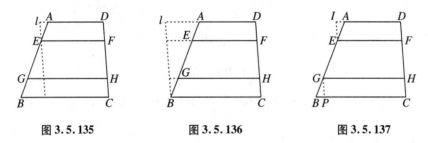

图3.5.135　　　　　图3.5.136　　　　　图3.5.137

证法5:如图3.5.136所示,过点 B 作 $l /\!/ CD$。

证法6:如图3.5.137所示,过点 E 作 $EI /\!/ DF$ 交 AD 于点 I,过点 G 作 $GP /\!/ HC$ 交 BC 于点 P。

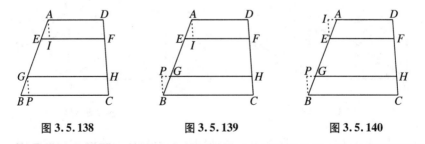

图3.5.138　　　　　图3.5.139　　　　　图3.5.140

证法7:如图3.5.138所示,过点 A 作 $AI /\!/ DF$ 交 EF 于点 I,过点 G 作 $GP /\!/ HC$ 交 BC 于点 P。

证法 8：如图 3.5.139 所示，过点 A 作 $AI /\!/ DF$ 交 EF 于点 I，过点 B 作 $BP /\!/ HC$ 交 GH 于点 P。

证法 9：如图 3.5.140 所示，过点 E 作 $EI /\!/ DF$ 交 AD 于点 I，过点 B 作 $BP /\!/ HC$ 交 GH 于点 P。

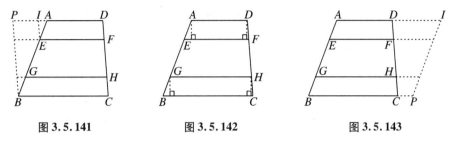

图 3.5.141　　　　　图 3.5.142　　　　　图 3.5.143

证法 10：如图 3.5.141 所示，过点 B 作 $BP /\!/ CD$ 交 AD 于点 P，过点 E 作 $EI /\!/ DF$ 交 AD 于点 I。

证法 11：如图 3.5.142 所示，分别过 A、D、G、H 作垂线即可。

证法 12：如图 3.5.143 所示，构造 $\square ABPI$，用其性质证明。

证法 13：如图 3.5.144 所示，构造矩形 $EII'F$ 和矩形 $BKLC$。

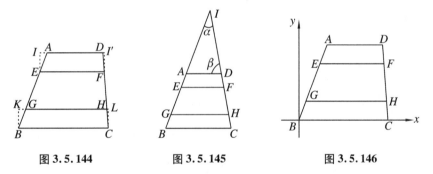

图 3.5.144　　　　　图 3.5.145　　　　　图 3.5.146

证法 14：如图 3.5.145 所示，延长 CD、BA 相交于点 I，设 $\angle I = \alpha$，$\angle ADI = \beta$，$AE = GB = y$，$IA = x$，$EG = z$，由正弦定理在 $\triangle IAD$、$\triangle IEF$、$\triangle IGH$、$\triangle IBC$ 中，求 AD、EF、GH、BC，

$$\therefore AD + BC = EF + GH = (2x + 2y + z)\frac{\sin\alpha}{\sin\beta}（三角法）。$$

证法 15：（解析法）如图 3.5.146 所示，设 $B(0,0)$，$C(a,0)$，$A(b,c)$，$D(d,c)$，设 $\dfrac{BG}{GA} = \dfrac{AE}{EB} = \dfrac{CH}{HD} = \dfrac{DF}{FC} = \lambda$，则 $G\left(\dfrac{\lambda b}{1+\lambda}, \dfrac{\lambda c}{1+\lambda}\right)$，$H\left(\dfrac{a+\lambda d}{1+\lambda}, \dfrac{\lambda c}{1+\lambda}\right)$，$E\left(\dfrac{b}{1+\lambda}, \dfrac{c}{1+\lambda}\right)$，$F\left(\dfrac{d+\lambda a}{1+\lambda}, \dfrac{c}{1+\lambda}\right)$，故 $GH + EF = a + d - b = AD + BC$。

102. 如图 3.5.147 所示，在 $\square ABCD$ 中，E 为 AB 的中点，$AF = \dfrac{1}{2}DF$，EF 交 AC 于点 G，求证：$AG = \dfrac{1}{5}AC$。

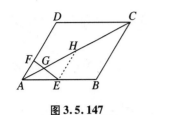

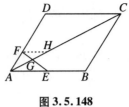

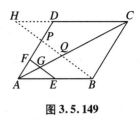

图 3.5.147　　　　　图 3.5.148　　　　　图 3.5.149

证法 1:如图 3.5.147 所示,过点 E 作 $EH /\!/ BC$ 交 AC 于点 H,则 $EH = \frac{1}{2}BC = \frac{1}{2}AD$,又 $AF = \frac{1}{2}DF = \frac{1}{3}AD$,选 $\frac{AG}{GH} = \frac{AF}{EH}$代换。

证法 2:如图 3.5.148 所示,过点 F 作 $FH /\!/ AB$ 交 AC 于点 H,则 $FH /\!/ AB /\!/ CD$,先证 $\triangle AGE \backsim \triangle HGF$,再证 $\triangle AFH \backsim \triangle ADC$。

证法 3:如图 3.5.149 所示,过点 B 作 $BH /\!/ EF$ 交 CD 的延长线于点 H,BH 分别交 AD、AC 于点 P、Q,证 $\triangle AQB \backsim \triangle CQH$ 和 $\triangle HPD \backsim \triangle BPA$。

证法 4:如图 3.5.150 所示,过点 D 作 $DH /\!/ EF$ 交 AB 的延长线于点 H,交 AC 于点 Q,交 BC 于点 P,先证 $\triangle BHP \backsim \triangle AHD$,再证 $\triangle CPQ \backsim \triangle ADQ$。

证法 5:如图 3.5.151 所示,分别过点 B、D、C 作 $BH /\!/ DI /\!/ CK /\!/ EF$,$BH$ 交 AD 于点 H,DI、CK 分别交 AB 的延长线于点 I、K。

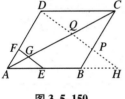

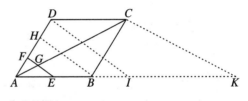

图 3.5.150　　　　　　　　　　图 3.5.151

证法 6:如图 3.5.152 所示,延长 EF 分别交 CD、CB 的延长线于点 I、H。

证法 7:如图 3.5.153 所示,延长 FE 交 CB 的延长线于点 H,证 $\triangle AEF \cong \triangle BEH$,证 $\triangle AGF \backsim \triangle CGH$。

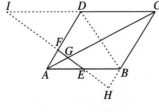

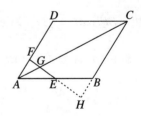

图 3.5.152　　　　　　　　　　图 3.5.153

103. 如图 3.5.154 所示,已知 $\angle ACB = 90°$,$AC = BC$,点 O 为 AB 中点,点 E 为 AC 上一点,点 F 在 BC 上,$\angle EOF = 45°$,求证:$BF = CE + EF$。

证法 1:如图 3.5.154 所示,连接 OC,过点 O 作 $OM \perp OE$ 交 BC 于点 M,先证 $\triangle EOC \cong \triangle MOB$(ASA),再证 $\triangle EOF \cong \triangle MOF$(SAS)

证法 2:如图 3.5.155 所示,连接 OC,过点 O 作 $OM \perp OF$ 交 AC 于点 M,先证 $\triangle AMO \cong$

$\triangle CFO(ASA)$,再证 $\triangle EOF \cong \triangle EOM$。

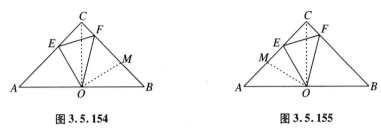

图 3.5.154   图 3.5.155

104. 如图 3.5.156 所示,在 $\triangle ABC$ 中,$AB = AC$,$AD \perp BC$ 于点 D,点 P 是 AD 的中点,延长 BP 交 AC 于点 N,求证:$AN = \dfrac{1}{3}AC$。

证法1:如图 3.5.156 所示,过 D 点作 $DE \parallel BN$ 交 AC 于点 E,先证 E 为 NC 中点,再证 N 为 AE 中点,从而 $AN = \dfrac{1}{3}AC$。

证法2:如图 3.5.157 所示,过 D 点作 $DE \parallel AC$ 交 BN 于点 E,先证 $\triangle APN \cong \triangle DPE$,从而 $DE = AN$,再证 $DE \overset{\parallel}{=} \dfrac{1}{2}NC$,从而 $AN = \dfrac{1}{3}AC$。

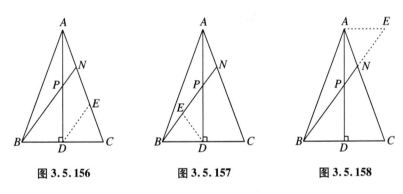

图 3.5.156   图 3.5.157   图 3.5.158

证法3:如图 3.5.158 所示,过点 A 作 $AE \parallel BC$,延长 BN 交 AE 于点 E,先证 $\triangle APE \cong \triangle DPB$,$AE = BD = \dfrac{1}{2}BC$,再证 $\triangle ANE \backsim \triangle CNB$,从而 $AN = \dfrac{1}{2}NC$,所以 $AN = \dfrac{1}{3}AC$。

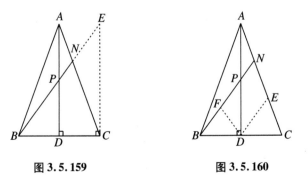

图 3.5.159   图 3.5.160

证法4:如图 3.5.159 所示,过点 C 作 $CE \perp BC$ 交 BN 于点 E,先证 $PD \overset{\parallel}{=} \dfrac{1}{2}CE$,再证 AP

$= \frac{1}{2}CE$，从而 $\triangle ANP \backsim \triangle CNE$，$AN = \frac{1}{2}NC$，从而 $AN = \frac{1}{3}AC$。

证法5：如图3.5.160所示，过点 D 作 $DE /\!/ BN$ 交 AC 于点 E，作 $DF /\!/ CN$ 交 BN 于点 F，先证四边形 $DENF$ 为 $\square$，再证 $\triangle BFD \cong \triangle DEC$。

105. 如图3.5.161所示，已知过 $\triangle ABC$ 的顶点 C 任作一直线，与边 AB 及中线 AD 分别交于点 F 和 E，求证：$\dfrac{AE}{ED} = \dfrac{2AF}{FB}$。

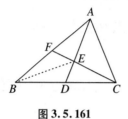 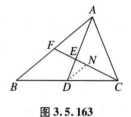

图3.5.161　　　　　图3.5.162　　　　　图3.5.163

证法1：如图3.5.161所示，连接 BE，用面积法，计算 $S_{\triangle AEF}$、$S_{\triangle ACF}$、$S_{\triangle BEF}$、$S_{\triangle BCF}$、$S_{\triangle AEC}$、$S_{\triangle CDE}$，从而 $\dfrac{AF}{FB} = \dfrac{S_{\triangle ACF} - S_{\triangle AEF}}{S_{\triangle BCF} - S_{\triangle BEF}} = \dfrac{S_{\triangle ACE}}{S_{\triangle BCE}}$。

证法2：如图3.5.162所示，过点 D 作 $DM /\!/ CF$ 交 AB 于点 M。

证法3：如图3.5.163所示，过点 D 作 $DN /\!/ AB$ 交 CF 于点 N。

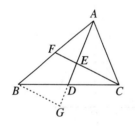 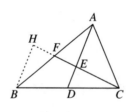 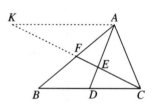

图3.5.164　　　　　图3.5.165　　　　　图3.5.166

证法4：如图3.5.164所示，过点 B 作 $BG /\!/ CF$ 交 AD 延长线于点 G。

证法5：如图3.5.165所示，过点 B 作 $BH /\!/ AD$ 交 CF 延长线于点 H。　　·

证法6：如图3.5.166所示，过点 A 作 $AK /\!/ BC$ 交 CF 延长线于点 K。

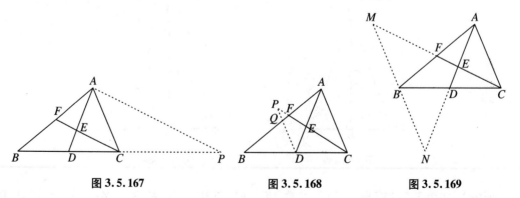

图3.5.167　　　　　图3.5.168　　　　　图3.5.169

证法 7：如图 3.5.167 所示，过点 A 作 $AP \parallel CF$ 交 BC 的延长线于点 P。

证法 8：如图 3.5.168 所示，过点 D 作 $DP \parallel AC$ 交 CF 延长线于点 P，交 AB 于点 Q。

证法 9：如图 3.5.169 所示，过点 B 作 $BM \parallel AC$ 分别交 CF、AD 延长线于点 M、N。

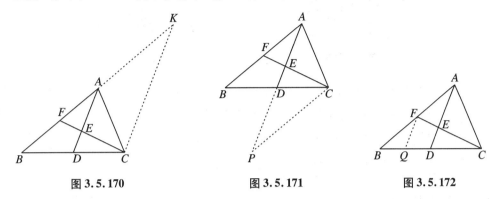

图 3.5.170　　　　　　图 3.5.171　　　　　　图 3.5.172

证法 10：如图 3.5.170 所示，过点 C 作 $CK \parallel AD$ 交 BA 的延长线于点 K。

证法 11：如图 3.5.171 所示，过点 C 作 $CP \parallel AB$ 交 AD 的延长线于点 P。

证法 12：如图 3.5.172 所示，过点 F 作 $FQ \parallel AD$ 交 BC 于点 Q。

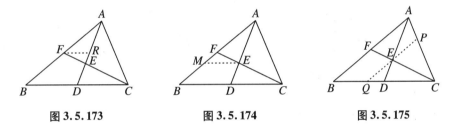

图 3.5.173　　　　　　图 3.5.174　　　　　　图 3.5.175

证法 13：如图 3.5.173 所示，过点 F 作 $FR \parallel BC$ 交 AD 于点 R。

证法 14：如图 3.5.174 所示，过点 E 作 $EM \parallel BC$ 交 AB 于点 M。

证法 15：如图 3.5.175 所示，过点 E 作 $EP \parallel AB$ 交 AC 于点 P，交 BC 于点 Q。

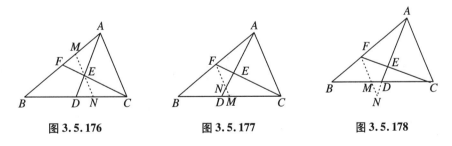

图 3.5.176　　　　　　图 3.5.177　　　　　　图 3.5.178

证法 16：如图 3.5.176 所示，过点 E 作 $MN \parallel AC$ 交 AB 于点 M，交 BC 于点 N。

证法 17：如图 3.5.177 所示，过点 F 作 $FM \parallel AC$ 交 BC 于点 M，交 AD 于点 N。

证法 18：如图 3.5.178 所示，过点 F 作 $FM \parallel AC$ 交 BC 于点 M，交射线 AD 于点 N。

证法 19：如图 3.5.176 所示，直线 CEF 截 $\triangle ABD$，由梅涅劳斯定理得 $\dfrac{AF}{FB} \cdot \dfrac{BC}{CD} \cdot \dfrac{DE}{EA} = 1$，

又 $BC = 2CD$，$\therefore \dfrac{AF}{FB} \cdot \dfrac{DE}{EA} = \dfrac{1}{2}$，则有 $\dfrac{AE}{ED} = \dfrac{2AF}{FB}$。

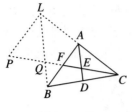

图 3.5.179

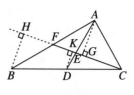

图 3.5.180

证法 20：如图 3.5.179 所示，延长 CA 至点 L，使 $AL = AC$，作 $LP /\!/ AB$ 交 CF 的延长线于点 P，连接 LB 交 PC 于点 Q，先证 $QB = 2ED$，再证 $\triangle LPQ \backsim \triangle BFQ$。

证法 21：如图 3.5.176 所示，设 $\angle AEF = \angle CED = \theta$，$\angle AFE = \alpha$，$\angle ECD = \beta$，由正弦定理得 $\dfrac{AF}{AE} = \dfrac{\sin\theta}{\sin\alpha}$，$\dfrac{FB}{2DE} = \dfrac{\sin\beta}{\sin(\pi - \alpha)} \cdot \dfrac{\sin\theta}{\sin\beta} = \dfrac{\sin\theta}{\sin\alpha}$，故结论成立。

证法 22：如图 3.5.180 所示，过点 B、A、D 分别作 CF 的垂线，H、G、K 为垂足。

证法 23：如图 3.5.181 所示，取 AC、AE 的中点 G、H，连接 DG、GH。

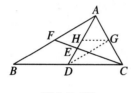

图 3.5.181

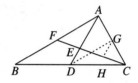

图 3.5.182

证法 24：如图 3.5.182 所示，取 AC、CE 的中点 G、H，连接 DG、GH。

106. 如图 3.5.183 所示，已知过 $\triangle ABC$ 的边 BC 上任一点 H，引平行于中线 AM 的直线交 AC、AB 或其延长线于点 K、L，求证：$LH + HK = 2AM$。

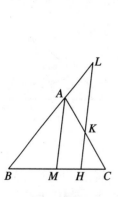

图 3.5.183

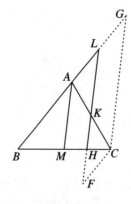

图 3.5.184

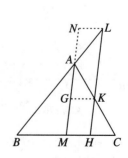

图 3.5.185

证法 1：如图 3.5.183 所示，$\because LH /\!/ AM$，$BM = MC$，$\therefore \dfrac{LH}{AM} = \dfrac{BH}{BM}$，$\dfrac{HK}{AM} = \dfrac{HC}{MC}$，

$\therefore \dfrac{LH}{AM} + \dfrac{HK}{AM} = \dfrac{BH}{BM} + \dfrac{HC}{MC} = \dfrac{BH + HC}{BM} = \dfrac{BC}{BM} = 2$，即 $\dfrac{LH}{AM} + \dfrac{HK}{AM} = 2$，$\therefore$ 结论成立。

证法2:如图3.5.184所示,过点 C 作 $CG /\!/ AM$ 交 BA 的延长线于点 G,作 $CF /\!/ AB$ 交 LH 的延长线于点 F,则 $GC = 2AM, LF = CG, \therefore \dfrac{KH}{HC} = \dfrac{AM}{MC} = \dfrac{AM}{BM} = \dfrac{LH}{BH} = \dfrac{HF}{HC}$,

$\therefore HF = KH, \therefore LH + HK = LH + HF = LF = CG = 2AM$。

证法3:如图3.5.185所示,过点 K 作 $KG /\!/ BC$ 交 AM 于点 G,过点 L 作 $LN /\!/ BC$ 交 MA 的延长线于点 N,同证法2证 $LH = NM, KH = GM, NL = GK$。

证法4:如图3.5.186所示,延长 AM 至点 G,使 $MG = AM$,连接 GC 交 LH 的延长线于点 N,则 $GC /\!/ AB, LN = AG$,

$\therefore MG = AM, LH /\!/ AM, \therefore NH = KH, \therefore LH + HK = LH + NH = LN = AG = 2AM$。

证法5:如图3.5.187所示,过点 A 作 $AF /\!/ BC$ 交 LH 于点 F,则 $AM = FH$,过点 K 作 $KD /\!/ BC$ 分别交 AB、AM 于点 D、E,则 $EM = KH$,由 $AF = EK = DE$,得 $\triangle ADE \cong \triangle LAF$,则有 $AE = LF$,$AM = AE + EM = LF + KH$,所以 $2AM = LF + KH + FH = LH + KH$。

说明:各种证法都是利用平行线截线段成比例性质证明。

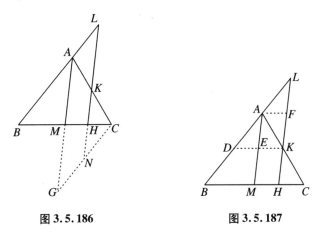

图3.5.186   图3.5.187

107. 如图3.5.188所示,E 是 $\square ABCD$ 中 BC 的中点,AE 交对角线 BD 于点 G,若 $\triangle BEG$ 的面积是1,求 $\square ABCD$ 的面积。

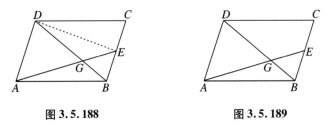

图3.5.188   图3.5.189

解法1:如图3.5.188所示,连接 DE,先求 $S_{\triangle ADG}$ 和 $S_{\triangle DGE}$,从而由 $S_{\square ABCD} = 2 \cdot S_{\triangle AED}$ $= 12$。

解法2:如图3.5.189所示,易知 $\triangle BEG \backsim \triangle DAG$,从而 $BG : GD = BE : DA = 1 : 2$,$S_{\triangle ADG}$ $= 4, S_{\triangle ABG} = 2$,所以 $S_{\square ABCD} = 2 \cdot S_{\triangle ABD} = 12$。

解法 3：如图 3.5.190 所示，取 BD 的中点 O，易知 $AB /\!/ OE /\!/ CD$，且 $OE = \dfrac{1}{2} AB$，显然有 $\triangle EOG \backsim \triangle ABG$，所以 $S_{\triangle EOG} : S_{\triangle ABG} = 1 : 4$，后求 $S_{\triangle ABG}$。

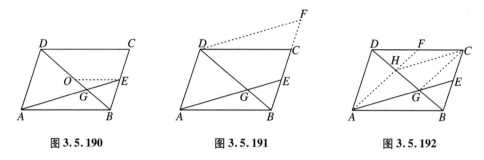

图 3.5.190　　　　　　图 3.5.191　　　　　　图 3.5.192

解法 4：如图 3.5.191 所示，过点 D 作 $DF /\!/ AE$ 交 BC 的延长线于点 F，证 $\triangle BGE \backsim$ $\triangle BDF \backsim \triangle DGA$ 和 $\Box AEFD$。

解法 5：如图 3.5.192 所示，取 CD 的中点 F，连接 AF 交 BD 于点 H，再连接 CH、CG，证 $DH = HG = GB$，$S_{\triangle DCH} = S_{\triangle HCG} = S_{\triangle GCB}$。

解法 6：如图 3.5.193 所示，连接 AC 交 BD 于点 O，连接 CG 并延长交 AB 于点 F，先证 G 为 $\triangle ABC$ 的重心，从而 $S_{\triangle ABC} = 6 S_{\triangle BGE}$，$S_{\Box ABCD} = 2 S_{\triangle ABC}$。

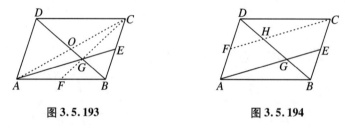

图 3.5.193　　　　　　　图 3.5.194

解法 7：如图 3.5.194 所示，取 AD 的中点 F，CF 交 BD 于点 H，易知 $CF /\!/ AE$，$\triangle BEG \backsim$ $\triangle BCH$，从而可得 $S_{\triangle BCH} = 4$，又 $\because S_{\triangle DHC} = S_{\triangle ABG}$，$\therefore S_{\Box ABCD} = 2(S_{\triangle DHC} + S_{\triangle BCH}) = 12$。

108. 如图 3.5.195 所示，O 是正方形 $ABCD$ 的对角线交点，AE 为 $\angle BAC$ 的平分线交 BC 于点 E，$DH \perp AE$ 于点 H，DH 交 AB 于点 F，交 AO 于点 G，求证：$BF = 2OG$。

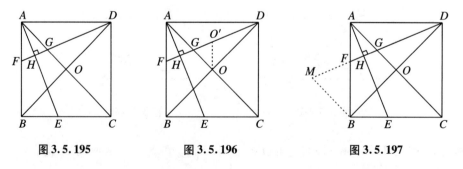

图 3.5.195　　　　　　图 3.5.196　　　　　　图 3.5.197

证法 1：如图 3.5.195 所示，先证 $AG = AF$，再求 $\dfrac{AG}{OG} = \dfrac{AD}{DO} = \sqrt{2}$，$\dfrac{AF}{BF} = \dfrac{AD}{BD} = \dfrac{1}{\sqrt{2}}$，从而 $BF = 2OG$。

证法 2：如图 3.5.195 所示，设正方形 $ABCD$ 边长为 1，先证 $\triangle AGF \backsim \triangle CGD$，再求 $CG = CD = 1$，$BF = 2 - \sqrt{2}$，$OG = 1 - \dfrac{\sqrt{2}}{2}$。

证法 3：如图 3.5.195 所示，据梅涅劳斯定理得 $\dfrac{AF}{BF} \cdot \dfrac{BD}{DO} \cdot \dfrac{OG}{GA} = 1$，$\because AE$ 平分 $\angle BAC$，$DH \perp AE$，$\therefore AF = AG$，又 $BD = 2DO$，$\therefore \dfrac{2OG}{BF} = 1$，故 $BF = 2OG$。

证法 4：如图 3.5.196 所示，取 DF 的中点 O'，连接 OO'，先证 $OO' = \dfrac{1}{2}BF$，再证 $OO' /\!/ BF$，后证 $OO' = OG$。

证法 5：如图 3.5.197 所示，过点 B 作 $BM /\!/ OG$ 交 DF 的延长线于点 M，则 $\angle M = \angle AGF$，且 $BM = 2OG$，再证 $BF = BM$。

证法 6：如图 3.5.198 所示，在 OC 上取 $OM = OG$，连接 BM，则 $\triangle ODG \cong \triangle OBM$，知 $BM /\!/ DF$，再证 $AF = AG$，$AB = AM$，后证 $BF = GM$。

证法 7：如图 3.5.199 所示，取 BF 的中点 L，连接 OL，则 $OL /\!/ DF$，$BF = 2FL$，先证 $AF = AG$，$AL = AO$，再证 $FL = OG$，后证 $BF = 2OG$。

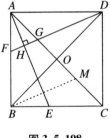

图 3.5.198

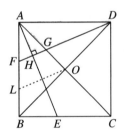

图 3.5.199

109. 如图 3.5.200 所示，正方形 $ABCD$ 中，点 O 为对角线交点，E、F 分别为 DC、AD 延长线上一点，$CE = DF$，FC 的延长线交 BE 于点 G，连接 OG，求证：$BG + GC = \sqrt{2}OG$。

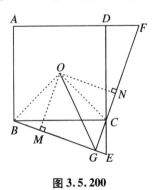

图 3.5.200

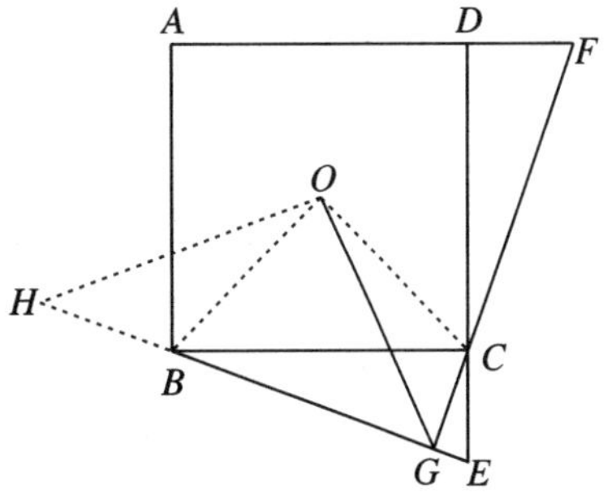

图 3.5.201

证法 1：如图 3.5.200 所示，连接 OB、OC，过点 O 作 $OM \perp BE$ 于点 M，作 $ON \perp GF$ 于点 N，先证 $\triangle BCE \cong \triangle CDF$，再证 $\triangle OBM \cong \triangle OCN$，后证 $BG + CG = 2MG = 2 \times \dfrac{\sqrt{2}}{2}OG = \sqrt{2}OG$。

证法 2：如图 3.5.201 所示，延长 GB 至点 H 使 $BH = CG$，连接 OB、OH、OC，先证 $\triangle OBH \cong \triangle OCG$，$OH = OG$，再证 $OH \perp OG$，所以 $BG + CG = HG = \sqrt{2}OG$。

110. 如图 3.5.202 所示，正方形 $ABCD$ 中，点 O 为对角线的交点，E、F 分别为 DC、AD 上的点，且 $CE = DF$，BE、CF 交于点 G，连接 OG，求证：$BG - CG = \sqrt{2}OG$。

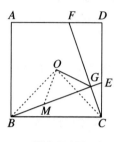 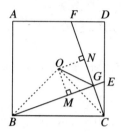

图 3.5.202　　　　　图 3.5.203

证法 1：如图 3.5.202 所示，连接 OB、OC，先证 $BE \perp CF$，在 BG 上截取 $BM = CG$，先证 $\triangle OBM \cong \triangle OCG$(SAS)，再证 $\triangle OMG$ 是等腰 Rt$\triangle$，所以 $BG - CG = MG = \sqrt{2}OG$。

证法 2：如图 3.5.203 所示，过点 O 作 $OM \perp BG$ 于点 M，作 $ON \perp CF$ 于点 N，连接 OB、OC，先证 $\triangle OBM \cong \triangle OCN$，再证 $BM = CN$，$MG = NG$，所以 $BG - CG = 2MG = 2 \times \dfrac{\sqrt{2}}{2}OG = \sqrt{2}OG$。

111. 如图 3.5.204 所示，在正方形 $ABCD$ 中，E、F 分别是 AB、BC 上一点，$EG \perp AF$ 于点 H，交 CD 于点 G，求证：$BE + BF = CG$。

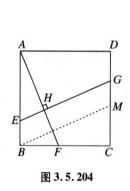 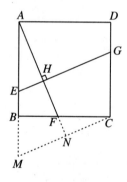

图 3.5.204　　　　　图 3.5.205

证法 1：如图 3.5.204 所示，作 $BM \parallel EG$ 交 DC 于点 M，先证四边形 $EBMG$ 为▱，再证 $\triangle ABF \cong \triangle BCM$，则有 $BF = CM$，所以 $BE + BF = CG$。

证法 2：如图 3.5.205 所示，延长 AB 至点 M，使 $BM = BF$，连接 CM，AF 交 CM 于点 N，先证 $\triangle ABF \cong \triangle CBM$，再证 $CM \parallel EG$，$CM \perp AN$，后证四边形 $EGCM$ 为▱，从而 $EM = CG = BE + BF$。

112. 如图 3.5.206 所示，点 O 为正方形 $ABCD$ 的对角线交点，AE 平分 $\angle BAC$ 交 BC 于点 E，交 OB 于点 F，求证：$CE = 2OF$。

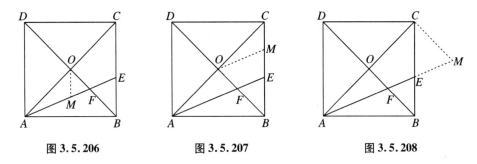

图 3.5.206 图 3.5.207 图 3.5.208

证法 1：如图 3.5.206 所示，取 AE 的中点 M，构造 $CE = 2OM$，再证 $OM = OF$ 即可。

证法 2：如图 3.5.207 所示，取 CE 的中点 M，连接 OM，先证 $BE = BF$，再证 $BO = BM$，再证 $EM = OF$ 即可。

证法 3：如图 3.5.208 所示，延长 AF 至点 M，使 $FM = AF$，易证 $CM = 2OF$，再证 $CE = CM$ 即可。

证法 4：如图 3.5.209 所示，过点 C 作 $CM /\!/ AE$ 交 OD 于点 M，易证 $OM = OF$，先证 $BE = BF$，$BC = BM$，再只证 $CE = FM$ 即可。

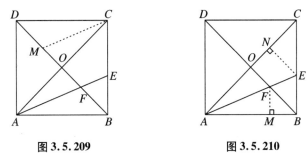

图 3.5.209 图 3.5.210

证法 5：如图 3.5.210 所示，过点 F 作 $FM \perp AB$ 于点 M，过点 E 作 $EN \perp AC$ 于点 N，则 $FO = FM$，$EN = EB$，易证 $BE = BF$，$\therefore CE = \sqrt{2}EN = \sqrt{2}EB = \sqrt{2}BF = \sqrt{2} \cdot \sqrt{2}FM = 2FM = 2OF$。

113. 如图 3.5.211 所示，四边形 $ABCD$ 为正方形，四边形 $AFEC$ 为菱形，$DE /\!/ AC$，求证：$\angle DAF = \dfrac{1}{3} \angle DAC$。

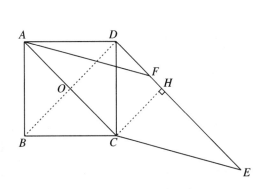

图 3.5.211 图 3.5.212

证法 1：如图 3.5.211 所示，连接 BD 交 AC 于点 O，过点 C 作 $CH \perp EF$ 交 DE 于点 H，先

证四边形 $OCHD$ 为矩形，$CH = OD = \frac{1}{2}AC = \frac{1}{2}CE$，得 $\angle E = 30°$，又 $\angle DAC = 45°$，从而 $\angle DAF = 45° - 30° = 15° = \frac{1}{3}\angle DAC$。

证法2：如图3.5.212所示，连接 BD 交 AC 于点 O，过点 A 作 $AH \perp EF$ 交 ED 延长线于点 H，先证四边形 $AODH$ 为矩形，从而 $AH = OD = \frac{1}{2}AC = \frac{1}{2}AF$，得 $\angle AFD = 30°$，又 $DE // AC$，则 $\angle CAF = \angle AFD = 30°$，则 $\angle DAF = 45° - 30° = 15° = \frac{1}{3}\angle DAC$。

证法3：如图3.5.213所示，连接 BD 交 AC 于点 O，过点 F 作 $FH \perp AC$ 交 AC 于点 H，先证四边形 $ODFH$ 为矩形，从而 $FH = OD = \frac{1}{2}BD = \frac{1}{2}AC$，又四边形 $ACEF$ 为菱形，$AC = AF$，从而 $FH = \frac{1}{2}AF$，得 $\angle FAC = 30°$，则 $\angle DAF = 15° = \frac{1}{3}\angle DAC$。

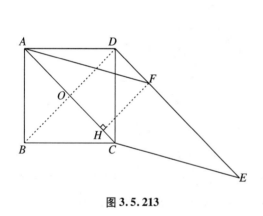

图 3.5.213

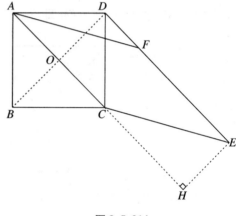

图 3.5.214

证法4：如图3.5.214所示，连接 BD 交 AC 于点 O，过 E 点作 $EH \perp AC$ 的延长线于点 H，先证四边形 $ODEH$ 为矩形，$EH = OD = \frac{1}{2}BD = \frac{1}{2}AC = \frac{1}{2}CE$，则 $\angle ECH = 30°$，$\angle CEF = \angle CAF = 30°$，又 $\angle CAD = 45°$，则 $\angle DAF = 15° = \frac{1}{3}\angle DAC$。

114. 如图3.5.215所示，已知 $\square ABCD$ 的形外一直线 l，且 AE、BF、CG、DH 都垂直于 l 并分别交 l 于点 E、F、G、H，求证：$AE + CG = BF + DH$。

证法1：如图3.5.215所示，过点 B 作 $BK \perp AE$ 于点 K，过点 C 作 $CI \perp DH$ 于点 I，先证 $\triangle ABK \cong \triangle DCI$，$AK = DI$，$AE - BF = DH - CG$。

证法2：如图3.5.216所示，对点 F 作 $FK // AB$ 交 AE 于点 K，过点 G 作 $GI // CD$ 交 DH 于点 I，证明 $\triangle KFE \cong \triangle IGH$。

证法3：如图3.5.217所示，过点 C 作 $IP // l$ 分别交 BF、AE、DH 于点 I、K、P，在 AE 上截取 $AM = DP$，连接 MP，先证四边形 $AMPD$ 是 $\square$，再证四边形 $MBCP$ 是 $\square$，后证 $\triangle ABM \cong \triangle DCP$ 和四边形 $BIKM$ 是矩形。

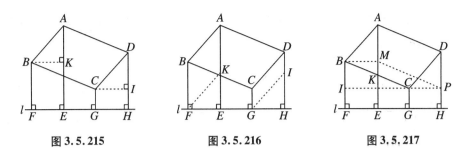

图 3.5.215　　　　　图 3.5.216　　　　　图 3.5.217

证法 4:如图 3.5.218 所示,连接 AC、BD 交于点 M,过点 M 作 $MN \perp l$,先证四边形 $AEGC$ 与四边形 $BFHD$ 都是梯形,且 MN 为其中位线。

证法 5:如图 3.5.219 所示,延长 EA 至点 K 使 $AK = CG$,延长 HD 至点 P 使 $DP = BF$,连接 AG、KC、BP、FD、PK、KF、PG,先证四边形 $AGCK$、四边形 $BFDP$ 是□,再证四边形 $PKFG$ 是□。

证法 6:如图 3.5.220 所示,建立平面直角坐标系,设 $A(a, m)$,$B(0, b)$,$C(e, f)$,$D(e + a, f + m - b)$,$F(0, 0)$,$E(a, 0)$,$G(e, 0)$,$H(e + a, 0)$,已知 $k_{AB} = k_{CD}$,再求 BF、DH、AE、CG 即可。

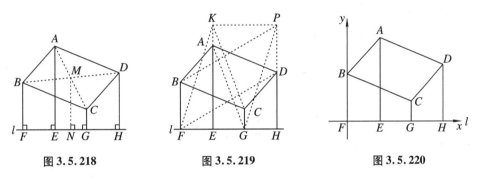

图 3.5.218　　　　　图 3.5.219　　　　　图 3.5.220

115. 如图 3.5.221 所示,在 $\triangle ABC$ 中,$\dfrac{BD}{DC} = \dfrac{AE}{ED} = 2$,求证:$\dfrac{BE}{7} = \dfrac{EF}{2}$。

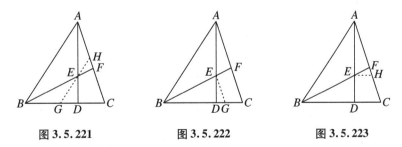

图 3.5.221　　　　　图 3.5.222　　　　　图 3.5.223

证法 1:如图 3.5.221 所示,过点 E 作 $GH \parallel AB$ 分别交 BC、AC 于点 G、H,先证 $\triangle ABD \backsim \triangle EGD$,再证 $\triangle ABF \backsim \triangle HEF$,从而 $EH = \dfrac{2}{9} AB$,$\dfrac{BF}{EF} = \dfrac{AB}{EH}$。

证法 2:如图 3.5.222 所示,过点 E 作 $EG \parallel AC$ 交 BC 于点 G,先证 $BD = 2DC$,再证 $BG = 7DG$,所以 $\dfrac{BE}{EF} = \dfrac{BG}{GC} = \dfrac{7DG}{2DG} = \dfrac{7}{2}$。

证法 3:如图 3.5.223 所示,过点 E 作 $EH /\!/ BC$ 交 AC 于点 H,先证 $\triangle AEH \backsim \triangle ADC$,再证 $\triangle FEH \backsim \triangle FBC$,后证 $EH = \dfrac{2}{3}DC = \dfrac{2}{9}BC$。

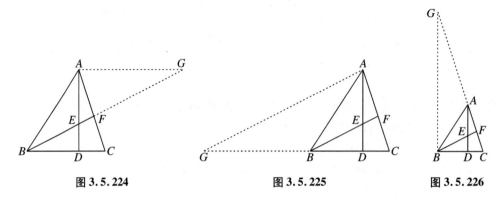

| 图 3.5.224 | 图 3.5.225 | 图 3.5.226 |

证法 4:如图 3.5.224 所示,过点 A 作 $AG /\!/ BC$ 交 BF 延长线于点 G,先证 $\triangle AEG \backsim \triangle DEB$,再证 $\triangle AFG \backsim \triangle CFB$,后证 $2BE = EG$,$FG = \dfrac{4}{3}BF$。

证法 5:如图 3.5.225 所示,过点 A 作 $AG /\!/ BF$ 交 CB 延长线于点 G,先证 $\triangle DEB \backsim \triangle DAG$,$\triangle CFB \backsim \triangle CAG$,$GB = 2BD$,$AG = \dfrac{7}{3}BF$。

证法 6:如图 3.5.226 所示,过点 B 作 $BG /\!/ AD$ 交 CA 的延长线于点 G,先证 $\triangle CAD \backsim \triangle CGB$,$\triangle FAE \backsim \triangle FGB$,$BG = 3AD = \dfrac{9}{2}AE$,再证 $\dfrac{BF}{EF} = \dfrac{BG}{AE} = \dfrac{9}{2}$。

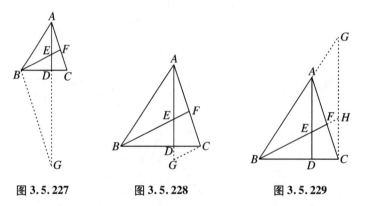

| 图 3.5.227 | 图 3.5.228 | 图 3.5.229 |

证法 7:如图 3.5.227 所示,过点 B 作 $BG /\!/ AC$ 交 AD 于点 G,先证 $\triangle ADC \backsim \triangle GDB$,$\triangle AEF \backsim \triangle GEB$,$GE = \dfrac{7}{2}AE$,再证 $\dfrac{BE}{EF} = \dfrac{GE}{AE} = \dfrac{7}{2}$。

证法 8:如图 3.5.228 所示,过点 C 作 $CG /\!/ BF$ 交 AD 延长线于点 G,先证 $\triangle BED \backsim \triangle CGD$,$\triangle AEF \backsim \triangle AGC$,$DE = 2DG$,$GC = \dfrac{7}{4}EF$。

证法 9:如图 3.5.229 所示,过点 C 作 $CG /\!/ AD$ 交 BA 延长线于点 G,延长 BE 交 CG 于点 H,先证 $\triangle ABD \backsim \triangle GBC$,$\triangle EBD \backsim \triangle HBC$,$GC = \dfrac{9}{2}ED$,$HC = \dfrac{3}{2}ED$,$EF = \dfrac{4}{3}FH$,$BE = 2EH$。

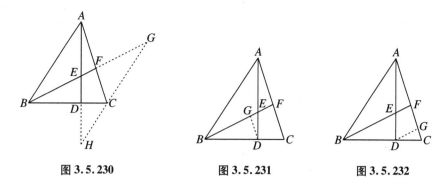

| 图 3.5.230 | 图 3.5.231 | 图 3.5.232 |

证法 10：如图 3.5.230 所示，过点 C 作 $CG/\!/AB$ 分别交 BF、AD 的延长线于点 G、H，先证 $\triangle DCH \backsim \triangle DBA$，$DH = \frac{3}{2}ED$，再证 $\triangle ABE \backsim \triangle HGE$，$AB = \frac{4}{5}HG$，后证 $\triangle ABF \backsim \triangle CGF$。

证法 11：如图 3.5.231 所示，过点 D 作 $DG/\!/AC$ 交 BF 于点 G，先证 $BG = 2GF = 6GE$，再证 $BE = 7GE$。

证法 12：如图 3.5.232 所示，过点 D 作 $DG/\!/BF$ 交 AC 于点 G，先证 $EF = \frac{2}{3}DG$，再证 $BF = 3DG$。

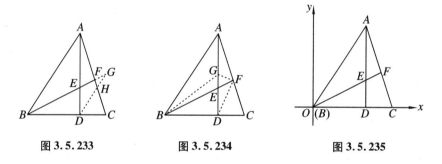

| 图 3.5.233 | 图 3.5.234 | 图 3.5.235 |

证法 13：如图 3.5.233 所示，过点 D 作 $DG/\!/AB$ 分别交 AC、BF 于点 H、G，先证 $\triangle ABE \backsim \triangle DGE$，再证 $\triangle ABC \backsim \triangle HDC$，后证 $\triangle ABF \backsim \triangle HGF$，$FG = \frac{1}{6}BF$，$HG = \frac{1}{6}AB$。

证法 14：如图 3.5.234 所示，取 AD 中点 G，连接 BG、GF、DF，利用 $S_{\triangle ABD} = 2S_{\triangle ADC}$，$2S_{\triangle BEG} = 7S_{\triangle FEG}$ 证明。

证法 15：如图 3.5.235 所示，建立平面直角坐标系，设 $A(a, b)$，$D(2c, 0)$，$C(3c, 0)$，$E\left(\frac{a+4c}{3}, \frac{b}{3}\right)$，求 k_{BEF} 和 BF、AC 的方程，再求 BE、EF。

116. 如图 3.5.236 所示，正方形 $ABCD$ 中，E 是 BC 上一点，且 $CD + CE = AE$，M 是 BC 的中点，连接 AM，求证：$\angle BAM = \frac{1}{2}\angle EAD$。

证法 1：如图 3.5.236 所示，在 AE 上取点 F，且使 $EF = EC$，连接 DF、FC，设 $\angle FAD = \alpha$，再取 CD 中点 H，连接 AH、FH，先证 $\angle EFC = \angle ECF = \frac{\alpha}{2}$，再证 $\triangle ADH \cong \triangle AFH$，后证 $\triangle ABM \cong \triangle ADH$。

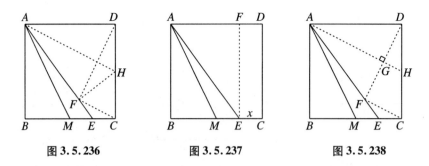

图 3.5.236   图 3.5.237   图 3.5.238

证法 2：如图 3.5.237 所示，设正方形边长为 a，EC 为 x，过点 E 作 $EF \perp AD$ 交 AD 于点 F，先求 $\tan \angle FAE = \dfrac{4}{3}$，$\tan \angle BAM = \dfrac{1}{2}$，而 $\tan 2 \angle BAM = \dfrac{2 \tan \angle BAM}{1 - \tan^2 \angle BAM} = \dfrac{4}{3}$。

证法 3：如图 3.5.238 所示，在 AE 上取 F 点使 $EF = EC$，连接 FD，过点 A 作 $AG \perp FD$ 交 FD 于点 G，延长 AG 交 CD 于点 H，先证 $\angle GAD = \angle GAF = \dfrac{1}{2} \angle EAD$，再证 $\triangle ABM \cong \triangle ADH$。

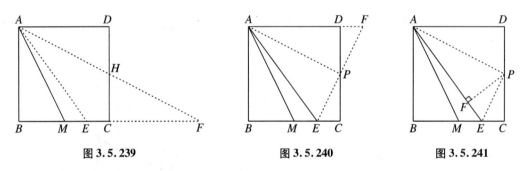

图 3.5.239   图 3.5.240   图 3.5.241

证法 4：如图 3.5.239 所示，延长 BC 至点 F 使 $CF = CD$，连接 AF 交 CD 于点 H，先证 $\triangle ABM \backsim \triangle FBA$。

证法 5：如图 3.5.240 所示，延长 AD 至点 F，且使 $DF = EC$，连接 EF 交 CD 于点 P，连接 AP，先证 $\triangle DFP \cong \triangle CEP$，再证 $\triangle AEP \cong \triangle AFP$，后证 $\triangle ABM \cong \triangle ADP$。

证法 6：如图 3.5.241 所示，作 $\angle EAD$ 的平分线 AP 交 CD 于点 P，过点 P 作 $PF \perp AE$ 且交 AE 于点 F，连接 PE，先证 $\triangle PFE \cong \triangle PCE$，再证 $\triangle ABM \cong \triangle ADP$。

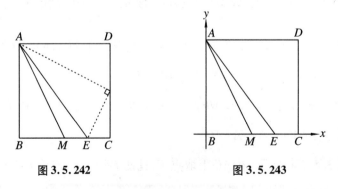

图 3.5.242   图 3.5.243

证法 7：如图 3.5.242 所示，$\because$ 四边形 $AECD$ 为梯形，且 $AE = AD + EC$，$\therefore$ $\angle DAE$ 与 $\angle AEC$ 的平分线相交于 CD 的中点且互相垂直。

证法 8：如图 3.5.243 所示，建平面直角坐标系，设正方形边长为 a，则 $B(0,0)$，$C(a,0)$，$D(a,a)$，$A(0,a)$，$M(\dfrac{a}{2},0)$，设 $E(x,0)$，则 $x=\dfrac{3}{4}a$，先求 $\tan\angle BAM=\dfrac{1}{2}$，再求 $\tan2\angle BAM=\dfrac{4}{3}$，$\tan\angle DAE=\dfrac{4}{3}$。

117. 已知梯形 $ABCD$，$AD\parallel BC$，E、F 分别是对角线 BD、AC 的中点，求证：$EF=\dfrac{1}{2}(BC-AD)$。

证法 1：如图 3.5.244 所示，连接 AE 延长交 BC 于点 G，先证 $\triangle AED\cong\triangle BEG$，再证 $GC=BC-BG=BC-AD$。

证法 2：如图 3.5.245 所示，延长 EF 分别交 AB、CD 于点 G、H，则 $GH\parallel AD\parallel BC$，所以 $EF=GH-GE-FH=\dfrac{1}{2}(BC+AD)-\dfrac{1}{2}AD-\dfrac{1}{2}AD$。

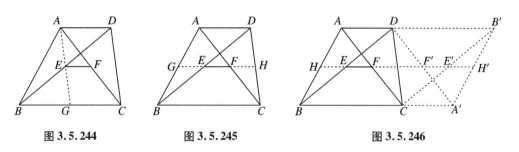

图 3.5.244　　　　　图 3.5.245　　　　　图 3.5.246

证法 3：如图 3.5.246 所示，延长 AD 至点 B'，使 $DB'=BC$，延长 BC 至点 A'，使 $CA'=AD$，连接 $A'B'$，先证四边形 $ABA'B'$ 为 $\square$，再证 $2EF=BC+AD-2AD$。

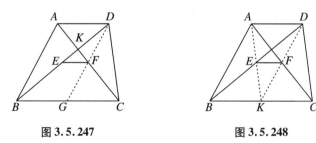

图 3.5.247　　　　　　图 3.5.248

证法 4：如图 3.5.247 所示，设 AC、BD 交于点 K，连接 DF 交 BC 于点 G，设上、下两底分别为 a、b，则 $\dfrac{AK}{KC}=\dfrac{a}{b}$，$\dfrac{KF}{FC}=\dfrac{b-a}{b+a}$。

证法 5：如图 3.5.248 所示，连接 AE 并延长交 BC 于点 K，连接 DK，先证四边形 $ABKD$ 为 $\square$，再证 $EF=\dfrac{1}{2}KC$。

证法 6：如图 3.5.249 所示，连接 BF 并延长交 AD 的延长线于点 K，连接 KC，先证 $EF=\dfrac{1}{2}DK$，再证 $DK=BC-AD$。

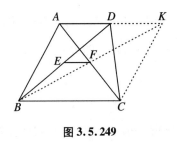

图 3.5.249

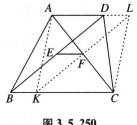

图 3.5.250

证法 7:如图 3.5.250 所示,过点 F 作 $KL /\!/ BD$ 交 BC 于点 K,交 AD 的延长线于点 L,连接 AK、LC,先证 $EF = BK = DL$,再证 $AL = KC$。

证法 8:如图 3.5.251 所示,取 AD 中点 K,连接 KE 并延长交 BC 于点 L,连接 KF 并延长交 BC 于点 H,先证 $EF = \dfrac{1}{2}LH$,再证 $AD = BL + HC$。

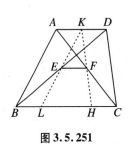

图 3.5.251

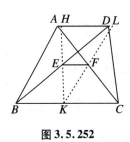

图 3.5.252

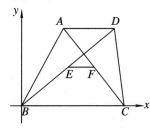

图 3.5.253

证法 9:如图 3.5.252 所示,取 BC 中点 K,连接 KE、KF 且延长分别交 AD 于点 H、L,先证 $EF = \dfrac{1}{2}HL$,再证 $EF = \dfrac{1}{2}(BC - AD)$。

证法 10:如图 3.5.253 所示,建平面直角坐标系,设 $A(a,b)$,$B(0,0)$,$C(e,0)$,$D(f,b)$,$E\left(\dfrac{f}{2},\dfrac{b}{2}\right)$,$F\left(\dfrac{a+e}{2},\dfrac{b}{2}\right)$,则有 $EF /\!/ BC /\!/ AD$,再求 $EF = \dfrac{a+e-f}{2}$,$\dfrac{1}{2}(BC - AD) = \dfrac{e}{2} - \dfrac{f-a}{2}$ $= \dfrac{a+e-f}{2}$。

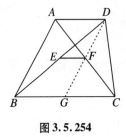

图 3.5.254

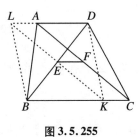

图 3.5.255

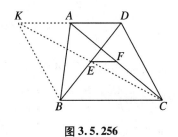

图 3.5.256

证法 11:如图 3.5.254 所示,连接 DF 并延长交 BC 于点 G,先证 $\triangle ADF \cong \triangle CGF$,$BG = BC - CG = BC - AD$。

证法 12:如图 3.5.255 所示,过点 E 作 $KL /\!/ AC$ 交 BC 于点 K,交 DA 的延长线于点 L,先证 $EF = AL = KC$,再证 $DL = BK$,连接 BL、DK。

证法 13：如图 3.5.256 所示，连接 CE 交 DA 的延长线于点 K，连接 KB，先证 $EF = \frac{1}{2}AK$，再证四边形 $KDCB$ 为 $\square$，$AK = DK - AD = BC - AD$。

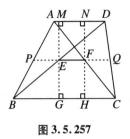

图 3.5.257

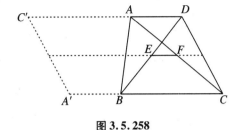

图 3.5.258

证法 14：如图 3.5.257 所示，过点 E 作 $ME \perp AD$ 于点 M，作 $EG \perp BC$ 于点 G，过点 F 作 $FN \perp AD$ 于点 N，作 $FH \perp BC$ 于点 H，双向延长 EF 分别交 AB、CD 于点 P、Q，先证 $MN = EF = GH$，再证 PE、FQ 为直角梯形的中位线，代换即可得证。

证法 15：如图 3.5.258 所示，延长 DA 使 $AC' = BC$，延长 CB 使 $BA' = AD$，连接 $A'C'$，先证四边形 $A'CDC'$ 为 $\square$，再证 $2EF = BC + AD - 2AD$，故 $EF = \frac{1}{2}(BC - AD)$。

证法 16：如图 3.5.259 所示，过点 A 作 $AH /\!/ DB$ 交 CB 的延长线于点 H，延长 FE 交 AH 于点 G，先证四边形 $ADBH$ 为 $\square$，再证 FG 为 $\triangle AHC$ 的中位线，$EF + EG = \frac{1}{2}HC = \frac{1}{2}(AD + BC)$，$EG = AD = HB$。

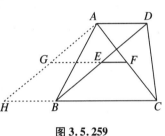

图 3.5.259

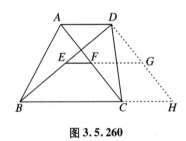

图 3.5.260

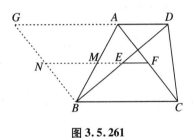

图 3.5.261

证法 17：如图 3.5.260 所示，过点 D 作 $DH /\!/ AC$ 交 BC 延长线于点 H，延长 EF 交 DH 于点 G，先证四边形 $ADHC$ 为 $\square$，再证 EG 为 $\triangle DBH$ 的中位线。

证法 18：如图 3.5.261 所示，过点 B 作 $BG /\!/ CA$ 交 DA 延长线于点 G，延长 FE 交 AB 于点 M，交 BG 于点 H，先证四边形 $GACB$ 为 $\square$，则 $EF + ME + HM = BC$，再证 ME、MF 分别为 $\triangle BAD$、$\triangle ABC$ 的中位线，则 $EF + \frac{1}{2}AD + \frac{1}{2}BC = BC$。

证法 19：如图 3.5.262 所示，过点 C 作 $CG /\!/ BD$ 交 AD 延长线于点 G，延长 EF 交 CD 于点 M，交 CG 于点 H，先证四边形 $BDGC$ 为 $\square$，再证 EM、FM 分别为 $\triangle DBC$、$\triangle ADC$ 的中位线，$EF + FM + MH = BC$，$EF + \frac{1}{2}AD + \frac{1}{2}BC = BC$。

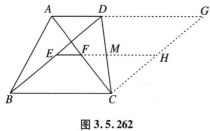

图 3.5.262

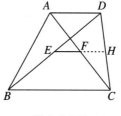

图 3.5.263

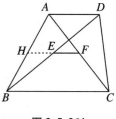

图 3.5.264

证法 20:如图 3.5.263 所示,延长 EF 交 CD 于点 H,先证 EH、FH 分别为 $\triangle DBC$、$\triangle ADC$ 的中位线,则 $EF + FH = \frac{1}{2}BC$,$EF + \frac{1}{2}AD = \frac{1}{2}BC$。

证法 21:如图 3.5.264 所示,延长 FE 交 AB 于点 H,先证 FH、HE 分别为 $\triangle ABC$、$\triangle ABD$ 的中位线,则 $EF + HE = \frac{1}{2}BC$,$EF + \frac{1}{2}AD = \frac{1}{2}BC$。

118. 如图 3.5.265 所示,设 $\angle AOB = 120°$,它的角平分线为 OC,直线 l 与 OA、OB、OC 的交点分别为 M、N、P,如果 $OM = R_1$,$ON = R_2$,$OP = R$,求证:$\frac{1}{R} = \frac{1}{R_1} + \frac{1}{R_2}$。

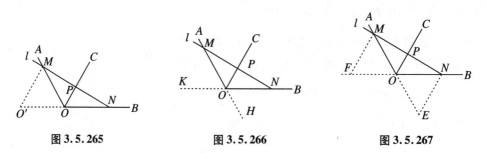

图 3.5.265　　　　图 3.5.266　　　　图 3.5.267

证法 1:如图 3.5.265 所示,延长 BO 至点 O',使 $OO' = OM$,连接 $O'M$,先证 $\triangle MOO'$ 为等边三角形,再证 $OC // O'M$,后证 $\frac{R_2}{R_1 + R_2} = \frac{R}{R_1}$。

证法 2:如图 3.5.266 所示,在 NO 及 MO 的延长线上分别取点 K 和 H,先证 OM 是 $\angle PON$ 的外角平分线,再证 ON 是 $\angle MOP$ 的外角平分线,后证 $\frac{R}{R_2} = \frac{MP}{MN}$,$\frac{R}{R_1} = \frac{NP}{MN}$,相加即可。

证法 3:如图 3.5.267 所示,延长 NO 到点 F,延长 MO 到点 E,使 $OF = OM$,$OE = ON$,先证 $NE // OP // MF$,从而 $\triangle MOP \backsim \triangle MEN$,$\triangle NOP \backsim \triangle NFM$。

证法 4:如图 3.5.268 所示,过点 P 作 $PS // ON$ 交 OM 于点 S,先证 $\triangle OPS$ 是正 $\triangle$,再按比例代换。

证法 5:如图 3.5.269 所示,作点 M 关于 ON 的对称点 M',利用 ON 为 $\angle M'NM$ 的平分线、OP 为 $\angle MON$ 的平分线证明,再作点 N 关于直线 OM 的对称点 N',后证 $\frac{OP}{OM} = \frac{PN}{MN}$,$\frac{OP}{ON}$ $= \frac{PM}{MN}$。

证法 6:如图 3.5.270 所示,过点 P 作 $PS // OM$ 交 ON 于点 S,先证 $\triangle OPS$ 是正 $\triangle$,再按比

例代换。

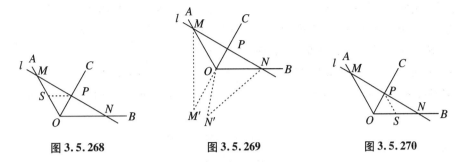

图 3.5.268   图 3.5.269   图 3.5.270

证法 7:(用面积法证明)如图 3.5.266 所示,$\because S_{\triangle MPO} + S_{\triangle NPO} = S_{\triangle MON}$,

$\therefore \frac{1}{2}R_1 R\sin 60° + \frac{1}{2}R_2 R\sin 60° = \frac{1}{2}R_1 R_2\sin 120°$,又 $\sin 60° = \sin 120°$,

$\therefore R_1 R + R_2 R = R_1 R_2$,$\therefore \frac{1}{R} = \frac{1}{R_1} + \frac{1}{R_2}$。

证法 8:如图 3.5.271 所示,过点 M 作 $MS // ON$ 交 OC 于点 S,先证 $\triangle MSO$ 为正 $\triangle$,再由 $MS // ON$ 得比例式代换。

证法 9:如图 3.5.272 所示,过点 N 作 $NS // OM$ 交 OC 于点 S,先证 $\triangle NOS$ 为正 $\triangle$,再由 $NS // OM$ 得比例式代换。

证法 10:如图 3.5.273 所示,过点 N 作 $NS // OC$ 交 MO 的延长线于点 S,先证 $\triangle ONS$ 为正 $\triangle$,再由 $NS // OC$ 得比例式代换。

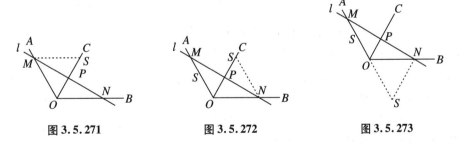

图 3.5.271   图 3.5.272   图 3.5.273

119. 如图 3.5.274 所示,在 $\triangle ABC$ 中,$\angle B = 60°$,AE、CD 为 $\triangle ABC$ 的两条高,求证:$DE = \frac{1}{2}AC$。

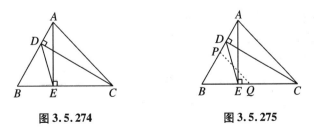

图 3.5.274   图 3.5.275

证法 1:如图 3.5.275 所示,取 AB 的中点 P,BC 的中点 Q,连接 PQ,先证 $BE = \frac{1}{2}AB =$

BP,再证 $BD = BQ$,后证 $\triangle BED \cong \triangle BPQ$。

证法2:如图3.5.274所示,先证 A、D、E、C 四点共圆,再证 $\triangle BDE \backsim \triangle BCA$。

证法3:(三角法)如图3.5.274所示,$\because DE : BE = \sin \angle B : \sin \angle BDE$,

$AC : AB = \sin \angle B : \sin \angle ACB$,可证 $DE : BE = AC : AB$。

证法4:(面积法)如图3.5.274所示,$\because S_{\triangle DBE} : S_{\triangle ABC} = (BD \cdot DE \sin \angle BDE) : (BC \cdot AC \sin \angle ACB)$,又 $\angle BDE = \angle ACB$,$\therefore S_{\triangle DBE} : S_{\triangle ABC} = (BD \cdot DE) : (BC \cdot AC)$,而 $\because S_{\triangle DBE} : S_{\triangle ABC} = BD^2 : BC^2$,

$\therefore (BD \cdot DE) : (BC \cdot AC) = BD^2 : BC^2$,

$\therefore DE : AC = BE : AB = 1 : 2$。

证法5:如图3.5.276所示,取 AC 中点 F,连接 DF、EF,先证 $DF = AF = CF = EF$,$\angle 1 = \angle BAC$,$\angle 2 = \angle BCA$,再证 $\triangle DEF$ 为等边三角形,则 $DE = DF = \frac{1}{2}AC$。

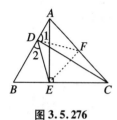

图3.5.276

120.已知 $\triangle ABC$ 的三个内角对边分别是 a、b、c,且 $a^2 = b(b + c)$,求证:$\angle A = 2\angle B$。

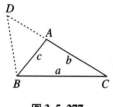

图3.5.277

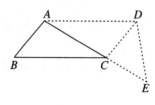

图3.5.278

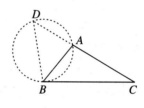

图3.5.279

证法1:如图3.5.277所示,延长 CA 至点 D,连接 BD,使 $AD = AB = c$,则 $\angle ABD = \angle D$,先证 $\triangle BCA \backsim \triangle DCB$,再证 $\angle BAC = \angle ABD + \angle D = 2\angle D = 2\angle ABC$。

证法2:如图3.5.278所示,过点 A 作 $AD \parallel BC$,延长 AC 至点 E,使 $CE = AB$,连接 CD、DE,先证 $\triangle BCA \backsim \triangle EAD$,再证 $\angle ACD = 2\angle DEA$。

证法3:如图3.5.279所示,延长 CA 至点 D,使 $AD = AB$,则 $\angle ADB = \angle ABD$,$CB^2 = CA \cdot CD$,

过点 A、B、D 作圆,则有 $\angle ABC = \angle ADB$,

故 $\angle BAC = 2\angle ADB = 2\angle ABC$。

证法4:如图3.5.280所示,延长 $\triangle ABC$ 的 BC 边至点 D,使 $CD = CB$,过 A、B、D 三点作圆,又延长 AC 与圆交于点 E,连接 DE,则 $\angle B = \angle E$,$BC \cdot CD = BC^2 = AC \cdot CE$,所以 $CE = b + c$,在 CE 上截取 $CF = AC$,易证 $\triangle ABC \cong \triangle FDC$,后证 $\angle E = \angle FDE$。

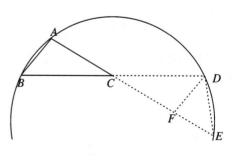

图3.5.280

121.已知 $\triangle ABC$ 中,三条中线 AD、BE、CF 的交点为 G,求证:$GC = 2GF$,$GB = 2GE$,$GA = 2GD$。

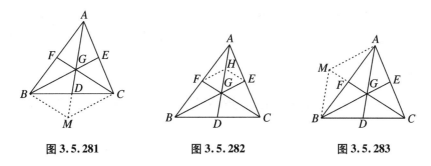

图 3.5.281   图 3.5.282   图 3.5.283

证法1:如图 3.5.281 所示,延长 AD 到点 M,使 $DM=DG$,连接 BM、CM,先证四边形 $BMCG$ 为▱,再证 $\triangle AGF \backsim \triangle AMB$。

证法2:如图 3.5.282 所示,取 GA 的中点 H,连接 FH、EH,先证 $EH /\!/ FC$,$FH /\!/ BE$,再证 $GEHF$ 为▱。

证法3:如图 3.5.283 所示,延长 GF 至点 M,使 $FM=GF$,连接 AM、BM,先证四边形 $AGBM$ 为▱,再证 $\triangle CGE \backsim \triangle CMA$。

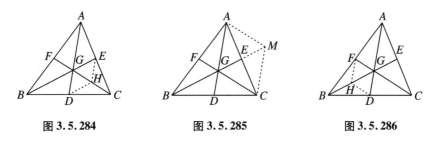

图 3.5.284   图 3.5.285   图 3.5.286

证法4:如图 3.5.284 所示,取 GC 中点 H,连接 EH、DH,先证四边形 $GEHD$ 为▱。

证法5:如图 3.5.285 所示,延长 GE 至点 M,使 $EM=GE$,先证四边形 $AGCM$ 为▱,再证 $\triangle BDG \backsim \triangle BCM$。

证法6:如图 3.5.286 所示,取 GB 中点 H,连接 HF、HD,先证四边形 $HFGD$ 为▱。

122. 已知 $\triangle ABC$ 中,$AB=AC$,$AB \perp AC$,BD 为 AC 上的中线,$AE \perp BD$ 交 BC 于点 E,求证:$BE=2EC$。

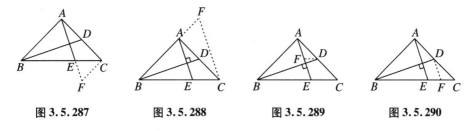

图 3.5.287   图 3.5.288   图 3.5.289   图 3.5.290

证法1:如图 3.5.287 所示,过点 C 作 $CF \perp AC$ 交 AE 延长线于点 F,先证 $\triangle ABD \cong \triangle CAF$,再证 $\triangle BAE \backsim \triangle CFE$。

证法2:如图 3.5.288 所示,延长 BA 至点 F,使 $AF=AD$,连接 CF,先证 $\triangle ABD \cong \triangle ACF$,再证 $AE /\!/ FC$。

证法3:如图 3.5.289 所示,过点 D 作 $DF /\!/ BC$ 交 AE 于点 F,用比例式代换。

证法 4:如图 3.5.290 所示,过点 D 作 $DF /\!/ AE$ 交 BC 于点 F,用比例式代换。

123. 如图 3.5.291 所示,已知 Rt$\triangle ABC$ 中,$BC = a$,$AC = b$,$AB = c$,$\angle C = 90°$,其内切圆直径为 d,求证:$d = \dfrac{ab}{a + b + c}$。

证法 1:如图 3.5.291 所示,过圆心 O 连接各切点 E、D、F,用勾股定理证明,$c = AD + BD = AF + BE$,则 $d = a + b - c$。

证法 2:如图 3.5.292 所示,过圆心 O 连接各切点 D、E、F,连接 OA、OB、OC,用面积证明 $S_{\triangle ABC} = S_{\triangle ABO} + S_{\triangle ACO} + S_{\triangle BCO}$。

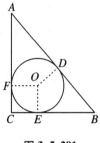

图 3.5.291

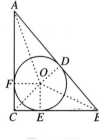

图 3.5.292

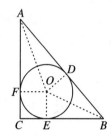

图 3.5.293

证法 3:如图 3.5.293 所示,连接 OA、OB、OE、OF、OD,证明 $S_{\triangle ABC} = S_{AFOD} + S_{BEOD} + S_{FCBO}$。

证法 4:如图 3.5.293 所示,设 $\angle FAO = \angle OAD = \alpha$,$\angle DBO = \angle OBE = \beta$,根据 $\tan(\alpha + \beta) = 1$,分别求出 $\tan\alpha$、$\tan\beta$,再根据和角列出等式。

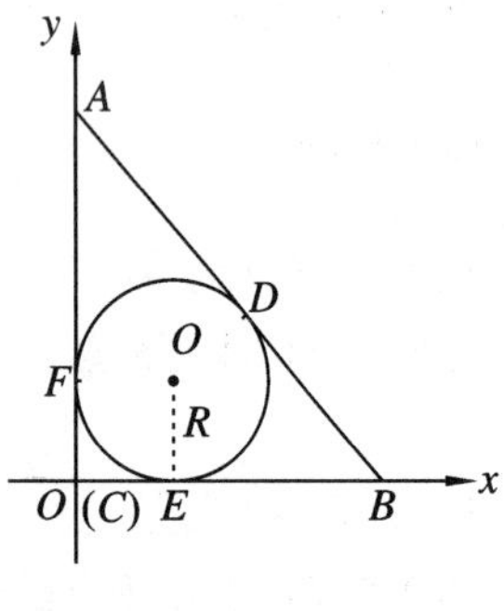

证法 5:如图 3.5.294 所示,建平面直角坐标系,设 $A(0, a)$,$B(b, 0)$,$C(0, 0)$,$O(R, R)$,求出 AB 的方程为 $ax + by - ab = 0$,AC 的方程为 $x = 0$,用点到直线距离公式求 $\dfrac{|aR + bR - ab|}{\sqrt{a^2 + b^2}} = R$,从而 $(a + b)^2 = c^2 + 2ab$。

图 3.5.294

124. 如图 3.5.295 所示,已知在 $\triangle ABC$ 中,$\angle B = 60°$,以 AC 为直径作 $\odot O$ 交 AB 于点 D,交 BC 于点 E,求证:$AC = 2DE$。

证法 1:如图 3.5.295 所示,连接 AE、CD,则 $\angle BDC = 90°$,$\angle B = 60°$,$\angle BCD = 30°$,$BC = 2BD$,同理 $AB = 2BE$,再证 $\triangle ABC \backsim \triangle EBD$,则有 $\dfrac{AC}{DE} = \dfrac{BC}{BD} = 2$,所以 $AC = 2DE$。

证法 2:如图 3.5.296 所示,连接 AE、CD,设 AE 交 CD 于点 F,则 $\triangle DFE \backsim \triangle AFC$,故有 $\dfrac{DE}{AC} = \dfrac{EF}{CF}$,$\because$ Rt$\triangle CEF$ 中,$\angle ECF = 30°$,$\therefore CF = 2EF$,$\therefore AC = 2DE$。

证法 3:如图 3.5.297 所示,分别取 AB、BC 的中点 M、N,连接 MN,则 $AC = 2MN$,由证法 1 知 $BC = 2BD$,$AB = 2BE$,则有 $\triangle BDE \cong \triangle BNM$,所以 $DE = MN$,故 $AC = 2DE$。

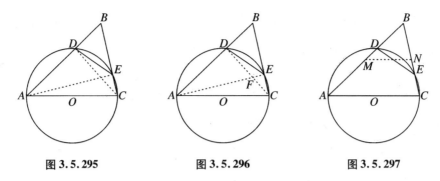

图 3.5.295　　　　　　图 3.5.296　　　　　　图 3.5.297

证法4:如图3.5.298所示,过点 D 作 $\odot O$ 的直径 DF ,连接 EF 、 DC , $\because \angle B = 60°$, $\angle DCE = 30°$, $\angle F = \angle DCE = 30°$, $\therefore DF = 2DE$, $\because DF = AC$, $\therefore AC = 2DE$ 。

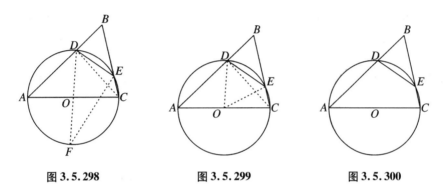

图 3.5.298　　　　　　图 3.5.299　　　　　　图 3.5.300

证法5:如图3.5.299所示,连接 OD 、 OE 、 CD ,则 $OD = OE = \dfrac{1}{2}AC$,先证 $\triangle DOE$ 为正 $\triangle$,再证 $DE = OE = \dfrac{1}{2}AC$ 。

证法6:如图3.5.300所示, $\because \angle B = 60°$, $\therefore \angle A + \angle C = 120°$,

$\therefore \overparen{ADE} + \overparen{DEC} \overset{m}{=} 240°$, $\overparen{AD} + \overparen{DEC} \overset{m}{=} 180°$,从而 $\overparen{DE} \overset{m}{=} 60°$, $DE = \dfrac{1}{2}AC$ 。

125. 如图3.5.301所示,已知 A 是半径 OB 的延长线上一点,且 $BA = OB$,又知 M 是 OB 的中点, P 为 $\odot O$ 上的一点, $PM \perp OB$,连接 OP ,求证: $PA = 2PM$ 。

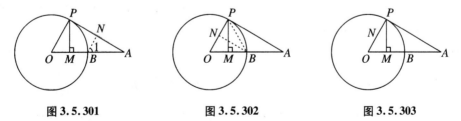

图 3.5.301　　　　　　图 3.5.302　　　　　　图 3.5.303

证法1:如图3.5.301所示,过点 B 作 $BN \parallel OP$ 交 PA 于点 N ,则 $\angle 1 = \angle O$, $AN = \dfrac{1}{2}PA$,

$AB = OB = OP$, $BN = \dfrac{1}{2}OP = \dfrac{1}{2}OB = OM$,再证 $\triangle ABN \cong \triangle POM$,从而 $PM = PN = \dfrac{1}{2}PA$ 。

证法 2：如图 3.5.302 所示，连接 PB，先证 $\triangle OPB$ 为等腰 $\triangle$，过点 B 作 PA 的平行线交 OP 于点 N，则 $BN = \dfrac{1}{2}PA$，$PM = BN$，故 $PM = \dfrac{1}{2}PA$。

证法 3：如图 3.5.303 所示，先证 $\triangle POM \backsim \triangle AOP$，后证 $\dfrac{PM}{PA} = \dfrac{OM}{OP} = \dfrac{1}{2}$。

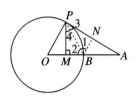

图 3.5.304

证法 4：如图 3.5.303 所示，设 $OB = OP = \gamma$，$\angle POA = \alpha$，先证 $OM = \dfrac{1}{2}\gamma$，$OA = 2\gamma$，再据余弦定理得 $PA^2 = OA^2 + OP^2 - 2OA \cdot OP\cos\alpha = 5\gamma^2 - 4\gamma^2\cos\alpha$，

$$PM^2 = OP^2 + OM^2 - 2OM \cdot OP\cos\alpha = \gamma^2 + \dfrac{1}{4}\gamma^2 - \gamma^2\cos\alpha,$$

故 $PA^2 = 4PM^2$，即 $PA = 2PM$。

证法 5：如图 3.5.304 所示，过点 B 作 $BN /\!/ OP$ 交 PA 于点 N，连接 PB，则 $\angle 1 = \angle OPB = \angle 2$，$BN = \dfrac{1}{2}OP = BM$，再证 $\triangle PMB \cong \triangle PNB$，$\therefore$ $\angle 3 = \angle 4$，因此 $\dfrac{PM}{PA} = \dfrac{MB}{BA} = \dfrac{1}{2}$，即 $PA = 2PM$。

126. 如图 3.5.305 所示，$\triangle ABC$ 内接于 $\odot O$，弦 CD 平分 $\angle ACB$，$\angle ACB = 90°$，求证：$CA + CB = \sqrt{2}CD$。

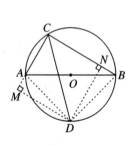
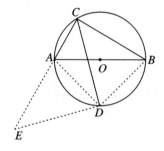

图 3.5.305　　　　图 3.5.306

证法 1：如图 3.5.305 所示，过点 D 作 $DM \perp AC$ 于点 M，作 $DN \perp BC$ 于点 N，连接 DA、DB，先证 $\triangle DAM \cong \triangle DBN$，后证 $CA + CB = CM + CN = 2CM = 2 \cdot \dfrac{\sqrt{2}}{2}CD = \sqrt{2}CD$。

证法 2：如图 3.5.306 所示，延长 CA 至点 E，使 $AE = BC$，连接 DE、AD、BD，证 $\triangle AED \cong \triangle BCD$，$\angle CDE = 90°$，$CA + CB = CE = \sqrt{2}CD$。

127. 如图 3.5.307 所示，$\odot O$ 和 $\odot O'$ 相交于 A、B 两点，且 $\odot O'$ 过 $\odot O$ 圆心，直线 PD 过 $O'O$ 交 $\odot O$ 于 C、D 两点，交 $\odot O'$ 于 P 点，AB 与 PD 交于 E 点，求证：$\dfrac{PA^2}{PD^2} = \dfrac{CE}{ED}$。

证法 1：如图 3.5.307 所示，连接 AC、AD，先证 $AC^2 = CE \cdot CD$，$AD^2 = ED \cdot CD$，再证 $\triangle PAC \backsim \triangle PDA$，$\dfrac{PA}{PD} = \dfrac{AC}{AD}$，所以 $\dfrac{PA^2}{PD^2} = \dfrac{CE}{ED}$。

证法 2：如图 3.5.307 所示，$\because CD$ 为 $\odot O$ 直径，先证 $\triangle CAE \backsim \triangle ADE$，$\therefore$ $\dfrac{CA^2}{AD^2} = \dfrac{CE}{DE}$，又 $\dfrac{AE}{DE}$

$= \dfrac{AC}{AD}$，故结论成立。

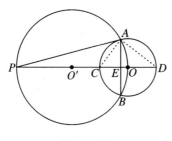

图 3.5.307

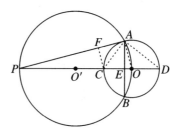

图 3.5.308

证法 3：如图 3.5.307 所示，$\because AE^2 = CE \cdot ED \therefore \dfrac{CE}{DE} = \dfrac{CE \cdot DE}{DE^2} = \dfrac{AE^2}{DE^2}$，再证 $\triangle ADE \backsim$

$\triangle CDA$，可得 $\dfrac{AE}{DE} = \dfrac{AC}{AD}$，代换即可。

证法 4：如图 3.5.308 所示，连接 CA、AD、OA，先证 $\angle PAC = \angle CAE$，$PA^2 = PC \cdot PD$，过点

C 作 $CF \perp PA$ 于点 F，则 $CE = CF$，再证 $\triangle PCF \backsim \triangle PAE$，可得 $\dfrac{PC}{PA} = \dfrac{CF}{AE} = \dfrac{CE}{AE}$，又 $\dfrac{PC}{PA} = \dfrac{PA}{PD}$，故结

论成立。

证法 5：如图 3.5.308 所示，易证 $\angle PAC = \angle CAE$，则有 $\dfrac{PC}{CE} = \dfrac{PA}{AE}$，同理 $\dfrac{PD}{DE} = \dfrac{PA}{AE}$，可得 $\dfrac{PC}{CE} =$

$\dfrac{PD}{DE}$，故 $\dfrac{PC}{PD} = \dfrac{CE}{DE}$。

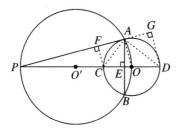

图 3.5.309

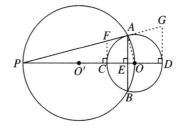

图 3.5.310

证法 6：如图 3.5.309 所示，连接 AC、AD、AO，过点 C 作 $CF \perp PA$ 于点 F，过点 D 作 $DG \perp$

PA 于点 G，先证 PA 为 $\odot O$ 的切线，$\angle PAC = \angle ADC = \angle CAE$，再证 $CF = CE$，$DE = DG$，

$\because CF /\!/ AO /\!/ GD, \therefore \dfrac{PC}{PD} = \dfrac{CF}{GD} = \dfrac{CE}{DE}, \therefore \dfrac{PA^2}{PD^2} = \dfrac{PC}{PD} = \dfrac{CE}{DE}$。

证法 7：如图 3.5.310 所示，过点 C 作 $CF \perp PD$ 交 PA 于点 F，过点 D 作 $GD \perp PD$ 交 PA

延长线于点 G，连接 OA，先证 PA、FC、DG 为 $\odot O$ 的切线，再证 $CF = FA$，$AG = GD$，后证 $\dfrac{PC}{PD} =$

$\dfrac{CF}{GD} = \dfrac{FA}{AG} = \dfrac{CE}{DE}$。

证法 8：如图 3.5.311 所示，连接 AC、AO、AD，过点 C 作 $CG /\!/ AD$ 交 PA 于点 G，作 $CF /\!/$

OA 交 PA 于点 F,先证 $\angle GCA = \angle CAD = 90°$,$\angle GCF = \angle PAC = \angle D$,再证 Rt $\triangle CGF \backsim$ Rt $\triangle DCA \backsim$ Rt $\triangle DAE$,所以 $\dfrac{CG}{AD} = \dfrac{CF}{DE} = \dfrac{CE}{DE}$。

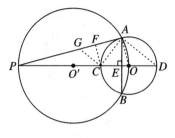

图 3.5.311

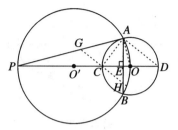

图 3.5.312

证法 9:如图 3.5.312 所示,连接 AC、AD、AO,易证 $\dfrac{PA^2}{PD^2} = \dfrac{PC}{PD}$,过点 C 作 $CG /\!/ AD$ 交 PA 于点 G,GC 的延长线交 AB 于点 H,再证 $\angle PAC = \angle CAE$,后证 $\dfrac{PC}{PD} = \dfrac{CG}{AD} = \dfrac{CH}{AD} = \dfrac{CE}{DE}$,故结论成立。

证法 10:如图 3.5.308 所示,连接 AC、AD、AO,证 $\triangle PAC \backsim \triangle PDA$,先证 $\dfrac{PA}{PD} = \dfrac{AC}{AD}$,再证

$\triangle CAE \backsim \triangle ADE$,所以 $\dfrac{S_{\triangle CAE}}{S_{\triangle ADE}} = \dfrac{CA^2}{AD^2} = \dfrac{\frac{1}{2}CE \cdot AE}{\frac{1}{2}DE \cdot AE} = \dfrac{CE}{DE}$。

证法 11:如图 3.5.308 所示,$PA^2 \cdot DE = (PE^2 + AE^2)(OD + EO) = (PE^2 + AE^2)(CE + 2EO)$,$PE \cdot EO = AE^2$,$CE + 2EO = ED$,又 $\because PD^2 \cdot CE = (PE + DE)^2 \cdot CE$,$AE^2 = CE \cdot DE$,

$\therefore$ 结论成立。

证法 12:如图 3.5.308 所示,$\because PE \cdot EO = CE \cdot ED$,$\therefore \dfrac{PE \cdot 2EO}{CE \cdot DE} = 2$,

$\dfrac{PE(2EO + CE - CE)}{CE \cdot DE} = 2$,$\dfrac{PE}{CE} - \dfrac{PE}{ED} = 2$,

$\therefore \dfrac{PE}{CE} - 1 = \dfrac{PE}{ED} + 1$,$\therefore \dfrac{PC}{CE} = \dfrac{PD}{ED}$,$\therefore \dfrac{PC}{PD} = \dfrac{CE}{DE}$,又 $\because PA^2 = PC \cdot PD$,$\therefore \dfrac{PA^2}{PD^2} = \dfrac{PC}{PD} = \dfrac{CE}{DE}$。

128. 如图 3.5.313 所示,已知 P 为正 $\triangle ABC$ 外接圆 $\overset{\frown}{AC}$(劣弧)上一点,求证:$PA + PC = PB$。

证法 1:如图 3.5.313 所示,在 PB 上取 $PD = PC$,连接 DC,先证 $\triangle PDC$ 为正 $\triangle$,从而 $PD = DC = CP$,$\angle 1 = 60° - \angle DCA = \angle 2$,再证 $\triangle PCA \cong \triangle DCB$,得 $DB = PA$,$\therefore PB = PD + DB = PC + PA$。

证法 2:如图 3.5.314 所示,在 PB 上取 $PD = PA$,连接 DA,仿证法 1 证明。

证法 3:如图 3.5.315 所示,根据托勒密定理,$\because ABCP$ 为 $\odot O$ 的内接四边形,

$\therefore PA \cdot BC + PC \cdot AB = AC \cdot PB$,$\because AB = BC = AC$,$\therefore PA + PC = PB$。

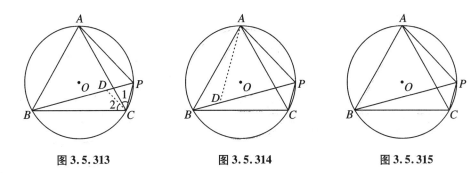

图 3.5.313　　　　　　　图 3.5.314　　　　　　　图 3.5.315

证法 4：如图 3.5.316 所示，设 $\angle ACP = \alpha$，外接圆半径为 R，则 $\angle PCB = 60° + \alpha$，$\angle PAC = \angle PBC = 60° - \alpha$，由正弦定理得 $PB = 2R\sin(60° + \alpha)$，$PC = 2R\sin(60° - \alpha)$，$PA = 2R \cdot \sin\alpha$，所以 $PA + PC = 2R \cdot 2\sin30°\cos(30° - \alpha) = 2R\sin(60° + \alpha) = PB$。

证法 5：如图 3.5.315 所示，$\because S_{\triangle ABP} + S_{\triangle PBC} = S_{\triangle ABC} + S_{\triangle PAC}$，

$\therefore \dfrac{1}{2}PA \cdot PB\sin60° + \dfrac{1}{2}PC \cdot PB\sin60° = \dfrac{1}{2}AB \cdot AC\sin60° + \dfrac{1}{2}PA \cdot PC\sin120°$，即 $PA \cdot PB + PC \cdot PB = AB^2 + PA \cdot PC$，

$\because AB^2 = BC^2 = PB^2 + PC^2 - 2PB \cdot PC \cdot \cos60°$，$\therefore PB(PA + PC) = PB^2 + PC^2 - PB \cdot PC + PA \cdot PC$，$(PA + PC)(PB - PC) = PB(PB - PC)$，$\therefore$ 结论成立。

证法 6：如图 3.5.317 所示，延长 CP 至点 D，使 $PD = PA$，先证 $\triangle APD$ 为正 $\triangle$ 和 $\triangle ABP \cong \triangle ACD$，从而 $PB = CD = PC + PD = PC + PA$。

证法 7：如图 3.5.318 所示，延长 PA 至点 D，使 $AD = PC$，连接 BD，仿证法 6 证明。

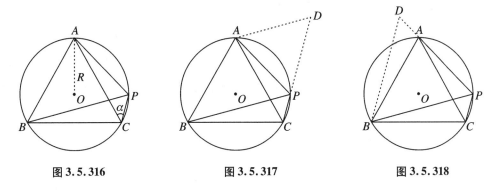

图 3.5.316　　　　　　　图 3.5.317　　　　　　　图 3.5.318

证法 8：如图 3.5.319 所示，设 PB 交 AC 于点 Q，先证 $\triangle BCP \backsim \triangle BQC$，再证 $\triangle ABP \backsim \triangle QBA$，设 $AB = BC = AC = a$，$CQ = m$，$AQ = n$，$BQ = b$，则有 $PC = \dfrac{am}{b}$，$PA = \dfrac{an}{b}$，$PB = \dfrac{a^2}{b}$。

证法 9：如图 3.5.320 所示，延长 AP 至点 F，使 $PF = PC$，连接 CF，先证 $\triangle CPF$ 为正 $\triangle$，再证 $\triangle ACF \cong \triangle BCP$。

证法 10：如图 3.5.319 所示，设 $PA = x_1$，$PC = x_2$，$AB = BC = a$，

则有 $a^2 = PB^2 + x_1{}^2 - x_1 \cdot PB$，$a^2 = PB^2 + x_2{}^2 - x_2 \cdot PB$，

所以 x_1、x_2 是方程 $x^2 - PBx + PB^2 - a^2 = 0$ 的两个根，

故 $x_1 + x_2 = PB$，即 $PA + PC = PB$。

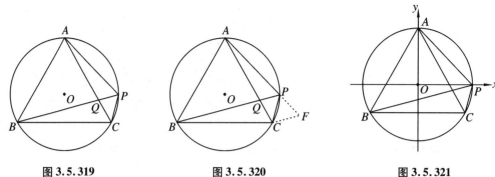

图 3.5.319　　　　　　图 3.5.320　　　　　　图 3.5.321

证法 11：如图 3.5.321 所示，建平面直角坐标系，设 $A(0,R)$，$B(-\frac{\sqrt{3}}{2}R,-\frac{R}{2})$，$C(\frac{\sqrt{3}}{2}R,$

$-\frac{R}{2})$，$P(x,y)$，则 $x^2+y^2=R^2$，$PB^2=(x+\frac{\sqrt{3}}{2}R)^2+(y+\frac{R}{2})^2=2R^2+\sqrt{3}Rx+Ry$，

可得 $(PA+PC)^2=2AC^2-(PA^2+PC^2)=2R^2+\sqrt{3}Rx+Ry$，故 $PB=PA+PC$。

129. 如图 3.5.322 所示，已知 $\odot O$ 内接四边形 $ABCD$，$AC\perp BD$，$OE\perp AB$ 于点 E，求证：OE

$=\frac{1}{2}CD$。

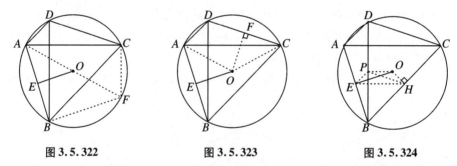

图 3.5.322　　　　　　图 3.5.323　　　　　　图 3.5.324

证法 1：如图 3.5.322 所示，作直径 AF，连接 BF、CF，先证 $FB=CD$，再证 $OE=\frac{1}{2}BF=\frac{1}{2}$

CD。

证法 2：如图 3.5.323 所示，连接 OA、OC，过点 O 作 $OF\perp CD$ 交 CD 于点 F，先证 Rt$\triangle AOE$

$\cong$Rt$\triangle COF$，再证 $DF=CF=\frac{1}{2}CD$。

证法 3：如图 3.5.324 所示，过点 O 作 $OH\perp BC$ 于点 H，连接 EH，过点 O 作 $OP\perp BD$ 于点

P，连接 PH、PE，则先证 $\triangle PEH\backsim\triangle DAC$，再证 $\triangle PEH\cong\triangle OHE$，后证 $PH=\frac{1}{2}CD=OE$。

证法 4：如图 3.5.325 所示，设 AC、BD 相交于点 P，取 DC 中点 F，连接 PF 交 AB 于点 G，

先证 $FP\parallel OE$，再证 $PE\parallel OF$，后证四边形 $PEOF$ 是□。

证法 5：如图 3.5.326 所示，作直径 AG，连接 BG，设 AC、BD 相交于点 P，先证 Rt$\triangle ABG\backsim$

Rt$\triangle BPC$，再证 $BG=CD$，后证 OE 为 $\triangle ABG$ 的中位线。

证法 6：如图 3.5.327 所示，在 BD 上截取 $BQ=DP$，过点 Q 作 $FG\perp BD$ 交圆于点 F、G，连

接 BG，先证 AG 是 $\odot O$ 的直径，再证 $OE=\frac{1}{2}BG=\frac{1}{2}CD$。

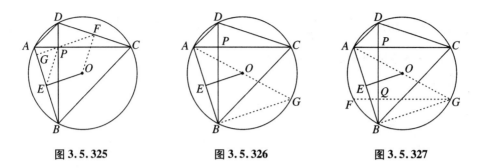

图 3.5.325   图 3.5.326   图 3.5.327

证法 7:如图 3.5.328 所示,作直径 BF,连接 AF,先证 $\angle FAC = \angle ACD$,再证 $CD = AF$,后证 $OE = \dfrac{1}{2}AF = \dfrac{1}{2}CD$。

证法 8:如图 3.5.329 所示,作直径 DF,连接 CF,取 CF 中点 G,连接 OG、EG、BF,先证 $AB = CF$,$\angle EGO = \angle ACD$,再证明 $\angle EGO = \angle GEO$,得到 $OE = OG$,后用中位线定理证明。

证法 9:如图 3.5.330 所示,作直径 CF,连接 FD,过点 O 作 $OG \perp FD$ 于点 G,连接 GE、FB、AF,先证 $AD = FB$,$\angle AEG = \angle FGE$,再证 $\angle GEO = \angle EGO$,后用中位线定理证明。

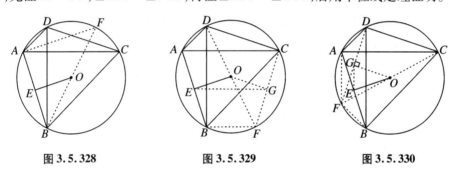

图 3.5.328   图 3.5.329   图 3.5.330

证法 10:如图 3.5.331 所示,建平面直角坐标系,则 $A(-a,\sqrt{1-a^2})$,$C(a,\sqrt{1-a^2})$,$B(-c,-\sqrt{1-c^2})$,$D(-c,\sqrt{1-c^2})$,$E\left(-\dfrac{a+c}{2},\dfrac{\sqrt{1-a^2}-\sqrt{1-c^2}}{2}\right)$,计算 OE、CD,从而 $OE = \dfrac{1}{2}CD$。

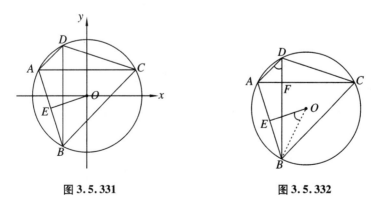

图 3.5.331   图 3.5.332

证法 11:如图 3.5.332 所示,连接 BO,设 AC 交 BD 于点 F,先证 $\text{Rt}\triangle BOE \backsim \text{Rt}\triangle ADF$,再

证 Rt$\triangle ABF \backsim$Rt$\triangle DCF$,由$\dfrac{OE}{BE}=\dfrac{DF}{AF}$,$BE=\dfrac{1}{2}AB$,从而$\dfrac{2OE}{AB}=\dfrac{DF}{AF}$,又$\dfrac{CD}{AB}=\dfrac{DF}{AF}$,则$OE=\dfrac{1}{2}CD$。

130. 如图 3.5.333 所示,已知 PA、PB 与$\odot O$ 相切于点 A,B,AC 是$\odot O$ 的直径,求证:$\angle APB=2\angle BAC$。

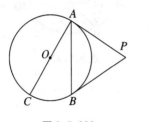 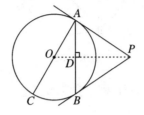 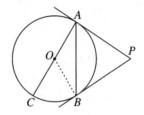

图 3.5.333   图 3.5.334   图 3.5.335

证法 1:如图 3.5.333 所示,先证 $OA \perp AP$,$\triangle PAB$ 为等腰$\triangle$。

证法 2:如图 3.5.334 所示,连接 OP 交 AB 于点 D,$\angle ADO=90°$,又$\angle APO=\angle BPO=\dfrac{1}{2}$$\angle APB$,后证 Rt$\triangle AOD\backsim$Rt$\triangle POA$。

证法 3:如图 3.5.335 所示,连接 OB,先证 O、A、P、B 四点共圆,后证$\angle COB=\angle APB$,$\angle COB=2\angle BAC$,故$\angle APB=2\angle BAC$。

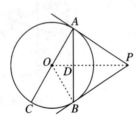   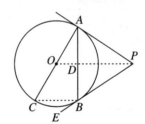

图 3.5.336   图 3.5.337

证法 4:如图 3.5.336 所示,连接 OB、OP,先证 O、A、P、B 四点共圆。

证法 5:如图 3.5.337 所示,连接 BC、OP,OP 交 AB 于点 D,延长 PB 至点 E,先证$\angle EBC$ $=\angle BAC$,

$\because CB \perp AB$,$OD \perp AB$,$\therefore OP /\!/ CB$,$\therefore \angle EBC=\angle BPO$,

$\because \angle BPO=\dfrac{1}{2}\angle APB$,$\therefore \angle APB=2\angle BAC$。

131. 如图 3.5.338 所示,BC 是$\odot O$ 的直径,AC 是$\odot O$ 的切线,C 是切点,且 $AC=BC$,过点 C 作 AO 的垂线分别交 AO、AB 于点 F、E,求证:$AE=2BE$。

证法 1:如图 3.5.338 所示,过点 O 作 $OD /\!/ CE$ 交 AB 于点 D,先证 $DE=\dfrac{1}{2}BE$,再证 $CO^2$$=FO \cdot AO$,$AC^2=AF \cdot AO$,后证 $CO=\dfrac{1}{2}AC$。

证法 2:如图 3.5.339 所示,过点 O 作 $OD /\!/ AB$ 交 CE 于点 D,先证$\triangle FOD\backsim\triangle FAE$,再证$\dfrac{FO}{AF}=\dfrac{1}{4}$,$\dfrac{1}{2}BE=OD$。

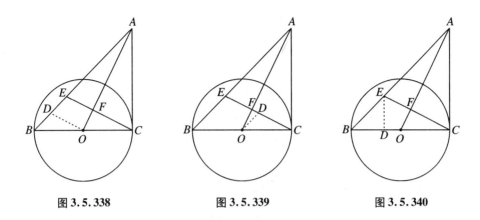

图 3.5.338　　　　　图 3.5.339　　　　　图 3.5.340

证法 3：如图 3.5.340 所示，过点 E 作 $ED \perp BC$ 于点 D，先证 $BD = DE$，再证 $\triangle ACO \backsim$ $\triangle CDE$，后证 $DE /\!/ AC$，则 $\dfrac{BE}{AE} = \dfrac{BD}{CD}$。

证法 4：如图 3.5.341 所示，过点 B 作 $BM /\!/ EC$ 交 AO 的延长线于点 M，先证 $\dfrac{FO}{AF} = \dfrac{1}{4}$，再 证 $\triangle BMO \cong \triangle CFO$，后证 $\dfrac{FM}{AF} = \dfrac{1}{2}$。

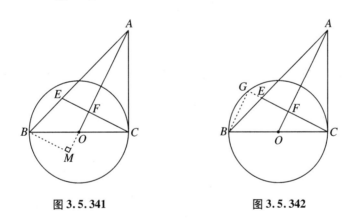

图 3.5.341　　　　　　　　　图 3.5.342

证法 5：如图 3.5.342 所示，延长 CE 交 $\odot O$ 于点 G，连接 BG，先证 $\triangle ACF \cong \triangle CBG$，再证 $\triangle AFC \backsim \triangle ACO$，后证 $\triangle AEF \backsim \triangle BEG$。

132. 如图 3.5.343 所示，已知 OA、OB 为 $\odot O$ 的半径，$OA \perp OB$，P 为 OA 上一点，延长 BP 交 $\odot O$ 于点 Q，过点 Q 作 $\odot O$ 的切线交 OA 的延长线于点 R，求证：$RP = RQ$。

证法 1：如图 3.5.343 所示，作直径 BH，先证 $\angle 1 + \angle 3 = 90°$，再证 $\angle Q + \angle 3 = 90°$，

$\therefore \angle 1 = \angle Q$，即 $RQ = RP$。

证法 2：如图 3.5.344 所示，过点 B 作 $\odot O$ 的切线交 QR 的延长线于点 M，先证 $MB /\!/ AO$，

则 $\angle 1 = \angle 3$，又 $\because \angle 1 = \angle Q$，$\therefore \angle 3 = \angle Q$。

证法 3：如图 3.5.345 所示，作直径 AK，先证 $\overset{\frown}{AB} = \overset{\frown}{BK}$，再证 $\angle Q = \angle RPQ = \dfrac{1}{2} \overset{\frown}{BAQ}$，故 RP $= RQ$。

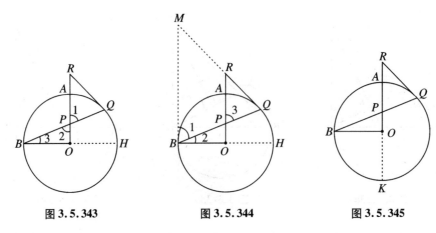

图 3.5.343　　　　　　　　图 3.5.344　　　　　　　　图 3.5.345

证法 4:如图 3.5.346 所示,作直径 BH,连接 QH,先证 P、O、H、Q 四点共圆,再证 $\angle 3 = \angle 4 = \angle 5$,即 $RQ = RP$。

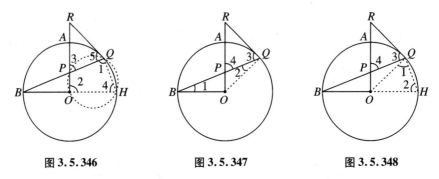

图 3.5.346　　　　　　　　图 3.5.347　　　　　　　　图 3.5.348

证法 5:如图 3.5.347 所示,连接 OQ,先证 $\angle 2 + \angle 3 = 90°$,再证 $\angle 1 + \angle 4 = 90°$,

$\because \angle 1 = \angle 2, \therefore \angle 3 = \angle 4$,即 $RP = RQ$。

证法 6:如图 3.5.348 所示,作直径 BH,连接 OQ、QH,先证 $\angle 1 = \angle 3$,再证 $\angle 2 = \angle 4$,则 $\angle 3 = \angle 4$,即 $RP = RQ$。

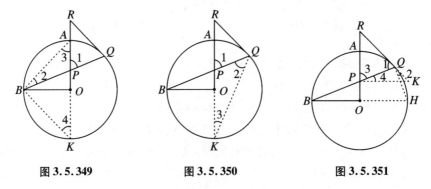

图 3.5.349　　　　　　　　图 3.5.350　　　　　　　　图 3.5.351

证法 7:如图 3.5.349 所示,作直径 AK,连接 AB、BK,先证 $\angle 3 = \angle 4$,再证 $\angle 1 = \angle 2 + \angle 3 = \dfrac{1}{2}\overparen{BAQ} = \angle Q$,即 $RQ = RP$。

证法 8:如图 3.5.350 所示,作直径 AK,连接 QK,先证 $\angle 1 = \angle 2 + \angle 3 = \dfrac{1}{2}\overparen{BAQ} = \angle Q$,故

$RQ = RP$。

证法 9:如图 3.5.351 所示,作直径 BH,连接 QH,延长 RQ,过点 P 作 $PK \perp OA$ 交 RQ 延长线于点 K,先证 $\angle 1 + \angle 2 = 90°$,$\angle 3 + \angle B = 90°$,再证明 $\angle B = \angle 2$。

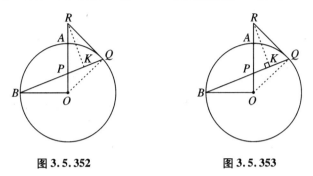

图 3.5.352　　　　　图 3.5.353

证法 10:如图 3.5.352 所示,过点 R 作 $RK \perp PQ$ 交 PQ 于点 K,连接 QO,先证 $\mathrm{Rt}\triangle PBO \backsim$ $\mathrm{Rt}\triangle PRK$,再证 RK 是 $\triangle RPQ$ 的高线与角平分线。

证法 11:如图 3.5.353 所示,过点 R 作 $RK \perp PQ$ 交 PQ 于点 K,连接 QO,证明 $\triangle BPO$ $\backsim \triangle RQK$。

六、求证线段成比例关系(133 ~ 153)

133. 如图 3.6.1 所示,已知在 $\triangle ABC$ 中,D 为 AC 上一点,E 为 CB 延长线上一点,且 $AD = EB$,又 ED 交 AB 于点 F,求证: $\dfrac{EF}{FD} = \dfrac{AC}{BC}$。

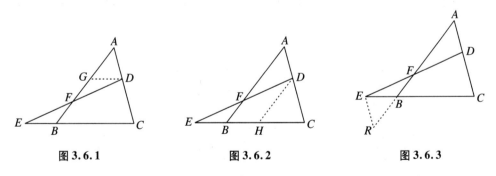

图 3.6.1　　　　　　图 3.6.2　　　　　　图 3.6.3

证法 1:如图 3.6.1 所示,过点 D 作 $DG /\!/ BC$ 交 AB 于点 G,先证 $\triangle EFB \backsim \triangle DFG$,再证 $\triangle AGD \backsim \triangle ABC$。

证法 2:如图 3.6.2 所示,过点 D 作 $DH /\!/ AB$ 交 BC 于点 H,先证 $\triangle EBF \backsim \triangle EHD$,再证 $\dfrac{AD}{BH} = \dfrac{AC}{BC}$。

证法 3:如图 3.6.3 所示,过点 E 作 $ER /\!/ AC$ 交 AB 的延长线于点 R,先证 $\triangle EFR \backsim$ $\triangle DFA$,再证 $\triangle ERB \backsim \triangle CAB$。

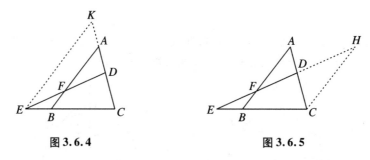

图 3.6.4　　　　　　　　图 3.6.5

证法 4：如图 3.6.4 所示，过点 E 作 $EK \parallel AB$ 交 CA 延长线于点 K，证明 $\triangle KDE \backsim \triangle ADF$。

证法 5：如图 3.6.5 所示，过点 C 作 $CH \parallel AB$ 交 ED 的延长线于点 H，先证 $\triangle ADF \backsim \triangle CDH$，后证 $\triangle EBF \backsim \triangle ECH$。

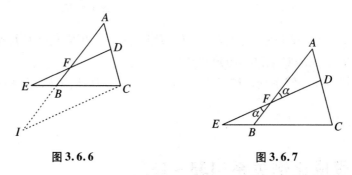

图 3.6.6　　　　　　　　图 3.6.7

证法 6：如图 3.6.6 所示，过点 C 作 $CI \parallel ED$ 且交 AB 的延长线于点 I，先证 $\triangle EBF \backsim \triangle CBI$，再证 $\triangle AFD \backsim \triangle AIC$。

证法 7：如图 3.6.7 所示，设 $\angle AFD = \angle BFE = \alpha$，在 $\triangle ADF$ 和 $\triangle BEF$ 中运用正弦定理证明。

134. 如图 3.6.8 所示，已知 $\triangle ABC$ 中，$\angle B = 45°$，$AD \perp BC$，$\angle BDE = \angle DAC$，求证：$\dfrac{AE}{BE} = \dfrac{AD}{DC}$。

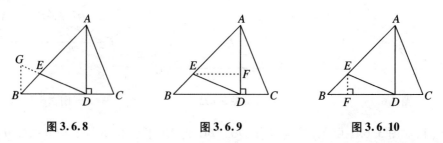

图 3.6.8　　　　　图 3.6.9　　　　　图 3.6.10

证法 1：如图 3.6.8 所示，过点 B 作 $BG \perp BC$，延长 DE 交 BG 于点 G，先证 Rt$\triangle ADC \cong$ Rt$\triangle DBG$，再证 $\triangle GBE \backsim \triangle DAE$，得 $DC = BG$，从而 $\dfrac{AE}{EB} = \dfrac{AD}{BG}$，则 $\dfrac{AE}{BE} = \dfrac{AD}{DC}$。

证法 2：如图 3.6.9 所示，过点 E 作 $EF \parallel BD$ 与 AD 交于点 F，则 $\dfrac{AE}{EB} = \dfrac{AF}{FD}$，只要证 $\triangle EFD \backsim \triangle ADC$ 即可。

证法 3：如图 3.6.10 所示，过点 E 作 $EF \perp BC$ 交 BC 于点 F，则 $\dfrac{AE}{BE} = \dfrac{FD}{BF} = \dfrac{FD}{EF}$，再证 $\triangle ADC \backsim \triangle DFE$。

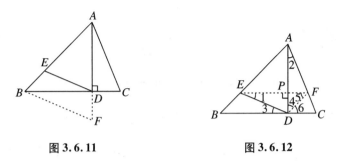

图 3.6.11　　　　　　　　图 3.6.12

证法 4：如图 3.6.11 所示，延长 AD 至点 F 使 $DF = DC$，连接 BF，先证 $\triangle ADC \cong \triangle BDF$，再证 $ED /\!/ BF$。

证法 5：如图 3.6.12 所示，过点 E 作 $EF /\!/ BC$ 交 AC 于点 F，交 AD 于点 P，连接 DF，则 $\angle FEA = \angle PAE = 45°$，$PE = PA$，而 $\angle 1 = \angle 2 = \angle 3$，则 $Rt\triangle DPE \cong Rt\triangle FPA$，$A$、$E$、$D$、$F$ 四点共圆，$PD = PF$，所以 $\angle 4 = \angle 5 = \angle 6 = 45°$，$\therefore DF$ 是 $\angle ADC$ 的平分线，$\therefore \dfrac{AD}{DC} = \dfrac{AF}{CF} = \dfrac{AE}{BE}$。

135. 如图 3.6.13 所示，已知 O 为 $\triangle ABC$ 内任意一点，AO、BO、CO 之延长线分别交对边于点 D、E、F，求证：$\dfrac{OD}{AD} + \dfrac{OE}{BE} + \dfrac{OF}{CF} = 1$。

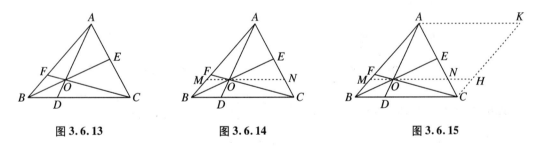

图 3.6.13　　　　　　图 3.6.14　　　　　　图 3.6.15

证法 1：如图 3.6.13 所示，$\because \dfrac{S_{\triangle OBC}}{S_{\triangle ABC}} = \dfrac{OD}{AD}$　①，$\dfrac{S_{\triangle OAC}}{S_{\triangle ABC}} = \dfrac{OE}{BE}$　②，$\dfrac{S_{\triangle OAB}}{S_{\triangle ABC}} = \dfrac{OF}{CF}$　③，

$\therefore$ ① + ② + ③ 可得证。

证法 2：如图 3.6.14 所示，过点 O 作 $MN /\!/ BC$ 分别交 AB、AC 于点 M、N，则 $\dfrac{OE}{BE} = \dfrac{ON}{BC}$，$\dfrac{OF}{CF}$

$= \dfrac{MO}{BC}$，又 $\dfrac{MN}{BC} = \dfrac{AM}{AB} = \dfrac{AO}{AD}$，相加即可得证。

证法 3：如图 3.6.15 所示，以 AB、BC 为两边作 $\square ABCK$，过点 O 作 BC 的平行线，分别交 AB、AC、CK 于点 M、N、H，$\therefore \dfrac{OF}{CF} = \dfrac{OM}{BC}$，$\dfrac{OE}{BE} = \dfrac{ON}{BC}$，$\dfrac{OD}{AD} = \dfrac{CN}{AC} = \dfrac{NH}{BC}$，$\therefore$ 相加即可得证。

136. 如图 3.6.16 所示，已知一直线截 $\triangle ABC$ 的三边 BC、CA、AB 于点 D、E、F，求证：$\dfrac{AF}{FB}$

$\cdot \dfrac{BD}{DC} \cdot \dfrac{CE}{EA} = 1$。

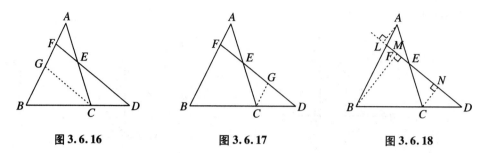

图 3.6.16   图 3.6.17   图 3.6.18

证法 1:如图 3.6.16 所示,过点 C 作 $CG /\!/ DF$ 交 AB 于点 G,则 $\dfrac{BD}{DC} = \dfrac{BF}{FG}$,$\dfrac{CE}{EA} = \dfrac{GF}{FA}$。

证法 2:如图 3.6.17 所示,过点 C 作 $CG /\!/ AB$ 交 ED 于点 G,则 $\dfrac{BD}{DC} = \dfrac{DF}{DG}$,$\dfrac{CE}{AE} = \dfrac{CG}{AF}$。

证法 3:如图 3.6.18 所示,过 A、B、C 三点各作 $AL \perp EF$,$BM \perp EF$,$CN \perp EF$,则 $\dfrac{AF}{FB} = \dfrac{AL}{BM}$,

$\dfrac{BD}{DC} = \dfrac{BM}{CN}$,$\dfrac{CE}{EA} = \dfrac{CN}{AL}$,相乘可得证。

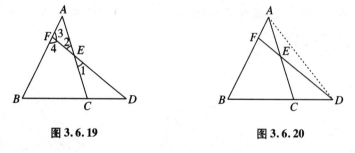

图 3.6.19   图 3.6.20

证法 4:如图 3.6.19 所示,由正弦定理得 $\dfrac{CE}{CD} = \dfrac{\sin D}{\sin \angle 1}$,$\dfrac{AF}{EA} = \dfrac{\sin \angle 2}{\sin \angle 3}$,$\dfrac{BD}{FB} = \dfrac{\sin \angle 4}{\sin \angle D}$,

$\because \sin \angle 1 = \sin \angle 2$,$\sin \angle 3 = \sin \angle 4$,$\therefore$ 相乘可得证。

证法 5:如图 3.6.20 所示,连接 AD,$\dfrac{CE}{EA} = \dfrac{S_{\triangle CED}}{S_{\triangle AED}} = \dfrac{CD \cdot \sin \angle CDE}{DA \cdot \sin \angle EDA}$,$\dfrac{AF}{FB} = \dfrac{DA \cdot \sin \angle EDA}{BD \cdot \sin \angle CDE}$。

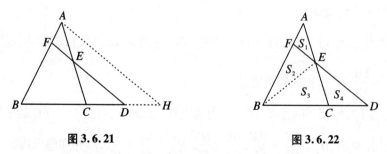

图 3.6.21   图 3.6.22

证法 6:如图 3.6.21 所示,过点 A 作 $AH /\!/ DF$ 交 BC 于点 H,先证 $\triangle BDF \backsim \triangle BHA$,$\triangle ECD \backsim \triangle ACH$。

证法7：如图3.6.22所示，连接BE，则$\dfrac{S_1}{S_2}=\dfrac{AF}{FB}$，$\dfrac{S_3+S_4}{S_4}=\dfrac{BD}{CD}$，

故$\dfrac{AF}{FB}\cdot\dfrac{BD}{DC}\cdot\dfrac{CE}{EA}=\dfrac{S_1}{S_4}\cdot\dfrac{S_3+S_4}{S_2}\cdot\dfrac{CE}{EA}=1$。

证法8：如图3.6.23所示，过点A作$AH\parallel BC$交DF延长线于点H，先证$\triangle FAH\backsim$ $\triangle FBD$，$\triangle EAH\backsim\triangle ECD$。

证法9：如图3.6.24所示，过点B作$BM\parallel AC$交DF于点M，先证$\triangle BMD\backsim\triangle CED$，$\triangle BMF\backsim\triangle AEF$。

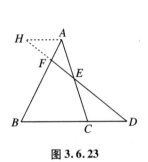
图3.6.23

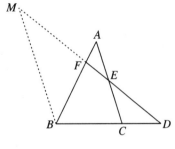
图3.6.24

137. 如图3.6.25所示，O为$\triangle ABC$内的一点，AO、BO、CO的延长线分别交对边于点D、E、F，试证：$\dfrac{AF}{FB}\cdot\dfrac{BD}{DC}\cdot\dfrac{CE}{EA}=1$。

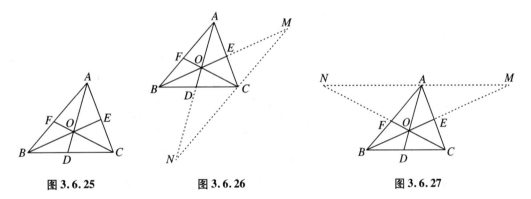

图3.6.25 　　　　　　图3.6.26 　　　　　　图3.6.27

证法1：如图3.6.25所示，CF为$\triangle ABD$截线，则$\dfrac{AF}{FB}\cdot\dfrac{BC}{DC}\cdot\dfrac{DO}{AO}$

$=1$，BE为$\triangle ADC$截线，则$\dfrac{AO}{OD}\cdot\dfrac{DB}{BC}\cdot\dfrac{CE}{EA}=1$，相乘可得证。

证法2：如图3.6.26所示，过点C作AB的平行线，分别交AD、BE于点N、M，则$\dfrac{AF}{FB}=\dfrac{NC}{CM}$，$\dfrac{BD}{DC}=\dfrac{AB}{NC}$，$\dfrac{CE}{EA}=\dfrac{CM}{AB}$，三式相乘即得证。

证法3：如图3.6.27所示，过点A作对边的平行线MN交BE于点M，交CF于点N，仿证法2。

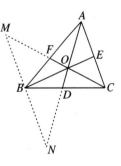
图3.6.28

证法4：如图3.6.28所示，过点B作对边的平行线MN交CF

于点 M,交 AD 于点 N,仿证法 2。

证法 5:如图 3.6.25 所示,由正弦定理得 $\dfrac{BD}{BO}=\dfrac{\sin\angle BOD}{\sin\angle BDO}$,$\dfrac{BF}{OB}=\dfrac{\sin\angle BOF}{\sin\angle BFO}$,两式相除得

$\dfrac{BD}{BF}$,同理得 $\dfrac{CE}{DC}$,$\dfrac{AF}{EA}$,相乘即得证。

证法 6:如图 3.6.29 所示,过点 A、C 各作 CF、AD 的平行线分别交 BE 的延长线于点 E'、C',AE' 与 CC' 相交于点 K,则 $\dfrac{AF}{FB}=\dfrac{OE'}{BO}$,$\dfrac{BD}{DC}=\dfrac{BO}{OC'}$,两式相乘得证。

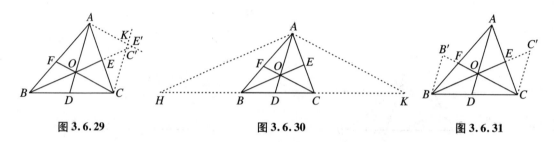

图 3.6.29　　　　　　　　　　图 3.6.30　　　　　　　　　　图 3.6.31

证法 7:如图 3.6.30 所示,过点 A 作 CF、BE 的平行线分别交 BC 两端延长线于点 K、H,则 $\dfrac{AF}{FB}=\dfrac{CK}{BC}$,$\dfrac{CE}{EA}=\dfrac{BC}{BH}$,且 $\dfrac{BD}{BH}=\dfrac{OD}{OA}=\dfrac{DC}{CK}$,故 $\dfrac{BD}{DC}=\dfrac{BH}{CK}$。

证法 8:如图 3.6.31 所示,过点 B、C 各作 AD 的平行线分别交 CF、BE 的延长线于 B'、C',则 $\dfrac{CE}{EA}=\dfrac{CC'}{AO}$,$\dfrac{AF}{FB}=\dfrac{AO}{BB'}$,两式相乘得证。

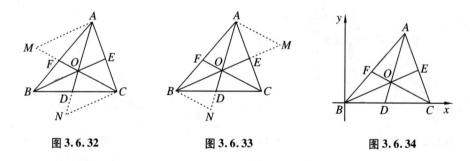

图 3.6.32　　　　　　　　　　图 3.6.33　　　　　　　　　　图 3.6.34

证法 9:如图 3.6.32 所示,过点 A、C 各作 BE 的平行线分别交 CF、AD 于点 M、N。

证法 10:如图 3.6.33 所示,过点 A、B 各作 CF 的平行线分别交 BE、AD 于点 M、N。

证法 11:如图 3.6.25 所示,$\dfrac{BD}{CD}=\dfrac{S_{\triangle ABD}}{S_{\triangle ADC}}=\dfrac{S_{\triangle OBD}}{S_{\triangle ODC}}=\dfrac{S_{\triangle ABD}-S_{\triangle OBD}}{S_{\triangle ADC}-S_{\triangle ODC}}=\dfrac{S_{\triangle ABO}}{S_{\triangle ACO}}$,同理得 $\dfrac{AF}{FB}=\dfrac{S_{\triangle ACO}}{S_{\triangle BCO}}$,$\dfrac{CE}{EA}=\dfrac{S_{\triangle BCO}}{S_{\triangle ABO}}$,三式相乘即可得证。

证法 12:如图 3.6.34 所示,建平面直角坐标系,设 $B(0,0)$,$A(x_1,y_1)$,$C(x_2,0)$,$O(x_0,y_0)$,$\dfrac{BD}{DC}=\lambda$,则 $D\left(\dfrac{\lambda x_2}{1+\lambda},0\right)$,

$$\because A、O、D \ 三点共线, \therefore \begin{vmatrix} x_1 & y_1 & 1 \\ x_0 & y_0 & 1 \\ \dfrac{\lambda x_2}{1+\lambda} & 0 & 1 \end{vmatrix} = 0,$$

得 $\lambda = \dfrac{BD}{DC} = \dfrac{x_0 y_1 - x_1 y_0}{x_2 y_1 - x_2 y_0 + x_1 y_0 - x_0 y_1}$, 同理得 $\dfrac{CE}{EA} = \dfrac{x_2 y_0}{x_0 y_1 - x_1 y_0}$, $\dfrac{AF}{FB} = \dfrac{x_2 y_1 - x_2 y_0 + x_1 y_0 - x_0 y_1}{x_2 y_0}$, 三式相乘即得证。

138. 如图 3.6.35 所示,△ABC 中,过 BC 中点 D 引一直线分别与边 AC 与 AB 的延长线相交于点 E、F,求证:$\dfrac{AE}{EC} = \dfrac{AF}{BF}$。

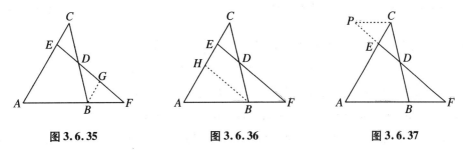

图 3.6.35　　　　　图 3.6.36　　　　　图 3.6.37

证法 1:如图 3.6.35 所示,过点 B 作 BG∥AC 交 EF 于点 G, $\therefore BG = CE$, 先证 △AEF∽△BGF, 再证 △BDG∽△CDE, 则 $\dfrac{AF}{BF} = \dfrac{AE}{BG}$, $\dfrac{BG}{CE} = \dfrac{BD}{CD} = 1$。

证法 2:如图 3.6.36 所示,过点 B 作 BH∥FE 交 AC 于点 H, 则 $\dfrac{AF}{BF} = \dfrac{AE}{HE}$, $\dfrac{CE}{EH} = \dfrac{CD}{DB} = 1$, 所以 $EC = EH$。

证法 3:如图 3.6.37 所示,过点 C 作 CP∥FA 交 FE 延长线于点 P, 先证 △AFE∽△CPE, 再证 △DBF∽△DCP, 则 $\dfrac{AF}{CP} = \dfrac{AE}{CE}$, $\dfrac{BF}{CP} = \dfrac{BD}{CD} = 1$, 故 $BF = CP$。

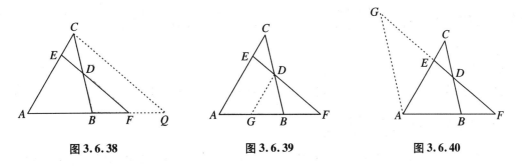

图 3.6.38　　　　　图 3.6.39　　　　　图 3.6.40

证法 4:如图 3.6.38 所示,过点 C 作 CQ∥EF 交 AF 的延长线于点 Q, 则 $\dfrac{AF}{FQ} = \dfrac{AE}{EC}$, $\dfrac{BF}{FQ} = \dfrac{BD}{DC} = 1$, 故 $BF = FQ$。

证法 5：如图 3.6.39 所示，过点 D 作 $DG/\!/AC$ 交 AB 于点 G。

证法 6：如图 3.6.40 所示，过点 A 作 $AG/\!/BC$ 交 FE 延长线于点 G。

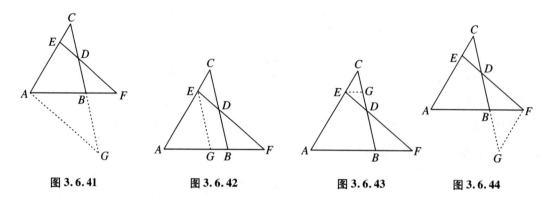

图 3.6.41　　　　　图 3.6.42　　　　　图 3.6.43　　　　　图 3.6.44

证法 7：如图 3.6.41 所示，过点 A 作 $AG/\!/EF$ 交 CB 延长线于点 G。

证法 8：如图 3.6.42 所示，过点 E 作 $EG/\!/BC$ 交 AB 于点 G。

证法 9：如图 3.6.43 所示，过点 E 作 $EG/\!/AB$ 交 BC 于点 G。

证法 10：如图 3.6.44 所示，过点 F 作 $FG/\!/AC$ 交 CB 延长线于点 G。

139. 如图 3.6.45 所示，P 是 $\triangle ABC$ 的内心，$PD/\!/AB$，$PE/\!/AC$，求证：$AB \cdot EC = AC \cdot BD$。

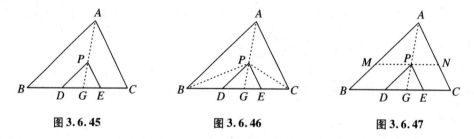

图 3.6.45　　　　　　图 3.6.46　　　　　　图 3.6.47

证法 1：如图 3.6.45 所示，连接 AP 并延长交 BC 于点 G，AG 平分 $\angle BAC$，则 $\dfrac{AB}{AC} = \dfrac{BG}{GC}$，又

$PD/\!/AB$，$PE/\!/AC$，故 $\dfrac{BG}{DG} = \dfrac{AG}{PG}$，$\dfrac{GC}{GE} = \dfrac{AG}{PG}$，再证 $\dfrac{BG}{GC} = \dfrac{DG}{GE}$，后证 $\dfrac{BD}{DG} = \dfrac{AP}{PG} = \dfrac{EC}{GE}$，故 $\dfrac{AB}{AC} = \dfrac{BG}{GC} = \dfrac{DG}{GE}$

$= \dfrac{BD}{EC}$。

证法 2：如图 3.6.46 所示，连接 BP、PC，连接 AP 并延长交 BC 于点 G，先证 $\triangle BPD$、$\triangle CPE$ 为等腰 $\triangle$，再证 $\dfrac{AB}{PD} = \dfrac{AG}{GP} = \dfrac{AC}{PE}$。

证法 3：如图 3.6.47 所示，过点 P 作 $MN/\!/BC$ 交 AB 于点 M，交 AC 于点 N，连接 AP 并延长交 BC 于点 G，则 $\dfrac{PM}{PN} = \dfrac{AM}{AN} = \dfrac{BD}{EC} = \dfrac{AB}{AC}$。

140. 如图 3.6.48 所示，已知 $\triangle ABC$ 中，AD 是角平分线，求证：$\dfrac{BD}{DC} = \dfrac{AB}{AC}$。

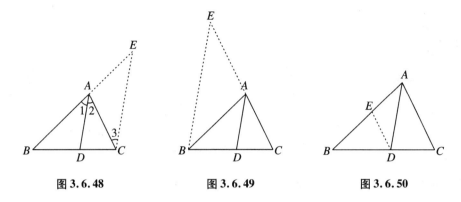

| 图 3.6.48 | 图 3.6.49 | 图 3.6.50 |

证法 1：如图 3.6.48 所示，过点 C 作 $CE // DA$ 交 BA 延长线于点 E，先证 $\angle E = \angle 3$，再证 $AE = AC$。

证法 2：如图 3.6.49 所示，过点 B 作 $BE // DA$ 交 CA 延长线于点 E。

证法 3：如图 3.6.50 所示，过点 D 作 $DE // AC$ 交 AB 于点 E。

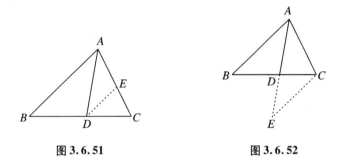

| 图 3.6.51 | 图 3.6.52 |

证法 4：如图 3.6.51 所示，过点 D 作 $DE // AB$ 交 AC 于点 E。

证法 5：如图 3.6.52 所示，过点 C 作 $CE // AB$ 交 AD 延长线于点 E。

证法 6：如图 3.6.53 所示，过点 B 作 $BE // AC$ 交 AD 延长线于点 E。

证法 7：如图 3.6.54 所示，设 $AB > AC$，在 AB 截取 $AM = AC$，连接 CM 交 AD 于点 N，过点 M 作 $ME // AD$ 交 BC 于点 E，$\because \angle 1 = \angle 2$，则 N 为 MC 中点，从而 D 为 EC 中点，又 $ME // AD$，则 $\dfrac{BA}{BD} = \dfrac{MA}{ED} = \dfrac{AC}{DC}$，从而得证。

证法 8：如图 3.6.55 所示，作 BC 边上的高 AG，过点 D 作 $DE \perp AB$ 于点 E，作 $DF \perp AC$ 于点 F，则先证 $DE = DF$，再求 $\dfrac{S_{\triangle ABD}}{S_{\triangle ADC}}$，代换即可得正。

证法 9：如图 3.6.56 所示，以 AD 为轴，作 B 点的轴对称点 B'，过 B' 作 $B'E // BC$ 交 AD 的延长线于点 E，BB' 交 AE 于点 F，先证 $\mathrm{Rt}\triangle BDF \cong \mathrm{Rt}\triangle B'EF$，再证 $\triangle ADC \backsim \triangle AEB'$。

证法 10：如图 3.6.55 所示，$\triangle ABD$、$\triangle ACD$ 的边 AD 上的高相同，

则有 $S_{\triangle ABD} : S_{\triangle ACD} = (AB \cdot AD \sin\angle BAD) : (AD \cdot AC \sin\angle DAC) = AB : AC$，故结论成立。

证法 11：如图 3.6.53 所示，在 $\triangle ABD$、$\triangle ACD$ 中用正弦定理，$BD : \sin\angle BAD = AB : \sin\angle ADB$，$DC : \sin\angle CAD = AC : \sin\angle ADC$。

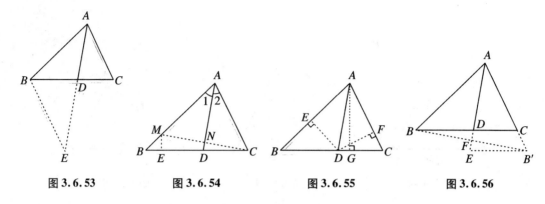

图 3.6.53　　　　图 3.6.54　　　　图 3.6.55　　　　图 3.6.56

证法 12：如图 3.6.57 所示，作 $\triangle ABC$ 的外接圆，延长 AD 交圆于点 E，连接 BE、EC，先证 $\triangle ABD \backsim \triangle CED$，再证 $\triangle ADC \backsim \triangle BDE$，后证 $\overset{\frown}{BE} = \overset{\frown}{CE}$，故结论成立。

证法 13：如图 3.6.57 所示，作 $\triangle ABC$ 的外接圆，延长 AD 交圆于点 E，连接 BE、EC，先证 $\triangle ABD \backsim \triangle AEC$，再证 $\triangle ACD \backsim \triangle AEB$，后证 $EB = EC$，故结论成立。

证法 14：（同一法证明）如图 3.6.58 所示，设 D' 是 BC 边上一点，且 $BD' : D'C = AB : AC$，在 BA 的延长线上取一点 E，使 $AE = AC$，连接 CE，$\because \dfrac{BD'}{D'C} = \dfrac{AB}{AC} = \dfrac{AB}{AE}$，$\therefore AD' /\!/ CE$，从而 $\angle BAD' = \angle AEC$，$\angle CAD' = \angle ACE$，$\because \triangle ACE$ 是等腰三角形，$\angle AEC = \angle ACE$，

$\therefore \angle BAD' = \angle CAD'$，因此，$AD'$ 是 $\angle BAC$ 的平分线，则 AD' 与 AD 重合，$\therefore \dfrac{AB}{AC} = \dfrac{BD}{DC}$。

证法 15：（三角函数证明）如图 3.6.55 所示，先求 $\sin B = \dfrac{DE}{BD} = \dfrac{AG}{AB}$，再求 $\sin C = \dfrac{DF}{DC} = \dfrac{AG}{AC}$，$\because DE = DF$，$\therefore$ 结论成立。

证法 16：如图 3.6.55 所示，先证 $\triangle BDE \backsim \triangle BAG$，再证 $\triangle ACG \backsim \triangle DCF$，$\because DE = DF$，$\therefore$ 结论成立。

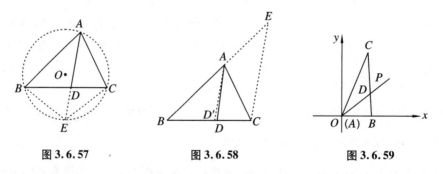

图 3.6.57　　　　图 3.6.58　　　　图 3.6.59

证法 17：（解析法证明）如图 3.6.59 所示，建平面直角坐标系，设 $A(0,0)$，$B(c,0)$，$C(x_0, y_0)$，$P(x,y)$ 是 $\angle A$ 的平分线上一点，

$AC : y_0 x - x_0 y = 0$，$AB : y = 0$，

$AP : y = \dfrac{y_0 x - x_0 y}{\sqrt{x_0^2 + y_0^2}}$　①，$BC : -y_0 x + (x_0 - c)y + cy_0 = 0$　②，

联立①、②求出 D 点坐标,然后求 BD^2、DC^2,

则有 $BD^2 : DC^2 = c^2 : \left(\sqrt{x_0^2 + y_0^2}\right)^2$,故结论成立。

141. 如图 3.6.60 所示,在 $\triangle ABC$ 中,$AB > AC$,D 为 AB 上一点,E 为 AC 上一点,$AD = AE$,直线 DE 与 BC 的延长线交于点 P,求证:$\dfrac{BP}{CP} = \dfrac{BD}{CE}$。

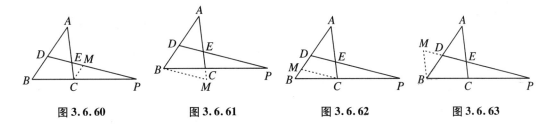

图 3.6.60 　　 图 3.6.61 　　 图 3.6.62 　　 图 3.6.63

证法 1:如图 3.6.60 所示,过点 C 作 $CM /\!/ AB$ 交 DP 于点 M。

证法 2:如图 3.6.61 所示,过点 B 作 $BM /\!/ DP$ 交 AC 的延长线于点 M。

证法 3:如图 3.6.62 所示,过点 C 作 $CM /\!/ DE$ 交 AB 于点 M。

证法 4:如图 3.6.63 所示,过点 B 作 $BM /\!/ AC$ 交 PD 的延长线于点 M。

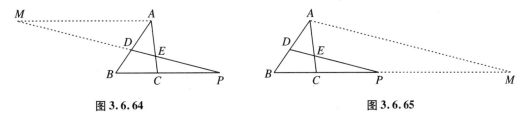

图 3.6.64 　　　　　　　　 图 3.6.65

证法 5:如图 3.6.64 所示,过点 A 作 $AM /\!/ BC$ 交 PD 的延长线于点 M。

证法 6:如图 3.6.65 所示,过点 A 作 $AM /\!/ DP$ 交 BP 的延长线于点 M。

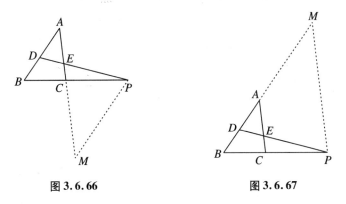

图 3.6.66 　　　　　　　 图 3.6.67

证法 7:如图 3.6.66 所示,过点 P 作 $PM /\!/ AB$ 交 AC 的延长线于点 M。

证法 8:如图 3.6.67 所示,过点 P 作 $PM /\!/ AC$ 交 BA 的延长线于点 M。

142. 如图 3.6.68 所示,过 $\triangle ABC$ 的重心 G 作直线 MN 交 AB 于点 M,交 AC 于点 N,且 $AM = p \cdot AB$,$AN = q \cdot AC$,求证:$\dfrac{1}{p} + \dfrac{1}{q} = 3$。

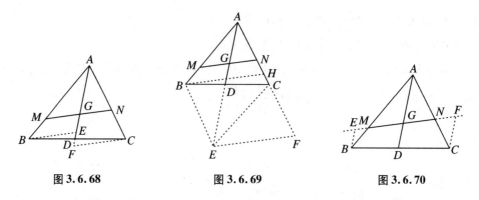

图 3.6.68　　　　　图 3.6.69　　　　　图 3.6.70

证法 1：如图 3.6.68 所示，过点 B、C 分别作 MN 的平行线交 AD 及其延长线于点 E、F，则 $\dfrac{AB}{AM}=\dfrac{AE}{AG}$，$\dfrac{AC}{AN}=\dfrac{AF}{AG}$，先证 $\triangle BED \cong \triangle CFD$，再证 $AE+AF=2AD$ 和 $AD=\dfrac{3}{2}AG$。

证法 2：如图 3.6.69 所示，延长 AD 到点 E，使 $DE=DA$，则 BC、AE 互相平分，过点 B 作 $BH\parallel MN$ 交 AC 于点 H，过点 E 作 $EF\parallel MN$ 交 AC 延长线于点 F，先证 $\triangle ABH \cong \triangle CEF$，再证 $\dfrac{AB}{AM}=\dfrac{AH}{AN}$。

证法 3：如图 3.6.70 所示，过点 B 作 $BE\parallel AD$，过点 C 作 $CF\parallel AD$，BE、CF 分别交 MN 延长线于点 E、F，先从 $\triangle AMG \backsim \triangle BME$、$\triangle ANG \backsim \triangle CNF$ 中选比例式，再用合比定理去证明。

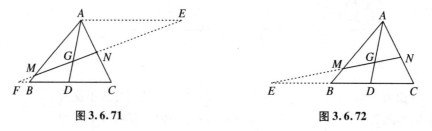

图 3.6.71　　　　　　　　　图 3.6.72

证法 4：如图 3.6.71 所示，过点 A 作 $AE\parallel BC$ 交 MN 延长线于点 E，延长 CB、NM 相交于点 F，先从 $\triangle ANE \backsim \triangle CNF$、$\triangle AME \backsim \triangle BMF$ 中选比例式，应用合比定理，再证 $\triangle AEG \backsim \triangle DFG$。

证法 5：如图 3.6.72 所示，延长 NM、CB 相交于点 E，将 EMG 视为 $\triangle ABD$ 的截线，则 $\dfrac{DE}{EB}\cdot\dfrac{BM}{MA}\cdot\dfrac{AG}{GD}=1$，用 $AG=2GD$ 证明。

证法 6：如图 3.6.73 所示，连接 CG，$\dfrac{S_{\triangle ABC}}{S_{\triangle AMN}}=\dfrac{AB\cdot AC}{AM\cdot AN}=\dfrac{1}{p}\cdot\dfrac{1}{q}$，又 $\dfrac{S_{\triangle AGN}}{S_{\triangle ACG}}=\dfrac{AN}{AC}$，从而 $p+q=\dfrac{3\,S_{\triangle AMN}}{S_{\triangle ABC}}$。

证法 7：（用质量的重心）如图 3.6.74 所示，设 A、B、C 为 1，D 为 2，G 为 3，$\because \dfrac{AB}{AM}=\dfrac{1}{p}$，$\therefore \dfrac{BM}{AM}=\dfrac{1-p}{p}$，同理 $\dfrac{CN}{AN}=\dfrac{1-q}{q}$，若以 M、N 为支点使其平衡，则 A 为 x，$x=\dfrac{1-p}{p}$，M 为 $\dfrac{1}{p}$，N 为

$\dfrac{1}{q}$，G 为 $\dfrac{1}{p}+\dfrac{1}{q}$，$\therefore \dfrac{1}{p}+\dfrac{1}{q}=3$，此为跨学科物理上质点重心求证法。

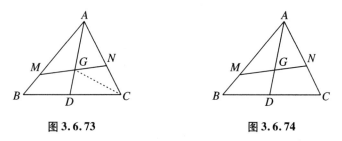

图 3.6.73　　　　　　　　　　图 3.6.74

143. 已知在 $\triangle ABC$ 中，$\angle B=2\angle A$，求证：$AC^2=BC^2+AB\cdot BC$。

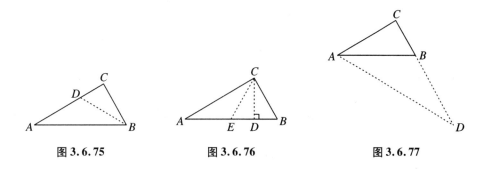

图 3.6.75　　　　　　　　　图 3.6.76　　　　　　　图 3.6.77

证法 1：如图 3.6.75 所示，作 $\angle B$ 的平分线 BD 交 AC 于点 D，先证 $\triangle CBD \backsim \triangle CAB$，再证

$$\dfrac{AC}{BC}=\dfrac{BC}{DC}=\dfrac{AB}{BD}=\dfrac{AB}{AD}=\dfrac{BC+AB}{DC+AD}=\dfrac{BC+AB}{AC}。$$

证法 2：如图 3.6.75 所示，作 $\angle B$ 的平分线 BD 交 AC 于点 D，则 $\dfrac{AB}{BC}=\dfrac{AD}{DC}$，$\therefore \dfrac{AB+BC}{BC}=$

$\dfrac{AD+DC}{DC}=\dfrac{AC}{DC}$，再证 $\triangle ABC \backsim \triangle BDC$，$\dfrac{BC}{DC}=\dfrac{AC}{BC}$。

证法 3：如图 3.6.76 所示，过点 C 作 $CD\perp AB$ 于点 D，在 DA 上取 $DE=BD$，连接 CE，AC^2
$=AD^2+CD^2$，$BC^2=CD^2+BD^2$，相减得证。

证法 4：如图 3.6.77 所示，延长 CB 至点 D，使 $BD=AB$，连接 AD，先证 $\angle D=\angle BAC$，再证
$\triangle DAC \backsim \triangle ABC$，$AC^2=BC\cdot DC=BC\cdot(BC+BD)$。

证法 5：如图 3.6.78 所示，延长 CB 至点 D，使 $BD=AB$，连接 AD，作 $\triangle ADB$ 的外接圆
$\odot O$，先证 AC 为 $\odot O$ 的切线，则 $AC^2=BC\cdot CD$。

证法 6：如图 3.6.79 所示，作 $\triangle ABC$ 的外接圆，作 $\angle B$ 的平分线交外接圆于点 D，连接
CD、AD，先证 $\angle BDC=\angle 2$，$\angle BAC=\angle 3$，再证 $CD /\!/ AB$，后由托勒密定理得 $AB\cdot CD+BC\cdot$
$DA=AC\cdot BD$，又 $AC=BD$，故得证。

证法 7：如图 3.6.79 所示，设 $\triangle ABC$ 的外接圆半径为 R，由正弦定理得 $AB=2R\sin C=$
$2R\sin(\pi-3A)=2R\sin 3A$，$AC=2R\sin B=2R\sin 2A$，$BC=2R\sin A$，$\therefore AC^2=4R^2\sin^2 2A=BC(BC$
$+AB)$。

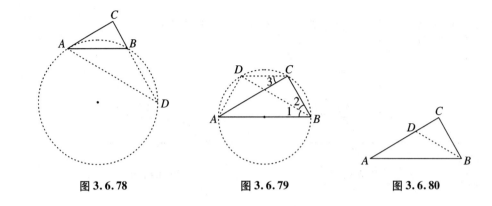

图 3.6.78　　　　　　　图 3.6.79　　　　　　　图 3.6.80

证法8:如图 3.6.79 所示,设 $\triangle ABC$ 的外接圆半径为 R,由

正弦定理得 $\dfrac{BC+AB}{AC}=\dfrac{\sin A+\sin 3A}{\sin 2A}=2\cos A$,后证 $2\cos A=\dfrac{\sin B}{\sin A}$

$\dfrac{AC}{BC}$,代换即得证。

证法9:如图 3.6.80 所示,作 $\angle B$ 的平分线 BD 交 AC 于点

D,则 $BD=AD$,再证 $\dfrac{BC}{AB}=\dfrac{AC-AD}{AD}$,后证 $\triangle ABC\backsim\triangle BDC$,选 $\dfrac{AC}{BC}=$

$\dfrac{AB}{BD}$代换即得证。

证法10:如图 3.6.81 所示,建平面直角坐标系,设 $A(0,0)$,$B(c,0)$,$C(x,y)$,$\tan\angle A=$

$\dfrac{y}{x}$,$\tan 2\angle A=\dfrac{y}{c-x}$,$\therefore y^2=3x^2-2cx$,计算 BC^2、AC^2,则 $BC^2+AB\cdot BC=4x^2-2cx=AC^2$。

144. 已知 $\triangle ABC$ 为 $\odot O$ 的内接 $\triangle$,BC 的中垂线交 AB 于点 D,交 CA 的延长线于点 E,交 $\odot O$ 于点 F,$\odot O$ 的半径为 R,求证:$OD\cdot OE=R^2$。

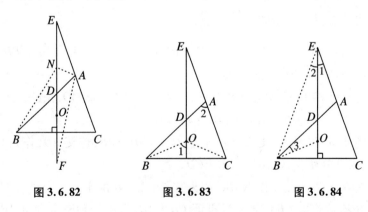

图 3.6.82　　　　　　　图 3.6.83　　　　　　　图 3.6.84

证法1:如图 3.6.82 所示,设 BC 的中垂线交 $\odot O$ 于点 N、F,连接 AN、BN、AF,先证 $\overset{\frown}{BN}=$

$\overset{\frown}{CN}$,$\overset{\frown}{BF}=\overset{\frown}{CF}$,再证 AN、AF 分别是 $\triangle AED$ 的内、外角平分线,选 $\dfrac{AE}{AD}=\dfrac{EN}{ND}=\dfrac{EF}{DF}$代换得证。

证法2:如图 3.6.83 所示,连接 OB、OC,则先证 $\triangle BOD\backsim\triangle EAD$,$\angle 1=\angle 2$,再证 $\triangle EOC$

$\backsim \triangle EAD$，后选比例式代换。

证法3：如图3.6.84所示，连接BO、BE，先证$\angle 2 = \angle 3$，再证$\triangle BOD \backsim \triangle EOB$，选$\dfrac{OB}{OE} = \dfrac{OD}{OB}$代换得证。

145. 如图3.6.85所示，已知等腰$\triangle ABC$的顶角为锐角，以腰AB为直径的圆交BC于点D，交AC于点E，$DF \perp AC$，垂足为点F，求证：$DF^2 = FE \cdot FA$。

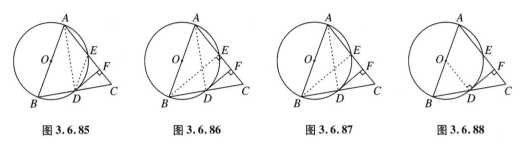

图3.6.85　　　　图3.6.86　　　　图3.6.87　　　　图3.6.88

证法1：如图3.6.85所示，连接AD、BE，先证$\angle DEF = \angle ADF$，再证$\triangle DEF \backsim \triangle ADF$。

证法2：如图3.6.86所示，连接AD、BE，先证$\triangle DFC \backsim \triangle AFD$，再证$FE = FC$。

证法3：如图3.6.87所示，连接AD、BE，先证$DF^2 = FC \cdot FA$，再证$EF = FC$，后证$BD = DC$，$BE /\!/ DF$。

证法4：如图3.6.88所示，连接OD，先证$OD \perp DF$，再证DF是$\odot O$的切线。

146. 如图3.6.89所示，已知$\odot O_1$与$\odot O_2$相交于点A、B，过点B作任意一直线交$\odot O_1$于点D，交$\odot O_2$于点C，R_1和R_2分别是$\odot O_1$和$\odot O_2$的半径，求证：$\dfrac{AD}{AC} = \dfrac{R_1}{R_2}$。

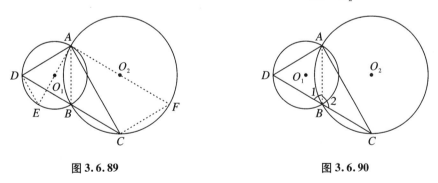

图3.6.89　　　　　　　图3.6.90

证法1：如图3.6.89所示，作$\odot O_1$和$\odot O_2$的直径AE、AF，连接AB、DE、CF，先证$\angle E = \angle AFC$，再证$Rt\triangle ADE \backsim Rt\triangle ACF$。

证法2：如图3.6.90所示，连接AB，在$\triangle ADB$和$\triangle ABC$中，由正弦定理得$AD = 2R_1 \cdot \sin \angle 1$，$AC = 2R_2 \cdot \sin \angle 2$，$\because \angle 1 + \angle 2 = 180°$，$\therefore \sin \angle 1 = \sin \angle 2$，$\therefore \dfrac{AD}{AC} = \dfrac{R_1}{R_2}$。

证法3：如图3.6.91所示，连接O_1A、O_1D、AB、O_2A、O_2C，在$\overset{\frown}{AC}$上任取点E，连接AE、CE，则$\triangle AO_1D$，$\triangle AO_2C$均为等腰$\triangle$，则$\angle AO_1D = 2\angle ABD = 2\angle AEC = \angle AO_2C$，

可得 $\triangle AO_1D \backsim \triangle AO_2C$，故 $\dfrac{AD}{AC} = \dfrac{O_1A}{O_2A} = \dfrac{R_1}{R_2}$。

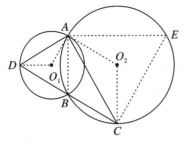

图 3.6.91

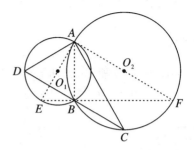

图 3.6.92

证法 4：如图 3.6.92 所示，作 $\odot O_1$ 的直径 AE，作 $\odot O_2$ 的直径 AF，连接 AB、EB、FB，先证 E、B、F 三点共线，再证 $\triangle ADC \backsim \triangle AEF$。

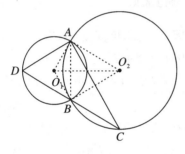

图 3.6.93

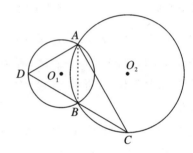

图 3.6.94

证法 5：如图 3.6.93 所示，连接 AO_1、AO_2、AB、O_1O_2、BO_1、BO_2，则 $\angle D = \dfrac{1}{2} \angle AO_1B = \angle AO_1O_2$，$\angle C = \dfrac{1}{2} \angle AO_2B = \angle AO_2O_1$，则 $\triangle ADC \backsim \triangle AO_1O_2$。

证法 6：如图 3.6.94 所示，连接 AB，在 $\triangle ACD$ 中，利用正弦定理得 $\dfrac{AD}{AC} = \dfrac{\sin C}{\sin D} = \dfrac{AB}{2R_2} : \dfrac{AB}{2R_1} = \dfrac{R_1}{R_2}$。

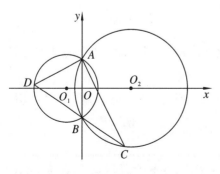

图 3.6.95

证法 7：如图 3.6.95 所示，建平面直角坐标系，设 $O_1(b,0)(b<0)$，$O_2(a,0)$，$A(0,h)$，$B(0,-h)$，则 $\odot O_1$ 的方程为 $(x-b)^2 + y^2 = h^2 + b^2$，$\odot O_2$ 的方程为 $(x-a)^2 + y^2 = h^2 + a^2$，过 B 点的任意直线为 $y = kx - h$，

联立上 3 式得 D 点坐标，则有 $AD^2 = (x_D - 0)^2 + (y_D - h)^2 = 4(b^2 + h^2) : (1 + k^2)$，

同理求得 $AC^2 = 4(a^2 + h^2) : (1 + k^2)$，

后证 $\dfrac{AD^2}{AC^2}=\dfrac{b^2+h^2}{a^2+h^2}=\dfrac{R_1^2}{R_2^2}$。

147. 如图 3.6.96 所示,已知 P 是正 $\triangle ABC$ 外接圆 $\overset{\frown}{BC}$ 上的任意一点,求证:$AP^2=AB^2+BP\cdot PC$。

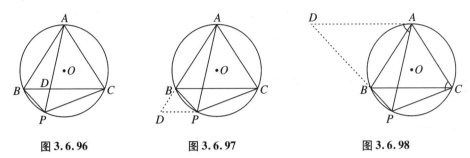

图 3.6.96　　　　图 3.6.97　　　　图 3.6.98

证法 1:如图 3.6.96 所示,设 AP 交 BC 于点 D,先证 $\triangle APC\backsim\triangle BPD$,再证 $\triangle ABD\backsim\triangle APB$,选比例式相加即得证。

证法 2:如图 3.6.97 所示,过点 P 作 $PD\parallel BC$ 交 AB 延长线于点 D,先证 $\triangle ABP\backsim\triangle APD$,再证 $\triangle APC\backsim\triangle PDB$,选比例式相减得证。

证法 3:如图 3.6.98 所示,过点 A 作 AD 使 $\angle DAP=\angle ACP$,AD 交 PB 延长线于点 D,先证 $\triangle APD\backsim\triangle CPA$,再证 $\triangle ABD\backsim\triangle PCA$,选比例式相减可得证。

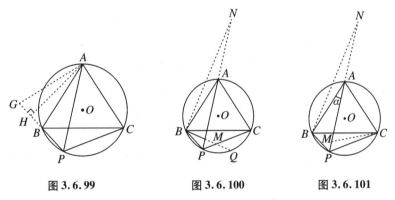

图 3.6.99　　　　图 3.6.100　　　　图 3.6.101

证法 4:如图 3.6.99 所示,过点 A 作 $AH\perp PB$ 交 PB 延长线于点 H,延长 BH 至点 G 使 $HG=BH$,先证 $\angle ABG=\angle AGP=\angle ACP$,再证 $\triangle ACP\cong\triangle AGP$,$GP=PB+2BH$。

证法 5:如图 3.6.100 所示,延长 PA 至点 N,使 $AN=AB$,连接 BN,在 AP 上取 $AM=AB$,连接 BM 并延长交 $\overset{\frown}{PC}$ 于点 Q,先证 M 为 $\triangle BPC$ 的内心,再证 $\triangle NBP\backsim\triangle CMP$。

证法 6:如图 3.6.101 所示,延长 PA 至点 N,使 $AN=AB$,在 AP 上取 $AM=AB$,连接 BN、CM,设 $\angle PAB=\alpha$,则 $\angle N=\dfrac{1}{2}\alpha$,$\angle ACM=60°+\dfrac{1}{2}\alpha$,$\angle PCB=\angle PAB=\alpha$,$\angle PCM=\dfrac{1}{2}\alpha=\angle N$,$\angle CPM=\angle NPB=60°$,所以 $\triangle PCM\backsim\triangle PNB$。

证法 7:如图 3.6.96 所示,设 $PB=x_1$,$PC=x_2$,$AB=AC=a$,

由余弦定理得 $a^2=PA^2+x_1^2-PA\cdot x_1$,$a^2=PA^2+x_2^2-PA\cdot x_2$,

可得 x_1、x_2 是 $x^2 - PA \cdot x + PA^2 - a^2 = 0$ 的两根,

故 $x_1 \cdot x_2 = PA^2 - a^2$,即 $PB \cdot PC = PA^2 - AB^2$。

证法 8:如图 3.6.96 所示,$\because PA - PB = PC,\therefore AB^2 = PA^2 + PB^2 - 2PA \cdot PB \cdot \cos 60° = PA^2 - PB \cdot PC$。

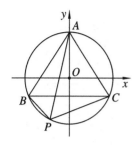

图 3.6.102

证法 9:如图 3.6.102 所示,建平面直角坐标系,设 $A(0,R)$,$B\left(-\dfrac{\sqrt{3}}{2}R, -\dfrac{R}{2}\right)$,$C\left(\dfrac{\sqrt{3}}{2}R, -\dfrac{R}{2}\right)$,$P(x,y)$,则 $PA^2 = x^2 + (y-R)^2$,$x^2 + y^2 = R^2$,$AB^2 = 3R^2$,$PA^2 - AB^2 = -R^2 - 2Ry = -R(R + 2y)$,$PB \cdot PC = -R(R + 2y)$,

$\because -R < y < -\dfrac{1}{2}R$,$-2R < 2y < -R,\therefore -R < R + 2y < 0$,

$\therefore PA^2 - AB^2 = PB \cdot PC$。

148. 如图 3.6.103 所示,以 $\mathrm{Rt}\triangle ABC$ 的直角边 BC 为直径作半圆,交 AC 于点 D,过点 D 作 $DE \perp BC$,垂足为 E,求证:$DE \cdot AB = BC \cdot BE$。

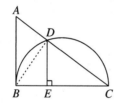 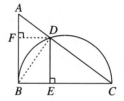

图 3.6.103   图 3.6.104

证法 1:如图 3.6.103 所示,连接 BD,证 $\mathrm{Rt}\triangle ABC \backsim \mathrm{Rt}\triangle BED$。

证法 2:如图 3.6.103 所示,连接 BD,证 $AB /\!/ DE$ 和 $DE^2 = BE \cdot EC$。

证法 3:如图 3.6.104 所示,连接 BD,过点 D 作 $DF \perp AB$ 于点 F,先证 $BD^2 = BE \cdot BC = BF \cdot AB$。

证法 4:如图 3.6.104 所示,连接 BD,过点 D 作 $DF \perp AB$ 于点 F,先证四边形 $DEBF$ 为矩形,再证 $\triangle ADB \backsim \triangle BDC$。

证法 5:如图 3.6.104 所示,连接 BD,过点 D 作 $DF \perp AB$ 于点 F,先证 $\triangle DFB \backsim \triangle ABC$。

证法 6:如图 3.6.104 所示,连接 BD,解 $\mathrm{Rt}\triangle BDE$,$\tan\angle BDE = \dfrac{BE}{DE}$,$\tan\angle ACB = \dfrac{AB}{BC}$。

149. 如图 3.6.105 所示,已知 $\mathrm{Rt}\triangle ABC$ 内接于半圆,AB 是半圆的直径,$CD \perp AB$,垂足为 D,E 是 DB 上任意一点,$DF \perp CE$ 交 BC 于点 F,求证:$\dfrac{CF}{BF} = \dfrac{AD}{DE}$。

证法 1:如图 3.6.105 所示,过点 F 作 $FG \perp AB$ 于点 G,先证 $FG /\!/ CD$,再证 $\triangle BFG \backsim \triangle ACD$,后证 $\triangle CDE \backsim \triangle DGF$。

证法 2:如图 3.6.106 所示,过点 C 作 $CM /\!/ FD$ 交 BA 延长线于点 M,由 $CM /\!/ FD$,得 $\dfrac{CF}{FB} = \dfrac{MD}{BD}$,$CD^2 = AD \cdot BD$,$CD^2 = MD \cdot DE$,代换即可。

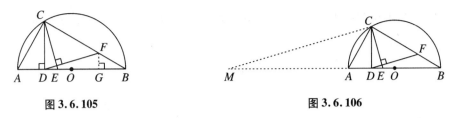

图 3.6.105　　　　　　　　　　　　图 3.6.106

证法 3:如图 3.6.107 所示,过点 D 作 $DM \perp BC$ 交 CE 于点 H,连接 HF、MG,设 CE 交 DF 于点 G,先证 G、F、M、H 和 C、D、G、M 四点共圆,再证 $HF /\!/ DB$,则 $\dfrac{CF}{BF} = \dfrac{CH}{HE}$,又 $DM /\!/ AC$,选 $\dfrac{CH}{HE}$ $= \dfrac{AD}{DE}$ 代换即可得证。

证法 4:如图 3.6.108 所示,过点 D 作 $DM \perp BC$ 交 CE 于点 H,连接 HF,则 H 为 $\triangle CDF$ 的垂心,证 $HF /\!/ BD$。

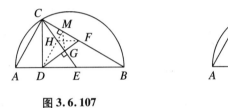

图 3.6.107　　　　　　　　　　　　图 3.6.108

证法 5:如图 3.6.109 所示,过点 F 作 AB 的平行线交 CE 于点 H,连接 DH。

证法 6:如图 3.6.110 所示,在 $\triangle CDF$ 中,$\dfrac{CF}{FD} = \dfrac{\sin(90° - \angle 1)}{\sin \angle BCD}$,在 $\triangle BFD$ 中,$\dfrac{FD}{BF} =$ $\dfrac{\sin \angle B}{\sin \angle 1}$,两式相乘即得 $\dfrac{CF}{BF} = \dfrac{CD}{DE} \cdot \dfrac{AD}{CD} = \dfrac{AD}{DE}$。

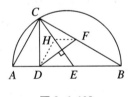　　　　　　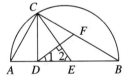

图 3.6.109　　　　　　　　　　　　图 3.6.110

150. 如图 3.6.111 所示,AB 是半圆的直径,C 是半圆上一点,直线 MN 切半圆于 C 点,$AM \perp MN$ 于点 M,$BN \perp MN$ 于点 N,$CD \perp AB$ 于点 D,求证:$CD^2 = AM \cdot BN$。

证法 1:如图 3.6.111 所示,连接 CA、CB,先证 $\text{Rt}\triangle AMC \cong \text{Rt}\triangle ADC$,再证 $CD = CM = CN$,后证 $AM = AD$,$BN = BD$,$CD^2 = AD \cdot BD = AM \cdot BN$。

证法 2:如图 3.6.112 所示,延长 CD 交圆于点 E,连接 BC、BE,先证 $CD = CM = CN$,再证 $\angle BCN = \angle BCD$。

证法 3:如图 3.6.113 所示,设圆心为 O,AM 交半圆于点 E,连接 OC、BE,先证 $CM = CN$,再证四边形 $MNBE$ 是矩形,后证 $MC^2 = AM \cdot EM$,$EM = BN$,则 $CD^2 = AM \cdot BN$。

证法 4:如图 3.6.114 所示,连接 AC、BC,先证 $\text{Rt}\triangle AMC \backsim \text{Rt}\triangle ACB$,再证 $\text{Rt}\triangle CNB \backsim$ $\text{Rt}\triangle ACB$,$\text{Rt}\triangle CDB \backsim \text{Rt}\triangle ACB$,后证 $CD = CM = CN$。

证法 5：如图 3.6.114 所示，连接 CO、AC、BC，设 $\angle COD = \alpha$，$\odot O$ 半径为 R，先证 $CD = MC = CN$，再利用三角函数证明。

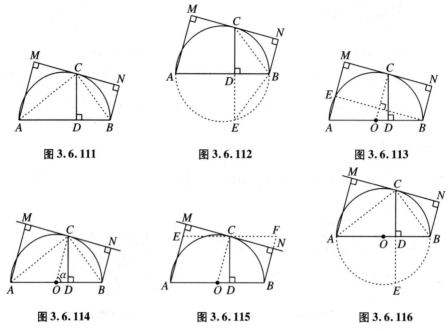

图 3.6.111   图 3.6.112   图 3.6.113

图 3.6.114   图 3.6.115   图 3.6.116

证法 6：如图 3.6.115 所示，连接 OC，过点 C 作 $EF \parallel AB$ 分别交 AM、BN 于点 E、F，先证四边形 $ECOA$ 与四边形 $CFBO$ 都是 $\square$，再证 $\text{Rt} \triangle MEC \cong \text{Rt} \triangle NFC$，$\text{Rt} \triangle MCE \cong \text{Rt} \triangle CDO$，得 $CD = MC = CN$，后证 $CD^2 = R^2 - OD^2$，再证 $MA \cdot NB = R^2 - OD^2$。

证法 7：如图 3.6.116 所示，延长 CD 交 $\odot O$ 于点 E，连接 AC、BC，先证 $CM = CD = CN$，再据相交弦定理得 $CD \cdot DE = AD \cdot DB$，后证 $DB = BN$，$AD = AM$，$CD = DE$，故 $CD^2 = AM \cdot BN$。

证法 8：如图 3.6.117 所示，连接 OC 且延长交圆于点 C'，过点 B 作 $BE \perp OC$ 交于点 E，过点 A 作 $AF \perp OC'$ 交于点 F，先证 $CM = CD = CN$，再连接 MD，证 $\angle CMD = \angle CDM$，得 $AM = AD$，连接 DN，可证 $DB = BN$，故 $CD^2 = AD \cdot DB = AM \cdot BN$。

证法 9：如图 3.6.118 所示，建平面直角坐标系，设 $O(0,0)$，$A(-R,0)$，$B(R,0)$，$D(x_1, 0)$，$C(x_1, \sqrt{R^2 - x_1^2})$，连接 CO，先求斜率 $k_{AM} = k_{CO} = k_{BN}$，再求 MA、BN、CO 的方程，

可得 $CD = \sqrt{R^2 - x_1^2}$，后求 $AM = R + x_1$，$BN = R - x_1$，故 $CD^2 = AM \cdot BN$。

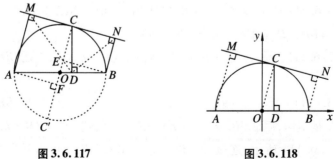

图 3.6.117   图 3.6.118

151. 已知⊙O_1 和⊙O_2 的半径分别为 R、r，⊙O_1 和⊙O_2 外切于点 P，AB 分别切⊙O_1、⊙O_2 于点 A、B，求证：$AB^2 = 4Rr$。

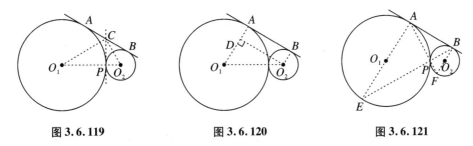

图 3.6.119　　　　　　图 3.6.120　　　　　　图 3.6.121

证法 1：如图 3.6.119 所示，过点 P 作两圆公切线交 AB 于点 C，连接 O_1C、O_2C、O_1O_2，先证 $\angle O_1CO_2 = 90°$，再证 $PC \perp O_1O_2$，由射影定理得 $CP^2 = Rr$，又 $CP = \dfrac{1}{2}AB$，从而 $AB^2 = 4Rr$。

证法 2：如图 3.6.120 所示，连接 O_1A_1、O_2B、O_1O_2，过 O_2 作 $O_2D \perp O_1A$ 于点 D，先证四边形 ABO_2D 为矩形，再根据勾股定理，在 $Rt\triangle O_1O_2D$ 中，$DO_2^2 = O_1O_2^2 - O_2D^2 = (R + r)^2 - (R - r)^2 = 4Rr$。

证法 3：如图 3.6.121 所示，分别作两圆直径 AE、BF，连接 PA、PB、PE、PF，先证 $\angle APE = \angle BPE = 90°$，再证 A、P、F 和 B、P、E 分别共线，最后证△$ABE \backsim \triangle BFA$，得 $AB^2 = AE \cdot BF$。

152. 如图 3.6.122 所示，已知 AB 为⊙O 的直径，$CD \perp AB$ 于点 P，BM 交 CD 于点 N，求证：$BC^2 = BN \cdot BM$。

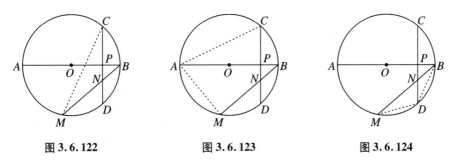

图 3.6.122　　　　　　图 3.6.123　　　　　　图 3.6.124

证法 1：如图 3.6.122 所示，连接 MC，先证 $BC^2 = BN \cdot BM$，再证△$CNB \backsim \triangle MCB$，即证 $\angle M = \angle NCB$。

证法 2：如图 3.6.123 所示，连接 AC、AM，先证 A、M、N、P 四点共圆，再证 $BP \cdot BA = BN \cdot BM$，后证 $CB^2 = BP \cdot AB$。

证法 3：如图 3.6.124 所示，连接 BD、MD，先证 $\angle BDC = \angle BMD$，$BD = BC$，再证△$BND \backsim \triangle BDM$，后证 $BD^2 = BN \cdot BM = BC^2$。

153. 如图 3.6.125 所示，自半圆的直径 AB 的两端作弦 AD、BE，两弦相交于 C 点，求证：$AC \cdot AD + BC \cdot BE = AB^2$。

证法 1：如图 3.6.125 所示，连接 AE，用相交弦定理和勾股定理证明。

证法 2：如图 3.6.126 所示，连接 BD，用相交弦定理和勾股定理证明。

证法 3：如图 3.6.127 所示，过点 C 作 $CF \perp AB$，垂足为 F，连接 BD、AE，先证△$ACF \backsim$

$\triangle ABD$，再证 $\triangle BCF \backsim \triangle BAE$，选比例式相加可得证。

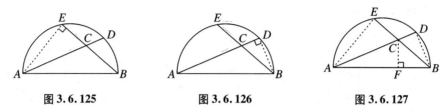

图 3.6.125　　　　　图 3.6.126　　　　　图 3.6.127

证法 4：如图 3.6.128 所示，设 $\angle BAD = \alpha$，$\angle ABE = \beta$，连接 AE、BD，在 $\triangle ABC$ 中用正弦定理求 $AC = \dfrac{AB \cdot \sin\beta}{\sin(\alpha + \beta)}$，$BC = \dfrac{AB \cdot \sin\alpha}{\sin(\alpha + \beta)}$，在 $Rt\triangle ABD$ 中求 $AD = AB\cos\alpha$，$BE = AB\cos\beta$，

故 $AC \cdot AD + BC \cdot BE = AB^2$。

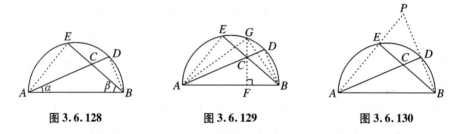

图 3.6.128　　　　　图 3.6.129　　　　　图 3.6.130

证法 5：如图 3.6.127 所示，先证 C、F、B、D 及 C、F、A、E 分别四点共圆，由割线定理得 $AC \cdot AD = AF \cdot AB$，$BC \cdot BE = BF \cdot AB$，相加即得证。

证法 6：如图 3.6.129 所示，过点 C 作 $GF \perp AB$，垂足为 F，GF 交半圆于点 G，连接 AE、AG、BG、BD，先证 $AG \perp BG$，再证 A、E、C、F 和 B、D、C、F 四点共圆，后由射影定理得证。

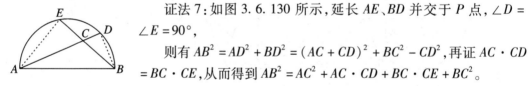

图 3.6.131

证法 7：如图 3.6.130 所示，延长 AE、BD 并交于 P 点，$\angle D = \angle E = 90°$，

则有 $AB^2 = AD^2 + BD^2 = (AC + CD)^2 + BC^2 - CD^2$，再证 $AC \cdot CD = BC \cdot CE$，从而得到 $AB^2 = AC^2 + AC \cdot CD + BC \cdot CE + BC^2$。

证法 8：如图 3.6.131 所示，连接 AE、BD，则 $AB^2 - BE^2 = AC^2 - CE^2$，$AB^2 - AD^2 = BC^2 - DC^2$，相加得证。

证法 9：如图 3.6.131 所示，连接 AE、BD，则 $\angle D = \angle E = 90°$，

故 $AB^2 = AC^2 + BC^2 - 2AC \cdot BC\cos\angle ACB$

$\qquad = AC(AC + BC \cdot \cos\angle BCD) + BC(BC + AC \cdot \cos\angle ACE)$

$\qquad = AC(AC + CD) + BC(BC + CE)$

$\qquad = AC \cdot AD + BC \cdot BE$。

七、其他（154 ~ 228）

154. 如图 3.7.1 所示，已知 $AB \parallel CD$，$\angle A = 68°$，$\angle C = 26°$，求 $\angle CEA$ 的度数。

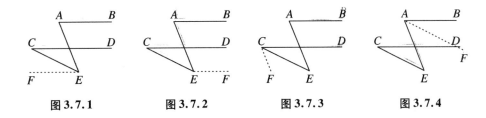

图 3.7.1　　　　　图 3.7.2　　　　　图 3.7.3　　　　　图 3.7.4

解法 1：如图 3.7.1 所示，过点 E 作 $EF /\!/ AB$。

解法 2：如图 3.7.2 所示，过点 E 作 $EF /\!/ CD$。

解法 3：如图 3.7.3 所示，过点 C 作 $CF /\!/ AE$。

解法 4：如图 3.7.4 所示，过点 A 作 $AF /\!/ CE$。

解法 5：如图 3.7.5 所示，连接 AC。

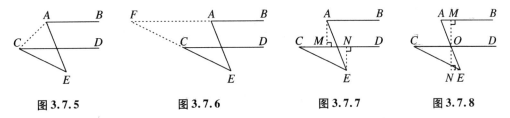

图 3.7.5　　　　　图 3.7.6　　　　　图 3.7.7　　　　　图 3.7.8

解法 6：如图 3.7.6 所示，延长 EC 交 BA 的延长线于点 F。

解法 7：如图 3.7.7 所示，过点 A 作 $AM \perp CD$ 于点 M，过点 E 作 $EN \perp CD$ 于点 N。

解法 8：如图 3.7.8 所示，设 AE、CD 交于点 O，过点 O 作 $OM \perp CD$ 交 AB 于点 M，过点 E 作 $EN \perp MN$ 于点 N。

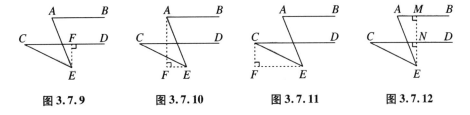

图 3.7.9　　　　　图 3.7.10　　　　　图 3.7.11　　　　　图 3.7.12

解法 9：如图 3.7.9 所示，过点 E 作 $EF \perp CD$ 于点 F。

解法 10：如图 3.7.10 所示，过点 A 作 $AF \perp CD$，过点 E 作 $EF /\!/ CD$ 交 AF 于点 F。

解法 11：如图 3.7.11 所示，过点 E 作 $EF /\!/ CD$，过点 C 作 $CF \perp EF$ 于点 F。

解法 12：如图 3.7.12 所示，过点 E 作 $EM \perp AB$ 交 CD 于点 N，交 AB 于点 M。

155. 如图 3.7.13 所示，已知 $\angle AOB = 165°$，$\angle AOC = \angle BOD = 90°$，求 $\angle COD$ 的大小。

解法 1：如图 3.7.13 所示，$\angle AOC + \angle BOC = 165°$，$\angle AOC + (\angle BOD - \angle COD) = 165°$，$90° + (90° - \angle COD) = 165°$，故 $\angle COD = 15°$。

解法 2：如图 3.7.13 所示，$\because \angle AOD = \angle AOB - \angle BOD = 165° - 90° = 75°$，

$\therefore \angle COD = \angle AOC - \angle AOD = 90° - 75° = 15°$。

解法 3：如图 3.7.13 所示，$\because \angle AOC - \angle COD = \angle AOB - \angle BOD$，

$\therefore 90° - \angle COD = 165° - 90°$，$\therefore \angle COD = 15°$。

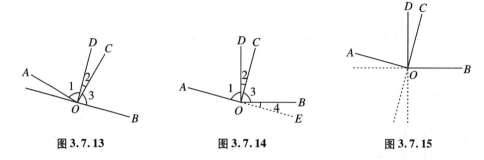

图 3.7.13　　　　　　图 3.7.14　　　　　　图 3.7.15

解法4:如图3.7.13所示,设$\angle AOD = \angle 1$,$\angle COD = \angle 2$,$\angle BOC = \angle 3$,

$\because (\angle 1 + \angle 2) + (\angle 2 + \angle 3) = 90° + 90° = 180°$,

又$\angle 1 + \angle 2 + \angle 3 = 165°$,$\therefore \angle 2 = 15°$。

解法5:如图3.7.13所示,同证法4设,$\angle 1 + \angle 2 + \angle 3 = 165°$,

即$(90° - \angle 2) + \angle 2 + (90° - \angle 2) = 165°$,则$\angle 2 = 15°$。

解法6:如图3.7.14所示,延长AO为OE,$\angle 1 + \angle 2 + \angle 3 + \angle 4 = 180°$,

故$\angle 2 = 15°$。

解法7:如图3.7.15所示,延长BO。

解法8:如图3.7.15所示,延长DO。

解法9:如图3.7.15所示,延长CO。

156. 如图3.7.16所示,AB、CD交于点O,$OE \perp AB$,$OF \perp CD$,OM平分$\angle COB$,$\angle BOD = 35°$,求$\angle MOF$。

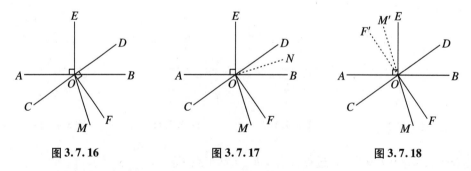

图 3.7.16　　　　　　图 3.7.17　　　　　　图 3.7.18

解法1:如图3.7.16所示,先求$\angle BOF$、$\angle BOM$,后求$\angle MOF = \angle BOM - \angle BOF$。

解法2:如图3.7.16所示,易求$\angle AOC = \angle BOD = 55°$,再求$\angle BOC = 125°$,$\angle COM = 62.5°$,则$\angle MOF = 27.5°$。

解法3:如图3.7.16所示,先求$\angle AOD = 125° = \angle BOC$,又$OM$平分$\angle BOC$,则$\angle FOM = 90° - 62.5° = 27.5°$。

解法4:如图3.7.17所示,作$\angle BOD$的平分线ON,则$ON \perp OM$,而$OF \perp OD$,则$\angle MOF = \angle DON$,易知$\angle DON = \angle BON = \frac{1}{2}\angle BOD = \frac{1}{2}(90° - 35°) = 27.5°$。

解法5:如图3.7.18所示,作OM、OF的反向延长线OM'和OF',易求得$\angle AOD = 125°$,$\angle AOM' = 62.5°$,$\angle AOF' = 35°$,故$\angle M'OF' = \angle MOF = 27.5°$。

157. 如图 3.7.19 所示,$AB/\!/DE$,$BC/\!/DF$,$\angle ABC=50°$,求$\angle EDF$。

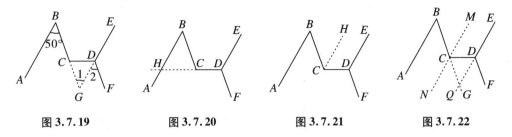

图 3.7.19　　　　图 3.7.20　　　　图 3.7.21　　　　图 3.7.22

解法 1:如图 3.7.19 所示,延长 BC、ED 交于点 G,$AB/\!/DE$,$BC/\!/DF$,故 $\angle EDF=130°$。

解法 2:如图 3.7.20 所示,延长 DC 交 AB 于点 H,设 $\angle BHC=x$,

则 $\angle EDF=360°-(180°-x)-(50°+x)=130°$。

解法 3:如图 3.7.21 所示,过点 C 作 $CH/\!/AB$。

解法 4:如图 3.7.22 所示,过点 C 作 $MN/\!/AB$,作 $CQ/\!/DF$,过点 D 作 $DQ/\!/AB$。

解法 5:如图 3.7.23 所示,延长 AB、FD 交于点 H。

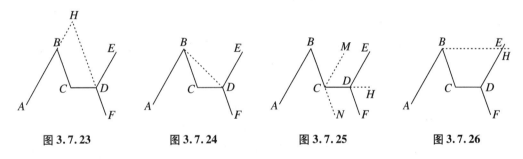

图 3.7.23　　　　图 3.7.24　　　　图 3.7.25　　　　图 3.7.26

解法 6:如图 3.7.24 所示,连接 BD,设 $\angle CBD=x$,$\angle BCD=y$,$\angle BDC=z$,

则 $\angle EDF=360°-(50°+x)-z-y$,又$\because x+y+z=180°$,$\therefore \angle EDF=130°$。

解法 7:如图 3.7.25 所示,延长 CD 为 CH,过点 C 作 $CM/\!/DE$,作 $CN/\!/DF$。

解法 8:如图 3.7.26 所示,过点 B 作 $BH/\!/CD$ 交 DE 于点 H,设 $\angle CBH=x$,

则 $\angle BHD=130°-x$,$\angle BCD=180°-x$,$BC/\!/DF$,$\angle CDF=180°-x$,则 $\angle EDF=130°$。

158. 如图 3.7.27 所示,$\angle BOF=120°$,求$\angle A+\angle B+\angle C+\angle D+\angle E+\angle F$。

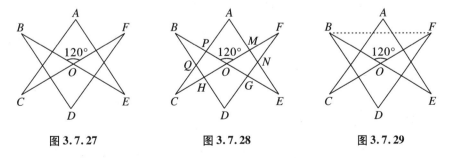

图 3.7.27　　　　图 3.7.28　　　　图 3.7.29

解法 1:如图 3.7.27 所示,凹四边形 $BOFD$ 中,$120°=\angle B+\angle D+\angle F$,凹四边形 $ACOE$ 中,$120°=\angle A+\angle C+\angle E$,从而相加为 $240°$。

解法 2:如图 3.7.28 所示,在四边形 $OMNG$ 中研究。

解法 3：如图 3.7.28 所示，在四边形 $AMOP$ 中研究。

解法 4：如图 3.7.28 所示，在四边形 $PQHO$ 中研究。

解法 5：如图 3.7.28 所示，在四边形 $OHDG$ 中研究。

解法 6：如图 3.7.29 所示，连接 BF。

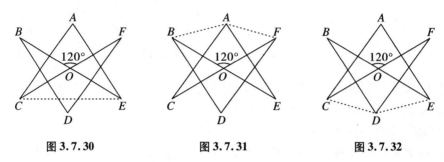

图 3.7.30　　　　　图 3.7.31　　　　　图 3.7.32

解法 7：如图 3.7.30 所示，连接 CE。

解法 8：如图 3.7.31 所示，连接 AB、AF。

解法 9：如图 3.7.32 所示，连接 CD、DE。

159. 如图 3.7.33 所示，$\angle BAC = 45°$，$AD \perp BC$ 于点 D，且 $BD = 3$，$CD = 2$，求 AD 的长。

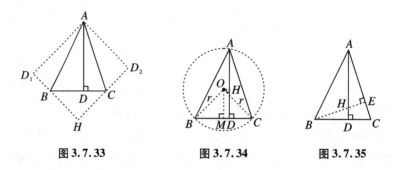

图 3.7.33　　　　图 3.7.34　　　　图 3.7.35

解法 1：如图 3.7.33 所示，作 AD_2 与 AD 关于 AC 对称，作 AD_1 与 AD 关于 AB 对称，连接 D_2C、D_1B 交于点 H，先证 AD_1HD_2 为正方形，设 $AD_1 = x$，$(x-3)^2 + (x-2)^2 = 5^2$，$x = 6$。

解法 2：如图 3.7.34 所示，作 $\triangle ABC$ 的外接圆 O，过点 O 作 $OM \perp BC$ 于点 M，连接 OB、OC，作 $OH \perp AD$ 于点 H，先证四边形 $OHDM$ 为矩形，再求 $BC = BD + CD = 5$，$OM = BM = \dfrac{5}{2}$，

$OB = \sqrt{2}BM = r$，$r = \dfrac{5}{2}\sqrt{2}$，$MD = 3 - \dfrac{5}{2} = \dfrac{1}{2}$，$AH = \dfrac{7}{2}$，

故 $AD = AH + DH = \dfrac{7}{2} + \dfrac{5}{2} = 6$。

解法 3：如图 3.7.35 所示，过点 B 作 $BE \perp AC$ 交 AC 于点 E，交 AD 于点 H，先证 $BE = AE$，再证 Rt$\triangle AEH \cong$ Rt$\triangle BEC$(ASA)，$BC = 5$，$AD = AH + HD = 5 + HD$，后证 Rt$\triangle BDH \backsim$ Rt$\triangle ADC$，

则有 $\dfrac{BD}{AD} = \dfrac{DH}{DC}$，故 $DH = 1$，从而 $AD = 6$。

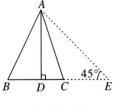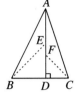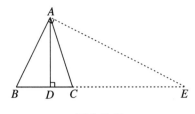

图 3.7.36　　　　　图 3.7.37　　　　　图 3.7.38

解法 4:如图 3.7.36 所示,延长 BC 至点 E,使 $DE = AD$,$\triangle BAC \backsim \triangle BEA$,则 $AB^2 = BC \cdot BE$,设 $AD = DE = x$,Rt$\triangle ADB$ 中,$AB^2 = x^2 + 3^2$,故 $x = 6$。

解法 5:如图 3.7.37 所示,在 AD 上作 $BD = DE$,$CD = DF$,先证 $\angle ABE = \angle CAF$,再证 $\triangle ABE \backsim \triangle CAF$,设 $AD = x$,$BD = 3$,$BE = 3\sqrt{2}$,$CD = 2$,$CF = 2\sqrt{2}$,故 $x = 6$。

解法 6:如图 3.7.38 所示,过点 A 作 $AE \perp AB$ 交 BC 的延长线于 E 点,$\because \dfrac{AB}{AE} = \dfrac{BC}{CE}$,$AB^2 = BD \cdot BE$,设 $CE = x$,$AE^2 = DE \cdot BE$,$\therefore \dfrac{3}{x+2} = \dfrac{5^2}{x^2}$,$\therefore x = 10$,$AD^2 = BD \cdot DE$,从而求得 $AD = 6$。

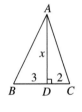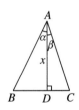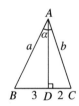

图 3.7.39　　　　　图 3.7.40　　　　　图 3.7.41

解法 7:如图 3.7.39 所示,设 $AD = x$,$AB = \sqrt{x^2 + 9}$,$AC = \sqrt{x^2 + 4}$,

则有 $\dfrac{1}{2} \cdot AB \cdot AC \sin 45° = \dfrac{1}{2} BC \cdot AD = \dfrac{1}{2} \cdot 5x$,故 $x = 6$。

解法 8:如图 3.7.40 所示,设 $AD = x$,在 Rt$\triangle ABD$ 中,$\tan\alpha = \dfrac{3}{x}$,在 Rt$\triangle ADC$ 中,$\tan\beta = \dfrac{2}{x}$,$\tan(\alpha + \beta) = \dfrac{\tan\alpha + \tan\beta}{1 - \tan\alpha \cdot \tan\beta}$,故 $x = 6$。

解法 9:(余弦定理)如图 3.7.41 所示,设 $AD = x$,$AB = a$,$AC = b$,$\cos\alpha = \dfrac{a^2 + b^2 - c^2}{2ab} = \dfrac{\sqrt{2}}{2}$,又 $\because a^2 = x^2 + 9$,$b^2 = x^2 + 4$,$\therefore x = 6$。

160. 用几何法,求 $\sin 15°$ 的值。

解法 1:$\sin 15° = \sin \dfrac{30°}{2} = \sqrt{\dfrac{1 - \cos 30°}{2}} = \dfrac{\sqrt{6} - \sqrt{2}}{4}$。

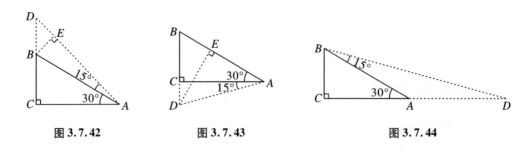

图 3.7.42　　　　　　图 3.7.43　　　　　　图 3.7.44

解法2:如图3.7.42所示,在 Rt△ABC 的 ∠A 外作 ∠BAD = 15°,边 AD 与 CB 的延长线相交于点 D,作 BE⊥AD,先证 △BED 为等腰 Rt△,再证 △ACD 为等腰 Rt△,解 Rt△AEB,sin15°

$= \sin \angle BAE = \dfrac{BE}{AB}$。

解法3:如图3.7.43所示,在 Rt△ABC 的 ∠A 外作 ∠CAD = 15°,AD 与 BC 交于点 D,过点 D 作 DE⊥AB 于点 E,先证 △ADE 为等腰 Rt△。

解法4:如图3.7.44所示,在 Rt△ABC 的 ∠B 外作 ∠ABD = 15°,BD 与 CA 相交于点 D,则 ∠D = 15°,设 AD = AB = 2,解 Rt△DCB。

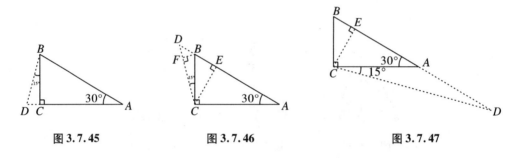

图 3.7.45　　　　　　图 3.7.46　　　　　　图 3.7.47

解法5:如图3.7.45所示,在 Rt△ABC 的 ∠B 外作 ∠CBD = 15°,BD 与 AC 交于点 D,则 ∠D = 75°,设 AD = AB = 2,解 Rt△BDC。

解法6:如图3.7.46所示,在 Rt△ABC 的 ∠C 外作 ∠BCD = 15°,CD 与 AB 交于点 D,过点 B 作 BF⊥CD 于点 F,过点 C 作 CE⊥AB 于点 E,则 ∠D = 45°,解 Rt△CBF。

解法7:如图3.7.47所示,在 Rt△ABC 的 ∠C 外作 ∠ACD = 15°,CD 与 BA 交于点 D,过点 C 作 CE⊥AB 于点 E,

设 $BC = 1$,则 $CE = \dfrac{\sqrt{3}}{2}BC = \dfrac{\sqrt{3}}{2} \times 1 = \dfrac{\sqrt{3}}{2}$,解 Rt△DCE,∠D = 15°。

解法8:如图3.7.48所示,在 Rt△ABC 中,作 ∠A 的平分线 AD 与 BC 交于点 D,过点 D 作 DE⊥AB 于点 E,设 $BD = 1$,则 $DC = DE = \dfrac{\sqrt{3}}{2}$,解 Rt△ADC。

解法9:如图3.7.49所示,在 Rt△ABC 中,在 ∠B 内作 ∠ABD = 15°,BD 与 AC 交于点 D,过点 D 作 DE⊥AB 于点 E,则 ∠CBD = 45°,解 Rt△BDE。

解法10:如图3.7.50所示,在 Rt△ABC 的 ∠B 内作 ∠CBD = 15°,BD 与 AC 交于点 D,过

点 D 作 $DE \perp AB$ 于点 E,则 $\angle DBE = 45°$,$BE = DE$,解 Rt$\triangle BDC$。

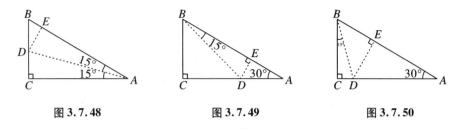

图 3.7.48　　　　　　图 3.7.49　　　　　　图 3.7.50

解法 11:如图 3.7.51 所示,在 Rt$\triangle ABC$ 的 $\angle C$ 内作 $\angle BCD = 15°$,CD 与 AB 交于点 D,过点 D 作 $DE \perp BC$ 于点 E,则 $\angle ADC = \angle ACD = 75°$,解 Rt$\triangle CDE$。

解法 12:如图 3.7.52 所示,在 Rt$\triangle ABC$ 的 $\angle C$ 内作 $\angle ACD = 15°$,CD 与 AB 交于点 D,过点 D 作 $DE \perp AC$ 于点 E,过点 C 作 $CF \perp AB$ 于点 F,则 $BF = \dfrac{1}{2}BC$,解 Rt$\triangle CDE$。

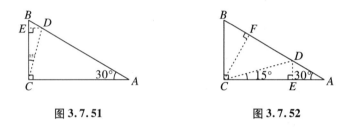

图 3.7.51　　　　　　图 3.7.52

161. 如图 3.7.53 所示,在四边形 $ABCD$ 中,$\angle A = 60°$,$\angle B = 90° = \angle D$,$BC = 2$,$CD = 3$,求 AB 的长度。

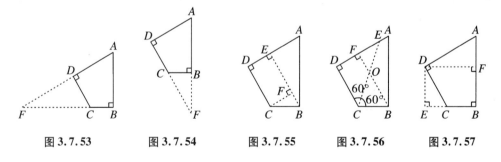

图 3.7.53　　图 3.7.54　　图 3.7.55　　图 3.7.56　　图 3.7.57

解法 1:如图 3.7.53 所示,延长 AD、BC 交于点 F,解 Rt$\triangle ABF$ 和 Rt$\triangle FDC$。

解法 2:如图 3.7.54 所示,延长 AB、DC 交于点 F,解 Rt$\triangle ADF$ 和 Rt$\triangle FBC$。

解法 3:如图 3.7.55 所示,过点 B 作 $BE \perp AD$ 于点 E,过点 C 作 $CF \perp BE$ 于点 F,运用 $\triangle$ 内角和定理和含 $30°$ 的 Rt$\triangle$ 性质证明。

解法 4:如图 3.7.56 所示,作 $\angle C$ 的平分线交 AD 于点 E,过点 B 作 $BF \perp AD$ 于点 F,BF 与 CE 交于点 O,先证 $\triangle BCO$ 为等边 $\triangle$,再用含 $30°$ 的 Rt$\triangle$ 性质证 $AB = 2AF$。

解法 5:如图 3.7.57 所示,过点 D 作 $DE \perp BC$ 于点 E,作 $DF \perp AB$ 于点 F,解 Rt$\triangle DEC$ 和 Rt$\triangle ADF$。

162. 如图 3.7.58 所示,已知 P 为正方形 $ABCD$ 内一点,且 $PA:PB:PC = 1:2:3$,求 $\angle APB$ 的度数。

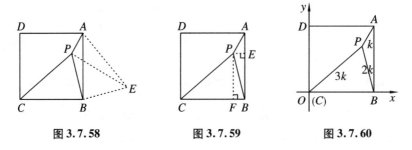

图 3.7.58   图 3.7.59   图 3.7.60

解法 1:如图 3.7.58 所示,以 AB 为一边作 $\triangle ABE$,使 $BE = PB$,$AE = PC$,连接 PE,先证 $\triangle PCB \cong \triangle EAB$,再证 $\triangle PBE$ 为等腰 Rt$\triangle$,后证 $\angle APE = 90°$,则 $\angle APB = 135°$。

解法 2:如图 3.7.59 所示,过点 P 作 $PE \perp AB$ 于点 E,作 $PF \perp BC$ 于点 F,设 $PE = x$,$PF = y$,正方形边长为 a,$PA = k$,在 Rt$\triangle APE$、Rt$\triangle PFB$、Rt$\triangle PCF$ 中用勾股定理求出 $a = \sqrt{5 \pm 2\sqrt{2}}\,k$,在 $\triangle APB$ 中,用余弦定理求出 $\cos\angle APB = -\dfrac{\sqrt{2}}{2}$,故 $\angle APB = 135°$。

解法 3:如图 3.7.60 所示,建平面直角坐标系,设正方形边长为 a,$C(0,0)$,$B(a,0)$,$A(a,a)$,$P(x,y)$,$PC = 3k$,$PB = 2k$,$PA = k$,$\therefore a = \sqrt{5 \pm 2\sqrt{2}}\,k$,在 $\triangle APB$ 中,用余弦定理求得 $\cos\angle APB = -\dfrac{\sqrt{2}}{2}$,故 $\angle APB = 135°$。

163. 如图 3.7.61 所示,四边形的两条对角线 AC、BD 所成锐角为 $45°$,当 $AC + BD = 12$ 时,四边形 $ABCD$ 的面积最大值是多少?

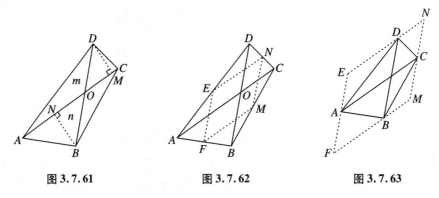

图 3.7.61   图 3.7.62   图 3.7.63

解法 1:如图 3.7.61 所示,过点 D 作 $DM \perp AC$ 于点 M,过点 B 作 $BN \perp AC$ 于点 N,设 $AC = x$,$OD = m$,$OB = n$,

可得 $DM = \dfrac{\sqrt{2}}{2}m$,$BN = \dfrac{\sqrt{2}}{2}n$,则 $S_{ABCD} = \dfrac{\sqrt{2}}{4}x(12-x)$,故 $x = 6$ 时,$S_{ABCD最大} = 9\sqrt{2}$。

解法 2:如图 3.7.62 所示,取各边中点 E、F、M、N,设 $EN = x$,则 $MN = 6 - x$,先证四边形 $ENMF$ 为 $\square$,再证 $\angle ENM = 45°$。

解法 3：如图 3.7.63 所示，分别过 A、B、C、D 点作 AC、BD 的平行线交于点 E、F、M、N，先证四边形 $ENMF$ 为 $\square$，再证 $\angle ENM = 45°$，后证 $S_{ENME} = 2S_{ABCD}$。

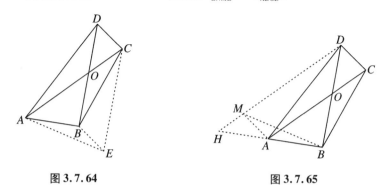

图 3.7.64   图 3.7.65

解法 4：如图 3.7.64 所示，过点 C 作 $CE /\!/ BD$，过点 B 作 $BE /\!/ DC$，连接 AE，先证四边形 $DCEB$ 为 $\square$，再证 $S_{ABCD} = S_{\triangle ACE}$，$\angle ACE = 45°$。

解法 5：如图 3.7.65 所示，过 D 点作 $DM \stackrel{/\!/}{=\!=} AC$，连接 BM、AM，DM 交 BA 于点 H，先证四边形 $MDCA$ 为 $\square$，再证 $S_{\triangle DMB} = S_{ABCD}$，$\angle MDB = 45°$。

164. 如图 3.7.66 所示，在 $\triangle ABC$ 中，$\angle BAC = 45°$，D 为 $\triangle ABC$ 外一点，且 $\angle CBD = 90°$，$BC = BD$，若 $S_{\triangle ADC} = 4.5$，求 AC 的长。

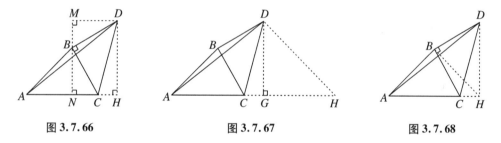

图 3.7.66   图 3.7.67   图 3.7.68

解法 1：如图 3.7.66 所示，过点 D 作 $DH \perp AC$ 于点 H，过点 B 作 $BN \perp AC$ 于点 N，过点 D 作 $DM \perp BN$ 于点 M，先证 Rt$\triangle DMB \cong$ Rt$\triangle BNC$，$AN = MN$，再证四边形 $MDHN$ 为矩形，设 $AC = x$，$\because \dfrac{1}{2}x^2 = 4.5$，$\therefore AC = 3$。

解法 2：如图 3.7.67 所示，延长 AC 至点 H，使 $\angle DHA = 45°$（一线三等角），先证 $\triangle ABC \backsim \triangle HDC$，过点 D 作 $DG \perp AH$ 于点 G，再证 $DG = AC$，设 $AC = x$，则 $DH = \sqrt{2}x$。

解法 3：如图 3.7.68 所示，过点 B 作 $BH \perp AB$ 交 AC 于点 H，连接 DH，先证 $\triangle ABC \cong \triangle HBD$，$\angle BHD = \angle BAC = 45°$，再证 $DH \perp AH$，设 $AC = x$，则 $\dfrac{1}{2}x^2 = 4.5$，$x = 3$。

解法 4：如图 3.7.69 所示，过点 A 作 $AM \perp AC$，使 $AM = AC$，连接 MC，先证 $\triangle ABC \backsim \triangle MCD$，$\angle CMD = \angle BAC = 45°$，再证 $DM \perp AM$，$MD /\!/ AC$，$AM = DH$。

解法 5：（等积转化）如图 3.7.70 所示，构造 $\triangle AMC$ 为等腰 Rt$\triangle$，先证 $\triangle ACD \backsim \triangle MCB$，相似比为 $1 : \sqrt{2}$，面积比 $1 : 2$，$S_{\triangle BCM} = \dfrac{9}{4}$，再证 $AB /\!/ CM$，则 $S_{\triangle AMC} = S_{\triangle BCM}$，设 $AM = x$，则 $\dfrac{1}{2}x^2$

$= \dfrac{9}{4}$。

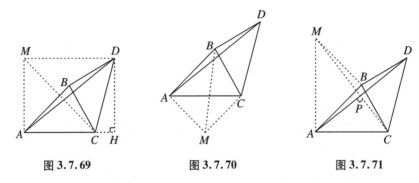

图 3.7.69　　　　　图 3.7.70　　　　　图 3.7.71

解法 6:如图 3.7.71 所示,将 AB 绕点 B 顺时针旋转 $90°$ 为 BM,连接 MC、MA,先证 $MC \perp AD$,$\triangle MBC \cong \triangle ABD$,$MC = AD$,设 MC 与 AD 交于点 P,$S_{\triangle ADC} = \dfrac{CP \cdot CM}{2}$,又 $\because AC^2 = CP \cdot CM$,

$\therefore S_{\triangle ADC} = \dfrac{AC^2}{2}$,$\therefore AC = 3$(手拉手模型)。

165. 如图 3.7.72 所示,在四边形 $ABCD$ 中,BC、AD 不平行,且 $\angle BAD + \angle ADC = 270°$,$AB^2 + CD^2 = 64$,$E$、$F$ 分别是 AD、BC 的中点,求 EF 的长。

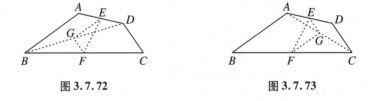

图 3.7.72　　　　　　　　　图 3.7.73

解法 1:如图 3.7.72 所示,连接 BD,取 BD 中点 G,连接 GE、GF,证 $\triangle EGF$ 为 Rt$\triangle$。

解法 2:如图 3.7.73 所示,连接 AC,取 AC 中点 G,连接 GE、GF,证 $\triangle EGF$ 为 Rt$\triangle$。

解法 3:如图 3.7.74 所示,过点 C 作 $CG \perp CD$,设 $EF = x$,连接 AF 并延长交 CG 于点 G,先证 $\triangle ABF \cong \triangle GCF$,则有 $(2x)^2 = AB^2 + CD^2 = CD^2 + CG^2$。

解法 4:如图 3.7.75 所示,过点 B 作 $BG \perp AB$,连接 DF 并延长交 BG 于点 G,设 $EF = x$,先证 $\triangle DCF \cong \triangle GBF$,在 Rt$\triangle ABG$ 中,由勾股定理求之,$\because (2x)^2 = AB^2 + CD^2 = 64$,$\therefore x = 4$。

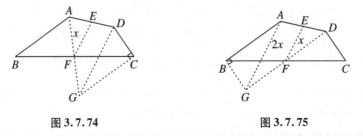

图 3.7.74　　　　　　　　　图 3.7.75

166. 如图 3.7.76 所示,在 Rt$\triangle ABC$ 中,$\angle ACB = 90°$,AD 平分 $\angle CAB$,$BD \perp AD$,若 $AB = 5$,$AC = 3$,求 AD 的长。

解法 1:如图 3.7.76 所示,过点 E 作 $EH \perp AB$ 于点 H,设 $CE = x$,$BE = 4 - x$,在 $Rt \triangle EHB$ 和 $Rt \triangle ACE$ 中求出 $x = \dfrac{3}{2}$,$AE = \dfrac{3}{2}\sqrt{5}$,再用 $\triangle ABE$ 面积 $S_{\triangle ABE} = \dfrac{1}{2} \cdot AB \cdot EH = \dfrac{1}{2} \cdot AE \cdot BD$,求出 $BD = \sqrt{5}$,在 $Rt \triangle ADB$ 中,求出 $AD = 2\sqrt{5}$。

解法 2:如图 3.7.76 所示,$Rt \triangle ADB$ 中,$\cos \angle 2 = \dfrac{AD}{AB} = \dfrac{AD}{5}$,在 $Rt \triangle AEH$ 中,$\cos \angle 2 = \dfrac{AH}{AE}$,故 $AD = 2\sqrt{5}$。

解法 3:如图 3.7.77 所示,过点 E 作 $EH \perp AB$ 于点 H,先求 $CE = EH = \dfrac{3}{2}$,$BE = \dfrac{5}{2}$,再证 $Rt \triangle ACE \backsim Rt \triangle BDE$,则 $\dfrac{CE}{ED} = \dfrac{AE}{BE}$,求出 $DE = \dfrac{\sqrt{5}}{2}$,$AE = \dfrac{3}{2}\sqrt{5}$,故 $AD = 2\sqrt{5}$。

解法 4:如图 3.7.76 所示,先求 $CE = EH = \dfrac{3}{2}$,$BE = \dfrac{5}{2}$,在 $Rt \triangle ACE$ 中,求出 $AE = \dfrac{3}{2}\sqrt{5}$,又 $\because \cos \angle 1 = \dfrac{AC}{AE}$,$\cos \angle 2 = \dfrac{AD}{AB}$,$\angle 1 = \angle 2$,$\therefore AD = 2\sqrt{5}$。

解法 5:如图 3.7.78 所示,延长 AC、BD 交于点 G,先证 $\triangle ACE \backsim \triangle BCG$,可求 CE,再在 $Rt \triangle ACE$ 中求 AE,又 $\cos \angle \alpha = \dfrac{AC}{AE} = \dfrac{AD}{AB}$,故可求得 AD。

解法 6:如图 3.7.79 所示,作 $\triangle ABC$ 的外接圆 O,则 $\odot O$ 过 D 点,由相交弦定理得 $AE \cdot ED = CE \cdot BE$,$AD = AE + ED$。

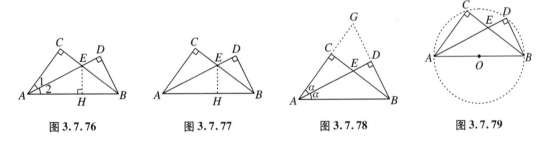

图 3.7.76　　　　图 3.7.77　　　　图 3.7.78　　　　图 3.7.79

167. 如图 3.7.80 所示,在 $\triangle ABC$ 中,点 D 在 AC 边上,$DF \perp BC$ 于点 F,$\angle E + \angle A = \angle C$,$DE = kAB$,$BF = kCF$,求 $\dfrac{EB}{CF}$ 的值。

解法 1:如图 3.7.80 所示,过点 D 作 $DH = DE$ 交 EC 延长线于点 H,先证 $\angle A = \angle CDH$,再作 $\angle DHN = \angle ABC$,HN 交 AC 延长线于点 N,再证 $\triangle ABC \backsim \triangle DHN$,设 $CF = a$,$HN = HC$,$EB = (k^2 + 1)a$,则 $\dfrac{EB}{CF} = k^2 + 1$。

解法 2:如图 3.7.81 所示,作 $DM = DC$,点 M 在 BC 上,先证 $\angle EDM = \angle A$,再作 $\angle DEN = \angle ABC$,EN 交 DM 延长线于点 N,先证 $\triangle ABC \backsim \triangle DEN$,$EN = EM = kBC$,设 $CF = a$,$BM = (k - 1)a$,$EB = EM - BM = (k^2 + 1)a$。

解法 3:如图 3.7.82 所示,过点 D 作 $DM = DC$,点 M 在 BC 上,先证 $\angle A = \angle EDM$,再作 $\angle ABH = \angle E$,点 H 在 AC 上,证 $\triangle ABH \backsim \triangle EDM$,$EM = kBC$。

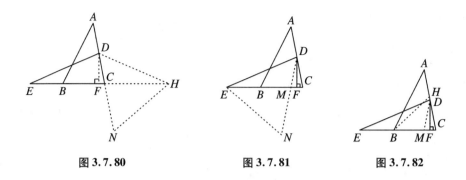

图 3.7.80   图 3.7.81   图 3.7.82

解法 4:如图 3.7.83 所示,过点 D 作 $DH = DE$ 交 EC 延长线于点 H,过点 H 作 $HN /\!/ AB$ 交 AC 于点 N,先证 $\angle A = \angle CDH$,再证 $\triangle ABC \backsim \triangle NHC$。

解法 5:如图 3.7.84 所示,过点 D 作 $DM = DC$,点 M 在 BC 上,过点 B 作 $\angle CBH = \angle E$,BH 交 AC 于点 H,先证 $\triangle EDM \backsim \triangle BHC$。

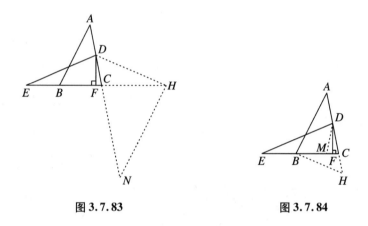

图 3.7.83   图 3.7.84

168. 如图 3.7.85 所示,在 $\triangle ABC$ 中,$\angle B = 90°$,$\angle CAD = 45°$,$AB = 3$,$CD = 5$,求 BD 的长。

解法 1:如图 3.7.85 所示,延长 BA 至点 E,使 $BE = BC$,连接 CE,延长 AB 至点 F,使 $BF = BD$,先证 $\triangle ACE \backsim \triangle DAF$,设 $BF = BD = x$,$CB = BE = 5 + x$,$AE = 2 + x$,故 $x = 1$。

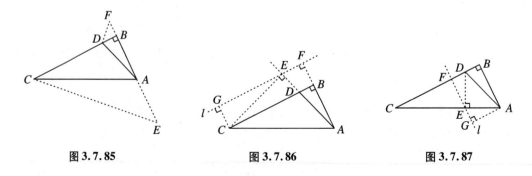

图 3.7.85   图 3.7.86   图 3.7.87

解法 2:如图 3.7.86 所示,过点 C 作 $CE \perp AD$ 交 AD 延长线于点 E,过点 E 作直线 $l /\!/$

CB,延长 AB 交 l 于点 F,过点 C 作 $CG \perp l$ 于点 G,先证 $\triangle AEF \backsim \triangle ECG$,设 $EF = BF = CG = x$。

解法 3:如图 3.7.87 所示,过点 D 作 $DE \perp AC$ 于点 E,过点 E 作直线 $l /\!/ AB$ 交 CB 于点 F,过点 A 作 $AG \perp l$ 于点 G,证明 $\triangle DEF \cong \triangle EAG$。

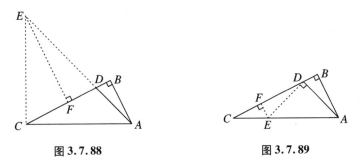

图 3.7.88   图 3.7.89

解法 4:如图 3.7.88 所示,过点 C 作 $CE \perp AC$ 交 AD 延长线于点 E,过点 E 作 $EF \perp CB$ 于点 F,证明 $\triangle CEF \cong \triangle ACB$。

解法 5:如图 3.7.89 所示,过点 D 作 $DE \perp AD$ 交 AC 于点 E,过点 E 作 $EF \perp CB$ 于点 F,证明 $\triangle ADB \cong \triangle DEF$。

169. 如图 3.7.90 所示,在 $\triangle ABC$ 中,$\angle C = 30°$,$\angle B = 135°$,$AB = 2\sqrt{2}$,求 BC 和 AC 的长。

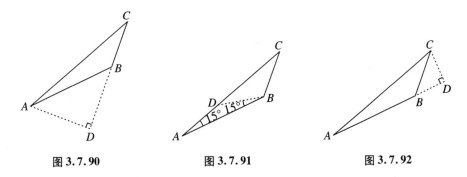

图 3.7.90   图 3.7.91   图 3.7.92

解法 1:如图 3.7.90 所示,过点 A 作 $AD \perp CB$ 的延长线于点 D,

∵ $\angle ABD = 180° - \angle ABC = 45°$,

∴ $AD = BD = 2$,在 Rt$\triangle ACD$ 中,$\angle C = 30°$,∴ $AC = 2AD = 4$,$CD = \sqrt{AC^2 - AD^2} = 2\sqrt{3}$,

∴ $BC = CD - BD = 2\sqrt{3} - 2$。

解法 2:如图 3.7.91 所示,设 $BC = x$,作 $\angle DBA = \angle A = 15°$,则 $DB = AD = BC = x$,在 $\triangle ADB$ 中,$(2\sqrt{2})^2 = x^2 + x^2 - 2x^2 \cdot \cos 150°$,故 $x = 2\sqrt{3} - 2$。

解法 3:如图 3.7.92 所示,过点 C 作 $CD \perp AB$ 交 AB 延长线于点 D,设 $CD = x$,则 $BD = x$,$BC = \sqrt{2}x$,∵ 在 Rt$\triangle CAD$ 中 ,$\tan 15° = \dfrac{CD}{AD}$,∴ $x = \sqrt{6} - \sqrt{2}$,∴ $BC = \sqrt{2}x = 2\sqrt{3} - 2$。

170. 如图 3.7.93 所示,在四边形 $ABCD$ 中,$\angle ACB = \angle BAD = 105°$,$\angle ABC = \angle ADC = 45°$,若 $AB = 2$,求 CD 的长。

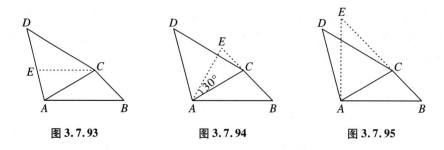

图 3.7.93   图 3.7.94   图 3.7.95

解法 1：如图 3.7.93 所示，过点 C 作 $CE \parallel AB$ 交 AD 于点 E，$\because CE \parallel AB$，$\therefore \angle ECA = \angle CAB = 30°$，$\angle CEA = \angle DAC = 75°$，$CE = CA$，$\angle CED = \angle BAD = \angle ACB$，再证 $\triangle CDE \cong \triangle ABC$，故 $CD = AB = 2$。

解法 2：如图 3.7.94 所示，作 $\angle CAE = 30°$，AE 交 BC 的延长线于点 E，证 $\triangle DAC \cong \triangle BEA$ 即可。

解法 3：如图 3.7.95 所示，延长 BC 至点 E，使 $CE = AD$，连接 AE，先证 $\triangle DAC \cong \triangle ECA$，则 $AE = CD$，再证 $AE = AB$。

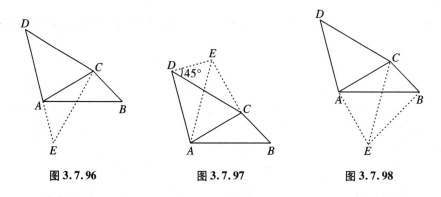

图 3.7.96   图 3.7.97   图 3.7.98

解法 4：如图 3.7.96 所示，延长 DA 至点 E，使 $AE = CB$，先证 $\triangle EAC \cong \triangle BCA$，再证 $CE = CD$。

解法 5：如图 3.7.97 所示，作 $\triangle EDC$，使 $\angle EDC = \angle B = 45°$，$EC \perp AC$，连接 AE，则 $\angle ADE + \angle ACE = 180°$，先证 D、A、C、E 四点共圆，再证 $\triangle DEC \cong \triangle BCA$ 即可。

解法 6：如图 3.7.98 所示，作 $\triangle ABE$，使 $\angle ABE = \angle D = 45°$，$BE = AD$，连接 CE，先证 C、A、E、B 四点共圆，再证 $AE = AC$，后证 $\triangle BEA \cong \triangle DAC$。

解法 7：如图 3.7.99 所示，作 $\triangle DCE$，使 $\angle ECD = \angle ABC = 45°$，连接 AE，并延长交 DC 于点 F，先证 E 是 $\triangle DCA$ 的垂心，过点 C 作 $CH \perp AB$ 于点 H，则 $CF = CH$，再证 $\triangle EFC \cong \triangle CHB$，后证 $\triangle EDC \cong \triangle CAB$。

解法 8：如图 3.7.100 所示，作 $\triangle ABC$ 的外接圆及其直径 CE，连接 AE、BE，先证 $\overset{\frown}{AC} = \overset{\frown}{AE}$，再证 $\triangle ADC \cong \triangle EBA$。

解法 9：如图 3.7.101 所示，作 $\triangle ADC$ 的外接圆及直径 AE，连接 DE、CE，先证 $\overset{\frown}{AC} = \overset{\frown}{CE}$，再证 $\triangle ABC \cong \triangle CDE$。

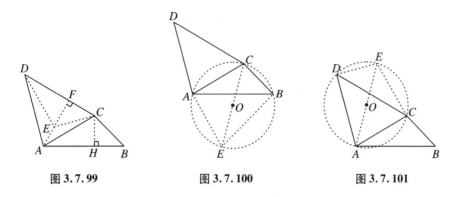

图 3.7.99　　　　　　　　图 3.7.100　　　　　　　　图 3.7.101

解法 10：如图 3.7.102 所示，过点 A 作 $AF \perp DC$ 于点 F，过点 C 作 $CE \perp AB$ 于 E，先证 $CE = BE$，再证 $\triangle AEC \cong \triangle AFC$，$CD = DF + CF = AE + BE = AB = 2$。

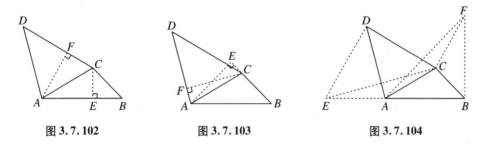

图 3.7.102　　　　　　　　图 3.7.103　　　　　　　　图 3.7.104

解法 11：如图 3.7.103 所示，过 A 点作 $AE \perp BC$ 交 BC 延长线于点 E，过点 C 作 $CF \perp AD$ 于点 F，先证 $\text{Rt}\triangle FAC \cong \text{Rt}\triangle ECA$，得 $CF = AE$，再证 $\triangle FDC \cong \triangle EBA$。

解法 12：如图 3.7.104 所示，将 $\triangle ABC$、$\triangle ADC$ 分别沿 BC、AD 翻折得 $\triangle FBC$、$\triangle ADE$，连接 EC、AF，先求 $\angle EAC = 150° = \angle ACF$，再证 $\triangle EAC \cong \triangle ACF$，则 $EC = AF$，又 $EC = \sqrt{2}CD$，$AF = \sqrt{2}AB$，故 $CD = AB$。

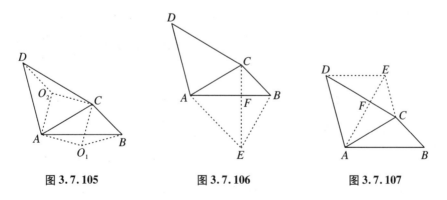

图 3.7.105　　　　　　　　图 3.7.106　　　　　　　　图 3.7.107

解法 13：如图 3.7.105 所示，设 O_1、O_2 分别是 $\triangle ABC$ 与 $\triangle ADC$ 的外心，先求 $\angle AO_1C = \angle AO_2C = 90°$，再求 $\angle DO_2C = \angle AO_1B = 150°$，后证 $\triangle AO_1B \cong \triangle DO_2C$，故 $CD = AB = 2$。

解法 14：如图 3.7.106 所示，将 $\triangle DAC$ 沿 AC 翻折得 $\triangle EAC$，CE 与 AB 交于点 F，连接 BE，则 $CD = CE$，先证 $FC = FB$，再证 $AF = EF$，故 $CD = CE = CF + FE = FB + AF = AB = 2$。

解法 15：如图 3.7.107 所示，将 $\triangle BAC$ 沿 AC 翻折得 $\triangle EAC$，连接 DE，则 $AE = AB$，$\angle AEC$

$= \angle ABC = 45°$，$\angle FCE = \angle ACE - \angle ACD = \angle AEC$，$\therefore$ $FC = FE$，再证 $AF = DF$，即 $CD = CF + DF = FE + AF = AB = 2$。

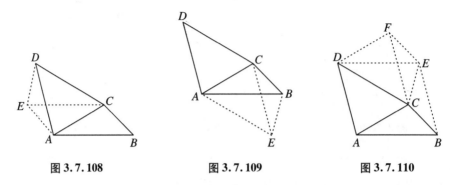

图 3.7.108   图 3.7.109   图 3.7.110

解法 16：如图 3.7.108 所示，过点 C 作 $CE \parallel AB$，且 $CE = AB$，连接 AE、DE，得 $\square ABCE$，先证 C、A、E、D 四点共圆，再求 $\angle EDC = 75° = \angle DEC$。

解法 17：如图 3.7.109 所示，过点 A 作 $AE \parallel DC$，且 $AE = DC$，连接 CE、BE，得 $\square AECD$，先证 C、A、E、B 四点共圆，再求 $\angle ABE = \angle DAC = 75° = \angle AEB$。

解法 18：如图 3.7.110 所示，将 $\triangle ABC$ 平移得 $\triangle DEF$，连接 FC、EB、EC 得 $\square ACFD$、$\square ABED$、$\square CBEF$，先证 C、E、F、D 四点共圆，再求 $\angle DCE = \angle DEC = 75°$。

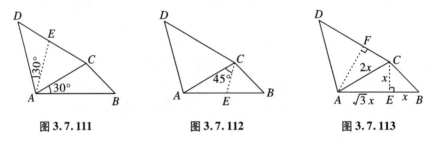

图 3.7.111   图 3.7.112   图 3.7.113

解法 19：如图 3.7.111 所示，过点 A 作 $\angle DAE = \angle BAC = 30°$，点 E 在 CD 上，则 $\angle CAE = \angle D = 45°$，先由 $\triangle ACE \backsim \triangle DCA$ 得 $\dfrac{AE}{AD} = \dfrac{AC}{CD}$，再由 $\triangle ADE \backsim \triangle ABC$ 得 $\dfrac{AE}{AD} = \dfrac{AC}{AB}$，则 $\dfrac{AC}{CD} = \dfrac{AC}{AB}$，故 $CD = AB$。

解法 20：如图 3.7.112 所示，过点 C 作 $\angle ACE = \angle ABC = 45°$，点 E 在 AB 上，先证 $\triangle ADC \backsim \triangle EBC$，再证 $\triangle ACE \backsim \triangle ABC$，由比例式 $\dfrac{EC}{BC} = \dfrac{AC}{CD}$，$\dfrac{CE}{BC} = \dfrac{AC}{AB}$ 得出结论。

解法 21：如图 3.7.113 所示，过点 A 作 $AF \perp DC$ 于点 F，过点 C 作 $CE \perp AB$ 于点 E，不妨设 $BE = x$，则 $CE = x$，$AE = \sqrt{3}x$，$AB = x + \sqrt{3}x$，$AC = 2x$，$CF = \dfrac{1}{2}AC = x$，$AF = \sqrt{3}x = DF$，则有 $CD = x + \sqrt{3}x$，故 $CD = AB = 2$。

解法 22：如图 3.7.114 所示，$\because$ 根据正弦定理，在 $\triangle ABC$ 中，$\dfrac{AB}{\sin \angle ACB} = \dfrac{AC}{\sin \angle B}$，$\therefore$ $AB = \dfrac{AC \cdot \sin 105°}{\sin 45°}$，$\because$ 在 $\triangle ADC$ 中，$\dfrac{CD}{\sin \angle DAC} = \dfrac{AC}{\sin \angle D}$，$\therefore$ $CD = \dfrac{AC \cdot \sin 75°}{\sin 45°}$，$\because$ $\sin 105° = \sin 75°$，

$\therefore CD = AB = 2$。

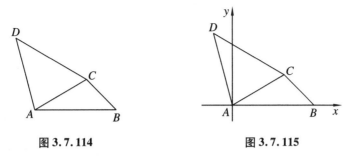

图 3.7.114　　　　　　　图 3.7.115

解法23:如图3.7.115所示,建平面直角坐标系,设$A(0,0)$,$B(2,0)$,$C(x,y)$,分别求斜率k_{AD}、k_{CD}、k_{AC}、k_{BC},又$\angle ACD = \angle B = 45°$,建立4个方程,求出$C$、$D$坐标,再求$CD = 2$。

171. 如图3.7.116所示,在$\triangle ABC$中,$\angle BAC = 90°$,$\angle C = 30°$,AD平分$\angle BAC$交BC于点D,$AB = \sqrt{3} + 1$,求CD的长。

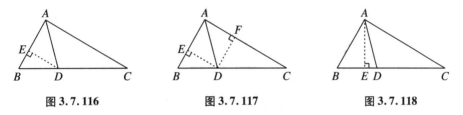

图 3.7.116　　　　图 3.7.117　　　　图 3.7.118

解法1:如图3.7.116所示,过点D作$DE \perp AB$于点E,设$BE = x$,则$DE = AE = \sqrt{3}x$,$AB = x + \sqrt{3}x = \sqrt{3} + 1$,故$x = 1$,$BD = 2BE = 2$,$\because BC = 2AB = 2\sqrt{3} + 2$,$\therefore CD = 2\sqrt{3}$。

解法2:如图3.7.117所示,过点D作$DE \perp AB$于点E,作$DF \perp AC$于点F,AD平分$\angle BAC$,则$DE = DF$,设$BE = x$,$DE = DF = \sqrt{3}x$,同证法1,求得$x = 1$,则$CD = 2DF = 2\sqrt{3}$。

解法3:如图3.7.118所示,过点A作$AE \perp BC$于点E,$BE = \dfrac{1}{2}AB = \dfrac{\sqrt{3}+1}{2}$,$BC = 2(\sqrt{3} + 1)$,在$\text{Rt}\triangle AED$中,$\dfrac{DE}{AE} = \tan 15°$,求出$DE$,则$CD = BC - BE - DE = 2\sqrt{3}$。

172. 如图3.7.119所示,在等腰$\triangle ABC$中,$AB = AC$,$\angle A = 20°$,在AB上取一点D,使$AD = BC$,求$\angle BDC$。

解法1:如图3.7.119所示,以BC为边在$\triangle ABC$内作等边$\triangle BOC$,连接OA,先证$\triangle AOB \cong \triangle AOC$,再证$\triangle ADC \cong \triangle COA$,后求$\angle ACD = \angle CAO = 10°$,则$\angle BDC = \angle ACD + \angle DAC = 10° + 20° = 30°$。

解法2:如图3.7.120所示,以AC边作等边$\triangle ACF$,连接DF,先证$\triangle FAD \cong \triangle ABC$(SAS),再求,$\angle AFD = \angle BAC = 20°$,$\angle ADF = 80°$,$DF = AC = CF$,后求$\angle FDC = \angle FCD = 70°$,则$\angle ADC = 150°$,故$\angle BDC = 30°$。

解法3:如图3.7.121所示,仿解法2,以AB为边作等边$\triangle ABF$,过点D作$DE \parallel BC$交AC于点E,连接EF、BE,先证$\triangle FAE \cong \triangle ABC$(SAS),再求$\angle FBE = 70°$,$\angle ACD = 10°$,$\because \triangle BDE \cong \triangle CED$,$\therefore \angle BDC = 20° + 10° = 30°$。

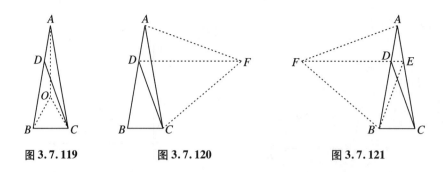

图 3.7.119   图 3.7.120   图 3.7.121

173. 如图 3.7.122 所示，已知 $AB = AC$，$\angle A = \angle DCA = 20°$，$\angle ABE = 30°$，求 $\angle CDE$。

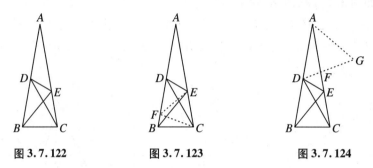

图 3.7.122   图 3.7.123   图 3.7.124

解法 1：如图 3.7.123 所示，在 AB 边上取点 F，使 $FC = BC$，连接 FC、FE，先证 $\triangle CEF$ 为正 $\triangle$，再证 $DF = FC = FE$，$\angle FDE = \angle FED = 70°$，$\angle CDE = \angle FED - \angle BDC = 70° - 40° = 30°$。

解法 2：如图 3.7.124 所示，在 AC 上找点 F，使 $CF = CD$，连接 DF 并延长使 $DG = AD$，连接 AG，先证 $\triangle ADG$ 为正 $\triangle$，再证 $\triangle BDC \cong \triangle FAG$，后证 $BC = FG = CE$，求 $\angle FDE = 50°$。

解法 3：如图 3.7.125 所示，过点 D 作 BC 的平行线交 AC 于点 G，连接 BG 交 DC 于点 F，在 AC 上取点 H，使 $HC = DC$，连接 DH，先证 $\triangle BCF$、$\triangle DFG$ 为正 $\triangle$，再证 $HE = DF = DG$，后证 $\triangle CDH$ 与 $\triangle HDE$ 为等腰 $\triangle$。

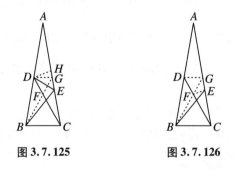

图 3.7.125   图 3.7.126

解法 4：如图 3.7.126 所示，过点 D 作 BC 的平行线交 AC 于点 G，连接 BG 交 DC 于点 F，连接 EF，同解法 3 知 $\triangle BCF$ 和 $\triangle DFG$ 为正 $\triangle$，再证 $\triangle EGD \cong \triangle EFD$（SSS）。

解法 5：如图 3.7.122 所示，在 $\triangle ABE$ 中，$\dfrac{AB}{AE} = 2\sin 50° = 2\cos 40°$，

在 $\triangle BCD$ 中，$\dfrac{CD}{BC} = \dfrac{\sin 80°}{\sin 40°} = \dfrac{2\sin 40°\cos 40°}{\sin 40°} = 2\cos 40°$，

$\therefore \dfrac{AB}{AE} = \dfrac{CD}{BC} = \dfrac{CD}{CE}, \angle A = \angle DCE = 20°, \therefore \triangle ABE \backsim \triangle CDE,$ 于是 $\angle CDE = \angle ABE = 30°$。

174. 如图 3.7.127 所示，已知在 $\triangle ABC$ 中，$CD \perp AB$，E、F 分别是 AC、BC 的中点，$AB = 26$，$BC = 28$，$AC = 30$，求：$S_{\triangle DEF}$。

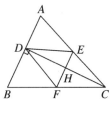 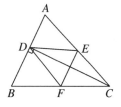

图 3.7.127　　　　　　　图 3.7.128

解法 1：如图 3.7.127 所示，设 CD 与 EF 相交于点 H，则 $DH = \dfrac{1}{2}CD$，先证 $EF \underset{=}{\parallel} \dfrac{1}{2}AB$，$CD \perp EF$，再求 $S_{\triangle ABC} = \sqrt{42 \times 16 \times 14 \times 12} = 336$，后求 $S_{\triangle DEF} = \dfrac{1}{2}EF \cdot DH = \dfrac{1}{2} \cdot \dfrac{1}{2}AB \cdot \dfrac{1}{2}CD = \dfrac{1}{4}S_{\triangle ABC} = 84$。

解法 2：如图 3.7.128 所示，$\because CD \perp AB$，先证 $DE = AE = EC$，再证 $\triangle DEF \backsim \triangle CAB$，$\therefore S_{\triangle DEF} : S_{\triangle ABC} = 1 : 2^2$，又 $\because S_{\triangle ABC} = 336, \therefore S_{\triangle DEF} = 84$。

解法 3：如图 3.7.127 所示，先证 $EF \underset{=}{\parallel} \dfrac{1}{2}AB$，设 CD 与 EF 相交于点 H，则 $CD \perp EF$，H 为 CD 的中点，$\therefore S_{\triangle DEF} = S_{\triangle EFC} = \dfrac{1}{4}S_{\triangle ABC}$。

解法 4：如图 3.7.128 所示，先证 $EF = \dfrac{1}{2}AB = 13$，又 $\because DE$ 为 $\text{Rt} \triangle ADC$ 斜边上的中线，$\therefore DE = \dfrac{1}{2}AC = 15$，同理 $DF = \dfrac{1}{2}BC = 14$，故 $S_{\triangle DEF} = \sqrt{21 \times 8 \times 7 \times 6} = 84$。

175. 如图 3.7.129 所示，已知正方形 $ABCD$，E 是 AB 中点，F 是 AD 上一点，且 $AF = \dfrac{1}{4}AD$，$EG \perp CF$，垂足为 G，若 $CF = 20$，$FG = 4$，求 EG 的长。

解法 1：如图 3.7.129 所示，连接 EF、EC，先证 $\triangle FAE \backsim \triangle EBC$，得 $\angle FEC = 90°$，又由 $EG^2 = CG \cdot FG = (20 - 4) \times 4 = 64, \therefore EG = 8$。

解法 2：如图 3.7.129 所示，连接 EC、EF，令 $AF = a$，则 $EF = \sqrt{5}a$，$EC = 2\sqrt{5}a$，$FC = 5a$，$\because EF^2 + EC^2 = FC^2, \therefore \angle FEC = 90°$，又 $EG \perp FC, \therefore EG^2 = CG \cdot FG$，同解法 1。

解法 3：如图 3.7.130 所示，连接 EF、EC，并过点 E 作 $EH \parallel BC$ 交 FC 于点 H，令 $AF = a$，$\because AE = EB, \therefore FH = HC, \therefore EH = \dfrac{1}{2}(AF + BC) = \dfrac{1}{2}(a + 4a) = \dfrac{5}{2}a$，而 $\because FC = 5a, \therefore EH = \dfrac{1}{2}FC, \therefore \angle FEC = 90°$，又 $EG^2 = CG \cdot FG$，同解法 1。

解法 4：如图 3.7.131 所示，建平面直角坐标系，设 $AD = 4a$，则 $F(a, 0)$，$E(0, -2a)$，

$C(4a,-4a)$，直线 CF 的方程为 $y=-\dfrac{4}{3}x+\dfrac{4}{3}a$，即 $4x+3y-4a=0$，

则 $EG=\dfrac{|4\times 0+3(-2a)-4a|}{\sqrt{4^2+3^2}}=2a=8$。

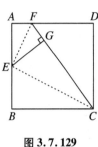 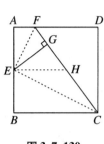 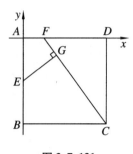

图 3.7.129 　　　　　图 3.7.130 　　　　　图 3.7.131

说明：此题结论还可证明①CE 平分 $\angle BCF$，②$\dfrac{1}{4}AB^2=CG\cdot FG$，③$\triangle AEF\backsim\triangle BCE$，④$AF=FG$，⑤$BC=CG$，⑥$EF$ 平分 $\angle AEG$。

176. 如图 3.7.132 所示，菱形 $ABCD$ 中，对角线 AC、BD 相交于点 O，$AC=16$，$BD=12$，DE 是菱形的高，求 DE 的长。

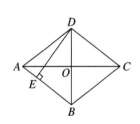 　　　　　　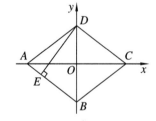

图 3.7.132 　　　　　　　　图 3.7.133

解法 1：如图 3.7.132 所示，$\because$ 由菱形的性质，AC、BD 互相垂直平分，$\therefore AO=\dfrac{1}{2}AC=8$，

$BO=\dfrac{1}{2}BD=6$，在 $Rt\triangle AOB$ 中，求得 $AB=10$，$\because S_{\text{菱}ABCD}=AB\cdot DE=\dfrac{1}{2}AC\cdot BD$，$\therefore DE=9.6$。

解法 2：如图 3.7.132 所示，设 $DE=x$，易求得 $AB=10$，$\therefore 10=AB=AE+EB=\sqrt{10^2-x^2}+\sqrt{12^2-x^2}$，解得正数 $x=9.6$。

解法 3：如图 3.7.133 所示，建立平面直角坐标系，$A(-8,0)$，$C(8,0)$，$D(0,6)$，$B(0,-6)$，直线 AB 的方程为 $4y+3x+24=0$，由点到直线的距离公式求得 $DE=9.6$。

177. 如图 3.7.134 所示，在 $Rt\triangle CBO$ 中，$OC=3$，$OA=1$，$\angle ACB=45°$，求 BO 的长。

解法 1：如图 3.7.134 所示，过点 A 作 $AE\perp AC$ 交 CB 于点 E，过点 E 作 $EF\perp BO$ 于点 F，先证 $Rt\triangle AOC\cong Rt\triangle EFA$，设 $BF=x$，$BE=y$，再在 $\triangle AOC$ 中求 $AC=\sqrt{10}=AE$，在 $Rt\triangle FBE$ 中，$y^2=1+x^2$①，在 $Rt\triangle CBO$ 中，$(4+x)^2+9=(2\sqrt{5}+y)^2$②，解①、②得 $x=2$，故 $BO=6$。

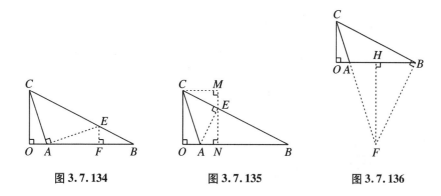

图 3.7.134　　　　图 3.7.135　　　　图 3.7.136

解法2:如图3.7.135所示,过点 A 作 $AE \perp CB$ 于点 E,过点 E 作 $EN \perp BO$ 于点 N,过点 C 作 $CM \perp EN$ 于点 M,证 $\triangle AEN \cong \triangle ECM$。

解法3:如图3.7.136所示,过点 B 作 $BF \perp CB$ 交 CA 延长线于点 F,过点 F 作 $FH \perp BO$ 于点 H,易证等腰 $Rt \triangle CBF$,再证 $\triangle FBH \cong \triangle BCO$。

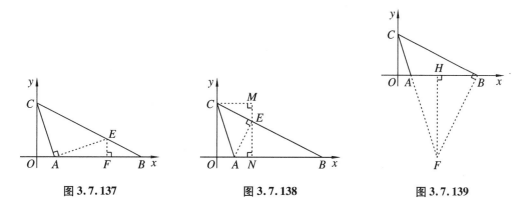

图 3.7.137　　　　图 3.7.138　　　　图 3.7.139

解法4:如图3.7.137所示,过点 A 作 $AE \perp AC$ 交 BC 于点 E,过点 E 作 $EF \perp BO$ 于点 F,先证 $\triangle OAC \cong \triangle FEA$,$AF = OC = 3$,$EF = OA = 1$,则 $E(4,1)$,$\because C(0,3)$,$\therefore CE$ 的方程为 $y = -\frac{1}{2}x + 3$,$\therefore B(6,0)$,则 $OB = 6$。

解法5:如图3.7.138所示,过点 A 作 $AE \perp BC$ 于点 E,过点 E 作 $EN \perp x$ 轴于点 N,过点 C 作 $CM \perp EN$ 于点 M,先证 $\triangle AEN \cong \triangle ECM$,设 $AN = a = ME$,$EN = b = CM$,

$\because CM = ON$,$\therefore b = a + 1$①,

$\because OC = MN$,$\therefore a + b = 3$②,

解①、②得 $a = 1$,$b = 2$,则 $E(2,2)$,所以 CE 的方程为 $y = -\frac{1}{2}x + 3$,可得 $B(6,0)$。

解法6:如图3.7.139所示,过点 B 作 $BF \perp CB$ 交 CA 的延长线于点 F,过点 F 作 $FH \perp x$ 轴于点 H,易证等腰 $Rt \triangle CBF$,$\triangle FBH \cong \triangle BCO$,设 $B(a,0)$,则 $F(a-3,-a)$,代入直线 CF 方程 $y = -3x + 3$,得 $a = 6$,即 $OB = 6$。

178.如图3.7.140所示,已知 $\angle ABC = 90°$,D 是直线 AB 上的点,$AD = BC$,E 是直线 BC

上的一点,且 $CE = BD$,直线 AE、CD 相交于点 P,求 $\dfrac{AE}{CD}$ 的值。

解法 1:如图 3.7.140 所示,将 CE 沿 EA 方向平移至 AF 的位置,则四边形 $AFCE$ 为▱,先证 $\triangle ADF \cong \triangle BCD$,再求 $AE = CF = \sqrt{2}CD$,则 $\dfrac{AE}{CD} = \sqrt{2}$。

解法 2:如图 3.7.141 所示,将 CE 沿 CD 方向平移至 DF 的位置,连接 AF、EF,先证四边形 $CEFD$ 为▱,再证 $\triangle ADF \cong \triangle CBD$。

解法 3:如图 3.7.142 所示,将 AD 沿 AE 方向平移至 EF 的位置,连接 CF、DF,先证四边形 $ADFE$ 为▱,再证 $\triangle CEF \cong \triangle DBC$。

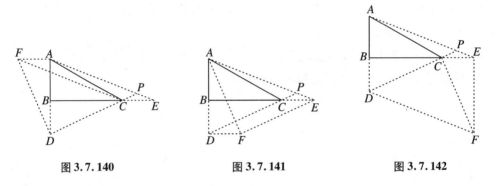

图 3.7.140　　　　　　图 3.7.141　　　　　　图 3.7.142

179. 如图 3.7.143 所示,一个六边形的 6 个内角都是 120°,连续 4 边的长依次是 1、3、3、2,求这个六边形的周长。

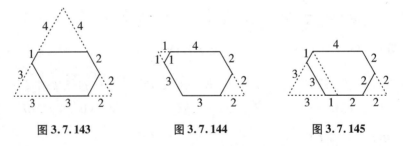

图 3.7.143　　　　　　图 3.7.144　　　　　　图 3.7.145

解法 1:如图 3.7.143 所示,将原六边形补全成边长为 8 的正△,∴ 原六边形的周长为 15。

解法 2:如图 3.7.144 所示,将原六边形补全成边长为 4 和 5 的▱。

解法 3:如图 3.7.145 所示,将原六边形补全成两腰长为 4、下底长为 8 的等腰梯形。

解法 4:如图 3.7.146 所示,将其补全为边长为 $2\sqrt{3}$、$\dfrac{11}{2}$ 的矩形。

解法 5:如图 3.7.147 所示,将其补全为边长为 7 的正△。

解法 6:如图 3.7.148 所示,将其补全为边长为 4、6 的▱。

解法 7:如图 3.7.149 所示,将其补全成两腰长为 5 的等腰梯形。

解法 8:如图 3.7.150 所示,将其补全为边长为 $3\sqrt{3}$ 和 $\dfrac{9}{2}$ 的矩形。

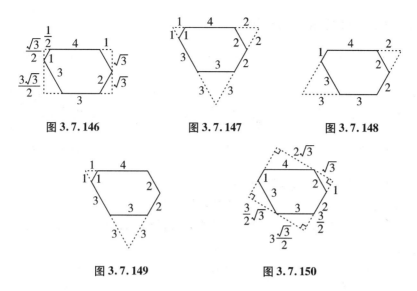

图 3.7.146　　　　　图 3.7.147　　　　　图 3.7.148

图 3.7.149　　　　　图 3.7.150

180. 如图 3.7.151 所示,在四边形 $AFCD$ 中,$\angle D = \angle C = 90°$,$AD = DC = 6$,$AE = 3\sqrt{5}$,$\angle EAF = 45°$,求 EF 的长。

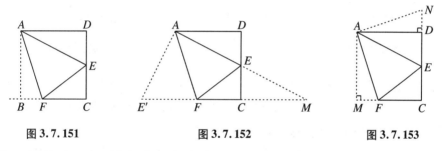

图 3.7.151　　　　　　图 3.7.152　　　　　　图 3.7.153

解法 1:如图 3.7.151 所示,将四边形 $ADCF$ 补成正方形 $ABCD$,由半角与倍角模型先证 $EF = DE + BF$,再求 $DE = 3$,设 $EF = x$,则 $BF = x - 3$,$FC = 9 - x$,在 $Rt\triangle ECF$ 中列方程解得 $x = EF = 5$。

解法 2:如图 3.7.152 所示,将 $\triangle AEF$ 沿 AF 翻折至 $\triangle AFE'$,先求 $DE = 3$,延长 AE 交 FC 于点 M,$AE' = 3\sqrt{5}$,$AM = 6\sqrt{5}$,设 $EF = x$,再证 $\triangle E'AM$ 为 $Rt\triangle$,则 $ME' = 15$,又 $x + \sqrt{x^2 - 9} + 6 = 15$,解得 $x = 5 = EF$。

解法 3:如图 3.7.153 所示,过点 A 作 $AM \perp FC$ 于点 M,延长 CD 取 $DN = FM$,连接 AN,设 $EF = x$,$FC = y$,从而在 $Rt\triangle ECF$、$Rt\triangle AMF$ 与 $Rt\triangle AND$ 中列方程组,解得 $x = 5 = EF$。

181. 如图 3.7.154 所示,已知四边形 $ABCD$ 是矩形,点 M 在 BC 上,$BM = CD$,点 N 在 CD 上,且 $DN = CM$,DM 与 BN 交于点 P,求 $\dfrac{DM}{BN}$。

解法 1:如图 3.7.154 所示,设 $BM = x$,$MC = y$,在 $Rt\triangle DMC$ 与 $Rt\triangle BNC$ 中列方程组解得 $\dfrac{DM}{BN} = \dfrac{\sqrt{2}}{2}$。

解法 2:如图 3.7.155 所示,过点 M 作 $EM \perp DM$ 交 AB 于点 E,先证 $\triangle EBM \cong \triangle MCD$,连

接 DE,再证 $\triangle DME$ 为等腰 Rt$\triangle$,后证四边形 $EBND$ 为 $\square$。

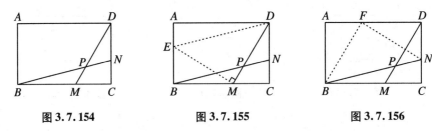

图 3.7.154　　　　　　图 3.7.155　　　　　　图 3.7.156

解法 3:如图 3.7.156 所示,作 $DF = DC$,点 F 在 AD 上,连接 FN、FB,先证 $\triangle FDN \cong$ $\triangle DCM$,再证四边形 $FDMB$ 为 $\square$,后证 $\triangle BFN$ 为等腰 Rt$\triangle$。

182. 如图 3.7.157 所示,已知 $\triangle ABC$ 为等边 $\triangle$,边长为 2,以 AC 为边作正方形 $ACFE$,求证 BE 为定值。

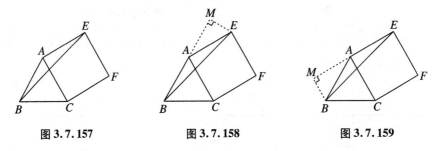

图 3.7.157　　　　　　图 3.7.158　　　　　　图 3.7.159

解法 1:如图 3.7.157 所示,$\because \angle BAE = 120°$,$\therefore$ 在 $\triangle ABE$ 由余弦定理求 $BE = \sqrt{6} + \sqrt{2}$。

解法 2:如图 3.7.158 所示,延长 BA,过点 E 作 $EM \perp AB$ 于点 M,先证 $\angle MAE = 30°$,再求 $MA = \sqrt{3}$,在 Rt$\triangle BEM$ 由勾股定理求 $BE = \sqrt{6} + \sqrt{2}$。

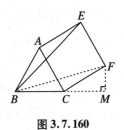

图 3.7.160

解法 3:如图 3.7.159 所示,延长 EA,过点 B 作 $BM \perp EA$ 于点 M,先证 $\angle BAM = 30°$,再求 $BM = 1$,$AM = \sqrt{3}$,后在 Rt$\triangle EBM$ 中求 $BE = \sqrt{6} + \sqrt{2}$。

解法 4:如图 3.7.160 所示,连接 BF,过点 F 作 $FM \perp BC$ 于点 M,先证 $\triangle BAE \cong \triangle BCF$,得 $BE = BF$,再证 $\angle FCM = 30°$,后求 $BF = BE = \sqrt{6} + \sqrt{2}$。

183. 如图 3.7.161,四边形 $ABCD$ 中,$DC // AB$,$BC = 1$,$AB = AC = AD = 2$,求 CD 的长。

解法 1:如图 3.7.161 所示,过点 A 作 $AF \perp CD$ 于点 F,作 $AE \perp BC$ 于点 E,过点 C 作 $CM \perp AB$ 于点 M,在 Rt$\triangle ABE$ 中,求 $h_2 = \dfrac{\sqrt{15}}{2}$,

$\because \dfrac{1}{2} h_2 \cdot 1 = \dfrac{1}{2} \cdot 2 \cdot h_3$,$\therefore h_3 = \dfrac{\sqrt{15}}{4}$,$CF = \dfrac{7}{4}$,$\therefore CD = 2CF = \dfrac{7}{2}$。

解法 2:如图 3.7.162 所示,过点 A 作 $AF \perp CD$ 于点 F,过点 C 作 $CM \perp AB$ 于点 M,先证四边形 $FCMA$ 为矩形,则 $AF = CM$,设 $AF = CM = y$,$CF = x$,则有 $BM = 2 - x$,在 Rt$\triangle AFC$、Rt$\triangle CBM$ 中列方程组,解之得 $x = \dfrac{7}{4}$,故 $CD = 2x = \dfrac{7}{2}$。

解法3：如图 3.7.163 所示，延长 BA 至点 E 使 $AE = AB$，连接 DE、BD，过点 D 作 $DH \perp BE$ 于点 H，先证 B、C、D、E 四点共圆，则 $\angle EDB = 90°$，再求 $BD = \sqrt{15}$，$DH = \dfrac{\sqrt{15}}{4}$，$EH = \dfrac{1}{4}$，

故 $CD = 4 - 2 \cdot \dfrac{1}{4} = \dfrac{7}{2}$。

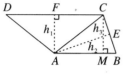
图 3.7.161

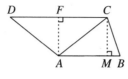
图 3.7.162

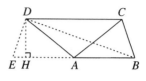
图 3.7.163

184. 如图 3.7.164 所示，在等腰 $\triangle ABC$ 中，BC 为底边，D、E、G 分别在 BC、AB、AC 上，且 $EG \parallel BC$，$DE \parallel AC$，延长 GE 至点 F，使 $BE = BF$，求证：四边形 $BDEF$ 是 $\square$。

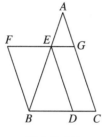
图 3.7.164

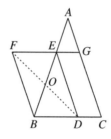
图 3.7.165

证法1：如图 3.7.164 所示，由定义证 $EG \parallel CD$，再证 $EF \parallel BD$，后证 $DE \parallel BF$。

证法2：如图 3.7.164 所示，先证 $\angle F = \angle EDB$，再证 $\angle FED = \angle FBD$。

证法3：如图 3.7.164 所示，先证 $DE = BF$，再证 $EF = BD$。

证法4：如图 3.7.165 所示，连接 FD 交 AB 于点 O，先证 $OE = OB$，再证 $OF = OD$。

证法5：如图 3.7.164 所示，证 $DE \stackrel{\parallel}{=} BF$ 即可。

185. 如图 3.7.166 所示，在 Rt$\triangle ABC$ 中，$\angle C = 90°$，$AB = c$，$BC = a$，$AC = b$，求证：$\tan \dfrac{A}{2}$

$= \dfrac{a}{b + c}$。

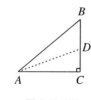
图 3.7.166

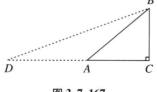
图 3.7.167

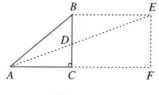
图 3.7.168

证法1：如图 3.7.166 所示，作 $\angle A$ 的平分线交 BC 于点 D，解 Rt$\triangle ACD$。

证法2：如图 3.7.167 所示，延长 CA 到点 D，使 $AD = AB$，连接 BD，解 Rt$\triangle DCB$

证法3：如图 3.7.168 所示，过点 A 作 $\angle A$ 平分线交 BC 于点 D，过点 B 作 AC 的平行线交

AD 延长线于点 *E*,过点 *E* 作 *BC* 平行线交 *AC* 延长线于点 *F*,先证四边形 *BCFE* 为矩形,再解 Rt△AFE。

186. 如图 3.7.169 所示,*P* 为正方形 *ABCD* 的对角线 *AC* 上的任一点,过 *P* 点的直线 *HF*、*EG* 分别交 *AD*、*AB*、*BC*、*DC* 于点 *H*、*E*、*F*、*G*,且 *HF* ∥ *DC*,*EG* ∥ *BC*,求证:*E*、*F*、*G*、*H* 四点共圆。

证法 1:如图 3.7.169 所示,连接 *BD* 交 *AC* 于点 *O*,连接 *OE*、*OF*、*OG*、*OH*,先证四边形 *AEPH*、四边形 *PFCG* 为正方形,再证△*HDO*≌△*GCO*≌△*FCO*≌△*EBO*。

证法 2:如图 3.7.170 所示,连接 *EF*、*FG*、*GH*、*HE*,先证 ∠*GFE* + ∠*GHE* = 180° 或证 ∠*HGF* + ∠*HEF* = 180°。

证法 3:如图 3.7.171 所示,连接 *EF*、*FG*、*GH*、*HE*,延长 *HE* 至点 *M*,证 ∠*FEM* = ∠*HGF* (外角对内角相等)。

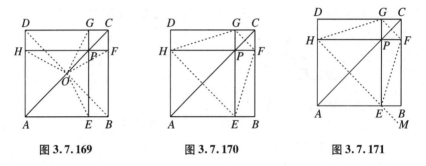

图 3.7.169　　　　图 3.7.170　　　　图 3.7.171

证法 4:如图 3.7.172 所示,连接 *EF*、*FG*、*GH*、*HE*,延长 *FE* 至点 *M*,证 ∠*HEM* = ∠*HGF*。

证法 5:如图 3.7.173 所示,连接 *EF*、*FG*、*GH*、*HE*,延长 *EF* 至点 *M*,证 ∠*GFM* = ∠*GHE*。

证法 6:如图 3.7.174 所示,连接 *EF*、*FG*、*GH*、*HE*,延长 *GF* 至点 *M*,证 ∠*EFM* = ∠*GHE*。

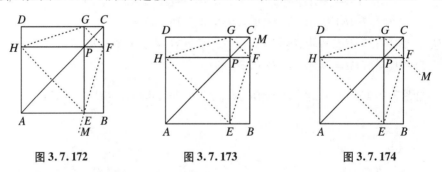

图 3.7.172　　　　图 3.7.173　　　　图 3.7.174

证法 7:如图 3.7.175 所示,连接 *EF*、*FG*、*GH*、*HE*,延长 *HG* 至点 *M*,证 ∠*MGF* = ∠*HEF*。

证法 8:如图 3.7.176 所示,连接 *EF*、*FG*、*GH*、*HE*,延长 *FG* 至点 *M*,证 ∠*MGH* = ∠*HEF*。

证法 9:如图 3.7.177 所示,连接 *EF*、*FG*、*GH*、*HE*,延长 *GH* 至点 *M*,证 ∠*MHE* = ∠*EFG*。

证法 10:如图 3.7.178 所示,连接 *EF*、*FG*、*GH*、*HE*,延长 *EH* 至点 *M*,证 ∠*MHG* = ∠*GFE*。

证法 11:如图 3.7.179 所示,延长 *HG*、*EF* 交于点 *K*,延长 *AC*,直线 *AC* 为正方形 *ABCD* 的对称轴,则 *K* 在 *AC* 上,证 *KG* · *KH* = *KF* · *KE*。

证法 12:如图 3.7.180 所示,证 *PH* = *PE*,*PF* = *PG*,∵ *PH* · *PF* = *PE* · *PG*,∴ 结论成立。

证法 13:如图 3.7.170 所示,证 ∠*HGE* = ∠*HFE* 或 ∠*EHF* = ∠*EGF* 或 ∠*GHF* = ∠*GEF*。

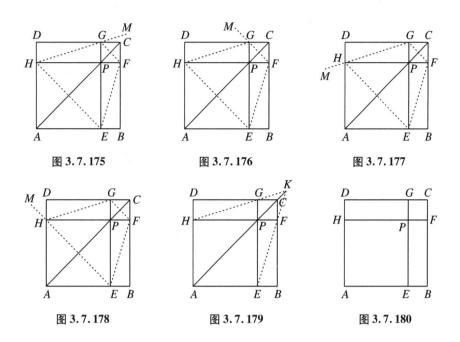

图 3.7.175　　　　　图 3.7.176　　　　　图 3.7.177

图 3.7.178　　　　　图 3.7.179　　　　　图 3.7.180

证法 14：如图 3.7.181 所示，建平面直角坐标系，设正方形 $ABCD$ 的边长为 a，则 AC 中点 $O'\left(\dfrac{a}{2},\dfrac{a}{2}\right)$，$DH = CF = PF = BE = b$，则 $F(a,a-b)$，$G(a-b,a)$，$H(0,a-b)$，$E(a-b,0)$，计算 $GO' = FO' = EO' = HO'$，从而 E、F、G、H 四点共圆。

187. 如图 3.7.182 所示，在矩形 $ABCD$ 中，$AB = 10$，$BC = 5$，点 E、F、G、H 分别在矩形 $ABCD$ 各边上，且 $AE = CG$，$BF = DH$，则四边形 $EFGH$ 周长的最小值是多少？

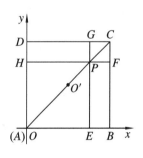

图 3.7.181

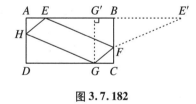

图 3.7.182

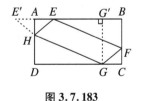

图 3.7.183

解法 1：如图 3.7.182 所示，作点 E 关于 BC 的对称点 E'，连接 $E'G$ 交 BC 于点 F，此时四边形 $EFGH$ 的周长取最小值，过点 G 作 $GG' \perp AB$ 于点 G'，易证 $E'G' = AB = 10$，$GG' = AD = 5$，则 $E'G = \sqrt{E'G'^2 + GG'^2} = 5\sqrt{5}$，易证 $HE = GF$，$EF = HG$，

故四边形 $EFGH$ 周长的最小值为 $2(EF + FG) = 10\sqrt{5}$。

解法 2：如图 3.7.183 所示，作点 E 关于 AD 的对称点 E'，连接 $E'G$ 交 AD 于点 H，此时，四边形 $EFGH$ 的周长最小，过点 G 作 $GG' \perp AB$ 于点 G'，易证 $GG' = AD = 5$，$E'G' = AB = 10$，

则 $E'G = 5\sqrt{5}$，后同解法 1。

解法 3:如图 3.7.184 所示,作点 G 关于 AD 的对称点 G',连接 EG' 交 AD 于点 H,此时, 四边形 $EFGH$ 的周长最小,过点 E 作 $EM \perp CD$ 于点 M,则 $EG' = 5\sqrt{5}$,易证 $HE = FG$,$HG = EF$, 后同解法 1。

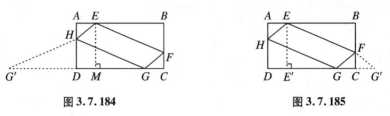

图 3.7.184　　　　　　　　　　图 3.7.185

解法 4:如图 3.7.185 所示,作点 G 关于 BC 对称点 G',连接 EG' 交 BC 于点 F,此时四边 形 $EFGH$ 的周长最小,过点 E 作 $EE' \perp CD$ 于点 E',易证 $EE' = AD = 5$,$E'G' = AB = 10$,则 $EG' = 5\sqrt{5}$,易证 $HE = EG$,$EF = HG$,故四边形 $EFGH$ 的周长最小值为 $2(EF + FG) = 2EG' = 10\sqrt{5}$。

188. 如图 3.7.186 所示,已知 $\triangle ABC$ 中,CD 是 AB 的中线,且 $CD = \dfrac{1}{2}AB$,求证:$\triangle ABC$ 是 直角三角形。

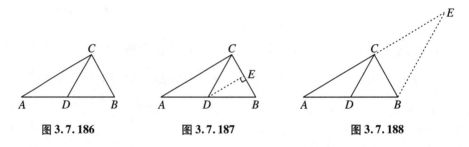

图 3.7.186　　　　　　图 3.7.187　　　　　　图 3.7.188

证法 1:如图 3.7.186 所示,由三角形内角和定理及直角三角形的定义去求 $\angle ACB = 90°$。

证法 2:如图 3.7.187 所示,过点 D 作 $DE \perp BC$ 交 BC 于 E 点,证 $\angle ACB = \angle DEB = 90°$。

证法 3:如图 3.7.188 所示,过点 B 作 $BE // CD$,BE 与 AC 的延长线相交于点 E,证 $\angle ACB = 90°$。

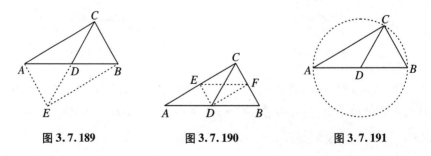

图 3.7.189　　　　　　图 3.7.190　　　　　　图 3.7.191

证法 4:如图 3.7.189 所示,延长 CD 到点 E,使 $DE = CD$,连接 AE、BE,先证四边形 $AEBC$ 为 $\square$,再证 $\angle ACB = 90°$。

证法 5:如图 3.7.190 所示,过点 D 作 $DE // BC$ 交 AC 于点 E,作 $DF // AC$ 交 BC 于点 F, 连接 EF,先证四边形 $ECFD$ 为 $\square$,再证其为矩形。

证法 6：如图 3.7.191 所示，作辅助圆 D，证 AB 为其直径。

189. 如图 3.7.192 所示，已知 $AB /\!/ CD$，EB、EC 分别为 $\angle ABC$ 和 $\angle DCB$ 的角平分线，猜想：BC、AB、DC 间关系。

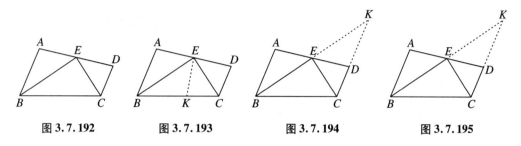

图 3.7.192　　　图 3.7.193　　　图 3.7.194　　　图 3.7.195

证法 1：如图 3.7.193 所示，猜想 $BC = AB + DC$，在 BC 上截取 $BK = AB$，连接 EK，先证 $\triangle ABE \cong \triangle KBE$，再证 $\triangle CDE \cong \triangle CKE$（SAS）。

证法 2：如图 3.7.194 所示，猜想 $BC = AB + DC$，延长 BE、CD 相交于点 K，先证 $\triangle BCE \cong \triangle KCE$（AAS），再证 $\triangle AEB \cong \triangle DEK$（ASA）。

证法 3：如图 3.7.195 所示，猜想 $BC = AB + DC$，在 CD 的延长线上截取 $CK = CB$，连接 EK，先证 B、E、K 三点共线，再证 $\triangle DEK \cong \triangle AEB$。

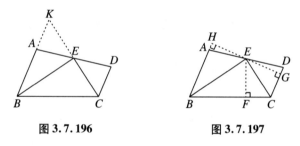

图 3.7.196　　　　　图 3.7.197

证法 4：如图 3.7.196 所示，猜想 $BC = AB + DC$，延长 CE 交 BA 的延长线于点 K，先证 $\angle BEC = \angle BEK = 90°$，再证 $KE = EC$，后证 $\triangle AEK \cong \triangle DEC$，最后证 $BK = BC$。

证法 5：如图 3.7.197 所示，猜想 $BC = AB + DC$，过点 E 作 $EF \perp BC$ 于点 F，作 $EG \perp CD$ 于点 G，作 $EH \perp AB$ 于点 H，用角平分线性质求证。

190. 如图 3.7.198 所示，放置两个矩形，请求作一条直线，将图形分成面积相等的两部分（不写作法，保留作图痕迹）。

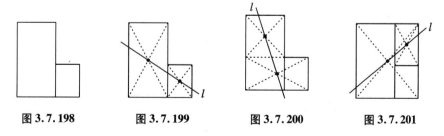

图 3.7.198　　　图 3.7.199　　　图 3.7.200　　　图 3.7.201

作法 1：如图 3.7.199 所示，连接两矩形对角线交点作直线 l 即为所求作直线。

作法 2：如图 3.7.200 所示，连接两矩形对角线交点作直线 l 即为所求作直线。

作法 3：如图 3.7.201 所示，连接两矩形对角线交点作直线 l 即为所求作直线。

191. 如图 3.7.202 所示，E 是 $\square ABCD$ 中 BC 边的中点，AE 交对角线 BD 于点 G，若 $\triangle BEG$ 的面积是 1，求 $\square ABCD$ 的面积。

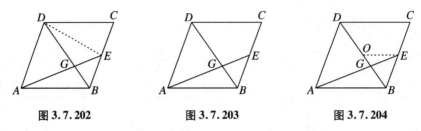

图 3.7.202　　　　　图 3.7.203　　　　　图 3.7.204

解法 1：如图 3.7.202 所示，连接 DE，易求 $S_{\triangle ADG}$ 和 $S_{\triangle DGE}$，从而 $S_{\square ABCD} = 2 \cdot S_{\triangle AED}$。

解法 2：如图 3.7.203 所示，先证 $\triangle BEG \backsim \triangle DAG$，从而有 $BG : GD = BE : DA = 1 : 2$，$S_{\triangle ADG} = 4$，$S_{\triangle ABG} = 2$，$\therefore S_{\square ABCD} = 2S_{\triangle ABD} = 12$。

解法 3：如图 3.7.204 所示，取对角线 BD 的中点 O，易证 $AB /\!/ OE /\!/ CD$，且 $OE = \dfrac{1}{2} AB$，再证 $\triangle EOG \backsim \triangle ABG$，$\therefore S_{\triangle EOG} : S_{\triangle ABG} = 1 : 4$，再求 $S_{\triangle ABG}$。

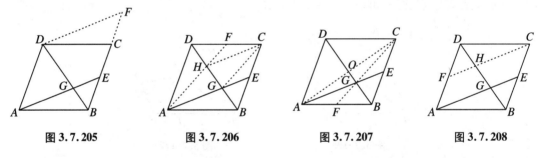

图 3.7.205　　　　　图 3.7.206　　　　　图 3.7.207　　　　　图 3.7.208

解法 4：如图 3.7.205 所示，过点 D 作 $DF /\!/ AE$ 交 BC 的延长线于点 F，先证四边形 $AEFD$ 为 $\square$，再证 $S_{\triangle ADG} = 4$，$S_{\text{四边形} DGEF} = 8$，从而 $S_{\square ABCD} = 4 + 8 = 12 = S_{\square AEFD}$

解法 5：如图 3.7.206 所示，取 CD 中点 F，连接 AF 交 BD 于点 H，再连接 CH、CG，先证 $DH = HG = GB$，再证 $S_{\triangle DCH} = S_{\triangle HCG} = S_{\triangle GCB}$，$S_{\triangle CEG} = S_{\triangle BEG} = 1$，$S_{\square ABCD} = 2 S_{\triangle BCD} = 12$。

解法 6：如图 3.7.207 所示，连接 AC 交 BD 于点 O，连接 CG 并延长交 AB 于点 F，先证 G 为 $\triangle ABC$ 的重心，再求 $S_{\triangle ABC} = 6 S_{\triangle BGE}$，$S_{\square ABCD} = 2 S_{\triangle ABC} = 12$。

解法 7：如图 3.7.208 所示，取 AD 的中点 F，CF 交 BD 于点 H，先证 $CF /\!/ AE$，再证 $\triangle BEG \backsim \triangle BCH$，从而得 $S_{\triangle BCH} = 4$，再证 $S_{\triangle DHC} = S_{\triangle ABG}$，$\therefore S_{\square ABCD} = 2(S_{\triangle DHC} + S_{\triangle BCH}) = 12$。

192. 如图 3.7.209 所示，已知过 $\angle XOY$ 的平分线上一点 A 作一直线，该直线与 OX 和 OY 分别相交于点 P、Q，求证：$\dfrac{1}{OP} + \dfrac{1}{OQ}$ 是定值。

证法 1：如图 3.7.210 所示，过点 A 作 $AC /\!/ OQ$，AC 交 PO 于点 C，先证 $OC = AC$，又 $\dfrac{OC}{OP} = \dfrac{QA}{QP}$，$\dfrac{OC}{OQ} = \dfrac{CA}{OQ} = \dfrac{PA}{PQ}$，相加得 $\dfrac{1}{OP} + \dfrac{1}{OQ} = \dfrac{1}{OC}$。

证法 2：如图 3.7.210 所示，过点 A 作 $AC /\!/ OQ$ 交 PO 于点 C，$\because OA$ 平分 $\angle POQ$，

$$\therefore \frac{OP}{OQ} = \frac{PA}{AQ} = \frac{PC}{CO}, \therefore OP \cdot CO = OQ \cdot PC, 同加上 \ OC \cdot OQ \ 得 \ OC(OP + OQ) = OP \cdot OQ,$$

即 $\dfrac{1}{OP} + \dfrac{1}{OQ} = \dfrac{1}{OC}$（定值）。

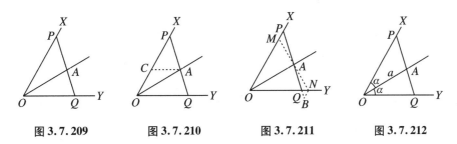

图 3.7.209   图 3.7.210   图 3.7.211   图 3.7.212

证法 3：如图 3.7.211 所示，过点 A 作 $MN \perp OA$ 分别交 OX、OY 于点 M、N，过点 N 作 NB // OM 交 AQ 于点 B，先证 $\triangle AMP \cong \triangle ANB$，再证 $PM = NB$，又 BN // PO，则 $\dfrac{ON}{OQ} = \dfrac{PB}{PQ}, \dfrac{MO}{OP} =$

$\dfrac{OP + PM}{OP}$，故 $\dfrac{1}{OP} + \dfrac{1}{OQ} = \dfrac{2}{OM}$（定值）。

证法 4：如图 3.7.212 所示，令 $\angle POA = \angle AOQ = \alpha, OA = a, \angle OPQ = \angle P, \angle OQP = \angle Q$，在 $\triangle POA$ 和 $\triangle AOQ$ 中，由正弦定理求 OP、OQ，

故 $\dfrac{1}{OP} + \dfrac{1}{OQ} = \dfrac{\sin P + \sin(2\alpha + P)}{a \cdot \sin(\alpha + P)} = \dfrac{2\cos\alpha}{a}$（定值）。

证法 5：如图 3.7.212 所示，设 $\angle POA = \angle AOQ = \alpha, OA = a$，

$\because S_{\triangle AOP} + S_{\triangle AOQ} = S_{\triangle POQ}$，

$\therefore a \cdot OP\sin\alpha + a \cdot OQ\sin\alpha = OP \cdot OQ\sin2\alpha = 2OP \cdot OQ\sin\alpha \cdot \cos\alpha$，

$\therefore \dfrac{1}{OP} + \dfrac{1}{OQ} = \dfrac{2\cos\alpha}{a}$（定值）。

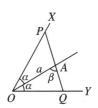

图 3.7.213

证法 6：如图 3.7.213 所示，建极坐标系，设 $A(a, \alpha), \angle OAQ = \beta$，在 $\triangle OQA$ 和 $\triangle OAP$ 中，由正弦定理得 $OQ = \dfrac{a\sin\beta}{\sin(\alpha + \beta)}, OP = \dfrac{a\sin\beta}{\sin(\beta - \alpha)}$，故 $\dfrac{1}{OP} + \dfrac{1}{OQ} = \dfrac{2\sin\beta\cos\alpha}{a\sin\beta} = \dfrac{2\cos\alpha}{a}$（定值）。

193. 如图 3.7.214 所示，已知在等腰 $\triangle ABC$ 的底边 BC 的延长线上取一点 D，自点 D 作 AB 的垂线交 AC 于点 E，交 AB 于点 F，若 $S_{\triangle AEF} = 2S_{\triangle CDE}$，求证：$\dfrac{DE}{EF} = \dfrac{AB}{BC}$。

证法 1：如图 3.7.214 所示，过点 A 作 $AM \perp BD$ 于点 M，过点 E 作 $EK \perp BD$ 于点 K，设 $\angle BAC = 2\alpha$，则 $\angle KEC = \alpha$，先证 $\dfrac{AB}{BC} = \dfrac{1}{2\sin\alpha}$，再证 $\text{Rt}\triangle CEK \backsim \text{Rt}\triangle EDK$，后证 $\dfrac{EC}{DE} = \dfrac{KC}{EK} = \tan\alpha$，

$\dfrac{DE^2}{EF^2} = \dfrac{1}{4\sin^2\alpha}$，从而结论成立。

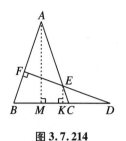

图 3.7.214

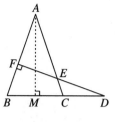

图 3.7.215

证法 2:如图 3.7.215 所示,过点 A 作 $AM \perp BC$ 于点 M,设 $\angle D = \angle BAM = \alpha$,$\angle DCE = \beta$,$\angle DEC = \gamma$,$\because S_{\triangle AEF} = \dfrac{1}{2} AF \cdot EF$,$S_{\triangle CDE} = \dfrac{1}{2} CD \cdot DE\sin\alpha$,$\therefore \dfrac{DE}{EF} = \dfrac{AF \cdot AB}{CD \cdot BC}$,在 $\triangle DEC$ 与 $\triangle AFE$ 中由正弦定理得 $\dfrac{DE}{EF} = \dfrac{CD \cdot AB}{AF \cdot BC}$,或由梅氏定理得 $\dfrac{BC}{CD} \cdot \dfrac{DE}{EF} \cdot \dfrac{FA}{AB} = 1$,代换即可得证。

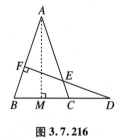

图 3.7.216

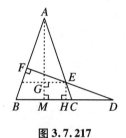

图 3.7.217

证法 3:如图 3.7.216 所示,过点 A 作 $AM \perp BC$ 于点 M,在 $\triangle CDE$ 和 $\triangle AFE$ 中,由正弦定理得 $\dfrac{DE}{EF} = \dfrac{CD \cdot AB}{AF \cdot BC}$,又据条件得 $\dfrac{DE}{EF} = \dfrac{AF}{2CD \cdot \cos B}$,$\cos B = \dfrac{BC}{2AB}$,代换得 $DE : EF = AB : BC$。

证法 4:如图 3.7.217 所示,过点 A 作 $AM \perp BC$ 于点 M,过点 E 分别作 $EH \perp BC$ 于点 H,作 $GE \perp AM$ 于点 G,设 $EC = x$,$AB = a$,$BM = b$,$\angle BAM = \alpha$,由条件得 $AE \cdot EF = 2x \cdot ED$,又 $\sin\alpha = \dfrac{b}{a}$,再求 $\cos\alpha$,$ED = \dfrac{x\sqrt{a^2 - b^2}}{b}$,$AE = a - x$,$EG = \dfrac{(a-x)b}{a}$,$EF = 2EG \cdot \cos\alpha$,代入即得 $x = \dfrac{ab}{a+b}$,$EG = x$,故 $AE \cdot EF = 2EG \cdot ED$。

194. 如图 3.7.218 所示,已知在正 $\triangle ABC$ 中,$AD \perp BC$,$BE \perp AC$,$EF /\!/ BC$ 交 DA 于点 F,$BE = 6$,求:$S_{\triangle BEF}$。

解法 1:如图 3.7.218 所示,先证 F 为 AD 中点,再求 $FD = \dfrac{1}{2} AD = \dfrac{1}{2} BE$,又求 $EF = \dfrac{1}{2} CD$,故 $S_{\triangle BEF} = \dfrac{1}{2} EF \cdot FD = \dfrac{3\sqrt{3}}{2}$。

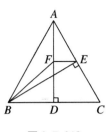

图 3.7.218

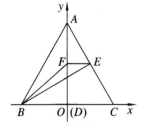

图 3.7.219

解法 2:如图 3.7.218 所示,先求 $AD = BE = 6$,$DC = 2\sqrt{3}$,再求 $S_{\triangle AEF} = \dfrac{1}{4}S_{\triangle ADC} = S_{\triangle BEF}$

$= \dfrac{3\sqrt{3}}{2}$。

解法 3:如图 3.7.218 所示,先求 $\angle BEF = \angle EBC = 30°$,再求 $EF = \sqrt{3}$,

故 $S_{\triangle BEF} = \dfrac{1}{2}EF \cdot BE\sin30° = \dfrac{3\sqrt{3}}{2}$。

解法 4:如图 3.7.218 所示,先求 $FD = 3$,$EF = \sqrt{3}$,$CE = 2\sqrt{3}$,

又 $\because S_{\triangle BEF} = S_{梯BCEF} - S_{\triangle BEC}$,$\therefore S_{\triangle BEF} = \dfrac{3\sqrt{3}}{2}$。

解法 5:如图 3.7.219 所示,建平面直角坐标系,设 $D(0,0)$,$A(0,6)$,$B(-2\sqrt{3},0)$,

$C(2\sqrt{3},0)$,先求 $FD = 3$,$EF = 3\sqrt{3}$,$\because E(\sqrt{3},3)$,$F(0,3)$,

$\therefore S_{\triangle BEF} = \dfrac{1}{2}\begin{vmatrix} -2\sqrt{3} & 0 & 1 \\ \sqrt{3} & 3 & 1 \\ 0 & 3 & 1 \end{vmatrix} = \dfrac{3\sqrt{3}}{2}$。

195. 如图 3.7.220 所示,已知在锐角 $\triangle ABC$ 中,$BE \perp AC$,$CF \perp AB$,$2\ S_{\triangle AEF} = S_{\triangle ABC}$,求证:$\angle A = 45°$。

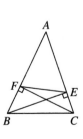

图 3.7.220

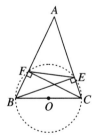

图 3.7.221

证法 1:如图 3.7.221 所示,先证 $\dfrac{S_{\triangle AEF}}{S_{\triangle ABC}} = \dfrac{AE \cdot AF}{AB \cdot AC} = \dfrac{1}{2}$,再证 B、F、E、C 四点共圆,$AF \cdot AB$

$= AE \cdot AC$,两式相乘得 $\dfrac{AE^2}{AB^2} = \dfrac{1}{2}$,解 $Rt\triangle ABE$,$\cos A = \dfrac{AE}{AB} = \dfrac{\sqrt{2}}{2}$,从而 $\angle A = 45°$。

证法 2：如图 3. 7. 220 所示，在 Rt△AEB 中，$AE = AB \cdot \cos A$，在 Rt△AFC 中，$AF = AC \cdot \cos A$，由证法 1 知，$\frac{AE \cdot AF}{AB \cdot AC} = \frac{1}{2}$，$\cos^2 A = \frac{1}{2}$，故 $\angle A = 45°$。

证法 3：如图 3. 7. 220 所示，先证△AEF∽△ABC，再证 $\cos A = \frac{EF}{BC}$，

$\therefore \frac{S_{\triangle AEF}}{S_{\triangle ABC}} = \frac{EF^2}{BC^2} = \frac{1}{2}$，$\therefore \cos^2 A = \frac{1}{2}$，$\therefore \angle A = 45°$。

证法 4：如图 3. 7. 221 所示，B、C、E、F 四点共圆，设圆心为 O，则 O 为 BC 的中点，再证 △AEF∽△ABC，则有 $\frac{S_{\triangle AEF}}{S_{\triangle ABC}} = \frac{EF^2}{BC^2} = \frac{EF^2}{4BO^2} = \frac{1}{2}$，故 $EF = \sqrt{2}BO$，

可得 $\overset{\frown}{EF}{}^{m} = 90°$，又 $\because \overset{\frown}{BC}{}^{m} = 180°$，$\therefore \angle A = \frac{1}{2}(180° - 90°) = 45°$，

或 $\because \overset{\frown}{EF}{}^{m} = 90°$，$\therefore \angle FCE = 45°$，$\therefore \angle A = 45°$。

196. 如图 3. 7. 222 所示，已知 $S_{\triangle ABC} = 100$，M、N 分别为 AB、AC 的中点，求 $S_{\triangle AMN}$。

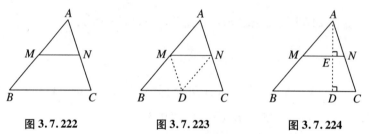

图 3. 7. 222 　　　　图 3. 7. 223 　　　　图 3. 7. 224

解法 1：如图 3. 7. 223 所示，取 BC 的中点 D，连接 MD、ND，先证 △AMN≌△MBD≌△DNM≌△NDC，则 $S_{\triangle AMN} = \frac{1}{4}S_{\triangle ABC} = 25$。

解法 2：如图 3. 7. 224 所示，过点 A 作 $AD \perp BC$ 于点 D，交 MN 于点 E，先证 $AE = \frac{1}{2}AD$，$MN = \frac{1}{2}BC$，$S_{\triangle AMN} = \frac{1}{2}AE \cdot MN = 25$。

解法 3：如图 3. 7. 222 所示，$\because MN // BC$，△AMN∽△ABC，

$\therefore \frac{S_{\triangle AMN}}{S_{\triangle ABC}} = \frac{AM^2}{AB^2} = \frac{1}{4}$，$\therefore S_{\triangle AMN} = 25$。

解法 4：如图 3. 7. 222 所示，$\because AM = \frac{1}{2}AB$，$AN = \frac{1}{2}AC$，

$\therefore \frac{S_{\triangle AMN}}{S_{\triangle ABC}} = \frac{\frac{1}{2} \cdot AM \cdot AN \cdot \sin A}{\frac{1}{2} \cdot AB \cdot AC \cdot \sin A} = \frac{1}{4}$，$\therefore S_{\triangle AMN} = 25$。

197. 如图 3. 7. 225 所示，四边形 $ABCD$ 是正方形，E 为 DC 的中点，F 为 EC 的中点，探求 $\angle FAB$ 与 $\angle DAE$ 的关系。

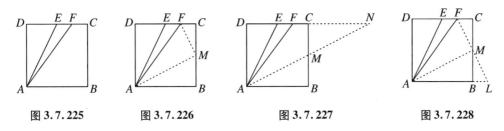

图 3.7.225　　　　图 3.7.226　　　　图 3.7.227　　　　图 3.7.228

证法1:如图3.7.226所示,关系为 $\angle FAB = 2\angle DAE$,取 BC 的中点 M,连接 AM、FM,先证 $Rt\triangle ABM \backsim Rt\triangle MCF$,再证 $\angle AMF = 90^\circ$,后证 $Rt\triangle AMF \backsim Rt\triangle ABM$,从而证 $\angle FAB = 2\angle DAE$。

证法2:如图3.7.227所示,取 BC 中点 M,连接 AM 并延长与 DC 的延长线交于点 N,设 $AB = 4$,则 $FC = 1$,再求 $AF = 5$,后证 $\angle FAN = \angle MAB$, 则 $\angle FAB = 2\angle DAE$。

证法3:如图3.7.228所示,延长 AB 至点 L,取 $BL = FC$,连接 FL 交 BC 于点 M,连接 AM,设正方形边长为 a,求 $AF = \dfrac{5}{4}a$,$AL = \dfrac{5}{4}a$,再证 $\triangle AFL$ 为等腰 $\triangle$,后证 $\triangle ADE \cong \triangle ABM$。

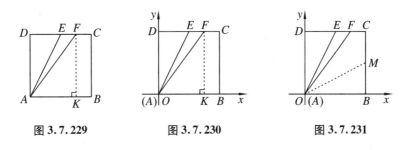

图 3.7.229　　　　图 3.7.230　　　　图 3.7.231

证法4:如图3.7.229所示,过点 F 作 $FK \perp AB$ 于点 K,设正方形 $ABCD$ 的边长为1,则 $\tan\angle DAE = \dfrac{1}{2}$,$\tan\angle FAB = \dfrac{4}{3}$,又 $\because \tan2\angle DAE = \dfrac{4}{3}$,$\therefore \angle FAB = 2\angle DAE$。

证法5:如图3.7.230所示,建平面直角坐标系,过点 F 作 $FK \perp AB$ 于点 K,同证法4。

证法6:如图3.7.231所示,建复数平面,设 $A(0+0i)$,$B(4+0i)$,$C(4+4i)$,$D(0+4i)$,取 BC 中点 M,连接 AM,设 M、F 对应复数为 Z_1、Z_2,则 $Z_1 = 4 + 2i$,$Z_2 = 3 + 4i$,Z_1、Z_2 的对应辐角为 $\angle BAM$、$\angle BAF$,$\because Z_1{}^2 = (4+2i)^2 = 20(\dfrac{3}{5} + \dfrac{4}{5}i)$,$Z_2 = 3 + 4i = 5(\dfrac{3}{5} + \dfrac{4}{5}i)$,

$\therefore Z_1{}^2$ 的辐角与 Z_2 的辐角相等,$\therefore \angle BAF = 2\angle BAM$,$\because \angle BAM = \angle DAE$,

$\therefore \angle FAB = 2\angle DAE$。

证法7:如图3.7.227所示,作 $\angle BAF$ 的平分线交 BC 于点 M,交 DC 延长线于点 N,先证 $Rt\triangle AND \backsim Rt\triangle EAD$,再证 $\angle N = \angle DAE = \angle FAN = \angle NAB$。

198. 如图3.7.232所示,已知梯形 $ABCD$,$AD \parallel BC$,$AD + BC = CD$,求证 $\angle D$ 与 $\angle C$ 的平分线的交点在 AB 上。

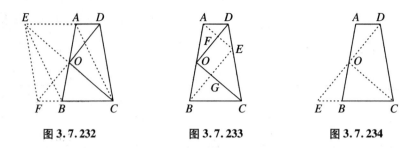

图 3.7.232　　　　　图 3.7.233　　　　　图 3.7.234

证法 1:如图 3.7.232 所示,延长 DA 至点 E 且使 $AE = BC$,延长 CB 至点 F,且使 $BF = AD$,连接 EF,先证四边形 $EFCD$ 是菱形,设 O 是 DF、EC 的交点,再证 $EO = OC$,后证四边形 $ABEC$ 是平行四边形,AB 过 EC 中点 O,即点 O 在 AB 上。

证法 2:如图 3.7.233 所示,在 DC 上截取 $DE = AD$,连接 AE、EB,过点 D 作 $DF \perp AE$ 于点 F,过点 C 作 $CG \perp BE$ 于点 G,且设 DF、CG 相交于点 O,先证 OC、OD 分别是 $\angle C$ 和 $\angle D$ 的平分线,再证 $\angle AEB = 90°$,后证 O 是 Rt$\triangle AEB$ 的外心,故点 O 在 AB 上。

证法 3:如图 3.7.234 所示,作 $\angle D$ 的平分线分别交 AB、CB 于点 O、E,先证 $CE = CD$,再证 $\triangle AOD \cong \triangle BOE$　连接 OC,后证 $\triangle DOC \cong \triangle EOC$,由等腰三角形三线合一定理得 O 点在 AB 上。

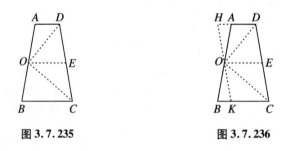

图 3.7.235　　　　　图 3.7.236

证法 4:如图 3.7.235 所示,取 AB、DC 的中点 O、E,连接 OE、OD、OC,先证 $OE = \dfrac{1}{2}(AD + BC) = \dfrac{1}{2}DC = DE = EC$,再证 OD、OC 分别是 $\angle D$ 与 $\angle C$ 的平分线。

证法 5:如图 3.7.236 所示,分别取 AB、DC 中点 O、E,连接 OE,过点 O 作 $HK /\!/ DC$ 分别交 DA 延长线及 BC 于点 H、K,先证 $OE = \dfrac{1}{2}(AD + BC) = DE = EC$,再证 OD、OC 分别是 $\angle D$、$\angle C$ 的平分线。

199. 如图 3.7.237 所示,已知梯形 $ABCD$,$AD /\!/ BC$,E 为 CD 中点,求证:$S_{\triangle ABE} = \dfrac{1}{2}S_{ABCD}$。

证法 1:如图 3.7.237 所示,过点 E 作 $FG /\!/ AB$ 分别交 AD、BC 于点 F、G,则四边形 $ABGF$ 为▱,再证 $S_{\triangle DEF} = S_{\triangle CEG}$,则 $S_{ABCD} = S_{ABGF}$,过点 E 作 $EH \perp AB$ 且交 AB 于点 H,则 $S_{ABCD} = S_{ABGF} = AB \cdot EH$,而 $S_{\triangle ABE} = \dfrac{1}{2}AB \cdot EH$,故结论成立。

证法 2:如图 3.7.238 所示,过点 E 作 $EH /\!/ AD$ 交 AB 于点 H,过点 E 作 $FG /\!/ AB$ 分别交

AD、BC 于点 F、G，先证 $\triangle AHE \cong \triangle EFA$，再证 $\triangle BEH \cong \triangle EBG$，故 $S_{\triangle ABE} = \dfrac{1}{2} S_{ABCD}$。

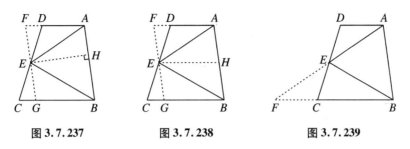

图 3.7.237　　　　图 3.7.238　　　　图 3.7.239

证法 3：如图 3.7.239 所示，延长 AE 交 BC 的延长线于点 F，先证 $\triangle AED \cong \triangle FEC$，可得 $AE = EF$，故 $S_{ABCD} = S_{\triangle ABF}$，而 $S_{\triangle ABE} = \dfrac{1}{2} S_{\triangle ABF}$，故结论成立。

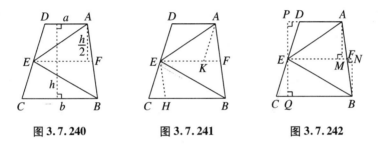

图 3.7.240　　　　图 3.7.241　　　　图 3.7.242

证法 4：如图 3.7.240 所示，取 AB 中点 F，连接 EF，设 $AD = a$，$BC = b$，梯形的高为 h，则梯形 $AFED$ 与 $FBCE$ 的高均为 $\dfrac{h}{2}$，$\because EF = \dfrac{a+b}{2}$，而 $S_{ABCD} = \dfrac{1}{2}(a+b)h$，又 $S_{\triangle ABE} = S_{\triangle AFE} + S_{\triangle BFE} = \dfrac{1}{2}(a+b)h$，$\therefore$ 结论成立。

证法 5：如图 3.7.241 所示，作梯形 $ABCD$ 的中位线 EF，过点 A 作 $AK \parallel DE$ 交 EF 于点 K，过点 E 作 $EH \parallel FB$ 交 BC 于点 H，证明 $S_{\triangle AKE} = S_{\triangle ADE}$，$S_{\triangle EFB} = S_{\triangle EBH}$，$S_{\triangle AFK} = S_{\triangle EHC}$。

证法 6：如图 3.7.242 所示，取 AB 中点 F，连接 EF，过点 E 作 $PQ \perp AD$ 分别交 AD、BC 于点 P、Q，过点 A 作 $AM \perp EF$ 于点 M，过点 B 作 $BN \perp EF$ 于点 N，先证明 $\triangle DPE \cong \triangle CQE$，$\triangle AFM \cong \triangle BFN$，再证明 $S_{\triangle BQE} = S_{\triangle BEN}$，$S_{\triangle AEP} = S_{\triangle AME}$。

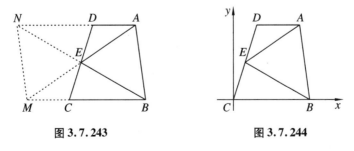

图 3.7.243　　　　图 3.7.244

证法 7：如图 3.7.243 所示，延长 AD 至点 N，使 $DN = BC$，延长 BC 至点 M，使 $CM = AD$，连接 MN、AM、BN，先证 AM、BN 都过点 E，再证 $S_{\triangle AEN} = S_{\triangle NEM}$，$S_{\triangle BEM} = S_{\triangle ABE}$，$S_{\triangle AEN} =$

$S_{\triangle BEM}$，$S_{\triangle NEM} = S_{\triangle BAE}$。

证法 8：如图 3.7.244 所示，建平面直角坐标系，设 $D(a,b)$，$C(0,0)$，$A(d,b)$，$B(c,0)$，先求出 E 点坐标、AD、BC、AD 与 BC 的距离、E 点到 BC 和 AD 的距离，再求出 S_{ABCD} 与 $S_{\triangle AEB}$。

200. 证明勾股定理：在直角三角形中，斜边的平方等于两条直角边的平方之和。

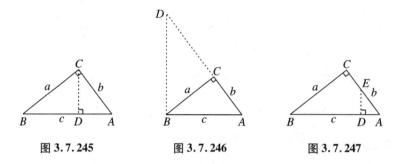

图 3.7.245　　　　　图 3.7.246　　　　　图 3.7.247

证法 1：如图 3.7.245 所示，过点 C 作 $CD \perp AB$ 于点 D，先证 $\triangle CBD \backsim \triangle ABC$，再证 $\triangle ACD \backsim \triangle ABC$，$a^2 = AB \cdot BD$，$b^2 = AB \cdot AD$，相加则结论成立。

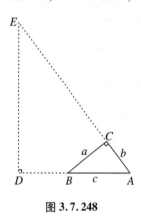

图 3.7.248

证法 2：如图 3.7.246 所示，过点 B 作 AB 的垂线交 AC 的延长线于点 D，先证 $\triangle ABD \backsim \triangle ACB$，再证 $\triangle BCD \backsim \triangle ACB$。

证法 3：如图 3.7.247 所示，在 AB 上取 $BD = BC = a$，过点 D 作 $DE \perp AB$ 交 AC 于点 E，先证 $Rt\triangle AED \backsim Rt\triangle ABC$，则 $AE = \dfrac{c(c-a)}{b}$，$CE = b - \dfrac{c(c-a)}{b}$，由 $a \cdot AE = c \cdot ED = c \cdot CE$ 得证。

证法 4：如图 3.7.248 所示，在 AB 延长线上作 $BD = BC = a$，过点 D 作 $ED \perp AB$ 交 AC 延长线于点 E，先证 $Rt\triangle AED \backsim Rt\triangle ABC$，求 $ED = CE = \dfrac{a(a+c)}{b}$，$AE = AC + CE$，由 $a \cdot AE = c \cdot CE$ 代入得证。

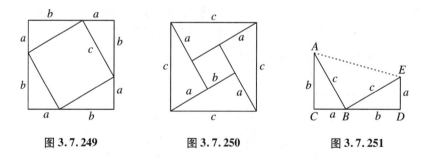

图 3.7.249　　　　　图 3.7.250　　　　　图 3.7.251

证法 5：如图 3.7.249 所示，由 4 全等 $Rt\triangle$ 拼成，$\because 4 \times \dfrac{1}{2}ab + c^2 = (a+b)^2$，$\therefore a^2 + b^2 = c^2$。

证法 6：如图 3.7.250 所示，由 4 个全等 $Rt\triangle$ 拼成，$\because 4 \times \dfrac{1}{2}ab + (b-a)^2 = c^2$，$\therefore a^2 + b^2 = c^2$。

证法 7：如图 3.7.251 所示，由 2 个全等 Rt$\triangle$拼成，连接 AE，$\because 2 \times \frac{1}{2}ab + \frac{1}{2}c^2 = \frac{1}{2}(a + b)(a + b)$，$\therefore a^2 + b^2 = c^2$。

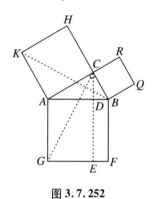

图 3.7.252

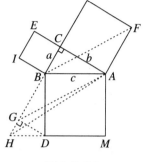

图 3.7.253

证法 8：如图 3.7.252 所示，以 Rt$\triangle ABC$ 各边各作一个正方形，过点 C 作 $CD \perp AB$ 交 GF 于点 E，交 AB 于点 D，连接 CG、BK，先证 $\triangle ABK \cong \triangle AGC$，再证 $S_{正ACHK} = 2S_{\triangle ABK}$，$S_{矩AGED} = 2S_{\triangle AGC}$，后证 $S_{正ACHK} = S_{矩AGED}$，$S_{正CBQR} = S_{矩DEFB}$，则 $S_{正ACHK} + S_{正CBQR} = S_{正ABFG}$，故 $a^2 + b^2 = c^2$。

证法 9：如图 3.7.253 所示，以 Rt$\triangle ABC$ 各边各作一个正方形，延长 CB 和 MD 交于点 H，过点 D 作 $DG \perp BH$ 于点 G，连接 BF，先证 $\triangle BDG \cong \triangle ABC$，再证四边形 $AFBG$ 是$\square$，后证 $\triangle ABG \cong \triangle BAF$ 和 Rt$\triangle DHG \backsim$ Rt$\triangle ABC$，

则有 $S_{\triangle AHG} = \frac{1}{2}S_{正BCEI}$，又$\because S_{\triangle ABG} + S_{\triangle AHG} = S_{\triangle ABH} = \frac{1}{2}AB \cdot BD = \frac{1}{2}c^2 = \frac{1}{2}S_{正ABDM}$

$\therefore S_{正BCEI} + S_{正CAFG} = S_{正ABDM}$，$\therefore a^2 + b^2 = c^2$。

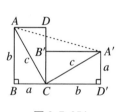

图 3.7.254

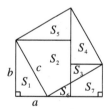

图 3.7.255

证法 10：如图 3.7.254 所示，把矩形 $ABCD$ 绕点 C 旋转 $90°$，构成矩形 $A'B'CD'$，连接 AA'，设 $AB = b$，$BC = a$，$AC = c$，$\because S_{梯A'ABD'} = 2S_{\triangle ABC} + S_{\triangle ACA'} = ab + \frac{1}{2}c^2$，

$\therefore (a + b)^2 = 2ab + c^2$，$\therefore a^2 + b^2 = c^2$。

证法 11：如图 3.7.255 所示，以 c 为边长的正方形面积为 $c^2 = S_2 + S_3 + S_4 + S_5$，

以 b 为边长的正方形面积为 $b^2 = S_1 + S_2 + S_6$，

以 a 为边长正方形面积为 $a^2 = S_3 + S_7$，

$\because S_1 = S_5 = S_4 = S_6 + S_7$，

$\therefore a^2 + b^2 = S_1 + S_2 + S_6 + S_3 + S_7 = S_2 + S_3 + S_4 + S_5$，

$$\therefore a^2 + b^2 = c^2。$$

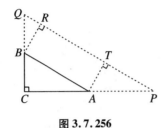

图 3.7.256　　　　　　图 3.7.257

证法 12:如图 3.7.256 所示,延长 CB 至点 Q,延长 CA 至点 P,使 $BQ = CB = a$,$AP = CA = b$,连接 PQ,过点 A 作 $AT \perp PQ$ 于点 T,过点 B 作 $BR \perp PQ$ 于点 R,令 $QR = x$,$PT = y$,先证四边形 $ABRT$ 为矩形,$\triangle QCP \backsim \triangle BCA$,再证 $\triangle ABC \backsim \triangle BQR$,后得 $a^2 = cx$,$b^2 = cy$,

则 $a^2 + b^2 = c(x + y)$,$\because x + y = c$,$\therefore a^2 + b^2 = c^2$。

证法 13:如图 3.7.257 所示,过点 C 作 $CD \perp AB$ 于点 D,先证 $\triangle ADC \backsim \triangle CDB \backsim \triangle ACB$,

则有 $S_{\triangle ADC} : S_{\triangle CDB} : S_{\triangle ACB} = b^2 : a^2 : c^2$,

又 $\because S_{\triangle ADC} + S_{\triangle CDB} = S_{\triangle ACB}$,$\therefore a^2 + b^2 = c^2$。

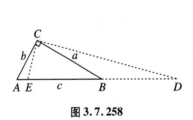　　　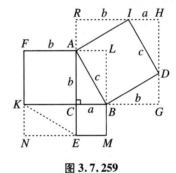

图 3.7.258　　　　　　图 3.7.259

证法 14:如图 3.7.258 所示,延长 AB 至点 D,使 $BD = BC$,在 AB 上截取 $BE = BC$,连接 CE、CD,先证 $\angle ACE = \angle D$,再证 $\triangle DCA \backsim \triangle CEA$,

则有 $AC^2 = AE \cdot AD$,即 $b^2 = (c - a)(c + a) = c^2 - a^2$,故 $a^2 + b^2 = c^2$。

证法 15:如图 3.7.259 所示,$S_{\text{正}CGHR} = S_{\text{正}ABDI} + 4S_{\triangle ABC}$,$S_{\text{正}FLMN} = S_{\text{正}BCEM} + S_{\text{正}CAFK} + 4S_{\triangle ABC}$,

$\because S_{\text{正}CGHR} = S_{\text{正}FLMN}$,

$\therefore S_{\text{正}ABDI} = S_{\text{正}BCEM} + S_{\text{正}CAFK}$,即 $a^2 + b^2 = c^2$。

证法 16:如图 3.7.260 所示,设四边形 $DEFG$ 为边长为 $a + b$ 的正方形,

$\because \triangle ABC \cong \triangle BAD \cong \triangle AHG \cong \triangle HIF \cong \triangle IBE$,又 $\because S_{\text{正}DEFG} = 4 \cdot S_{\triangle DAB} + S_{\text{正}ABIH}$,

$\therefore (a + b)^2 = 4 \cdot \frac{1}{2}ab + c^2$,$\therefore a^2 + b^2 = c^2$。

证法 17:如图 3.7.261 所示,使点 D、E、F 在同一直线上,过点 C 作 $CI \perp DF$ 交 DF 于点 I,

$\because S_{EGHCB} = S_{\text{正}ABEG} - 2S_{\triangle ABC} = S_{\text{正}CBDI} + S_{\text{正}FGHI} - 2S_{\triangle ABC}$,$\therefore a^2 + b^2 = c^2$。

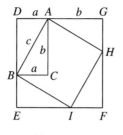
图 3.7.260

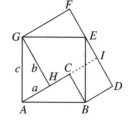
图 3.7.261

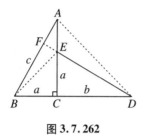
图 3.7.262

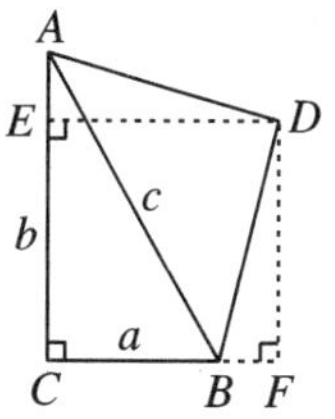

图 3.7.263

证法 18：如图 3.7.262 所示，$\triangle ABC \cong \triangle DEC$，连接 BE、AD，并延长 DE 交 AB 于点 F，先证 $DF \perp AB$，再证 $S_{AEBD} = \dfrac{1}{2}c^2$，$\because\ S_{AEBD} = S_{\triangle BEC} + S_{\triangle ACD}$，$\therefore\ \dfrac{1}{2}c^2 = \dfrac{1}{2}a^2 + \dfrac{1}{2}b^2$，即 $a^2 + b^2 = c^2$。

证法 19：如图 3.7.263 所示，已知 Rt$\triangle ABC$，以 c 为斜边作等腰 Rt$\triangle ADB$，过点 D 作 $DE \perp AC$ 于点 E，作 $DF \perp BC$ 于点 F，先证四边形 $DECF$ 为矩形，再证 $\triangle DAE \cong \triangle DBF$，$AE = BF$，

$$CE = CF = \dfrac{(a+b)}{2}，$$

$$\because S_{ACBD} = S_{\triangle ABC} + S_{\triangle ADB}，$$

$$\therefore \dfrac{1}{4}(a+b)^2 = \dfrac{1}{2}ab + \dfrac{1}{2}\left(\dfrac{\sqrt{2}}{2}c\right)^2，\therefore a^2 + b^2 = c^2。$$

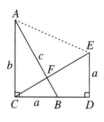
图 3.7.264

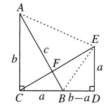
图 3.7.265

证法 20：如图 3.7.264 所示，$\triangle ABC \cong \triangle CED$，连接 AE，先证 $AB \perp CE$，

$$\because BC^2 = BF \cdot BA，\therefore BF = \dfrac{a^2}{c}，$$

又 $\because S_{ACDE} = 2S_{\triangle ABC} - S_{\triangle BCF} + S_{\triangle AEF}$，

$$\therefore \dfrac{1}{2}(a+b)b = 2 \cdot \dfrac{1}{2}ab - \dfrac{1}{2} \cdot \dfrac{ab}{c} \cdot \dfrac{a^2}{c} + \dfrac{1}{2} \cdot \dfrac{b^2}{c} \cdot \left(c - \dfrac{ab}{c}\right)，$$

$$\therefore a^2 + b^2 = c^2。$$

证法 21：如图 3.7.265 所示，$\triangle ABC \cong \triangle CED$，连接 EB、AE，

$\because S_{四 ACBE} = S_{梯 ACDE} - S_{\triangle BDE}$，

$\therefore \frac{1}{2}c^2 = \frac{1}{2}(a+b)b - \frac{1}{2}(b-a)a,\therefore a^2 + b^2 = c^2$。

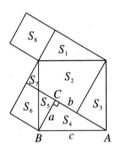 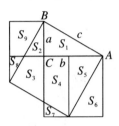

图 3.7.266　　　　　　　图 3.7.267

证法 22：如图 3.7.266 所示，$S_4 = S_3 = S_1 = S_6 + S_7$，以 c、b、a 为边长的正方形面积分别为 $c^2 = S_2 + S_3 + S_4 + S_5, b^2 = S_1 + S_2 + S_7, a^2 = S_8 + S_5 + S_6$，

所以 $a^2 + b^2 = S_2 + S_3 + S_4 + S_5 = c^2$。

证法 23：如图 3.7.267 所示，$\because c^2 = S_1 + S_2 + S_3 + S_4 + S_5$，又 $\because S_8 + S_3 + S_4 = \frac{1}{2}[b + (b -$

$a)][a + (b-a)] = b^2 - \frac{1}{2}ab, S_5 = S_8 + S_9$，

$\therefore S_3 + S_4 = b^2 - \frac{1}{2}ab - S_8 = b^2 - S_1 - S_8$，

$\therefore c^2 = S_1 + S_2 + b^2 - S_1 - S_8 + S_8 + S_9 = b^2 + S_2 + S_9 = b^2 + a^2$。

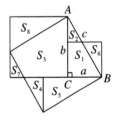 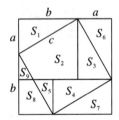

图 3.7.268　　　　　　　图 3.7.269

证法 24：如图 3.7.268 所示，以 c、a、b 为边长的正方形面积分别为 $c^2 = S_1 + S_2 + S_3 + S_4 + S_5, a^2 = S_1 + S_6, b^2 = S_3 + S_8 + S_7$，

$\because S_7 = S_2, S_8 = S_5, S_6 = S_4, \therefore a^2 + b^2 = c^2$。

证法 25：如图 3.7.269 所示，以 c、b、a 为边长的正方形面积分别为 $c^2 = S_2 + S_3 + S_4 + S_5$，$b^2 = S_1 + S_2 + S_9, a^2 = S_5 + S_8$，

$\because S_1 = S_6 = S_3 = S_4 = S_7 = S_8 + S_9, \therefore a^2 + b^2 = c^2$。

证法 26：如图 3.7.270 所示，以 c、a、b 为边长的正方形面积分别为 $c^2 = S_1 + S_2 + S_3 + S_4 + S_5, a^2 = S_5 + S_6, b^2 = S_1 + S_2 + S_7 + S_8$，

$\because S_6 + S_7 = S_4 = S_3 = S_8, \therefore a^2 + b^2 = c^2$。

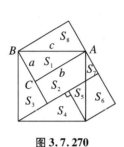

图 3.7.270

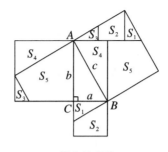

图 3.7.271

证法 27：如图 3.7.271 所示，以 c、a、b 为边长正方形面积分别为 $c^2 = S_1 + S_2 + S_3 + S_4 + S_5$，$a^2 = S_1 + S_2$，$b^2 = S_3 + S_4 + S_5$，故 $a^2 + b^2 = c^2$。

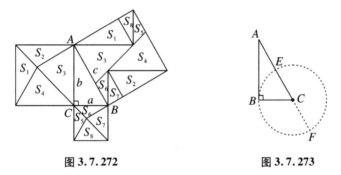

图 3.7.272

图 3.7.273

证法 28：如图 3.7.272 所示，以 c、a、b 为边长的正方形面积分别为 $c^2 = S_1 + S_2 + S_3 + S_4 + S_5 + S_6 + S_7 + S_8$，$a^2 = S_5 + S_6 + S_7 + S_8$，$b^2 = S_1 + S_2 + S_3 + S_4$，故 $a^2 + b^2 = c^2$。

证法 29：如图 3.7.273 所示，以 C 为圆心，BC 为半径作圆交 AC 于点 E，交 AC 的延长线于点 F，与 AB 切于点 B，由切割线定理得 $AB^2 = AE \cdot AF = (AC - BC)(AC + BC) = AC^2 - BC^2$，所以 $AB^2 + BC^2 = AC^2$。

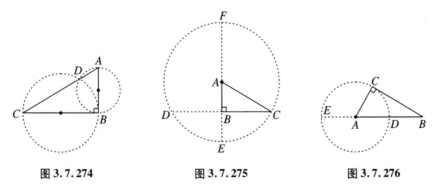

图 3.7.274

图 3.7.275

图 3.7.276

证法 30：如图 3.7.274 所示，以 AB 为直径作圆交 AC 于点 D，切 BC 于点 B，圆 BCD 和 AB 相切于点 B，由切割线定理得 $AB^2 = AC \cdot AD$，$BC^2 = AC \cdot CD$，

所以 $AB^2 + BC^2 = AC(AD + CD) = AC^2$。

证法 31:如图 3.7.275 所示,以 A 为圆心、AC 为半径作圆,直线 AB 交圆于 E、F 两点,延长 CB 交圆于点 D,由相交弦定理得 $BE \cdot BF = BD \cdot BC$,即 $BC^2 = (AF + AB)(AE - AB) = (AC + AB)(AC - AB) = AC^2 - AB^2$,故 $AB^2 + BC^2 = AC^2$。

证法 32:如图 3.7.276 所示,以 A 为圆心、以 Rt$\triangle ABC$ 的直角边 AC 为半径作圆,该圆与斜边 AB 交于点 D,与 BA 的延长线交于点 E,由切割线定理得 $BC^2 = BE \cdot BD = (AB + AC) \cdot (AB - AC) = AB^2 - AC^2$,即 $AB^2 = BC^2 + AC^2$。

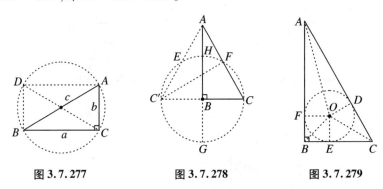

图 3.7.277　　　　图 3.7.278　　　　图 3.7.279

证法 33:如图 3.7.277 所示,过 Rt$\triangle ABC$ 的一个顶点 A 作 $AD \parallel BC$,过点 B 作 $BD \parallel AC$,则四边形 $ACBD$ 是矩形且内接于一个圆,据托勒密定理得 $AB \cdot DC = AD \cdot BC + AC \cdot BD$,

$\because AB = DC, AD = BC, AC = BD, \therefore AB^2 = BC^2 + AC^2$。

证法 34:如图 3.7.278 所示,以较短边 BC 为半径、B 为圆心作圆交 AC 于点 F,延长 CB 交圆于点 C',连接 AC' 交圆于点 E,AB 交圆于点 H、G,则 $\angle C'FA = 90°$,由割线定理得 $AF \cdot AC = AH \cdot AG = (AB - BC)(AB + BC) = AB^2 - BC^2$,再证 A、F、B、C' 四点共圆,则 $CF \cdot AC = BC \cdot CC' = BC \cdot 2BC = 2BC^2$,相加可得 $AF \cdot AC + CF \cdot AC = AB^2 + BC^2$,故 $AB^2 + BC^2 = AC^2$。

证法 35:如图 3.7.279 所示,设 $\odot O$ 内切 Rt$\triangle ABC$ 三边于点 D、E、F,设 $\odot O$ 的半径为 r,易证 $r = \dfrac{1}{2}(AB + BC - AC)$,$\because S_{\triangle ABC} = S_{\triangle AOB} + S_{\triangle BOC} + S_{\triangle COA}$,$\therefore \dfrac{1}{2}AB \cdot BC = \dfrac{1}{2}r(AB + BC + AC)$,$\therefore AB^2 + BC^2 = AC^2$。

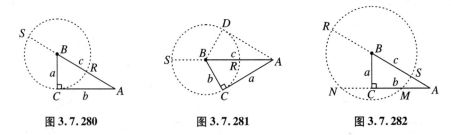

图 3.7.280　　　　图 3.7.281　　　　图 3.7.282

证法 36:如图 3.7.280 所示,作以 B 为圆心、a 为半径的圆,该圆交 AB 于点 R,延长 AB 交圆于点 S,则 AC 切圆于点 C,且 $AR = c - a$,$AS = c + a$,$AC = b$,由切割线定理得 $AC^2 = AR \cdot AS$,即 $b^2 = (c - a)(c + a) = c^2 - a^2$,故 $a^2 + b^2 = c^2$。

证法 37:如图 3.7.281 所示,设 $a \leqslant b$,作以 B 为圆心、b 为半径的圆,该圆交 AB 于点 R,延长 AB 交圆于点 S,并且作 AD 切圆于点 D,则 $AR = c - b$,$AS = c + b$,又 $\because \triangle ABC \cong \triangle ABD$,$\therefore AD = a$,$\therefore a^2 = (c - b)(c + b) = c^2 - b^2$,即 $a^2 + b^2 = c^2$。

证法 38：如图 3.7.282 所示，设 $a \leq b$，作以 B 为圆心、$\sqrt{2}a$ 为半径的圆，该圆交 AC 于点 M，交 AB 于点 S，延长 AC 交圆于点 N，延长 AB 交圆于点 R，则 $AM = b - a, AN = b + a, AS = c -$ $\sqrt{2}a, AR = c + \sqrt{2}a$，可得 $(b - a)(b + a) = (c - \sqrt{2}a)(c + \sqrt{2}a)$，故 $a^2 + b^2 = c^2$。

证法 39：（用反证法）如图 3.7.283 所示，过点 C 作 $CD \perp AB$ 于点 D，假设 $AC^2 + BC^2 \neq AB^2$，则 $\because AB^2 = AB \cdot AB = AB(AD + DB)$，$\therefore AC^2 \neq AD \cdot AB$ 或 $BC^2 \neq AB \cdot DB$，即 $AD : AC \neq AC : AB$ 或 $BD : BC \neq BC : AB$，

在 $\triangle ADC$ 和 $\triangle ACB$ 中，$\because \angle A = \angle A$，$\therefore$ 若 $AD : AC \neq AC : AB$，则 $\angle ADC \neq \angle ACB$，

在 $\triangle CDB$ 和 $\triangle ACB$ 中，$\because \angle B = \angle B$，$\therefore$ 若 $BD : BC \neq BC : AB$，则 $\angle CDB \neq \angle ACB$，

$\because \angle ACB = 90°$，则 $\angle ADC \neq 90°$ 或 $\angle CDB \neq 90°$，此结果与 $CD \perp AB$ 的作法相矛盾，$\therefore AC^2 + BC^2 \neq AB^2$ 假设不成立，故 $AC^2 + BC^2 = AB^2$。

证法 40：如图 3.7.283 所示，由余弦定理有 $c^2 = a^2 + b^2 - 2ab\cos C$，若 $c^2 \neq a^2 + b^2$，则 $\cos C \neq 0$，即 $\angle C \neq \dfrac{\pi}{2}$，这与假设矛盾，故 $c^2 = a^2 + b^2$。

证法 41：（用反证法）如图 2.7.277 所示，直角三角形 ABC 的斜边 c 是外接圆的直径，由正弦定理有 $\dfrac{a}{\sin A} = \dfrac{b}{\sin B} = \dfrac{c}{\sin C} = c, a^2 + b^2 = c^2(\sin^2 A + \sin^2 B)$，

假设 $a^2 + b^2 \neq c^2$，那么 $\sin^2 A + \cos^2 A \neq 1$，但由定理中原设 $\angle A + \angle B = \dfrac{\pi}{2}$，

故有 $\sin B = \sin(\dfrac{\pi}{2} - A) = \cos A$，于是 $\sin^2 A + \sin^2 B \neq 1$ 是不可能的，则 $a^2 + b^2 = c^2$。

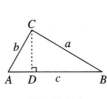

图 3.7.283

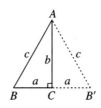

图 3.7.284

证法 42：（用反证法）如图 3.7.283 所示，由半角公式得 $\cos \dfrac{C}{2} = \sqrt{\dfrac{S(S - c)}{ab}}$，其中 $S = \dfrac{1}{2}(a + b + c)$，

如果 $a^2 + b^2 > c^2$，则 $\dfrac{(a + b)^2 - c^2}{2ab} > 1$，代入得 $\cos^2 \dfrac{C}{2} > \dfrac{1}{2}$，$\because 0 < \dfrac{C}{2} < \dfrac{\pi}{2}$，

$\therefore 1 > \cos \dfrac{C}{2} > \dfrac{\sqrt{2}}{2}, \dfrac{C}{2} < \dfrac{\pi}{4}$，$\therefore 0 < C < \dfrac{\pi}{2}$，

如果 $a^2 + b^2 < c^2$，则 $0 < \dfrac{(a + b)^2 - c^2}{2ab} < 1$，

从而 $0 < \cos \dfrac{C}{2} < \dfrac{\sqrt{2}}{2}$，即 $\pi > C > \dfrac{\pi}{2}$，

总之，若 $a^2 + b^2 \neq c^2$，则 $\angle C \neq 90°$，即 $\triangle ABC$ 不是 Rt$\triangle$，这与题设矛盾，故 $a^2 + b^2 = c^2$。

证法 43：（用反证法）如图 3.7.284 所示，以 Rt$\triangle ABC$ 的边 AC 为轴，作 Rt$\triangle ABC$ 的轴对

称图形 $\triangle ACB'$,由海伦公式得 $S_{\triangle ABB'} = \sqrt{p(p-BB')(p-AB)(p-AB')}$,其中,$p = \dfrac{1}{2}(c+2a+$

$c) = a+c$,则 $\dfrac{1}{2} \cdot 2a \cdot b = ab = \sqrt{(c+a)(c-a) \cdot a^2}$,$a^2 b^2 = (c^2 - a^2) a^2$①,

如果 $a^2 + b^2 > c^2$,则 $b^2 > c^2 - a^2 > 0$②,

①÷②得 $a^2 < a^2$,从而 $1 < 1$,这是矛盾的,如果 $a^2 + b^2 < c^2$,也会产生同样的矛盾,

故 $a^2 + b^2 = c^2$。

证法44:(用反证法)直角 $\triangle ABC$ 中,$\angle C = 90°$,$AB = c$,$AC = b$,$BC = a$,假设 $a^2 + b^2 \neq c^2$,

$\because a^2 + b^2 > 0$,$\therefore$ 令 $a^2 + b^2 = m^2$,则 $m > 0$,显然 $m > a > 0$,$m > b > 0$,

而且 $(a+b)^2 = a^2 + 2ab + b^2 = m^2 + 2ab > m^2$,从而 $a+b > m$,构造 $\triangle A'B'C'$,三边分别为

a、b、m,$\because m$ 为最大边,$\therefore \angle C'$ 是 $\triangle A'B'C'$ 中的最大角,于是在 $\text{Rt}\triangle ABC$ 和 $\text{Rt}\triangle A'B'C'$ 中,两边相等,第三边不等 $(m \neq c)$,则它对的角也较大,

则当 $a^2 + b^2 \neq c^2$ 时,$\triangle ABC$ 不是 $\text{Rt}\triangle$,这与题设相矛盾,故 $a^2 + b^2 = c^2$。

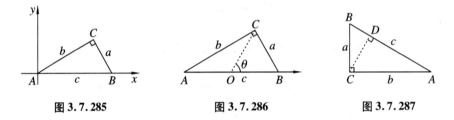

图 3.7.285   图 3.7.286   图 3.7.287

证法45:如图 3.7.285 所示,建平面直角坐标系,设 $A(0,0)$,$B(c,0)$,$C(x,y)$,

$\because BC^2 = a^2 = (x-c)^2 + y^2$,$CA^2 = b^2 = x^2 + y^2$,

$\therefore BC^2 + CA^2 = a^2 + b^2 = 2(x^2 + y^2 - cx) + c^2$ ①,

$\because k_{BC} = \dfrac{y}{x-c}$,$k_{CA} = \dfrac{y}{x}$,且 $BC \perp CA$,

$\therefore k_{BC} \cdot k_{CA} + 1 = 0$,$\therefore x^2 + y^2 - cx = 0$ ②,

②代入①得 $BC^2 + CA^2 = c^2 = AB^2$。

证法46:如图 3.7.286 所示,建极坐标系,$A\left(\dfrac{c}{2}, \pi\right)$,$B\left(\dfrac{c}{2}, 0\right)$,$C\left(\dfrac{c}{2}, \theta\right)$,

则 $BC^2 = a^2 = OB^2 + OC^2 - 2 \cdot OB \cdot OC \cdot \cos\theta = \dfrac{c^2}{2}(1 - \cos\theta)$,

$CA^2 = b^2 = \dfrac{c^2}{2}[1 - \cos(\pi - \theta)] = \dfrac{c^2}{2}(1 + \cos\theta)$,

故 $BC^2 + CA^2 = c^2 = AB^2$。

证法47:如图 3.7.287 所示,过点 C 作 $CD \perp AB$ 于点 D,先证 $\triangle ADC \backsim \triangle CDB$,

则有 $BD = \dfrac{a^2}{c}$,$AD = \dfrac{b^2}{c}$,$CD = \dfrac{ab}{c}$,故 $\dfrac{a^2}{c} + \dfrac{b^2}{c} = c$。

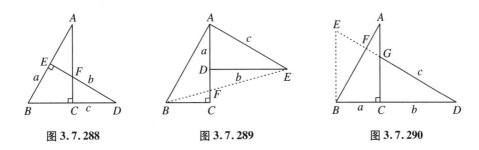

图 3.7.288　　　　　图 3.7.289　　　　　图 3.7.290

证法48：如图3.7.288所示，$\triangle ABC \cong \triangle BDE$，先证$\triangle DFC \backsim \triangle ABC$，再求$CF = EF = \dfrac{a}{b}(c$

$-a)$，$\because S_{\triangle DEB} = S_{\triangle DCF} + 2S_{\triangle CBF} = \dfrac{1}{2}ab$，$\therefore a^2 + b^2 = c^2$。

证法49：如图3.7.289所示，$\triangle ABC \cong \triangle EAD$，先证$\triangle EDF \backsim \triangle BCF$，求出$\dfrac{DF}{FC} = \dfrac{b}{a}$，

$\because DF + FC = b - a$，$\therefore DF = b \cdot \dfrac{b-a}{b+a}$，$FC = a \cdot \dfrac{b-a}{b+a}$，

$\because S_{\triangle AEB} = 2S_{\triangle ABC} + S_{\triangle DEF} - S_{\triangle BCF} = \dfrac{c^2}{2}$，$\therefore a^2 + b^2 = c^2$。

证法50：如图3.7.290所示，$\triangle ABC \cong \triangle DGC$，过点$B$作$BE \parallel AC$交$DG$于点$E$，先证

$\triangle DEB \backsim \triangle DGC$，再求出$BE = \dfrac{a}{b}(b+a)$，$AG = b - a$，再证$\triangle ABC \backsim \triangle AGF$，则有$AF = \dfrac{b}{c}AG$，

$BF = c - AF$，后证$\angle DBE = 90°$，$\because BF = \dfrac{2S_{\triangle DBE}}{DE} = \dfrac{a(a+b)}{c}$，$\therefore$代入得$a^2 + b^2 = c^2$。

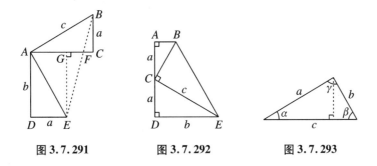

图 3.7.291　　　　　图 3.7.292　　　　　图 3.7.293

证法51：如图3.7.291所示，$\triangle ABC \cong \triangle AED$，连接$BE$，过点$E$作$EG \perp AC$于点$G$，先证

$\triangle BCF \backsim \triangle ACB$，$\therefore CF = \dfrac{a^2}{b}$，再证$\triangle GFE \backsim \triangle CFB$，则$\dfrac{GF}{CF} = \dfrac{b}{a}$，又$\because GF + CF = b - a$，$\therefore GF = b$

$\cdot \dfrac{b-a}{b+a}$，$CF = a \cdot \dfrac{b-a}{b+a}$，$\because S_{\triangle EAF} + S_{\triangle ABC} = S_{\triangle ABE} + S_{\triangle BCF}$，$\therefore$代入得$a^2 + b^2 = c^2$。

证法52：如图3.7.292所示，使$AC = CD = a$，$\angle BEC = \angle DEC$，$\angle BCE = 90°$，$\triangle ACB \backsim$

$\triangle DEC$，先求$AB = \dfrac{a^2}{b}$，$BC = \dfrac{ac}{b}$，$\because S_{ABED} = S_{\triangle CDE} + S_{\triangle BCE} + S_{\triangle ABC}$，

$\therefore a\left(b + \dfrac{a^2}{b}\right) = \dfrac{1}{2}ab + \dfrac{ac^2}{2b} + \dfrac{a^3}{2b}$，$\therefore a^2 + b^2 = c^2$。

证法 53：如图 3.7.293 所示，由余弦定理得 $c^2 = c \cdot a\cos\alpha + c \cdot b\cos\beta$，$b^2 = b \cdot c\cos\beta + b \cdot a\cos\gamma$，$a^2 = a \cdot b\cos\gamma + a \cdot c\cos\alpha$，

则 $a^2 + b^2 = 2ab\cos\gamma + c^2$，

$\because \gamma = 90°, \therefore \cos\gamma = 0, \therefore a^2 + b^2 = c^2$。

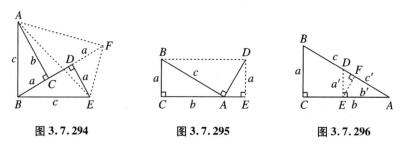

图 3.7.294　　　　　图 3.7.295　　　　　图 3.7.296

证法 54：如图 3.7.294 所示，$\triangle ABC \cong \triangle BED$，延长 BD 至点 F，使 $DE = DF$，连接 EF、AF、AE，先计算 $AE = \sqrt{2}c$，$AF = \sqrt{2}b$，$EF = \sqrt{2}a$，再证 $\angle AFE = 90°$，

$\because S_{ABEF} = \frac{1}{2}c^2 + \frac{1}{2}\sqrt{2}b \cdot \sqrt{2}a = \frac{1}{2}ab + \frac{1}{2}b^2 + \frac{1}{2}ab + \frac{1}{2}a^2$，$\therefore a^2 + b^2 = c^2$。

证法 55：如图 3.7.295 所示，作 $\angle BAD = 90°$，$DE \perp AC$，矩形 $CBDE$ 中三个 $Rt\triangle$ 相似，求出 $BD = \frac{c^2}{b}$，$AE = \frac{a^2}{b}$，$\because b + \frac{a^2}{b} = \frac{c^2}{b}$，$\therefore a^2 + b^2 = c^2$。

证法 56：如图 3.7.296 所示，过 AB 上一点 D 作 $DE \perp AC$ 于点 E，过点 E 作 $EF \perp AB$ 于点 F，设 $DE = a'$，$AE = b'$，$AD = c'$，求出 $DF = \frac{aa'}{c}$，$AF = \frac{bb'}{c}$，则 $aa' + bb' = cc'$，又 $\because \frac{a'}{a} = \frac{c'}{c}$，$\frac{b'}{b} = \frac{c'}{c}$，$\therefore a^2 + b^2 = c^2$。

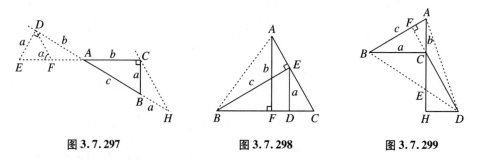

图 3.7.297　　　　　图 3.7.298　　　　　图 3.7.299

证法 57：如图 3.7.297 所示，$\triangle ABC \cong \triangle AED$，延长 AB 至点 H，使 $BH = BC$，连接 CH，过点 D 作 $DF \parallel CH$ 交 AE 于点 F，先证 $\triangle DAF \backsim \triangle HAC$，得 $AF = \frac{b^2}{a + c}$，再证 $EF = DE = a$，$\because a + \frac{b^2}{a + c} = c$，$\therefore a^2 + b^2 = c^2$。

证法 58：如图 3.7.298 所示，$\triangle BED \cong \triangle ACF$，$BE \perp AC$，$AF \perp BC$，$DE \perp BC$，先求 $CD = \frac{a^2}{b}$，

$\because S_{\triangle ABC} = \frac{1}{2}c^2 = \frac{1}{2} \cdot b\left(b + \frac{a^2}{b}\right), \therefore a^2 + b^2 = c^2$。

证法59:如图3.7.299所示,$\triangle ABC \cong \triangle DCH$,连接$AD$,并延长$DC$交$AB$于点$F$,连接$DB$交$AH$于点$E$,先证$DF \perp AB$,

$\because S_{ACBD} = \frac{1}{2}c^2 = S_{\triangle BCD} + S_{\triangle ACD} = \frac{1}{2}a^2 + \frac{1}{2}b^2, \therefore a^2 + b^2 = c^2$。

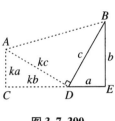

图3.7.300

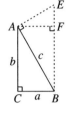

图3.7.301

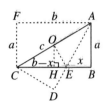

图3.7.302

证法60:如图3.7.300所示,$\angle ADB = \angle ACD = \angle BED = 90°$,四边形$ABEC$为梯形,

$\because S_{ABEC} = \frac{1}{2}(ka + b)(kb + a), S_{ABEC} = S_{\triangle ACD} + S_{\triangle ADB} + S_{\triangle BED}, \therefore a^2 + b^2 = c^2$。

证法61:如图3.7.301所示,$\angle EAB = \angle C = \angle AFB = 90°$,先求出$AE = \frac{ac}{b}, EF = \frac{a^2}{b}$,

$\because S_{\triangle ABE} = \frac{1}{2}c \cdot \frac{ac}{b} = S_{\triangle ABF} + S_{\triangle AEF}, \therefore a^2 + b^2 = c^2$。

证法62:如图3.7.302所示,四边形$AFCB$为矩形,将$\triangle AFC$翻折为$\triangle ADC$,AD交BC于点E,$EO \perp AC$,则O为AC中点,过O作$OH \perp BC$于点H,先求出$OC = \frac{c}{2}$,设$BE = x$,$CE = b$

$- x$,再证$OH = \frac{a}{2}$,

$\because \triangle COE \sim \triangle CBA, \therefore c : 2(b-x) = b : c, \therefore x = \frac{2b^2 - c^2}{2b}, HE = \frac{b}{2} - x$,

$\because \frac{a}{2} : \left(\frac{b}{2} - x\right) = b : a, \therefore a^2 + b^2 = c^2$。

证法63:如图3.7.303所示,$\triangle ABC \cong \triangle AED \cong \triangle EBF$,$\triangle ABE$为等边三角形,连接$CD$、$CF$,先证$\triangle ACD$、$\triangle BCF$为等边$\triangle$,四边形$CDEF$为$\square$,

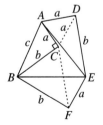

图3.7.303

$\because S_{ABFED} = \frac{\sqrt{3}}{4}(a^2 + b^2) + \frac{1}{2}ab + \frac{1}{2}ab = \frac{\sqrt{3}}{4}c^2 + 2 \times \frac{1}{2}ab, \therefore a^2 + b^2$

$= c^2$。

201. 如图3.7.304所示,在$\triangle ABC$中,$\angle A = 60°$,$2AC = AB$,求证:$\triangle ABC$是直角三角形。

证法1:(取中点证明)如图3.7.304所示,取AB中点D,连接CD,先证$\triangle ADC$是等边

$\triangle$，再证 $\angle B = \angle BCD$，后证 $\angle BCD = 30°$。

证法 2：（用余弦定理证明）如图 3.7.304 所示，$\because BC^2 = AB^2 + AC^2 - 2AB \cdot AC \cdot \cos 60° = AB^2 + AC^2 - 2AC^2 = AB^2 - AC^2$，$\therefore \triangle ABC$ 是 $Rt\triangle$。

证法 3：（用正弦定理证明）如图 3.7.304 所示，$\because \dfrac{AB}{\sin C} = \dfrac{AC}{\sin B} = \dfrac{BC}{\sin A}$，$\therefore \dfrac{2AC}{\sin C} = \dfrac{AC}{\sin B} = \dfrac{BC}{\sqrt{3}/2}$，求出 $BC = \sqrt{3}AC/2\sin B, BC = \sqrt{3}AC/\sin C$，从而 $2\sin B = \sin C = \sin(A+B) = \sin(60° + B)$

$= \dfrac{\sqrt{3}}{2}\cos B + \dfrac{1}{2}\sin B$，$\therefore \tan B = \dfrac{\sqrt{3}}{3}$，$\because 0° < B < 180°$，

$\therefore \angle B = 30°$，因而 $\angle C = 90°$。

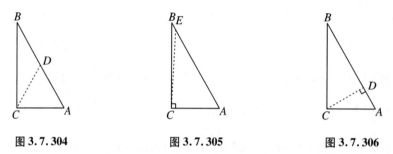

图 3.7.304   图 3.7.305   图 3.7.306

证法 4：（同一法）如图 3.7.305 所示，过点 C 作 $EC \perp AC$ 交 AB 于点 E，则 $\angle AEC = 180° - 60° - 90° = 30°$，则有 $AE = 2AC$，又 $\because AB = 2AC$，$\therefore$ 点 B 与点 E 重合，即 $\triangle AEC$ 与 $\triangle ABC$ 重合，而 $\triangle AEC$ 是 $Rt\triangle$，故 $\triangle ABC$ 也是 $Rt\triangle$。

证法 5：（用相似三角形证明）如图 3.7.306 所示，过点 C 作 $CD \perp AB$ 交 AB 于点 D，先证 $AD = \dfrac{1}{2}AC$，再证 $\triangle ABC \backsim \triangle ACD$，后证 $\angle ACB = \angle ADC = 90°$。

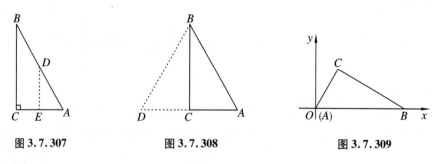

图 3.7.307   图 3.7.308   图 3.7.309

证法 6：（利用平行线等分线段定理证明）如图 3.7.307 所示，过 AB 中点 D 作 $DE \perp AC$ 交 AC 于点 E，先求 $\angle EDA = 30°$，再求 $\dfrac{AE}{AD} = \dfrac{1}{2}, \dfrac{AC}{AB} = \dfrac{1}{2}$，后由 $\dfrac{AC}{AB} = \dfrac{AE}{AD}$ 得 $DE /\!/ BC$，$\because DE \perp AC$，$\therefore BC \perp AC$，从而结论成立。

证法 7：（利用等边 $\triangle$ 性质证明）如图 3.7.308 所示，延长 AC 至点 D 且使 $CD = AC$，连接 BD，先证 $\angle ABD = \angle D$，再证 $\triangle ABD$ 是等边 $\triangle$，后证 BC 为 AD 边的中线，故 $BC \perp AD$，$\triangle ABC$ 是 $Rt\triangle$。

证法 8:(解析法)如图 3.7.309 所示,以 A 为原点、AB 为 x 轴建平面直角坐标系,设 $B(2a,0)$,先求 $AC = a$,再求 $C\left(\dfrac{a}{2}, \dfrac{\sqrt{3}}{2}a\right)$,后求 $k_{AC} = \sqrt{3}$,$k_{BC} = -\dfrac{\sqrt{3}}{3}$,$\because k_{AC} \cdot k_{BC} = -1$,$\therefore AC \perp BC$,故 $\triangle ABC$ 为 Rt$\triangle$。

202. 如图 3.7.310 所示,已知在 $\triangle ABC$ 中,AD 是高,AM 是中线,且 $\angle BAD = \angle DAM = \angle MAC$,求证:$\angle BAC = 90°$。

证法 1:(利用全等 $\triangle$ 证明)如图 3.7.311 所示,过点 M 作 $MN \perp AC$ 交 AC 于点 N,先证 $DM = MN$,再证 $MN = DM = \dfrac{1}{2}MC$,后证 $2\angle DAM = 60°$,则 $\angle DAM = \angle MAC = \angle BAD = 30°$,故 $\angle BAC = 90°$。

证法 2:(利用角平分线性质证明)如图 3.7.310 所示,先证 AM 是 $\angle DAC$ 的平分线,由证法 1 知 $DM = \dfrac{1}{2}MC$,证 $AC = 2AD$,后证 $\angle C = 30°$,则 $\angle DAC = 60°$,故 $\angle BAC = 90°$。

证法 3:(利用等积及三角函数证明)如图 3.7.310 所示,

$\because BM = MC$,$\therefore S_{\triangle ABM} = S_{\triangle AMC}$,即 $\dfrac{1}{2}AB \cdot AM \cdot \sin \angle BAM = \dfrac{1}{2}AM \cdot AC \cdot \sin \angle MAC$ ①,设 $\angle BAD = \angle DAM = \angle MAC = \alpha$,$AB = a$,$AC = b$,则 $AM = a$,

故①可变为 $\dfrac{1}{2}a^2 \sin 2\alpha = \dfrac{1}{2}ab\sin\alpha$,因而 $\cos\alpha = \dfrac{b}{2a}$,又 $\because \cos\alpha = \dfrac{AD}{AM} = \dfrac{AD}{a}$,$\therefore AD = \dfrac{b}{2}$,

$\therefore \angle C = 30°$,$\therefore \angle DAC = 60°$,故 $\angle BAC = 90°$。

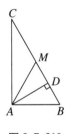

图 3.7.310

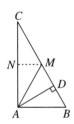

图 3.7.311

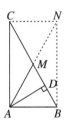

图 3.7.312

证法 4:(构成平行四边形证明)如图 3.7.312 所示,设 $\angle BAD = \angle DAM = \angle MAC = \alpha$,$AB = AM = a$,$AC = b$,由证法 3 知 $\cos\alpha = \dfrac{b}{2a}$,延长 AM 至点 N 使 $MN = AM$,连接 BN、CN,$\because BM = MC$,$AM = MN$,$\therefore$ 四边形 $ABNC$ 是平行四边形,因而 $\angle ANC = 2\alpha$,在 $\triangle ANC$ 中,由 $\cos\alpha = \dfrac{b}{2a} = \dfrac{AC}{AN}$ 知 $\angle ACN = 90°$,故 $\angle BAC = 90°$(平行四边形邻角互补)。

证法 5:(利用中线性质证明)如图 3.7.313 所示,分别取 AB、AC 中点 P、N,连接 PM、MN,设 PM 与 AD 相交于点 Q,先证四边形 $APMN$ 是 $\square$,再证 $\angle AMP = \angle DAM$,后证 AD 是 $\triangle ABM$ 的中线,又 PM 是 $\triangle ABM$ 的中线,从而 $AD = PM$,$\triangle ADM \cong \triangle MPA$(SAS),因而 $\angle APM = \angle ADM = 90°$,则 $\square APMN$ 是矩形,故 $\angle BAC = 90°$。

证法6:(利用外接圆证明)如图3.7.314所示,作直角$\triangle ADM$的外接圆交AC于点N,连接MN,$\because \angle DAM = \angle MAC$,$\therefore DM = MN$,以下同证法1(从略)。

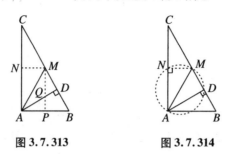

图3.7.313　　　　图3.7.314

证法7:(利用外接圆证明)如图3.7.315所示,作$\triangle ABC$的外接圆,延长AD、AM分别交圆于点N、P,连接NP、BN、PC,$\because \angle BAD = \angle MAC$,$\therefore \overset{\frown}{BN} = \overset{\frown}{PC}$,证$NP // BC$,再证$BN = PC$,再证四边形$BNPC$是等腰梯形,取$NP$的中点$Q$,连接$MQ$,证$MQ \perp NP$,

则MQ必过圆心,因而M点是圆心,BC是圆的直径,故$\angle BAC = 90°$。

证法8:(解析法)如图3.7.316所示,以BC为x轴、DA为y轴建平面直角坐标系,设$A(0,a)$,$B(-b,0)$,则有$M(b,0)$,$C(3b,0)$,求$k_{AB} = \dfrac{a}{b}$,$k_{AM} = -\dfrac{a}{b}$,$k_{AC} = -\dfrac{a}{3b}$,设$\angle BAD = \angle DAM = \angle MAC = \alpha$,则$AB$和$AD$、$AM$和$AD$的夹角的正切$\tan\alpha = \dfrac{b}{a}$①,$AC$和$AM$的夹角的

正切$\tan\alpha = \dfrac{k_{AC} - k_{AM}}{1 + k_{AC}k_{AM}} = \dfrac{2ab}{3b^2 + a^2}$②,$\because$ 由①和②得$a = \sqrt{3}b$,$\therefore k_{AB} = \sqrt{3}$,$k_{AC} = -\dfrac{\sqrt{3}}{3}$,相乘为$-1$,$\therefore AB \perp AC$,即$\angle BAC = 90°$。

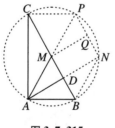

图3.7.315

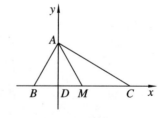

图3.7.316

203. 如图3.7.317所示,在$\triangle ABC$中,$\angle A$的平分线为AP,D、E分别是AB、AC边上的点,且$BD = CE$,又G、H分别是BC、DE的中点,探求:HG与AP的位置关系。

证法1:(利用平行线证明)猜想$HG // AP$,如图3.7.317所示,连接EG且延长至点F,使$GF = GE$,连接BF、DF、BE、CF,先证$BF \overset{=}{\underset{}{//}} EC$,再证$\angle BFD = \angle BDF$,$\angle BAC + \angle ABF = 180°$,$\angle BAP + \angle PAC = \angle BDF + \angle BFD$。

证法2:(利用三角形中位线定理证明)如图3.7.318所示,连接BE,并取其中点Q,连接HQ、QG,先证$HQ \overset{=}{\underset{}{//}} \dfrac{1}{2}BD$,$QG \overset{=}{\underset{}{//}} \dfrac{1}{2}EC$,再证$HQ = QG$,$\angle QHG = \angle QGH$,$\because \angle BAC + \angle HQG = 180°$,$\therefore \angle QHG = \angle BAP$,因$AB // HQ$,故$AP // HG$。

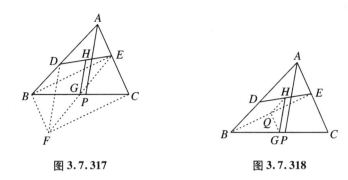

图 3.7.317　　　　　　　　图 3.7.318

证法 3：(利用三角形中位线定理证明)如图 3.7.319 所示,过点 E 作 $EF /\!/ BD$,再过点 C 作 $CF /\!/ AP$ 且交 EF 于点 F,连接 BF、BE、DF,先证 $\angle EFC = \angle BAP$,$\angle ECF = \angle PAC$,再证四边形 $DBEF$ 是平行四边形,后证 HG 是 $\triangle BCF$ 的中位线,则 $HG /\!/ FC$,$\therefore AP /\!/ FC$,$\therefore AP /\!/ HG$。

证法 4：(利用平行四边形性质证明)如图 3.7.320 所示,过点 D、B 分别向 AP 引垂线 DF、BQ 分别交 AP、AC 于点 M、F、N、Q,连接 MH、NG,先证 $AD = AF$,$DM = MF$,$AB = AQ$,$BN = NQ$,再证 $EF = QC$,后证四边形 $MNGH$ 是平行四边形,故 $AP /\!/ HG$。

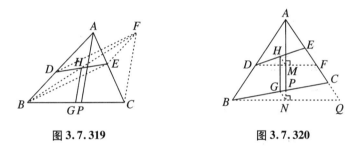

图 3.7.319　　　　　　　　图 3.7.320

证法 5：(利用平行四边形性质证明)如图 3.7.321 所示,过点 H 作 MH、NH 分别平行于 BD、EC,且使 $MH = BD = NH$,连接 BM、CN、BN、MC、MN,先证四边形 $DBMH$、四边形 $HNCE$ 是 $\square$,再证 $BM \stackrel{/\!/}{=} CN$,四边形 $BMCN$ 是 $\square$,后证 $\angle MHG = \angle GHN$,$\angle BAP = \angle MHG$,$\therefore AB /\!/ HM$,$\therefore AP /\!/ HG$。

证法 6：(利用平行四边形性质证明)如图 3.7.322 所示,过点 D 作 $DQ \stackrel{/\!/}{=} EC$,连接 QC,连接 BQ 并取中点 M,连接 MG、DM,先证四边形 $EDQC$ 是 $\square$,再证 $QC \stackrel{/\!/}{=} DE$,$MG \stackrel{/\!/}{=} DH$,后证四边形 $DMGH$ 是 $\square$,$\angle BDM = \angle BAP$,故 $DM /\!/ AP$,因此 $AP /\!/ HG$。

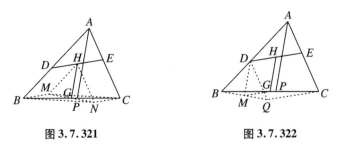

图 3.7.321　　　　　　　　图 3.7.322

证法 7：(利用菱形性质证明)如图 3.7.323 所示,连接 BE、CD 并分别取中点 L、K,再连接 HL、LG、GK、KH,先证四边形 $HLGK$ 是菱形,再证 $\angle LHG = \angle GHK$,后证 $\angle LHG = \angle BAP$,故

$AP /\!/ HG$。

证法8：(利用平行四边形性质及三角形中位线定理证明)如图3.7.324所示,连接DC,过点B作$BK /\!/ DC$,过点C作$CK /\!/ BD$,且BK、CK相交于点K,连接EK,先证四边形$DBKC$是$\square$,再证$HG /\!/ EK$,$\angle KEC = \angle EKC$,后证$\angle PAC = \angle KEC$,故$AP /\!/ EK$,因而$AP /\!/ HG$。

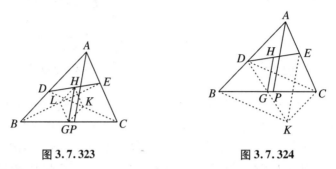

图3.7.323   图3.7.324

证法9：(利用平行线证明)如图3.7.325所示,连接DG并延长至点F,使$GF = GD$,连接BF、FC、FE、CD,先证四边形$DBFC$为$\square$,再证$\triangle ECF$为等腰$\triangle$,HG为$\triangle DEF$的中位线,后证$HG /\!/ AP /\!/ EF$。

证法10：(利用三角形中位线定理证明)如图3.7.326所示,连接DC并取其中点Q,连接HQ、QG,先证$QH = QG$,再证$\angle QHG = \angle PAC$,$HQ /\!/ AC$,后证$\angle HQG + \angle BAC = 180°$,故$HG /\!/ AP$。

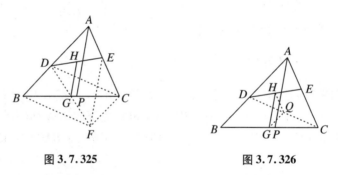

图3.7.325   图3.7.326

证法11：(利用三角形中位线定理证明)如图3.7.327所示,连接CH并延长至点F,使$FH = HC$,连接FE、FD、BF、CD,先证四边形$CEFD$为$\square$,$\angle FDA = \angle BAC$,再证HG为$\triangle CFB$的中位线,后证$BF /\!/ AP$,从而$HG /\!/ AP$。

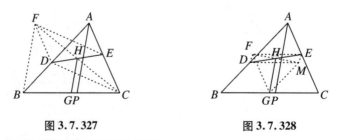

图3.7.327   图3.7.328

证法12：(利用平行四边形性质证明)如图3.7.328所示,过点G作$GM \overset{/\!/}{=} BD$,作$GF \overset{/\!/}{=} EC$,连接DM、ME、EF、FH、MH,先证四边形$FG = GM$,再证$FDME$为平行四边形,后证$\angle FGM$

$= \angle BAC$，$\angle FGH = \angle CAP$，从而 $HG /\!/ AP$。

证法 13：(利用平行四边形性质证明) 如图 3.7.329 所示，过点 E 作 $EM \stackrel{/\!/}{=} BD$，连接 BM、CM，取 CM 中点 Q，连接 EQ、QG，先证 $EC = EM$，再证四边形 $HEQG$ 为 $\square$，后证 $\angle MEQ = \angle BAP$，从而 $EQ /\!/ AP$，故 $HG /\!/ AP$。

证法 14：(利用平行四边形性质证明) 如图 3.7.330 所示，过点 E 作 $EN \stackrel{/\!/}{=} HG$，过点 D 作 $DM \stackrel{/\!/}{=} HG$，连接 BM、MG、GN、NC，先证四边形 $DENM$ 为平行四边形，再证 $\triangle BMG \cong \triangle CNG$，$\triangle BDM \cong \triangle CEN$，后证 $\angle NEC = \angle CAP$，得 $EN /\!/ AP$，故 $HG /\!/ AP$。

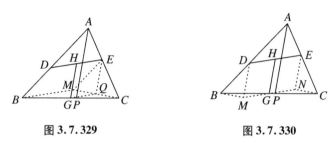

图 3.7.329　　　　　　　　　图 3.7.330

证法 15：(利用平行四边形性质证明) 如图 3.7.331 所示，过点 B 作 $BM \stackrel{/\!/}{=} HG$，过点 C 作 $CN \stackrel{/\!/}{=} HG$，连接 MH、HN、MD、EN，先证四边形 $BMNC$ 为平行四边形，再证 $\triangle MDH \cong \triangle NEH$，$\triangle BMD \cong \triangle CNE$，得 $\angle MBA = \angle ACN$，后证 $\angle ACN = \angle PAC$，得 $CN /\!/ AP$，故 $HG /\!/ AP$。

证法 16：(利用三角形中位线定理证明) 如图 3.7.332 所示，过点 C 作 $CM /\!/ HG$ 交 BA 延长线于点 M，过点 E 作 $EN /\!/ HG$ 交 BA 延长线于点 N，延长 GH 交 BA 于点 Q，先证四边形 $ENMC$ 为等腰梯形，再证 $\angle ACM = \angle ANE = \angle PAB$，从而 $NE /\!/ CM /\!/ AP$，故 $HG /\!/ AP$。

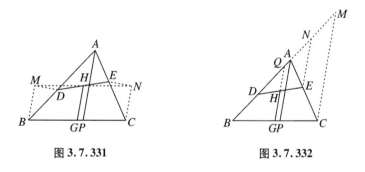

图 3.7.331　　　　　　　　　图 3.7.332

证法 17：(利用三角形中位线定理证明) 如图 3.7.333 所示，过点 B 作 $BM /\!/ HG$ 交 CA 延长线于点 M，过点 D 作 $DN /\!/ HG$ 交 CA 延长线于点 N，延长 GH 交 AB 于点 R，交 CA 延长线于点 Q，先证四边形 $BMND$ 为等腰梯形，再证 $\angle M = \angle MBA = \angle PAC$，后证 $BM /\!/ DN /\!/ AP$，故 $HG /\!/ AP$。

证法 18：(利用全等三角形和矩形证明) 如图 3.7.334 所示，过点 B 作 $BZ \perp HG$ 于点 Z，过点 C 作 $CF \perp HG$ 于点 F，过点 D 作 $DM \perp BZ$ 于点 M，作 $DN \perp HG$ 于点 N，过点 E 作 $EQ \perp CF$ 于点 Q，作 $ER \perp HG$ 于点 R，先证 $\triangle BGZ \cong \triangle CGF$，得 $BZ = CF$，再证 $\triangle DHN \cong \triangle EHR$，得 $ER = DN$，后证四边形 $DMZN$、四边形 $ERFQ$ 都为矩形，$\triangle EQC \cong \triangle DMB$，最后证 $EQ /\!/ AP$，故 $EQ /\!/ AP /\!/ HG$。

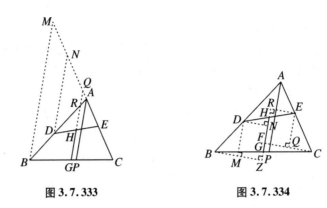

图 3.7.333　　　　　　　　　图 3.7.334

证法 19：（利用三角形中位线证明）如图 3.7.335 所示，连接 CD，取其中点 O，连接 OH、OG，延长 OH 交 AB 于点 Q，交 BC 于点 S，先证 $OH = OG$，再证 $\angle HOG = \angle BAC$，$\angle GOS = \angle DQS$，后证 $\angle GHO = \angle PAC$，从而 $HG /\!/ AP$。

证法 20：（利用三角形中位线证明）如图 3.7.336 所示，连接 BE，取其中点 O，连接 OH、OG，延长 GO 交 BA 于点 Q，先证 $OH = OG$，再证 $\angle HOG = \angle BAC$，后证 $\angle BQG = \angle QOH$，从而 $\angle OHG = \angle BAP$，故 $HG /\!/ AP$。

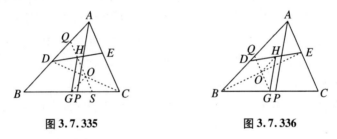

图 3.7.335　　　　　　　　　图 3.7.336

证法 21：（用解析法证明）如图 3.7.337 所示，建平面直角坐标系，设 $B(0,0)$，$G(a,0)$，$C(2a,0)$，$D(b,c)$，$E(m,n)$，则 $H\left(\dfrac{b+m}{2},\dfrac{c+n}{2}\right)$，先求 k_{AB}、k_{AC}、BD、CE，由 $\angle BAP = \angle CAP$，再求 k_{AP} 与 k_{HG}，得 $k_{AP} = k_{HG}$，故 $HG /\!/ AP$。

证法 22：（用解析法证明）如图 3.7.338 所示，建平面直角坐标系，设 $G(0,0)$，$B(a,b)$，$C(-a,-b)$，$H(c,0)$，$D(c-d,h)$，$E(c+d,-h)$ 先求 k_{AB}、k_{AC}、BD、CE，由 $\angle BAP = \angle CAP$，再求 k_{AP}、k_{HG}，得 $k_{AP} = k_{HG}$，故 $HG /\!/ AP$。

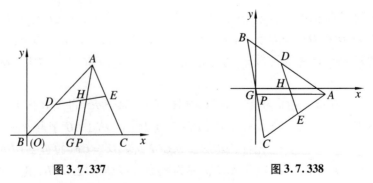

图 3.7.337　　　　　　　　　图 3.7.338

证法 23：（用三角函数证明）如图 3.7.339 所示，过点 D 作 $DN \parallel HG$ 交 BC 于点 N，过点 E 作 $EM \parallel HG$ 交 BC 于点 M，设 $\angle DNC = \angle EMC = \delta$，在 $\triangle BDN$ 中，$\sin \angle 1 = \dfrac{BN \cdot \sin(180^\circ - \delta)}{BD}$，在 $\triangle CEM$ 中，$\sin \angle 2 = \dfrac{MC \cdot \sin \delta}{EC}$，$\because BD = CE$，又 $BN = CM$，

$\therefore \sin \angle 1 = \sin \angle 2$，$\therefore \angle 1 = \angle 2 = \alpha$，再证 $\alpha = \beta$，设 $\angle DEM = \gamma$，$\angle ADE = \theta$，

$\because \alpha + 180^\circ - \gamma + \theta = 180^\circ$，$\therefore \gamma = \alpha + \theta$，又 $\alpha + \gamma = 2\beta + \theta$，

$\therefore \alpha = \beta$，故 $EM \parallel AP \parallel HG$。

证法 24：（用矩形证明）如图 3.7.340 所示，作垂线构成的四边形 $MXDY$、$ESNQ$、$MOGH$、$HGRN$ 都为矩形，先证 $\triangle HXD \cong \triangle HSE$，$\triangle GBO \cong \triangle GCR$，再证 $\triangle BDY \cong \triangle CEQ$，得 $\angle YBD = \angle ECQ$，后证 $\angle ECQ = \angle CAP$，故 $HG \parallel AP$。

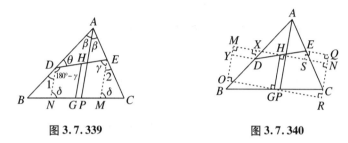

图 3.7.339　　　　　图 3.7.340

证法 25：（用正弦定理证明）如图 3.7.341 所示，延长 GH 分别交 AB、CA 延长线于点 Q、F，在 $\triangle QDH$ 中，$DH \cdot \sin \angle 1 = QD \cdot \sin \angle 3$，在 $\triangle FHE$ 中，$HE \cdot \sin \angle 2 = EF \cdot \sin \angle 4$，由已知代入得 $QD \cdot \sin \angle 3 = EF \cdot \sin \angle 4$　①，

同理在 $\triangle QBG$ 中，$BG \cdot \sin \angle 5 = BQ \cdot \sin \angle 3 = (BD + DQ) \sin \angle 3$，

在 $\triangle GFC$ 中，$GC \cdot \sin \angle 6 = FC \cdot \sin \angle 4 = (EC + EF) \sin \angle 4$，

由已知代入得 $(BD + DQ) \sin \angle 3 = (CE + EF) \sin \angle 4$　②，

由①、②可证得 $\angle 3 = \angle 4$，后证 $\triangle AFQ$ 为等腰 $\triangle$，从而 $\angle BAC = 2\angle F$，故 $HG \parallel AP$。

证法 26：（用三角形中位线证明）如图 3.7.342 所示，延长 GH 交 AB 于点 Q，交 CA 延长线于点 F，连接 BE，取其中点 O，连接 OH、OG，先证 $OH = OG$，再证 $\angle OGH = \angle F$，$\angle OHG = \angle BQG$，后证 $\triangle AFQ$ 为等腰 $\triangle$，最后证 $\angle BAC = 2\angle F$，从而 $HG \parallel AP$。

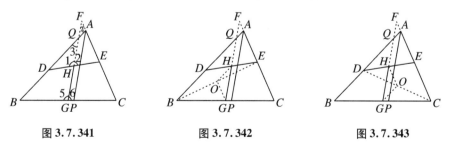

图 3.7.341　　　　图 3.7.342　　　　图 3.7.343

证法 27：（用三角形中位线证明）如图 3.7.343 所示，延长 GH 交 AB 于点 Q，交 CA 延长线于 F，连接 CD，取其中点 O，连接 OH、OG，先证 $OH = OG$，再证 $\angle OGH = \angle BQG$，$\angle OHG = \angle F$，后证 $\triangle AFQ$ 为等腰 $\triangle$，最后证 $\angle BAC = 2\angle F$，从而 $HG \parallel AP$。

204. 如图 3.7.344 所示，AD 是 $\odot O$ 的直径，$BC = CD$，$\angle A = 30^\circ$，求 $\angle ABC$ 的度数。

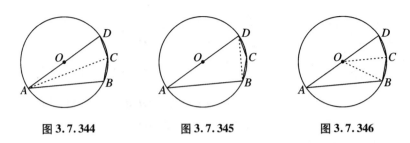

图 3.7.344　　　　　图 3.7.345　　　　　图 3.7.346

解法 1: 如图 3.7.344 所示,连接 AC,$\because BC = CD$,$\therefore \overparen{BC} = \overparen{CD}$,$\therefore \angle DAC = \angle BAC = 15°$,又 $\because \angle ACD = 90°$,$\therefore \angle D = 75°$,$\therefore \angle ABC = 105°$。

解法 2: 如图 3.7.345 所示,连接 BD,则 $\angle ABD = 90°$,又 $\because \angle C = 180° - \angle A = 150°$,$\therefore \angle CBD = \angle CDB = 15°$,$\therefore \angle ABC = 105°$。

解法 3: 如图 3.7.346 所示,连接 OB、OC,先求 $\angle OBA = 30°$,再求 $\angle DOB = 60°$,又 $\because CD = BC$,

$\therefore \angle DOC = \angle BOC = 30°$,$OB = OC$,$\therefore \angle OBC = \dfrac{180° - 30°}{2} = 75°$,

$\therefore \angle ABC = 30° + 75° = 105°$。

205. 如图 3.7.347 所示,$\odot O$ 的直径 AB 的长为 10,弦 AC 的长为 6,$\angle ACB$ 的平分线交 $\odot O$ 于点 D,求 CD 的长。

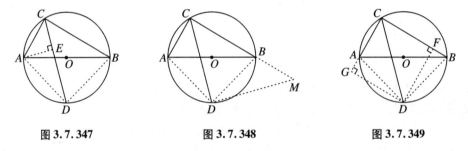

图 3.7.347　　　　　图 3.7.348　　　　　图 3.7.349

解法 1: 如图 3.7.347 所示,过点 A 作 $AE \perp CD$ 于点 E,则 $AE = CE = \dfrac{\sqrt{2}}{2}AC = 3\sqrt{2}$,连接 AD、BD,则 $AD = 5\sqrt{2}$,故 $DE = 4\sqrt{2}$,$CD = 7\sqrt{2}$。

解法 2: 如图 3.7.348 所示,延长 CB 至点 M,使 $BM = AC = 6$,先证 $\triangle DMB \cong \triangle DCA$,再证 $\angle CDM = 90°$,$DM = DC$,则 $CA + CB = CM = \sqrt{2}CD = 14$,故 $CD = 7\sqrt{2}$。

解法 3: 如图 3.7.349 所示,过点 D 作 $DG \perp AC$ 于点 G,作 $DF \perp BC$ 于点 F,先证 $\triangle DAG \cong \triangle DBF$,再证 $\triangle DCG \cong \triangle DCF$,后证 $CA + CB = CG + CF = 2CG = 2 \cdot \dfrac{\sqrt{2}}{2}CD$,故 $CD = 7\sqrt{2}$。

206. 如图 3.7.350 所示,AB 是 $\odot O$ 的直径,C、P 是 $\overparen{AB}$ 上两点,$AB = 13$,$AC = 5$,若点 P 是 $\overparen{BC}$ 的中点,求 PA 的长。

解法 1: 如图 3.7.350 所示,连接 BC、OP、PB,设 BC 交 OP 于点 E,先求 $OE = \dfrac{1}{2}AC = \dfrac{5}{2}$,$PE = 4$,$BE = CE = 6$,再求 $PB^2 = PE^2 + BE^2 = 52$,后求 $PA^2 = AB^2 - PB^2 = 117$,故 $PA = 3\sqrt{13}$。

解法 2:如图 3.7.351 所示,连接 BC、OP,设 BC 交 OP 于点 E,过点 P 作 $PM \perp AB$ 于点 M,先证 $OP \perp BC$,再证 $\triangle OPM \cong \triangle OBE$,后求 $AM = 9$,$OM = 2.5$,故 $PA = \sqrt{AM^2 + PM^2} = 3\sqrt{13}$。

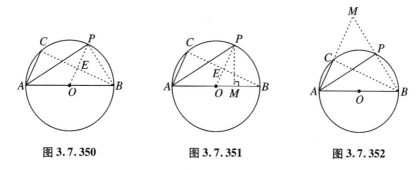

图 3.7.350　　　　　图 3.7.351　　　　　图 3.7.352

解法 3:如图 3.7.352 所示,连接 BP,延长 AC 交 BP 的延长线于点 M,先证 $\angle APB = 90°$,求出 $AB = AM = 13$,$CM = 8$,连接 BC,后求 $BM = 4\sqrt{13}$,$BP = PM = 2\sqrt{13}$,故 $AP = 3\sqrt{13}$。

207. 如图 3.7.353 所示,$\triangle ABC$ 中,$\angle C = 90°$,$\angle A = 31°$,以点 C 为圆心、CB 为半径作圆交 AB 于点 D,求 $\overset{\frown}{BD}$ 的度数。

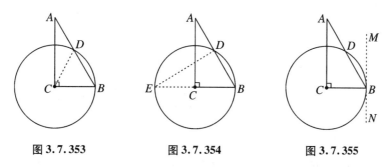

图 3.7.353　　　　　图 3.7.354　　　　　图 3.7.355

解法 1:如图 3.7.353 所示,连接 CD,则 $\angle CDB = \angle CBD$,则 $\overset{\frown}{BD} = 62°$。

解法 2:如图 3.7.354 所示,延长 BC 与圆交于点 E,连接 DE。

解法 3:如图 3.7.355 所示,过 B 点作圆的切线 MN。

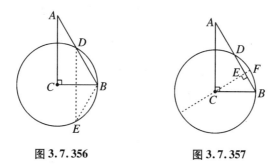

图 3.7.356　　　　　图 3.7.357

解法 4:如图 3.7.356 所示,过点 D 作 $DE // AC$ 交圆于点 E,连接 BE。

解法 5:如图 3.7.357 所示,过点 C 作直线 $CF \perp AB$ 交 AB 于点 E,交圆于点 F,则 $\overset{\frown}{BF}$

$= \overset{\frown}{DF}$。

解法 6：如图 3.7.358 所示，延长 BC 交圆于点 E，则 $\overset{\frown}{BDE} = 180°$。

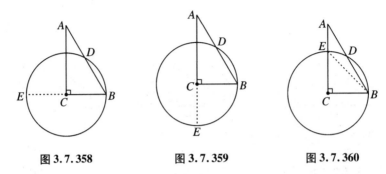

图 3.7.358 　　　　图 3.7.359 　　　　图 3.7.360

解法 7：如图 3.7.359 所示，延长 AC 交圆于点 E，则 $\frac{1}{2}(\overset{\frown}{DE} - \overset{\frown}{BE}) = 31°$。

解法 8：如图 3.7.360 所示，设 AC 与圆交于点 E，连接 BE，则 $\triangle CBE$ 为等腰 Rt$\triangle$。

208. 如图 3.7.361 所示，已知 $\triangle ABC$ 的外接圆的直径 AE 交 BC 于点 D，求证：$\dfrac{AD}{DE} = \tan\angle B \cdot \tan\angle C$。

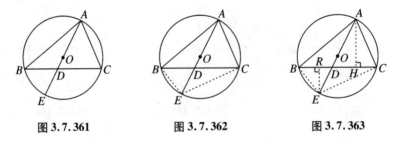

图 3.7.361 　　　　图 3.7.362 　　　　图 3.7.363

证法 1：如图 3.7.362 所示，连接 BE、EC，先证 $\triangle ADB \backsim \triangle CDE$，再证 $\triangle ADC \backsim \triangle BDE$。

证法 2：如图 3.7.362 所示，连接 BE、CE，先求 $S_{\triangle ABC} : S_{\triangle BEC}$，

又 $\because S_{\triangle ABC} : S_{\triangle BEC} = AD : DE$，$\therefore \dfrac{AD}{DE} = \dfrac{\frac{1}{2}AB \cdot AC \cdot \sin\angle BAC}{\frac{1}{2}BE \cdot EC \cdot \sin\angle BEC}$。

证法 3：如图 3.7.363 所示，连接 BE、CE，过点 A 作 $AH \perp BC$ 于点 H，过点 E 作 $ER \perp BC$ 于点 R，先证 $\triangle ACH \backsim \triangle AEB$，再证 $\triangle ABE \backsim \triangle CRE$。

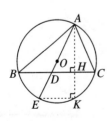

图 3.7.364

证法 4：如图 3.7.364 所示，过点 A 作 $AH \perp BC$ 于点 H，延长 AH 交 $\odot O$ 于点 K，连接 EK，

先证 $\tan\angle B \cdot \tan\angle C = \dfrac{AH}{BH} \cdot \dfrac{AH}{CH} = \dfrac{AH^2}{BH \cdot CH}$，又 $\because BH \cdot CH = AH \cdot$

HK，$\therefore \tan \angle B \cdot \tan \angle C = \dfrac{AH}{HK}$，再证 $DH /\!/ EK$。

209. 如图 3.7.365 所示，$\odot O$ 是 $\triangle ABC$ 的外接圆，AD 是 $\triangle ABC$ 的高，求证：$\angle BAO = \angle CAD$。

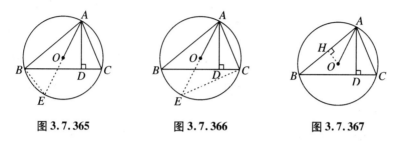

图 3.7.365   图 3.7.366   图 3.7.367

证法 1：如图 3.7.365 所示，作 $\odot O$ 的直径 AE，连接 BE，则 $\angle ABE = 90°$，$\angle C = \angle E$，故 $\angle BAO = \angle CAD$。

证法 2：如图 3.7.366 所示，作 $\odot O$ 的直径 AE，连接 CE，则 $\angle ECA = 90°$，$\angle BAO = \angle BCE$，证 $\angle BCE = \angle CAD$，故 $\angle BAO = \angle CAD$。

证法 3：如图 3.7.367 所示，过点 O 作 $OH \perp AB$ 于点 H，证 $\angle C = \dfrac{1}{2} \angle AOB = \angle AOH$ 即可。

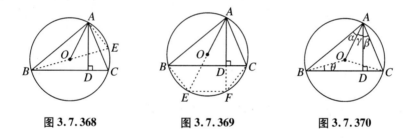

图 3.7.368   图 3.7.369   图 3.7.370

证法 4：如图 3.7.368 所示，作 $\odot O$ 的直径 BE，连接 AE，则 $\angle BAE = 90°$，$\because \angle ABO = \angle BAO = 90° - \angle E$，$\angle CAD = 90° - \angle C$，$\therefore \angle BAO = \angle CAD$。

证法 5：如图 3.7.369 所示，作 $\odot O$ 的直径 AE，延长 AD 交 $\odot O$ 于点 F，连接 BE、EF、FC，先证 $EF /\!/ BC$，再证 $\overset{\frown}{BE} = \overset{\frown}{CF}$，从而 $\angle BAO = \angle CAD$。

证法 6：如图 3.7.370 所示，连接 OB、OC，在 $\triangle ABD$ 中，$2\alpha + \gamma + \theta = 90°$，在 $\triangle ADC$ 中，$2\beta + \gamma + \theta = 90°$，从而 $\angle BAO = \angle CAD$。

210. 如图 3.7.371 所示，已知 $\odot O$ 与 $\odot O'$ 外切于点 P，AC 是两圆的外公切线，AB、CD 分别是过切点的两圆直径，求证：A、P、D 三点在同一直线上。

证法 1：如图 3.7.371 所示，连接 AP、PD、OO'，则 O、P、O' 三点在一条直线上，$\because AB /\!/ CD$，

$\therefore \angle 1 = \angle 2$，$\triangle APO$ 与 $\triangle DO'P$ 均为等腰 $\triangle$，$\therefore \angle 3 = \angle 4$，则 A、P、D 三点共线。

证法 2：如图 3.7.372 所示，连接 PA、PC、PD，则 $\angle 3 = 90°$，过点 P 作两圆的公切线 PE 交 AC 于点 E，则 $EA = EP$，$EP = EC$，故 $\angle 1 = \angle 4$，$\angle 2 = \angle 5$，而 $\because \angle 1 + \angle 2 + \angle 4 + \angle 5 = 180°$，

$\therefore \angle 1 + \angle 2 = 90°$，$\therefore \angle 1 + \angle 2 + \angle 3 = 90° + 90° = 180°$，

∴ A、P、D 三点在同一直线上。

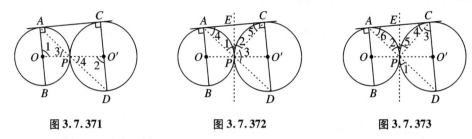

图 3.7.371   图 3.7.372   图 3.7.373

证法 3:如图 3.7.373 所示,连接 PA、PC、PD,过点 P 作两圆的公切线 PE 交 AC 于点 E,

则 $\angle 1 = \angle 3$,$PE = EA = EC$,故 $\angle 2 = \angle 6$, $\angle 5 = \angle 4$,$\because \angle 2 + \angle 5 + \angle 6 + \angle 4 = 180°$,

$\therefore \angle 2 + \angle 4 = 90°$,而 $\because \angle 3 + \angle 4 = 90°$,$\therefore \angle 1 + \angle 4 = 90°$ $\therefore \angle 2 = \angle 1$,

因此,A、P、D 三点在同一直线上。

211. 如图 3.7.374 所示,已知两同心圆,圆心为 O,小圆半径为 r,大圆半径为 R,AB 为大圆的直径交小圆于点 C、D,P 为大圆上任一点,求证:$PC^2 + PD^2$ 为定值。

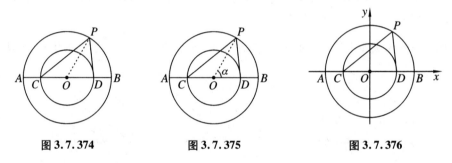

图 3.7.374   图 3.7.375   图 3.7.376

证法 1:如图 3.7.374 所示,连接 PO,由中线公式求 $OP = \frac{1}{2}\sqrt{2PC^2 + 2PD^2 - CD^2}$,再求 OP^2,故 $PC^2 + PD^2 = 2(R^2 + r^2)$(定值)。

证法 2:如图 3.7.375 所示,连接 PO,设 $\angle POB = \alpha$,由余弦定理得 $PC^2 + PD^2 = PO^2 + CO^2 - 2PO \cdot CO \cdot \cos(\pi - \alpha) + PO^2 + DO^2 - 2PO \cdot DO \cdot \cos\alpha = 2(PO^2 + OD^2) = 2(R^2 + r^2)$(定值)。

证法 3:如图 3.7.376 所示,建平面直角坐标系,设 $A(-R, 0)$,$B(R, 0)$,$C(-r, 0)$,$D(r, 0)$,$P(x, y)$,则 $PC^2 + PD^2 = (x + r)^2 + y^2 + (x - r)^2 + y^2 = 2(x^2 + y^2) + 2r^2 = 2(R^2 + r^2)$(定值)。

212. 如图 3.7.377 所示,已知过 $\square ABCD$ 的顶点 A 作一圆分别交 AB、AD 及对角线 AC 于点 E、F、G,求证:$AC \cdot AG = AB \cdot AE + AD \cdot AF$。

证法 1:如图 3.7.377 所示,延长 AB 至点 P,使 $BP \cdot AE = AD \cdot AF$,连接 EF、EG、CP,先证 $\triangle BPC \backsim \triangle AFE$,再证 $\triangle APC \backsim \triangle AGE$,后选比例式 $\frac{AC}{AE} = \frac{AP}{AG}$,则 $AC \cdot AG = AP \cdot AE = AB \cdot AE + BP \cdot AE = AB \cdot AE + AD \cdot AF$。

证法 2:如图 3.7.378 所示,在 AE 上取 AP,使 $AB \cdot AP = AG \cdot AC$,连接 EG、FG、PG,先证 $\triangle AGP \backsim \triangle ABC$,再证 $AP = AE + EP$,后证 $\triangle AFG \backsim \triangle PEG$,则 $\frac{AF}{PE} = \frac{AG}{PG} = \frac{AB}{BC} = \frac{AB}{AD}$,从而结论

成立。

证法3:如图3.7.379所示,过点 A 作圆的直径 AH 并延长,过点 B 作 $BM \perp AH$ 于点 M,过点 C 作 $CN \perp AH$ 于点 N,过点 D 作 $DQ \perp AH$ 于点 Q,先证 Q、H、D、F 四点共圆及 H、E、B、M 四点共圆,则 $AB \cdot AE + AD \cdot AF = AH(AM + AQ)$,过点 B 作 $BR // AN$,延长 CN 交 BR 于点 R,证 $\triangle ADQ \cong \triangle BCR$,后证 G、H、N、C 四点共圆,则有 $AG \cdot AC = AH \cdot AN$,故 $AB \cdot AE + AD \cdot AF = AH \cdot AN = AG \cdot AC$。

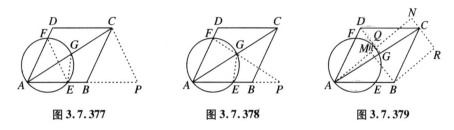

图3.7.377　　　　　　图3.7.378　　　　　　图3.7.379

证法4:如图3.7.380所示,过点 A 作圆的直径 AH,连接 HE,设 $AH = 2r$,$\angle DCA = \angle CAB = \alpha$,$\angle ACB = \angle DAC = \beta$,$\angle HAB = \gamma$,则 $AE = 2r\cos\gamma$,$AG = 2r\cos(\gamma - \alpha)$,$AF = 2r\cos(\alpha + \beta - \gamma)$,设 $\triangle ABC$ 的外接圆半径为 R,则 $AB = 2R\sin\beta$,$AD = BC = 2R\sin\alpha$,$AC = 2R\sin(\alpha + \beta)$,代入得 $AB \cdot AE + AD \cdot AF = 2R\sin(\alpha + \beta) \cdot 2r\cos(\alpha - \gamma) = AC \cdot AG$。

证法5:如图3.7.381所示,过点 B、E、G 作圆交 AC 于点 Q,连接 BQ、GF、GE,先证 $\triangle QCB \backsim \triangle FAG$,得 $AF \cdot AD = AG \cdot QC$,故 $AB \cdot AE + AD \cdot AF = AG \cdot AQ + AG \cdot QC = AG(AQ + QC) = AG \cdot AC$。

证法6:如图3.7.382所示,建平面直角坐标系,设 $A(0,0)$,$B(a,0)$,$C(a+b,h)$,$D(b,h)$,$O'(m,n)$,$E(2m,0)$,

圆 O' 的方程为 $x^2 + y^2 - 2mx - 2ny = 0$,$AE = 2m$,

AC、AD 的参数方程为 $\begin{cases} x = t\cos\theta, \\ y = t\sin\theta, \end{cases}$

则 $t = 2m\cos\theta + 2n\sin\theta$,分别求 AF、AG,

$AF = \dfrac{2mb}{AD} + \dfrac{2nh}{AD}$,$AG = \dfrac{2m(a+b)}{AC} + \dfrac{2nh}{AC}$,代入所证等式左边和右边均得 $2m(a+b) + 2nh$,即得证。

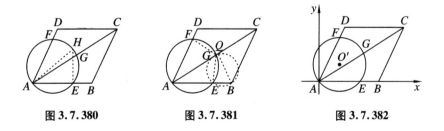

图3.7.380　　　　　　图3.7.381　　　　　　图3.7.382

213. 如图3.7.383所示,已知 AB、CD 为 $\odot O$ 的两弦,$AB \perp CD$,AB 与 CD 相交于点 E,$\odot O$ 的半径为 R,求证:$AE^2 + BE^2 + CE^2 + DE^2 = 4R^2$(定值)。

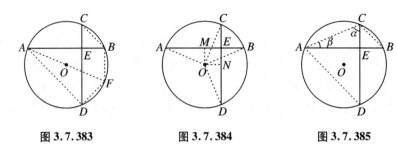

图 3.7.383　　　　　图 3.7.384　　　　　图 3.7.385

证法 1:如图 3.7.383 所示,过点 A 作 $\odot O$ 的直径 AF,连接 BC、BF、DF、AD,先证 $BF \parallel CD$ 和 $BC = DF$,得 $BE^2 + CE^2 = BC^2 = DF^2$,$AE^2 + DE^2 = AD^2$,相加得 $AD^2 + DF^2 = AF^2 = 4R^2$。

证法 2:如图 3.7.383 所示,过点 B 作 CD 的平行弦 BF,同证法 1。

证法 3:如图 3.7.384 所示,过点 O 作 $OM \perp AB$ 于点 M,作 $ON \perp CD$ 于点 N,连接 OA、OB、OC、OD,由垂径定理和勾股定理可证明。

证法 4:如图 3.7.385 所示,连接 AC、CB、AD,设 $\angle ACD = \alpha$,$\angle BAC = \beta$,$\because AB \perp CD$,$\therefore AE^2 + DE^2 = AD^2 = (2R\sin\alpha)^2 = 4R^2\sin^2\alpha$,$CE^2 + BE^2 = BC^2 = (2R\sin\beta)^2 = 4R^2\sin^2\beta$,又 $\because \alpha + \beta = 90°$,$\therefore \sin^2\beta = \cos^2\alpha$,$\therefore$ 结论成立。

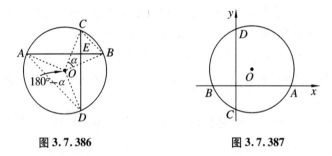

图 3.7.386　　　　　　　　图 3.7.387

证法 5:如图 3.7.386 所示,连接 OA、OC、OB、OD、AD、BC,设 $\angle BOC = \alpha$,则 $\angle AOD = 180°-\alpha$,用余弦定理得 $BC^2 = 2R^2 - 2R^2\cos\alpha$,$AD^2 = 2R^2 - 2R^2\cos(180°-\alpha)$,从而结论成立。

证法 6:如图 3.7.387 所示,建平面直角坐标系,设 $\odot O$ 的圆心 $O(a,b)$,则圆的方程为 $(x-a)^2 + (y-b)^2 = R^2$,可得 $x_{A,B} = a \pm \sqrt{R^2-b^2}$,$y_{C,D} = b \pm \sqrt{R^2-a^2}$,代入所求证等式即可证明。

214. 如图 3.7.388 所示,半圆 O 的直径在梯形 $ABCD$ 的底边 AB 上,且与其余三边 BC、CD、DA 相切,若 $BC = 2$,$DA = 3$,求 AB 的长。

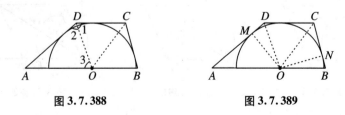

图 3.7.388　　　　　　　　图 3.7.389

解法 1:如图 3.7.388 所示,分别连接 CO、DO,先证 $\angle 2 = \angle 3$,$AO = AD = 3$,再求 $BO = BC = 2$,则 $AB = AO + BO = 5$。

解法 2:如图 3.7.389 所示,连接 DO、CO,且过切点分别作半径 OM、ON,设半圆 O 的半径为 R,先求 $S_{\triangle AOD}=\frac{1}{2}AD\cdot OM=\frac{1}{2}AO\cdot NO=\frac{1}{2}AO\cdot R$,再求 $S_{\triangle BOC}=\frac{1}{2}BC\cdot R$,则 $AB=5$。

解法 3:如图 3.7.389 所示,设半圆 O 的半径为 R,$\because S_{梯ABCD}=S_{\triangle AOD}+S_{\triangle COD}+S_{\triangle BOC}$,$\therefore AB+CD=AD+CD+BC$,$\therefore AB=AD+BC=5$。

解法 4:如图 3.7.390 所示,连接 OC、OD,切点分别为 M、N、P,连接 OM、ON、OP,由切线长定理证 $\angle ODM=\angle ODN$,$CD\parallel AB$,证 $AO=AD$,同理可证 $BO=BC$。

解法 5:如图 3.7.391 所示,过切点作半径 OM、ON,并作高 DE、CP,设半圆 O 的半径为 R,先证 $\triangle AOM\cong\triangle ADE$,得 $AO=AD=3$,再证 $\triangle BON\cong\triangle BCP$,得 $BO=BC=2$,则 $AB=5$。

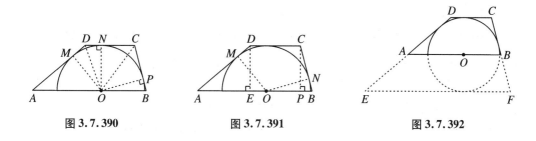

图 3.7.390   图 3.7.391   图 3.7.392

解法 6:如图 3.7.392 所示,将半圆补为 $\odot O$,使 $\odot O$ 内切于梯形 $CDEF$,则 $AB=\frac{1}{2}(CD+EF)=\frac{1}{2}(DE+CF)=AD+BC=5$。

215. 如图 3.7.393 所示,已知 $\triangle ABC$ 内接于圆,$AE\perp BC$ 交圆于点 M,$BF\perp AC$ 交圆于点 N,求证:$\overset{\frown}{CN}=\overset{\frown}{CM}$。

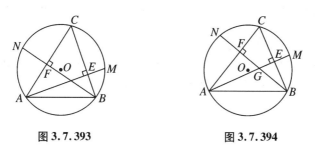

图 3.7.393   图 3.7.394

证法 1:如图 3.7.393 所示,$\because AM\perp BC$,$\therefore \angle AEB=90°$,$\therefore \overset{\frown}{CM}+\overset{\frown}{AB}=180°$,同理 $\overset{\frown}{CN}+\overset{\frown}{AB}=180°$,故 $\overset{\frown}{CM}=\overset{\frown}{CN}$。

证法 2:如图 3.7.394 所示,设 AM、BN 相交于点 G,先证 $\triangle AGF\backsim\triangle BGE$,则 $\angle FAG=\angle EBG$,故 $\overset{\frown}{CM}=\overset{\frown}{CN}$。

证法 3:如图 3.7.394 所示,$\because AF\perp BG$,$AE\perp BE$,$\therefore \angle FAE=\angle GBE$,故 $\overset{\frown}{CM}=\overset{\frown}{CN}$。

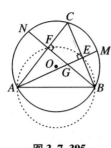

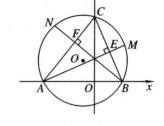

图 3.7.395   图 3.7.396

证法 4:如图 3.7.393 所示,先证 △ACE∽△BCF,则 ∠CAE = ∠CBF,故 $\overset{\frown}{CM} = \overset{\frown}{CN}$。

证法 5:如图 3.7.395 所示,∵ ∠AEB = ∠BFA = 90°∴ A、B、E、F 四点共圆,∴ ∠FAE = ∠FBE,故 $\overset{\frown}{CM} = \overset{\frown}{CN}$。

证法 6:如图 3.7.394 所示,∵ ∠CFB = ∠CEA = 90°,∠CFB = ∠FGA + ∠FAG,∠CEA = ∠EGB + ∠EBG,又∵ ∠FGA = ∠EGB,∴ ∠FAG = ∠EBG,故 $\overset{\frown}{CM} = \overset{\frown}{CN}$。

证法 7:如图 3.7.396 所示,建平面直角坐标系,设 $A(-a,o)$,$B(b,0)$,$C(0,c)$,先求出 k_{AC}、k_{BC}、k_{BF}、k_{AE},再利用夹角公式求出 $\tan\angle CAM$、$\tan\angle CBN$。

216. 如图 3.7.397 所示,已知 △ABC 是 ⊙O 的内接三角形,⊙O 的直径 BD 交 AC 于点 E,AF⊥BD 于点 F,延长 AF 交 BC 于点 G,求证:$AB^2 = BG \cdot BC$。

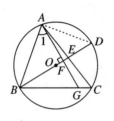
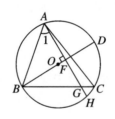
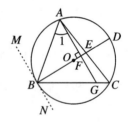

图 3.7.397   图 3.7.398   图 3.7.399

证法 1:如图 3.7.397 所示,连接 AD,先证 ∠1 = ∠ACB,再证 △ABG∽△CBA。

证法 2:如图 3.7.398 所示,延长 AG 交 ⊙O 于点 H,先证 ∠1 = ∠C,再证 △ABG∽△CBA。

证法 3:如图 3.7.399 所示,过点 B 作 ⊙O 的切线 MN,先证 MN∥AF,再证 ∠1 = ∠C,后证 △ABG∽△CBA。

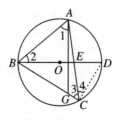
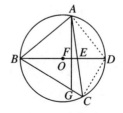

图 3.7.400   图 3.7.401

证法 4:如图 3.7.400 所示,连接 DC,先证 ∠1 = ∠3,再证 △ABG∽△CBA。

证法 5:如图 3.7.401 所示,连接 AD、DC,先证 $AB^2 = BF \cdot BD$,再证 F、G、C、D 四点共圆,

则 $BF \cdot BD = BG \cdot BC$,从而结论成立。

217. 如图 3.7.402 所示,已知 AD 是 $\triangle ABC$ 的高,点 E 在 BC 上,且 $\angle EAC = \angle BAD$,延长 AE 交 $\triangle ABC$ 的外接圆于点 F,求证:AF 是 $\triangle ABC$ 外接圆的直径。

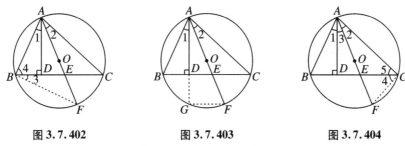

图 3.7.402　　　　　　　　　图 3.7.403　　　　　　　　　图 3.7.404

证法 1:如图 3.7.402 所示,连接 BF,先证 $\angle 1 = \angle 3$,再证 $\angle 3 + \angle 4 = 90°$。

证法 2:如图 3.7.403 所示,延长 AD 交圆于点 G,连接 GF,先证 $\overset{\frown}{BG} = \overset{\frown}{FC}$,再证 $AG \perp GF$。

证法 3:如图 3.7.404 所示,连接 FC,先证 $\angle 2 + \angle 3 + \angle 5 = 90°$,再证 $\angle 4 + \angle 5 = 90°$。

证法 4:如图 3.7.403 所示,先证 $\angle G = \angle B + \angle 2$,再证 $\angle B + \angle 1 = 90°$。

证法 5:如图 3.7.405 所示,延长 AD 交圆于点 G,连接 GF,先证 $\angle F = \angle CAF + \angle ACB$,再证 $\triangle ADE \backsim \triangle AGF$。

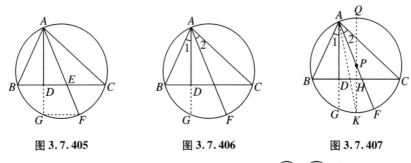

图 3.7.405　　　　　　　　　图 3.7.406　　　　　　　　　图 3.7.407

证法 6:如图 3.7.406 所示,延长 AD 交圆于点 G,先证 $\overset{\frown}{AC} + \overset{\frown}{BG} =$ 半圆弧,再证 $\overset{\frown}{AC} + \overset{\frown}{FC} =$ 半圆弧。

证法 7:如图 3.7.404 所示,先证 $\triangle ABD \backsim \triangle AFC$,再证 $\angle ACF$ 是直角。

证法 8:如图 3.7.407 所示,作 $\angle DAF$ 的平分线交圆于点 K,过点 K 作 $KH \perp BC$ 交 BC 于点 H,交 AF 于点 P,交圆于点 Q,延长 AD 交圆于点 G,根据 AK 是 $\angle GAF$ 的平分线,证明 $\overset{\frown}{BK} = \overset{\frown}{KC}$,再证明 KQ 是直径,$AD /\!/ KQ$,后证 P 点是圆心。

218. 如图 3.7.408 所示,在一直线上的三线段 $AB = BC = CD$,P 为以 BC 为直径的圆上任意一点,求证:$\tan \angle APB \cdot \tan \angle CPD = \dfrac{1}{4}$。

证法 1:如图 3.7.408 所示,过点 B 作 PC 的平行线交 AP 于点 E,过点 C 作 PB 的平行线交 PD 于点 F,先证 $\angle PBE = \angle BPC = \angle PCF = 90°$,$\tan \angle APB = \dfrac{PC}{2PB}$,$\tan \angle CPD = \dfrac{PB}{2PC}$,故结论成立。

证法 2:如图 3.7.409 所示,过点 A 作 $AE \perp PB$ 交 PB 延长线于点 E,过点 D 作 $DF \perp PC$

交 PC 延长线于点 F,先证 $\mathrm{Rt}\triangle AEB \cong \mathrm{Rt}\triangle CPB \cong \mathrm{Rt}\triangle CFD$,$\tan\angle APB = \dfrac{PF}{2PE}$,$\tan\angle CPD = \dfrac{PE}{2PF}$,故结论成立。

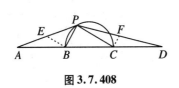

图 3.7.408

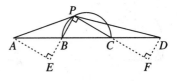

图 3.7.409

证法3:如图3.7.410所示,过点 P 作 $PE \perp BC$ 于点 E,设 $\angle APB = \alpha$,$\angle CPD = \beta$,$PE = h$,$\angle BPE = \theta$,$\angle CPE = \gamma$,$BC = 1$,$CE = a$,则 $BE = 1 - a$,$AE = 2 - a$,求 $\tan(\alpha + \theta) = \dfrac{2 - a}{h}$,$\tan(\beta + \gamma) = \dfrac{1 + a}{h}$,$\tan\alpha$,$\tan\beta$,$\because PE^2 = BE \cdot EC = a(1 - a) = h^2$,$\therefore \tan\alpha \cdot \tan\beta = \dfrac{1}{4}$。

证法4:如图3.7.411所示,设 $AB = BC = CD = a$,$\angle APB = \alpha$,$\angle DPC = \beta$,由正弦定理得出 $\tan\alpha = \dfrac{PC}{2PB}$,$\tan\beta = \dfrac{PB}{2PC}$,故结论成立。

证法5:如图3.7.411所示,$\because AB = BC = CD$,$\therefore S_{\triangle ABP} = S_{\triangle CPD} = S_{\triangle BCP} = S$,设 $\angle APB = \alpha$,$\angle DPC = \beta$,

$$\frac{1}{2}AP \cdot BP \cdot \sin\alpha = \frac{1}{2}PD \cdot PC \cdot \sin\beta = \frac{1}{2}PB \cdot PC,\text{而}\frac{1}{2}AP \cdot PD \cdot \sin(90° + \alpha + \beta) = 3S,$$

则 $4\sin\alpha \cdot \sin\beta = \cos\alpha \cdot \cos\beta$,故 $\tan\alpha \cdot \tan\beta = \dfrac{1}{4}$。

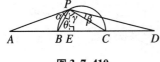

图 3.7.410

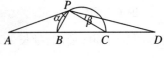

图 3.7.411

219. 如图3.7.412所示,已知 AC、CD、DB 分别切 $\odot O$ 于点 A、E、B,且 $AC \parallel BD$,求证:$AC \cdot BD$ 是定值。

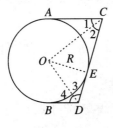

图 3.7.412

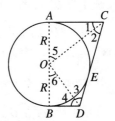

图 3.7.413

证法1:如图3.7.412所示,连接 OC、OE、OD,先证 $\angle 2 + \angle 3 = 90°$,再证 $\angle COD = 90°$,故 $OE^2 = CE \cdot DE$,后证 $AC = CE$,$BD = DE$。

证法 2:如图 3.7.413 所示,连接 OA、OB、OC、OD,则先证 $\angle 1 + \angle 4 = 90°$,再证 Rt$\triangle AOC$ $\backsim$ Rt$\triangle BDO$,$AC \cdot BD = OA \cdot OB = R^2$。

证法 3:如图 3.7.413 所示,连接 OA、OB、OC、OD,先证 $\angle 1 + \angle 4 = 90°$,则 $AC = OA \cdot$ $\cot \angle 1$,$BD = OB \cdot \cot \angle 4$,故 $AC \cdot BD = OA \cdot OB \cot \angle 1 \cdot \cot \angle 4 = R^2$。

证法 4:如图 3.7.413 所示,连接 OA、OB、OC、OD,先证 $\angle COD = 90°$,再证 $CD = AC + BD$,$CD^2 = OA^2 + AC^2 + OB^2 + BD^2$,则 $OA^2 + AC^2 + OB^2 + BD^2 = AC^2 + 2AC \cdot BD + BD^2$,

故 $2AC \cdot BD = 2OA^2$,即 $AC \cdot BD = R^2$。

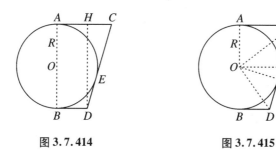

图 3.7.414   图 3.7.415

证法 5:如图 3.7.414 所示,过点 D 作 $DH \perp AC$ 于点 H,先证四边形 $ABDH$ 为矩形,在 Rt$\triangle DHC$ 中,$CD^2 = CH^2 + HD^2$,$\because CD = CE + DE = AC + BD$,$HC = AC - BD$,$\therefore$ 将 $AB = 2R$ 代入即可得 $AC \cdot BD = R^2$。

证法 6:如图 3.7.415 所示,连接 OA、OC、OE、OD,过点 O 作 $OF /\!/ AC$ 交 CD 于点 F,则 F 为 CD 中点,可得 $OF = \frac{1}{2}(AC + BD)$,$\because CF = FD = \frac{1}{2}CD = \frac{1}{2}(AC + BD)$,$\therefore OF = CF = FD$,

$\therefore \triangle COD$ 为 Rt$\triangle$,$\therefore OE \perp CD$,$\therefore CE \cdot ED = OE^2 = R^2$,故 $AC \cdot BD = R^2$。

220. 如图 3.7.416 所示,已知 BD、CE 是 $\triangle ABC$ 的两条高,D、E 分别为垂足,O 为 $\triangle ABC$ 的外心,探求 OA 与 DE 的位置关系。

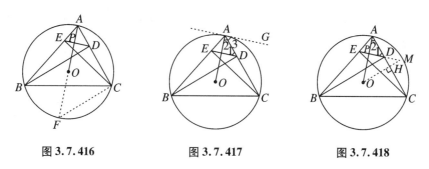

图 3.7.416   图 3.7.417   图 3.7.418

证法 1:如图 3.7.416 所示,猜想 $OA \perp DE$,设 OA、DE 交于点 P,延长 AO 交 $\odot O$ 于点 F,连接 CF,先证 B、C、D、E 四点共圆,再证 $\angle APD = 90°$,故 $OA \perp DE$。

证法 2:如图 3.7.416 所示,设 OA、DE 交于点 P,延长 AO 交 $\odot O$ 于点 F,连接 CF,先证 F、C、D、P 四点共圆,则有 $\angle APD = \angle ACF = 90°$,故 $OA \perp DE$。

证法 3:如图 3.7.417 所示,过点 A 作 $\odot O$ 的切线 AG,先证 $\angle 1 = \angle ABC$,$\angle 3 = \angle ABC$,

则 $\angle 3 = \angle 1$，故 $AG /\!/ DE$，$\because OA \perp AG$，$\therefore OA \perp DE$。

证法 4：如图 3.7.417 所示，过点 A 作 $\odot O$ 的切线 AG，$\because OA \perp AG$，$\therefore \angle 2 + \angle 3 = 90°$，

$\because \angle 3 = \angle ABC = \angle 1$，$\therefore \angle 1 + \angle 2 = 90°$，故 $OA \perp DE$。

证法 5：如图 3.7.418 所示，过点 O 作 $OH \perp AC$ 于点 H，交 DE 于点 M，则 $\angle 2 + \angle AOM = 90°$，先证 $\angle AOM = \angle ABC$，则 $\angle 1 + \angle 2 = 90°$，故 $OA \perp DE$。

证法 6：如图 3.7.418 所示，设 OA、DE 交于点 P，过点 O 作 $OH \perp AC$ 于点 H，交 DE 于点 M，则 $OH /\!/ BD$，故 $\angle PMO = \angle EDB$，再证 $\triangle PMO \backsim \triangle ECB$，$\because \angle BEC = 90°$，$\therefore \angle OPM = 90°$，$\therefore OA \perp DE$。

221. 如图 3.7.419 所示，已知 AB 是 $\odot O$ 的直径，C 是圆上一点，CM 是 $\odot O$ 的切线，CM 交 AB 的延长线于点 M，过点 C 作 CD 交 AB 于点 D，使 $\angle BCD = \angle BCM$，探求 CD、AB 的位置关系。

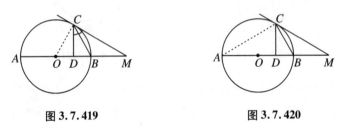

图 3.7.419   图 3.7.420

证法 1：如图 3.7.419 所示，猜想 $CD \perp AB$，连接 CO，证 $\angle OBC + \angle BCD = 90°$。

证法 2：如图 3.7.419 所示，连接 CO，先证 $\angle COB = \angle DCM$，再证 $\angle COB + \angle OCD = 90°$。

证法 3：如图 3.7.420 所示，连接 AC，先证 $\angle BAC + \angle ABC = 90°$，再证 $\angle DCB + \angle ABC = 90°$，故 $\angle CDB = 90°$，即 $CD \perp AB$。

证法 4：如图 3.7.421 所示，延长 CD 交圆于点 C'，$\because \angle BCD = \angle BCM$，则 $\overparen{BC} = \overparen{BC'}$，$\therefore AB \perp CD$。

证法 5：如图 3.7.422 所示，过点 B 作圆 O 的切线交 CM 于点 P，则 $AB \perp BP$，$\because \angle BCD = \angle BCM$，而 $\angle BCP = \angle PBC$，则 $\angle BCD = \angle PBC$，$\therefore CD /\!/ BP$，故 $CD \perp AB$。

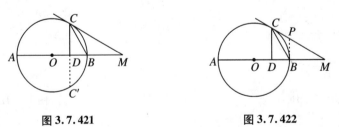

图 3.7.421   图 3.7.422

222. 如图 3.7.423 所示，已知 BA 是 $\odot O$ 的直径，AD 是 $\odot O$ 的切线，BF、BD 是 $\odot O$ 的割线，分别交 $\odot O$ 于点 E、C，连接 CE，求证：$BE \cdot BF = BC \cdot BD$。

证法 1：如图 3.7.423 所示，连接 AC，先证 $\angle BEC = \angle D$，再证 $\triangle BCE \backsim \triangle BFD$。

证法 2：如图 3.7.424 所示，连接 AE，先证 $\angle BCE = \angle BFD$，再证 $\triangle BCE \backsim \triangle BFD$。

证法3：如图3.7.425所示，过点 B 作⊙O 的切线 BG，则 BG∥AD，先证∠BEC = ∠BDF，再证△BCE∽△BFD。

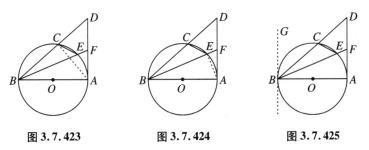

图3.7.423　　　　　图3.7.424　　　　　图3.7.425

证法4：如图3.7.424所示，连接 AE，先证∠BAE = ∠AFB，再证 C、E、F、D 四点共圆。

证法5：如图3.7.426所示，连接 AC、AE，在 Rt△ABD 中，AB^2 = BC·BD，在 Rt△ABF 中，AB^2 = BE·BF，故 BE·BF = BC·BD。

证法6：如图3.7.426所示，连接 AC、AE，AB^2 = BF^2 – AF^2 = BD^2 – AD^2，AF^2 = BF·EF，AD^2 = BD·CD，代换得证。

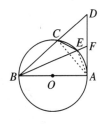

图3.7.426

223. 如图3.7.427所示，已知 AB、AC 为⊙O 的任意二弦，M 为 $\overset{\frown}{AB}$ 的中点，弦 MN 分别交 AB、AC 于点 H、K，且∠MHB = ∠NKC，探求 AN 与 NC 的大小关系。

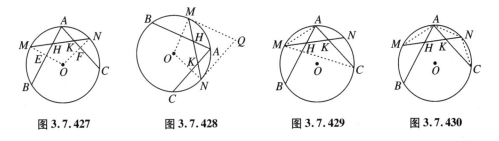

图3.7.427　　　　图3.7.428　　　　图3.7.429　　　　图3.7.430

证法1：如图3.7.427所示，猜想 AN = NC，∵∠MHB = ∠NKC，∴$\overset{\frown}{AN}$ + $\overset{\frown}{BM}$ = $\overset{\frown}{NC}$ + $\overset{\frown}{AM}$，而∵$\overset{\frown}{BM}$ = $\overset{\frown}{AM}$，∴$\overset{\frown}{AN}$ = $\overset{\frown}{NC}$，故 AN = NC。

证法2：如图3.7.427所示，连接 OM、ON 分别交 AB、AC 于点 E、F，先证∠M = ∠MNO，再证△MEH∽△NFK，则有∠NFK = ∠MEH = 90°，即 OF⊥AC，可得 $\overset{\frown}{AN}$ = $\overset{\frown}{NC}$，故 AN = NC。

证法3：如图3.7.428所示，作⊙O 的切线 MQ、NQ 相交于点 Q，先证 OM⊥AB，再证∠QNK = ∠QMH，后证∠NKC = ∠QNK，ON⊥AC。

证法4：如图3.7.429所示，连接 AM、MC，证明∠AMN = ∠NMC。

证法5：如图3.7.430所示，连接 AM、AN、NC，先证△AHM∽△ANC，再根据等圆周角对等弧、等弧对等弦证明。

224. 如图3.7.431所示，已知 G 是以 BC 为直径的半圆的半圆弧上一点，A 是 $\overset{\frown}{BG}$ 的中点，AD⊥BC 交 BC 于点 D，BG 分别交 AD、AC 于点 E、F，探求：AE、BE、EF 三者关系。

证法1：如图3.7.431所示，猜想 AE = BE = EF，延长 AD 交圆的另一半圆弧于点 K，连接

AB,先证 $KB=AG$,再证 $\angle KAC=\angle AFE$。

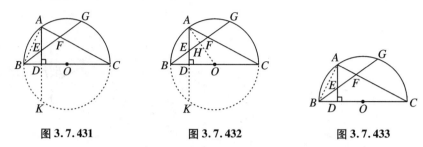

图 3.7.431   图 3.7.432   图 3.7.433

证法 2:如图 3.7.432 所示,延长 AD 交圆于点 K,连接 AO 交 BG 于点 H,先证 $OA \perp BG$,$BH=HG$,再证 $OH=OD$,后证 $\triangle BDE \cong \triangle AHE$。

证法 3:如图 3.7.433 所示,连接 AB,在 $\text{Rt}\triangle ABD$、$\text{Rt}\triangle CBA$ 中证 $BE=AE$,在 $\triangle ABF$ 中证 $AE=EF$。

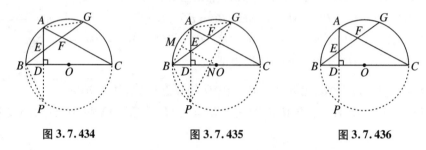

图 3.7.434   图 3.7.435   图 3.7.436

证法 4:如图 3.7.434 所示,延长 AD 交圆于点 P,连接 BP、AG,先证 $BP=AG$,再证 $\triangle BEP \cong \triangle AEG$,后证 $\angle AFE=\angle EAF$。

证法 5:如图 3.7.435 所示,延长 AD 交圆于点 P,连接 BP、AG、AB、PG,过点 E、O 作直线分别交 AB、PG 于点 M、N,先证四边形 $ABPG$ 是等腰梯形,再证 $BE=EF$,后证 AE 是 $\text{Rt}\triangle ABF$ 斜边的中线而得证。

证法 6:如图 3.7.436 所示,延长 AD 交圆于点 P,则 $\overparen{BP}=\overparen{AB}=\overparen{AG}$,可得 $AP=BG$,设 AP 长为 a,$BE=x$,$AE=y$,则 $x(a-x)=y(a-y)$,$(x-y)(x+y-a)=0$,可得 $x=y$ 或 $x+y=a$,而 $x<\dfrac{a}{2}$,$y<\dfrac{a}{2}$,故舍去 $x+y=a$,因而 $BE=AE$。

225. 如图 3.7.437 所示,已知 $\odot O_1$ 与 $\odot O_2$ 外切于点 P,一条外公切线分别切 $\odot O_1$、$\odot O_2$ 于点 A、B,连接 AP、BP,求证:$\angle APB=90°$。

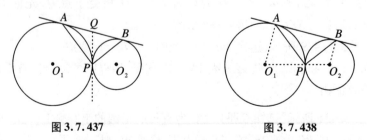

图 3.7.437   图 3.7.438

证法 1:如图 3.7.437 所示,过点 P 作两圆的内公切线交 AB 于点 Q,用切线长定理证明。

证法 2：如图 3.7.438 所示，连接 O_1O_2，则 O_1O_2 过 P 点，连接 O_1A、O_2B，先证 $O_1A \parallel O_2B$，再证 $\angle BAP + \angle ABP = 90°$，则 $\angle APB = 180° - 90° = 90°$。

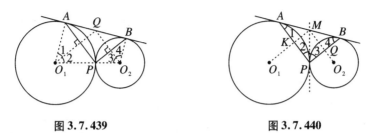

图 3.7.439   图 3.7.440

证法 3：如图 3.7.439 所示，连接 O_1O_2、O_1A、O_2B，作 $O_1Q \perp AP$，$O_2Q \perp BP$，O_1Q 与 O_2Q 相交于点 Q，先证 $\angle 1 = \angle 2$，$\angle 3 = \angle 4$，再证 $O_1A \parallel O_2B$，后证 $\angle Q = 90° = \angle APB$。

证法 4：如图 3.7.438 所示，先证 $O_1A \parallel O_2B$，再证 $\angle O_1AP = \angle O_1PA$，$\angle O_2BP = \angle O_2PB$，后证 $\angle O_1PA + \angle O_2PB = 90° = \angle APB$。

证法 5：如图 3.7.440 所示，过点 P 作两圆内公切线交 AB 于点 M，连接 MO_1、MO_2 分别交 AP、BP 于点 K、Q，先证 $\angle 2 + \angle 3 = 90°$，再证四边形 $MKPQ$ 是矩形，则 $\angle APB = 90°$。

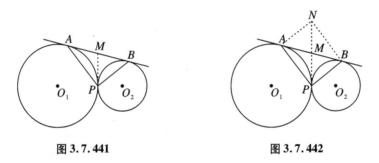

图 3.7.441   图 3.7.442

证法 6：如图 3.7.441 所示，作两圆内公切线交 AB 于点 M，用余弦定理求出 PA^2、PB^2，再证明 $PA^2 + PB^2 = AB^2$，后用勾股定理逆定理证明。

证法 7：如图 3.7.442 所示，作两圆内公切线 PM 交 AB 于点 M，延长 PM 至点 N，使 $MN = PM$，连接 AN、BN，则 $AM = MB = MP = MN$，再证四边形 $NAPB$ 是矩形，故 $\angle APB = 90°$。

226. 如图 3.7.443 所示，PA 是圆的切线，A 是切点，PCB 是圆的割线交圆于点 C、B，连接 AB、AC，求证：$AB^2 : AC^2 = PB : PC$。

证法 1：（利用相似三角形及圆幂定理证明）如图 3.7.443 所示，先证 $\triangle ABP \backsim \triangle CAP$，得 $AB^2 : AC^2 = PB^2 : PA^2$，再由圆幂定理知 $PA^2 = PC \cdot PB$，故 $AB^2 : AC^2 = PB : PC$。

证法 2：（利用相似三角形面积之比证明）如图 3.7.444 所示，过点 A 作 $AD \perp BP$ 于点 D，先证 $\triangle ABP \backsim \triangle CAP$，得 $S_{\triangle ABP} : S_{\triangle CPA} = AB^2 : AC^2$，又 $S_{\triangle ABP} : S_{\triangle CPA} = \frac{1}{2}AD \cdot BP : \frac{1}{2}AD \cdot PC = PB : PC$，故 $AB^2 : AC^2 = PB : PC$。

证法 3：（利用圆幂定理及相似三角形证明）如图 3.7.443 所示，$\because PA^2 = PB \cdot PC$，$\therefore$ 同除以 PC^2，得 $PA^2 : PC^2 = PB : PC$，再证 $\triangle ABP \backsim \triangle CAP$，$PA : PC = AB : AC$，则 $PA^2 : PC^2 = AB^2 : AC^2$，故 $AB^2 : AC^2 = PB : PC$。

证法 4:(解析法)如图 3.7.445 所示,以圆心为原点、平行于 BC 的直线为 x 轴建立平面直角坐标系,设 $A(a, \sqrt{R^2 - a^2})$,$B(-b, -\sqrt{R^2 - b^2})$,$C(b, -\sqrt{R^2 - b^2})$,切线 PA 方程为 $ax + \sqrt{R^2 - a^2}y = R^2$①,$PB$ 方程为 $y = -\sqrt{R^2 - b^2}$②,由①、②得 P 点坐标,再求 PB、PC、AB^2、AC^2,从而得 $AB^2 : AC^2 = PB : PC$。

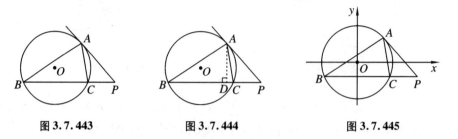

图 3.7.443   图 3.7.444   图 3.7.445

227. 如图 3.7.446 所示,已知 $\triangle ABC$ 内接于 $\odot O$,AD 为 BC 边上的高,延长 AD 交 $\odot O$ 于点 E,$\angle A = 45°$,$BD = 4$,$DC = 6$,求 AD 与 AE 的长。

解法 1:(利用三角函数及相交弦定理)如图 3.7.446 所示,设 $AD = x$,$\angle BAD = \alpha$,$\angle CAD = \beta$,

$\because \tan(\alpha + \beta) = \tan 45° = 1$,又 $\tan\alpha = \dfrac{4}{x}$,$\tan\beta = \dfrac{6}{x}$,$\therefore \tan(\alpha + \beta) = \dfrac{10x}{x^2 - 24}$,

$\therefore \dfrac{10x}{x^2 - 24} = 1$,$\therefore x^2 - 10x - 24 = 0$,$x = 12$(舍负值),

$\because$ 根据相交弦定理得 $DE \cdot x = BD \cdot DC$,$\therefore DE = 2$,$\therefore AE = x + DE = 14$。

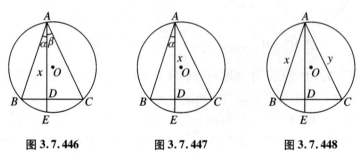

图 3.7.446   图 3.7.447   图 3.7.448

解法 2:如图 3.7.447 所示,设 $AD = x$,$\angle BAD = \alpha$,则 $\angle CAD = 45° - \alpha$,

$\because \tan(45° - \alpha) = \left(1 - \dfrac{4}{x}\right) : \left(1 + \dfrac{4}{x}\right) = \left(\dfrac{x - 4}{x + 4}\right)$,

又 $\because \tan(45° - \alpha) = \tan\angle CAD = \dfrac{6}{x}$,$\therefore x^2 - 10x - 24 = 0$,以下同解法 1。

解法 3:(利用勾股定理与余弦定理)如图 3.7.448 所示,$\angle ADB = \angle ADC = 90°$,设 $AB = x$,$AC = y$,据勾股定理有 $x^2 - 4^2 = y^2 - 6^2$①,据余弦定理有 $x^2 + y^2 - 2xy\cos 45° = 10^2$②,解①、②得 $x = 4\sqrt{10}$,$y = 6\sqrt{5}$,

则 $AD = \sqrt{x^2 - BD^2} = \sqrt{\left(4\sqrt{10}\right)^2 - 4^2} = 12$,以下同解法 2。

解法 4:(利用正弦定理)如图 3.7.449 所示,设 $\odot O$ 半径为 R,$\because \triangle ABC$ 内接于 $\odot O$,

$\therefore \dfrac{10}{\sin 45^{\circ}} = 2R , \therefore R = 5\sqrt{2}$,过点 O 作 $OF \perp AE$ 交 AE 于点 F ,交 $\odot O$ 于点 M、N ,

则 $OF = \dfrac{1}{2}(BC - BD) = 1$,故 $FM = 5\sqrt{2} - 1 , FN = 5\sqrt{2} + 1$,又 $\because FM \cdot FN - AF \cdot FE =$

AF^2 ,即 $(5\sqrt{2} - 1)(5\sqrt{2} + 1) = AF^2 , \therefore AF = \pm 7$ (舍负) ,

$\therefore AE = 14$,又 $DE \cdot AD = 4 \times 6 , DE(14 - DE) = 24$,

$\therefore DE = 12 , DE = 2 , DE = 12$ 舍去 ,

$\therefore AD = 14 - 2 = 12$。

解法 5:(利用勾股定理)如图 3.7.450 所示,用证法 4 求出 $R = 5\sqrt{2}$ 后,过点 O 作 $OF \perp$

AE 于点 F ,连接 OA ,则 $AF = \sqrt{(5\sqrt{2} - 1)^2 - 1} = 7$,以下同解法 4。

解法 6:(利用相交弦定理证明)如图 3.7.451 所示,用证法 5 求出 $AF = 7$ 后,也可过点 O

作 $OH \perp BC$ (易证 $BH = HC$)交 $\odot O$ 于点 M、N ,则有 $MH \cdot HN = BH \cdot HC$,即 $(5\sqrt{2} + OH)(5\sqrt{2}$

$- OH) = 5 \times 5$,解之得 $OH = \pm 5$ (舍负) ,故 $AD = AF + FD = AF + OH = 7 + 5 = 12 , AE = 14$。

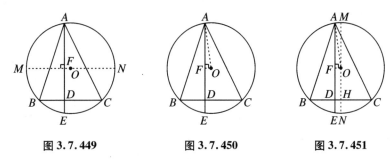

图 3.7.449　　　　　图 3.7.450　　　　　图 3.7.451

解法 7:(利用三角公式)如图 3.7.452 所示,设 $AD = x$,则 $\tan A = \tan 45^{\circ} = 1 , \tan B = \dfrac{x}{4}$,

$\tan C = \dfrac{x}{6}$,

$\because$ 在 $\triangle ABC$ 中,必有 $\tan A \cdot \tan B \cdot \tan C = \tan A + \tan B + \tan C$,

$\therefore 1 \cdot \dfrac{x}{4} \cdot \dfrac{x}{6} = 1 + \dfrac{x}{4} + \dfrac{x}{6} , \therefore x^2 - 10x - 24 = 0$,以下同解法 1。

解法 8:(利用正弦定理)如图 3.7.453 所示,设 $AD = x , BC = a , AC = b$,

则 $\dfrac{a}{\sin A} = \dfrac{b}{\sin B}$,即 $\dfrac{10}{\sin 45^{\circ}} = \dfrac{b}{\sin B}$ ① ,而 $b = \sqrt{x^2 + 6^2} , \sin B = \dfrac{AD}{AB} = \dfrac{x}{\sqrt{x^2 + 4^2}}$,代入①得 $x^4 -$

$148x^2 + 576 = 0$,解之得 $x = \pm 2 , x = \pm 12 , \because \angle ABD > 45^{\circ} > \angle BAD$,

$\therefore AD > BD , \therefore x > 4$,故 $x = 12$,以下同解法 1。

解法 9:(利用面积)如图 3.7.452 所示,设 $AD = x$,则 $AB = \sqrt{x^2 + 4^2} , AC = \sqrt{x^2 + 6^2}$,

而 $\because S_{\triangle ABC} = \dfrac{1}{2}AB \cdot AC \cdot \sin 45^{\circ} = \dfrac{1}{2}BC \cdot AD , \therefore \dfrac{\sqrt{2}}{4}\sqrt{x^2 + 4^2} \cdot \sqrt{x^2 + 6^2} = 5x$,

$\therefore x^4 - 148x^2 + 576 = 0$,以下同解法 8。

解法 10：(利用相似三角形性质)如图 3.7.454 所示，设 $AD = x$，过点 C 作 $CF \perp AB$ 交 AB 于点 F，先证 $\text{Rt} \triangle ADB \backsim \text{Rt} \triangle CFB$，则 $CF = \dfrac{AD \cdot CB}{AB} = \dfrac{10x}{\sqrt{x^2 + 4^2}}$，在 $\triangle AFC$ 中，$CF = AC \cdot \sin A$

$= \dfrac{\sqrt{2}}{2} \sqrt{x^2 + 6^2}$，整理可得方程 $x^4 - 148x^2 + 576 = 0$，以下同解法 8。

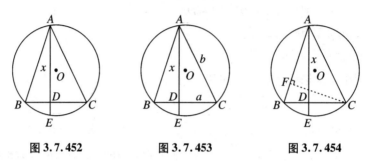

图 3.7.452　　　　图 3.7.453　　　　图 3.7.454

解法 11：如图 3.7.455 所示，过点 C 作 $CF \perp AB$ 于点 F，交 AE 于点 H，连接 CE，先证 $\text{Rt} \triangle AFH \backsim \text{Rt} \triangle CFB$，再证 $\text{Rt} \triangle HDC \cong \text{Rt} \triangle EDC$，则 $HD = ED = x$，$\because AD \cdot DE = BD \cdot DC$，

$\therefore (10 + x) \cdot x = 4 \times 6$，$\therefore x = 2$。

解法 12：(利用圆内接四边形性质)如图 3.7.456 所示，连接 BE、CE，设 $AD = x$，$\odot O$ 的直径为 d，

则 $AC^2 + BE^2 = d^2$，又 $\because x \cdot DE = 4 \times 6$，$\therefore AC^2 = x^2 + 6^2$，$BE^2 = \left(\dfrac{24}{x}\right)^2 + 4^2$，$d = \dfrac{BC}{\sin A} = 10\sqrt{2}$，

$\therefore$ 代入得 $x^4 - 148x^2 + 576 = 0$，以下同解法 8。

解法 13：(利用直角三角形及弦心距的性质)如图 3.7.457 所示，过点 O 作 $OH \perp BC$ 于点 H，连接 BO、CO，设 $DE = x$，先证 $OH = HC = 5$，再作 $OP \perp AE$ 于点 P，求证 $AP = PE$，$PD = OH = 5$，则 $PE = 5 + x$，$AD = AP + PD = (5 + x) + 5 = 10 + x$，又 $x(10 + x) = 24$，以下同解法 11。

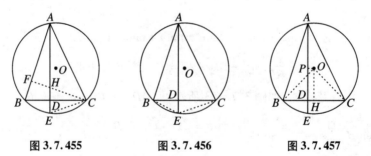

图 3.7.455　　　　图 3.7.456　　　　图 3.7.457

解法 14：(利用正弦定理及相交弦定理)如图 3.7.458 所示，取 BC 中点 H，作 $HP \perp BC$ 交圆于点 P、Q，连接 BP、PC，有 $\angle BPC = \angle BAC = 45°$，$PQ$ 必过圆心 O，设 $\odot O$ 半径为 R，HQ 为 x，则 $PH = 2R - x$，$\because \angle HPC = 22.5°$，$HC = 5$，$\therefore \dfrac{HC}{\sin 22.5°} = \dfrac{PC}{\sin 90°}$，$PC = 5\sqrt{4 + 2\sqrt{2}}$，

$\therefore PH = \sqrt{PC^2 - 5^2} = 5(\sqrt{2} + 1)$，又 $\because 5(\sqrt{2} + 1) \cdot x = 25$，

$\therefore x = 5(\sqrt{2} - 1)$，$\therefore R = \dfrac{(2R - x) + x}{2} = 5\sqrt{2}$，

过点 O 作 $OM \perp AE$ 于点 M,则 $OM = 1$,连接 AO,

则 $AM = \sqrt{R^2 - 1} = 7$,$AE = 14$,而 $OH = MD = R - x = 5$,故 $AD = 7 + 5 = 12$。

解法15:(利用直角三角形)如图3.7.459所示,作直径 BOP,连接 PC,则 $\angle P = \angle BAC = 45°$,$\angle BCP = 90°$,可得 $PC = BC = 10$,故 $2R = \sqrt{10^2 + 10^2} = 10\sqrt{2}$,以下同解法14。

解法16:(解析法)如图3.7.460所示,建平面直角坐标系,连接 BE、CE,设 $A(0,m)$,$B(-4,0)$,$C(6,0)$,$D(0,0)$,$\because \tan A = \dfrac{k_{AC} - k_{AB}}{1 + k_{AC} \cdot k_{AB}}$,即 $1 = \left(-\dfrac{m}{6} - \dfrac{m}{4}\right) : \left[1 + \left(-\dfrac{m}{6}\right) \cdot \dfrac{m}{4}\right]$,

$\therefore m^2 - 10m - 24 = 0$,$\therefore m_1 = 12$,$m_2 = -2$(舍去),

$\therefore AD = 12$,同理设 $E(0,n)$,则 $\tan \angle BEC = \tan 135° = -\tan 45° = -1$,

$\because -1 = \dfrac{k_{BE} - k_{EC}}{1 + k_{BE} \cdot k_{CE}}$,即 $-1 = \left(\dfrac{n}{4} + \dfrac{n}{6}\right) : \left(1 - \dfrac{n}{4} \cdot \dfrac{n}{6}\right)$,$\therefore n^2 - 10n - 24 = 0$,

$\therefore n_1 = -2$,$n_2 = 12$(不合题意,舍去),

$\therefore DE = 2$,故 $AE = AD + DE = 14$(求出 AD 后,若用相交弦定理,可省去许多步骤)。

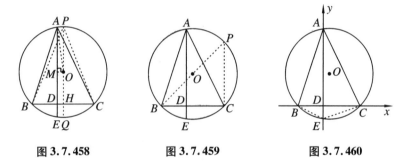

图3.7.458　　　　　图3.7.459　　　　　图3.7.460

228. 如图3.7.461所示,已知 AB 与 $\odot O$ 相切于点 B,$AC \perp AB$ 交 $\odot O$ 于点 C,且 $AB = b$,$AC = a$,求证:$\odot O$ 的半径等于 $\dfrac{a^2 + b^2}{2a}$。

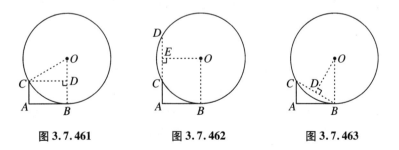

图3.7.461　　　　　图3.7.462　　　　　图3.7.463

证法1:如图3.7.461所示,连接 OB、OC,过点 C 作 $CD \perp OB$ 于点 D,解 $Rt\triangle OCD$。

证法2:如图3.7.462所示,延长 AC 交 $\odot O$ 于点 D,过点 O 作 $OE \perp CD$ 于点 E,连接 OB,用圆幂定理证明。

证法3:如图3.7.463所示,连接 OB、CB,过点 O 作 $OD \perp CB$ 于点 D,用勾股定理及三角函数证明。

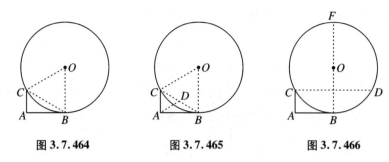

图 3.7.464　　　　　图 3.7.465　　　　　图 3.7.466

证法 4：如图 3.7.464 所示，连接 OB、OC、BC，$BC^2 = OB^2 + OC^2 - 2 \cdot OB \cdot OC \cdot \cos \angle O$，用勾股定理及余弦定理证明。

证法 5：如图 3.7.464 所示，用正弦定理证明。

证法 6：如图 3.7.463 所示，连接 BC、OB，过点 O 作 $OD \perp CB$ 于点 D，证 $\triangle ODB \backsim \triangle BAC$。

证法 7：如图 3.7.465 所示，连接 OC、OB、BC，取 BC 中点 D，连接 AD，证 $\triangle ADC \backsim \triangle BOC$。

证法 8：如图 3.7.466 所示，作直径 BOF，过点 C 作 $CD \perp BF$ 交圆于点 D，利用相交弦定理证明。

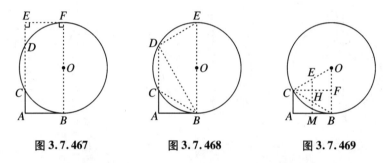

图 3.7.467　　　　　图 3.7.468　　　　　图 3.7.469

证法 9：如图 3.7.467 所示，延长 AC 交 $\odot O$ 于点 D，作直径 BOF，过点 F 作 $FE \perp BF$ 交 AD 于点 E，证四边形 $ABFE$ 为矩形，用圆幂定理证明。

证法 10：如图 3.7.468 所示，延长 AC 交 $\odot O$ 于点 D，作直径 BOE，连接 BC、BD、DE。

证法 11：如图 3.7.469 所示，连接 OC、OB、BC，分别取 AB、OC 中点 M、E，连接 ME，过点 C 作 $CF \perp OB$ 于点 F，ME 与 CF 交于点 H，由勾股定理和圆幂定理证明。

证法 12：如图 3.7.470 所示，延长 AC 交圆于点 D，过点 O 作 $OF \perp CD$ 交圆于点 F，作直径 FG，用圆幂定理和相交弦定理证明。

证法 13：如图 3.7.471 所示，过点 B 作直径 BD，连接 CD、CB，证 $\triangle ABC \backsim \triangle CDB$。

证法 14：如图 3.7.472 所示，过点 C 作直径 CD，连接 CB、BD，证 $\triangle ABC \backsim \triangle BDC$。

证法 15：如图 3.7.473 所示，延长 AC 交 $\odot O$ 于点 D，连接 AO 交 $\odot O$ 于点 E、F，利用圆幂定理及割线定理证明。

证法 16：如图 3.7.474 所示，过点 C 作圆的切线 CD 交 AB 于点 D，连接 OD、BC、OC、OB，BC 与 OD 交于点 E，先证 C、D、B、O 四点共圆，再证 $\triangle DBE \backsim \triangle CBA$。

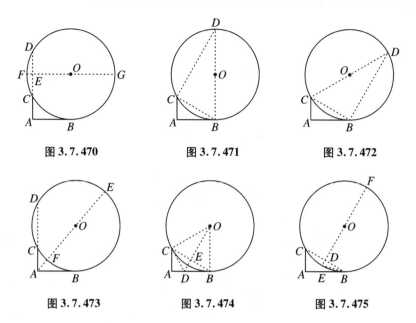

图 3.7.470　　　　　图 3.7.471　　　　　图 3.7.472

图 3.7.473　　　　　图 3.7.474　　　　　图 3.7.475

证法 17：如图 3.7.475 所示，连接 CB，作直径 $EF \perp CB$，连接 EB，用弦切角与圆周角定理和相交弦定理证明。

证法 18：如图 3.7.475 所示，辅助线作法同证法 17，先利用相交弦定理求出 DE，再用勾股定理证明。

证法 19：如图 3.7.476 所示，延长 AC 交 $\odot O$ 于点 D，过点 O 作 $OE \perp AD$ 于点 E，连接 OD，利用圆幂定理证明。

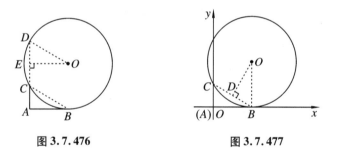

图 3.7.476　　　　　　图 3.7.477

证法 20：如图 3.7.477 所示，建平面直角坐标系，$A(0,0)$，$B(b,0)$，$C(0,a)$，BC 中点 D $\left(\dfrac{b}{2}, \dfrac{a}{2}\right)$，连接 OD、OB，则 $OD \perp BC$，先求 $k_{BC} = -\dfrac{a}{b}$，$k_{OD} = \dfrac{b}{a}$，

直线 OD 方程为 $2bx - 2ay = b^2 - a^2$ ①，

直线 OB 方程为 $x = b$ ②，

解 ①、② 得 $y = \dfrac{a^2 + b^2}{2a} = OB$。

后　记

　　本书自酝酿到成书，经过了多年。本书包括多证攻略、12篇平面几何多证论文和228道多证举例，其中涉及射线、线段、直线、三角形、四边形、相似形、圆的平面几何计算题或证明题，总计千余种证法。每题的解法或证法多、容量大、开发性强。多种证法所用知识都在平面几何知识范围内，力求全面配合中学教师教研或学生学习，帮助读者在理解平面几何知识的基础上，开阔视野，启迪思维，开发智力，领悟精髓。《平面几何多证宝典》既不同于那些常见的习题题解集和复习资料，也有别于试卷，更不同于那些卷帙浩繁的几何典籍，它是一部供广大中学师生学习和使用的工具书。同时，它对于师范院校数学系的学生、广大中学教师和数学爱好者，也具有参考价值。本书最突出的特色是证法多样且实用，对创新研究具有抛砖引玉之效。本书在内容编排上循序渐进，结构全面，把新颖放在首位，覆盖面广，无论陈题新探还是挖掘新题都有开拓之意，有的证法还另辟蹊径，属于笔者的原创证法，如第203题，是笔者一生的心血结晶。本书能帮助读者拓宽解题思路，掌握解题方法，增强解题能力，巩固、加深、扩散课堂知识，也可供教师评职或撰写论文选用参考。在本书的编写过程中，学生李现大力宣传支持，在此表示感谢，尤其感谢宋开荣的鼎力赞助本书方才付梓。此外邹文、董运平、黄杜婷、洪云飞、袁冲、姚红梅、李琼、朱昌胜、李巧莲、胡芝、马金兰、谢章平、刘成德、文良贵、皮运菊、娄继梅、文中夫、曾革凤、付艺颖、袁天柱、刘士杰、徐凤娟、陈克忠、姚建国、黄学炳、何庆瑞等同志给予了很大的帮助，没有他们的帮助，本书恐难如此顺利地完成，在这里谨致谢忱。

　　书中选用了翟连林《平面解析几何一题多解》部分资料，在此特向数学界的前辈致敬！

　　本书在选题上难免不周全，所提供的证法也可能不全或不属精妙奇巧，但为中学师生编写一部适用而又有指导意义的多证宝典，是我长久以来的心愿，也是当前创新人才培养的需要，在华中科技大学出版社的支持和指导下，我的愿望才得以实现，在此向他们表示感谢！

傅金雷

2023年5月于荆州